DIE KUH

Werner Lampert

DIE KUH

EINE HOMMAGE

BERG & FEIERABEND

Inhalt

Vorwort

In diesem Buch versuche ich, darzustellen und zu begründen, dass unsere religiöse, kulturelle und gesellschaftliche Entwicklung ohne Rinder so nicht möglich gewesen wäre. Seit etwa 10 000 bis 12 000 Jahren leben wir Menschen mit Rindern, von Rindern und in manchen Gegenden auch für Rinder. Sie waren unser Glück, unser Reichtum, unsere Schönheit, unsere Sicherheit. Rinder verhalfen uns zu Freiheit und zur Erschließung von Gebieten, in die wir uns ohne sie nie vorgewagt hätten. Mit Rindern stimmten wir die Götter gnädig, und mit Rindern eroberten wir die Welt.
Rinder ernährten und lehrten uns. Sie begaben sich ganz in unsere Hände. So wurden wir zu ihren Hütern.
Das Verhältnis zwischen Rind und Mensch war lange, sehr lange eine Symbiose, eine symbiotische Beziehung.
Heute, am Abend der Beziehung zwischen Mensch und Rind, verdinglichen wir die Rinder. Wir machen sie zum Produktionsgegenstand.
Alexander Kluge aber nannte in einem Gespräch mit Anselm Kiefer die Kuh die „Poetin der Natur". Und das fasst und erfasst sie ganz und gar.
Den Kühen, die ich hütete, erzählte ich mein Leid und meine Sorgen. Ich rieb meinen Kopf an ihrem Leib und suchte ihre Zartheit, ihre Wärme, ihre Zuneigung. Ich war süchtig nach ihrer Gegenwart. War ich bei den Kühen, fühlte ich mich stark und behütet.
Meinen ersten Rauchversuch, bei dem ich Lianen, oder Waldreben, entzündete, die mir heftig zusetzten, machte ich in ihrer Nähe. Von meinem ersten Verliebtsein erzählte ich Kühen – und auch von meinem ersten Liebeskummer. Von meinen Berufswünschen erfuhren zuerst die Kühe. Ich las ihnen Gedichte vor, sang Lieder und spielte einen jungen Mann von Welt. Viele, viele Jahre später weilte ich auf einer Alm. Jeden Morgen ging ich auf eine Anhöhe, auf der die Kühe weideten, und las ihnen Hölderlin vor. Sie standen Tag für Tag im Halbkreis um mich herum und hörten mir zu. Beendete ich das Lesen, zerstreuten sie sich schnell. Aber am nächsten Morgen warteten sie wieder auf mich.

Ja, es gibt ein Band zwischen Mensch und Kuh. Immer wieder erlebte ich es auf allen Teilen der Welt. Über dieses Band berichtet dieses Buch in Bildern und Texten. Und es berichtet über die Seele der Rinder, über die Freude der Menschen an Rindern und über das, was zu verlieren gehen droht.
Wir entwurzeln uns und reißen alles mit: unsere Wurzeln, unsere Verankerungen, unsere Bindungen, unser Woher. Mit den Rindern begannen unsere Träume und unsere Unternehmungen. Ohne Rinder wird unser Leben nicht enden, aber ohne sie wird es viel, viel ärmer.
Auch dafür möchte ich ein Gefühl vermitteln.

Gewidmet: Katharina, Severina, Emanuel,
Valerie, Laurenz, Clemens und Shoun

„I saw a bunch of cows in a field. And I noticed how beautiful they were that I got down on my knees to worship them. And, do you know, those cows were so happy. The more I worshipped them the happier they became.“

Leonard Cohen

Der Gefährte Rind

Warum ist das Rind unser Gefährte? Woher kommt unser Gefährte? Wie wurde das Rind zu unserem Gefährten? Was lernten wir von unserem Gefährten und was lernte er von uns? Ein Gefährte – mhd. *geverte,* in anderen Sprachen *companion, compagnon, compagno* – ist jemand, dem wir durch Schicksal oder Zuneigung verbunden sind. Ein Gefährte ist jemand, mit dem wir zusammen auf eine Reise gehen.

Wir reisten um die Welt und versuchten, diesen außerordentlichen Tieren, die Unglaubliches leisten, zu begegnen. Tiere, die uns nie – und damit meine ich: während der letzten 10 000 Jahre – im Stich ließen, die mit uns gingen, sich ganz in unsere Hände begaben. Oft war es ihr Schicksal, mit uns verbunden zu sein, und auf unserer Reise fanden wir viele Momente, in denen die Menschen den Gefährten ihre Zuneigung schenkten. Ja, sogar solche Augenblicke konnten wir einfangen, in denen Mensch und Gefährte in tiefer, inniger Beziehung zueinander standen.
Woher kommen sie, diese ungewöhnlichen, begabten Tiere, begabt an Können und begabt an Seelenkräften? Sie standen am Beginn unserer Kultur und unserer Zivilisation, aber es war ein langer Weg, bis sie unsere Gefährten wurden, und vieles liegt im Nebel der Vorgeschichte.
Vor 30 bis 40 Millionen Jahren, im mittleren Eozän, beginnen sich die Wiederkäuer mit den ihnen typischen Schmelzhöckerzähnen und ihrem einzigartigen Vormagensystem zu entwickeln. Der Ursprung der Bovinae, der Rinder und Waldböcke, liegt höchstwahrscheinlich südlich des Himalaya. Fossile Funde des *Eotragus* sind um die 18 bis 20 Millionen Jahre alt und stammen aus einem Gebiet des heutigen Pakistan. Die Diversifizierung in die drei Stämme Bovina, Bubalina und Pseudorygina fand vor etwa 13 Millionen Jahren statt.
Im frühen bis mittleren Pliozän waren weite Teile Nordafrikas, Westasiens, Europas und Sibiriens Grasland, Steppen und gemäßigte Wälder. Das waren ideale Bedingungen für die weiträumige Ausbreitung der Bovini. Als die Zeit für die ersten Vorfahren der Menschen anbrach, waren Bovini bereits da. So steht es auch in der Bibel: Tiere sind in der Schöpfungsgeschichte vor dem Menschen geschaffen worden. Wir Menschen sind die nach ihnen Gekommenen.
Die Bovini bildeten drei Arten aus: in Afrika und Westasien den *Pelorovis,* in Eurasien den *Leptobos* und *Epileptobos* in Java.
Wie kam es nun zu diesen Vorarten? Wir wissen es nicht. Eine Theorie besagt, dass der Auerochse vom asiatischen *Leptobos* ausging, doch er könnte auch aus dem Prachttier *Pelorovis* mit seinen großmächtigen Hörnern hervorgegangen sein. Die ältesten Auerochsen-Funde in Afrika stammen aus Wadi Sarrat und sind ca. 700 000 Jahre alt. Dieser Auerochse könnte sich aus dem *Pelorovis oldowayensis* entwickelt haben.
Diese Theorie ist für mich die alleraufregendste. Das Erwachen der ersten *Homo*-Arten und der Vorgänger unseres Auerochsen tritt in Afrika zur selben Zeit auf. Die Vertrautheit, das enge Verhältnis von Mensch und

Rind könnte ein viel älteres Band sein, eine viel tiefere Beziehungsgeschichte, als wir alle ahnen. Das Ausbilden des Gehirns der ersten *Homo*-Arten hätte in diesem Fall unmittelbar mit dem Fleisch – dem Protein – des *Pelorovis oldowayensis* zu tun.

In der Oldoway-Kultur, die wie das Oldoway-Rind nach einer Schlucht im ostafrikanischen Graben benannt ist, der als Wiege der Menschheit gilt, wurden die ersten Steinwerkzeuge für die Bearbeitung und Zerlegung von Tieren erschaffen und benutzt. Dies war ein erster wesentlicher Schritt in der Entwicklung zum heutigen Menschen. Erst als sich diese Proteinquellen für den werdenden *Homo* eröffneten, konnte sich sein Gehirn in ungeahnte Höhen entwickeln. So können wir sagen: Das Genus *Bos* begleitet das Genus *Homo* seit dessen Anbeginn, und das Band zwischen Mensch und Rind ist tief in unseren ältesten Hirnregionen verankert.

Die menschliche Entwicklungsgeschichte ist ohne die Partnerschaft mit unseren Gefährten gar nicht darstellbar, und nur so sind die archaischen – oder nennen wir es archetypischen – Gefühle und Bezüge von heute lebenden Menschen zu ihrem Vieh wieder verständlich – es sind vertraute Botschaften, uralte Reflexe vom ältesten Bereich des Gehirns.

Vor ca. 850 bis 610 000 Jahren teilte sich der Auerochse in eine indische Linie mit Buckel und in eine westasiatisch-europäisch-afrikanische. Wer ihm auch immer begegnete: Der Auerochse machte einen mächtigen Eindruck auf die Menschen. Die Kraft des Auerochsen und die durch ihn vermittelte Potenz waren es, nebst seiner Schönheit und Erhabenheit, was die Menschen so anzog.

DIE AUSROTTUNG DES AUEROCHSEN UND DER BEGINN VON ETWAS NEUEM

Der Auerochse ist das erste Wildtier, dessen endgültige Auslöschung vom Menschen dokumentiert ist. Bejagung und Verdrängung waren die Methoden, mit denen der Mensch den Auerochsen bedrängte. Die Lebenswelt dieser Tiere wurde nach und nach vom Menschen beschnitten und zerstört. Im Grunde können wir sagen, dass der Prozess, der zur Vernichtung des Auerochsen durch den Menschen führte, zu den Vorgängen gehört, die heute noch der menschlichen Zivilisation eigen sind und von ihr auch heute noch ausgeübt werden. Um sich seiner Größe zu versichern, braucht der Mensch beständig Opfer. Eines davon war der Auerochse.

Doch nun beginnt die Zeit des Gefährten Rind. Die Entstehung der ersten Städte im Vorderen Orient wäre ohne Rinder als Haustiere nicht möglich gewesen, genauso wenig die Ausbreitung der sesshaften Lebensweise. Beide Einschnitte in die kulturelle Evolutionsgeschichte des Menschen sind mit der Domestikation des Rindes – des Auerochsen – verknüpft. Erst der Gefährte Rind verhalf uns zur Sesshaftigkeit: zu dem also, was wir heute sind.

Besitz – des Rindes – und Sesshaftigkeit, Dominanz und Domestikation sind eng miteinander verbunden. Die Entstehung des Konzeptes, etwas sein Eigen nennen zu können, etwas zu besitzen, war ein fundamentaler Bruch in der Kulturgeschichte des Menschen. Bei den bis anhin mobil lebenden Wildbeutergesellschaften, in denen körperliche Attribute, das Geistige, Schamanentum, Wissen, Erfahrung und Können den Wert des Einzelnen definierte, gab es praktisch keinen Besitz, der über das unmittelbar Notwendige hinausging. Mit dem Besitz kam die Werteumkehr: Er kehrte den Wert des Menschen von innen nach außen auf sein Eigentum. Besessen werden Land, unbewegliche Gebäude und das bewegliche Kapital, repräsentiert durch die Zahl der Köpfe – *capita* – der Herde.

Auerochsen werden zum Symbol der Inbesitznahme der Natur und des daraus zu ziehenden Nutzens. Lebten die nomadischen Wildbeuter noch mit der Natur und in der Natur, waren die Natur und Naturgeister ihr Reich, so kam es mit der Domestikation des kosmischen Tieres zum Bruch mit dem bis dahin versöhnten Umgang mit der Natur.

So ist der kultische Umgang, die kultische Verehrung der Stiere und Kühe in der Glaubenswelt der frühen Zivilisationen verständlich. Ihr Opfer war eine Versöhnungsgabe an den Schöpfergott und die Fruchtbarkeitsgöttin. Die Gefährten halfen, die Götter wieder gnädig zu stimmen und die kosmische Ordnung wiederherzustellen.

KOEVOLUTION ZWISCHEN MENSCH UND RIND

Von Beginn an entwickelten sich die domestizierten Rinder und die Rinder haltenden Menschen koevolutionär. Sie waren aufeinander angewiesen und abhängig

voneinander. Mit dem Domestizieren der Rinder domestizierte sich der Mensch auch selbst – eine für ihn neue Erfahrung.
Der Mensch erschuf eine Umgebung für die Tiere, die den Bedürfnissen des Gefährten Rind entsprach. Das war eine Schicksalsgemeinschaft von Mensch und Gefährte, denn die Haltung von domestizierten Tieren wirkt gleichsam auch als Selektionskriterium für die menschliche Evolution – vor allem, wenn wir hier nebst der biologischen auch die kulturelle Evolution mitbedenken. Der Mensch entwickelte im Umgang mit dem Gefährten Rind Verhaltensweisen, die er über Generationen weitergab. Und der Auerochse prägte im Zuge seiner Domestikation eine neue Lebensweise und ein neues Aussehen aus und wurde so zum Gefährten Rind. Diese Entwicklung möchte ich als die Kulturleistung des Gefährten Rind wertschätzen.
Werden Haustiere in einer Umwelt gehalten, die es ihnen erlaubt, ihrem natürlichen Verhalten entsprechend zu leben – sich auszuleben –, wird ihr Langzeitgedächtnis gestärkt. Zudem sinkt durch das Erleben, sich wohlzufühlen, der Stresslevel beim Haustier. Die Langzeiterfahrung lehrt dem Gefährten Rind in diesem Falle: Bei diesem *domus* geht es mir gut. Die Haltung nahm Einfluss auf die Bildung von Synapsen und Dendriten, und die Gehirne von Mensch und Rind entwickelten sich koevolutionär.
Das führt uns zu einem weiteren zutiefst verbindenden Band zwischen Mensch und Gefährte Rind: zum Oxytocin. Beide bilden und schütten wir das aus neun Aminosäuren bestehende Hormon im Hypothalamus aus. Warum aber reden wir so viel von diesem Hormon? Es wird auch als Beziehungshormon bezeichnet. Die Ausschüttung wird über einen angenehmen Hautkontakt veranlasst, aber die nötigen Rezeptoren befinden sich auch in den Nieren, im Herzen, im Thymus, in der Bauchspeicheldrüse – ja, sogar in den Fettzellen, in der Milchdrüse und in den Sexualorganen. Bei den Pastoralisten ist die Praxis der vaginalen Insufflation seit Jahrtausenden bekannt: Dabei wird durch Pusten auf die Kuhvagina die Oxytocinausschüttung stimuliert und so der Milchfluss angeregt. Oxytocin fördert generell die positive soziale Interaktion. Bei Kühen geschieht die stärkste Oxytocinausschüttung während des Saugens des Kalbes und vice versa beim säugenden Kalb. So wird das Wachstum des Kalbes stimuliert und die Gesundheit der Kälber gestärkt.
Menschen, die mit ihren Gefährten in einer guten Verbindung stehen, können über Berührungen oder auch über Augenkontakt eine Oxytocinausschüttung auslösen. In der Regel sind lang anhaltende, stabile Beziehungen und regelmäßiger Kontakt das Fundament für ein intaktes Verhältnis zwischen Mensch und Tier. Durch häufige soziale Interaktionen wird die Bindung von Mensch und Gefährte enger, was wiederum bei beiden, Mensch und Tier, zu einem Oxytocinschub führen kann. Bei solchen Begegnungen entwickelten sowohl Tier als auch Mensch die Fähigkeit zu komplexer sozialer Kommunikation, ja, sogar zu einem sozialen Erinnerungsvermögen.

ENTWICKLUNG AUS DEM NUKLEUS KUH-KALB

Rinder stehen selbstredend nicht nur mit dem Halter in Beziehung, sondern auch mit ihrem eigenen Sozialverband, der Herde. Der Nukleus jeder Herde ist eine Kuh mit ihrem Kalb. In dieser hegenden, pflegenden, nährenden, beschützenden Beziehung wird das, was das Geheimnis der Herde ist, erst geboren und dem Kalb mitgegeben. Kuh und Kalb bleiben so lange von der Herde getrennt, bis sich das Kalb in die Herde integrieren kann. In der Herde wird das Sozialverhalten von Rindern den Kälbern gelehrt und stabilisiert.
An der Spitze der Herde steht die Leitkuh. Die Rangordnung der Herde ist ein äußerst ausdifferenziertes Gebilde. Welcher Platz in der Herde wem zusteht, wird durch Muhen, eine intensivere Körpersprache, Pheromonausschüttung und bisweilen körperliche Auseinandersetzungen ausgetragen. Der Status einer Kuh in der Herde hängt von ihrem Alter, ihrer Größe und Behornung ab, aber auch von der Persönlichkeit der einzelnen Kuh. Für das Wohlbefinden des einzelnen Tieres ist die Stellung im Herdenverband, d. h. in der Herdenhierarchie, nicht ausschlaggebend. Viel wichtiger für die Zufriedenheit des Einzeltieres sind der Einklang mit der Herde und die eigene, harmonisch eingefügte Rolle in der Herde.
Stabile Rinderherden haben einen sehr synchronisierten Tagesrhythmus: Ruhen, Wiederkäuen, Wandern und Fressen finden innerhalb der Herde fast gleichzeitig statt. Eine Herde, die Rhythmus, Harmonie, Schutz und

Stabilität lebt, ist tief – um nicht zu sagen: untrennbar – mit der Natur von Kühen verbunden. Erst als Teil einer intakten Herde können Kühe sich ihrer Natur entsprechend entfalten und leben. Nur als Herde ist es Rindern möglich, ihre Umwelt nachhaltig zu gestalten, ihre Weiden zu erweitern, ja, gar selbst zu erhalten: so intensiv mit ihrer Lebenswelt in Kontakt zu treten, dass sie diese verändern und formen.

HERDE UND HIRTE

Der Hirte und die Herde sind für uns Menschen archetypische Seelenbilder, die wir in unserer Menschheitsentwicklung aufnahmen und in uns tragen. Die Erfahrung der Domestikation von Tieren war ein tiefer Einschnitt in unsere biologische evolutionäre Entwicklung, aber genauso tief greifend waren die Veränderungen beim Menschen in seiner kulturellen Evolution. Die neolithische Revolution, der Übergang vom Wildbeuter zur Tiere haltenden, sesshaften Gesellschaft hat die Menschheit nachhaltig erschüttert und geprägt. Dieses Szenarium liefert den Stoff für die uralten Geschichten, die die Menschheit seit Jahrtausenden begleiten. Nicht wenige dieser Geschichten sind in die Bibel eingeflossen.

Und es ist fürwahr kein Zufall, dass die monolithischen Religionen in einer Region entstanden sind, die zu den ältesten Zentren der neolithischen Revolution gehörte. Die Bildsprache der Bibel nahm die Metapher vom guten Hirten und der Herde auf, die Gott und die Menschen repräsentiert. Spiegeln sich darin nicht das Wissen und die Bedeutung der Symbiose wider, die im Domestikationsprozess zwischen Mensch und Tier entstand? Jahrtausendelang zogen wir mit ihnen durch Kontinente, wir querten Berge und Meere mit ihnen, unseren treuen, uns immer zugewandten und unterstützenden *geverten*. Durch gemeinsames Schicksal sind wir einander verbunden.

Seien wir ihm durch unsere Zuneigung nahe, unserem Gefährten.

1

Ostafrika

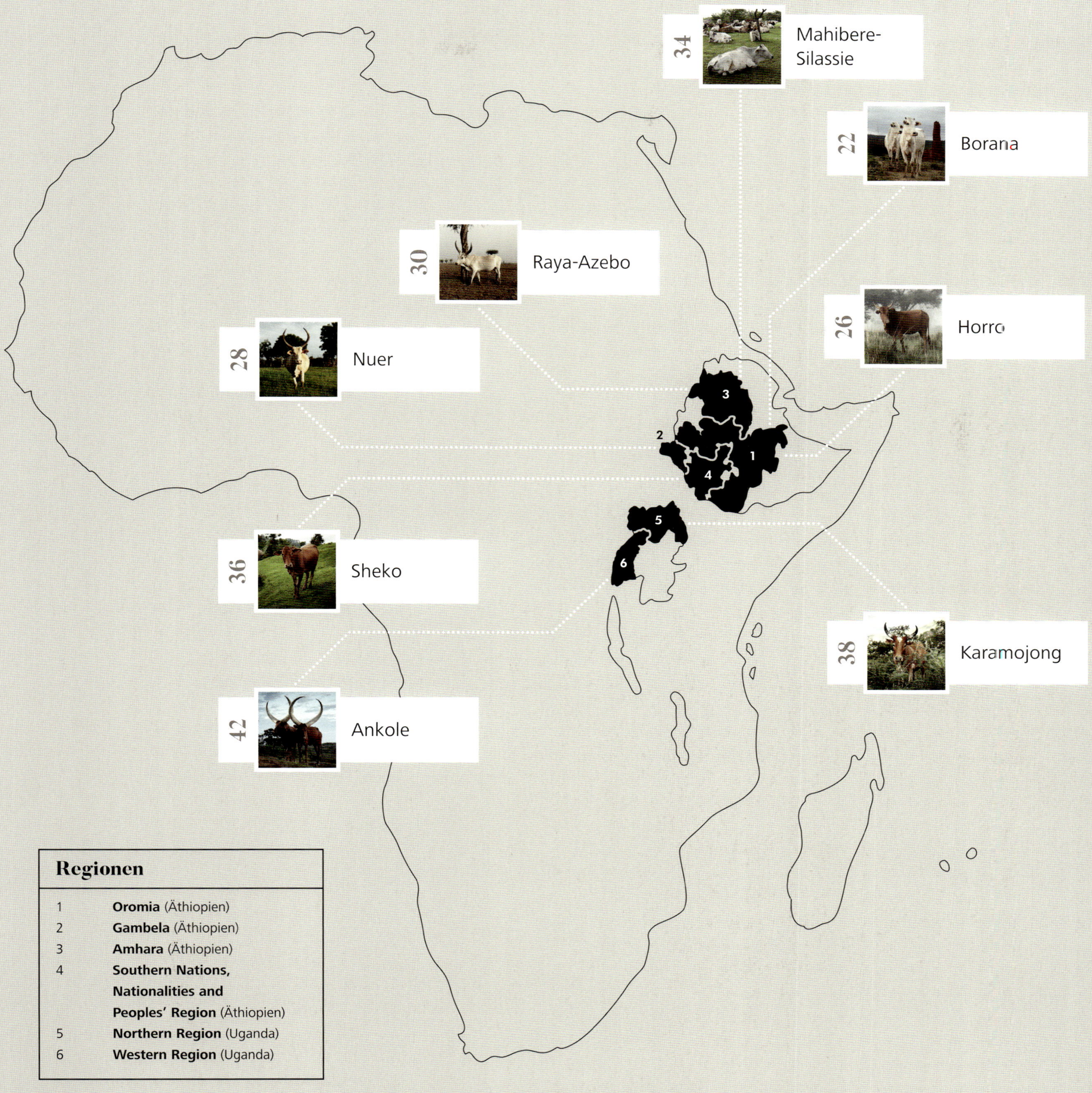
34 Mahibere-Silassie
22 Borana
30 Raya-Azebo
26 Horro
28 Nuer
36 Sheko
38 Karamojong
42 Ankole
1
2
3
4
5
6
Regionen
1 **Oromia** (Äthiopien)
2 **Gambela** (Äthiopien)
3 **Amhara** (Äthiopien)
4 **Southern Nations, Nationalities and Peoples' Region** (Äthiopien)
5 **Northern Region** (Uganda)
6 **Western Region** (Uganda)

Die Rinderkulturen Afrikas

In vielen afrikanischen Kulturen haben Rinder seit vielen Tausenden Jahren eine außergewöhnliche Stellung. Nebst der wirtschaftlichen Bedeutung hatten Rinder auch immer einen hohen religiösen, kulturellen und gesellschaftlichen Stellenwert.

KÜHE IN DEN SCHÖPFUNGSMYTHEN

Für die Schilluk, ein Volk im Südsudan, am Weißen Nil, stammt der Mensch von einer Kuh ab. Im Schöpfungsmythos der Zulu wurden die Menschen wiederum von einer Kuh ausgespien. Bei den Fulani – auch Fulbe, Fula oder Peul genannt – steht die Kuh in der Mythologie an erster Stelle. Ihr Gott Geno schuf die Welt aus einem Tropfen Milch, der ihm von der Urkuh Itoori geschenkt wurde. Als Erstes schuf Geno die Kuh, dann erst Mann und Frau.

MÄCHTIGE HÖRNER, STOLZE BESITZER

In afrikanischen Sprachen gibt es eine unglaubliche Vielfalt an Ausdrücken für die Fellfarben der Rinder, die Musterungen des Rinderfells und vor allem die Formen der Hörner. Die Hörner der Rinder sind für die Besitzer stets eine sprudelnde Quelle von Freude und Ehre. Ja, Ehre, denn Kühe mit außergewöhnlichen Hörnern sein Eigen nennen zu dürfen, macht mächtig stolz. Die Hörner werden besungen, beim Tanz werden die Hörner der Rinder nachgebildet. Die Stellung der Hörner verheißt dem Alabdu-Clan Reichtum oder Krankheit. Rinder bilden den Brautpreis, sind die Brücke bei magischen Ritualen der Versöhnung. Kühe stehen für die Natur, für den Reichtum. Sie sind das Tor zum Geheimnis der Welt.

GÖTTLICHE RINDER IM ALTEN ÄGYPTEN

Die Kuh galt im alten Ägypten als Himmelreich, als paradiesischer Ort. Es gab in Heliopolis den Mnevis-Stier. Er war Herold des Re, des Sonnengottes, und dem Schöpfergott Atum stand er nahe. Die Verehrung des Apis-Stieres, Ptahs herrlicher Seele auf Erden, fand in Memphis ihre Verbreitung. In Hermonthis, dem heutigen Armant, wurde der Buchis-Stier verehrt, der einen rabenschwarzen Kopf auf seinem weißen Körper trug: Buchis, ein Orakeltier, ein lebendes Abbild des lokalen Gottes Month. In Afrika waren die Rinder eine Manifestation der Geheimnisse der Natur. In ihnen wurden diese sichtbar, und die Rinder waren den Göttern nahe oder sie standen für die Götter selbst.

DER AFRIKANISCHE AUEROCHSE UND SEIN ERBE

In Eurasien gab es den Auerochsen *Bos primigenius primigenius,* in Südasien den *Bos primigenius namadicus* – und in Afrika gab es selbstverständlich auch eine eigene Unterart, den *Bos primigenius opisthonomus.*

In der Wissenschaft wird gerätselt, ob es in Afrika eine eigene Domestizierung gab. Vieles spricht dafür, manches jedoch für die Einwanderung von Hausrindern aus Südwestasien, über das Niltal und das Horn von Afrika. Gesichert ist, dass der Auerochse *Bos primigenius opisthonomus* seit dem Mittelpleistozän in Afrika heimisch war. Nachweise fanden sich südlich des zweiten Nilkataraktes und entlang der Mittelmeerküste bis in den Maghreb. Im Süden war der Auerochse bis in die Zentralsahara und Nubien verbreitet. Diese Erkenntnis lehren uns die Felszeichnungen im Südatlas, in der Westsahara, im nördlichen Mauretanien, in Mali, Niger und Tschad, aber auch in Libyen, Algerien und Ägypten. Der Ur muss die Menschen in Afrika sehr fasziniert haben. Um 5300 v. Chr. wurde die nach der letzten Eiszeit grünende Sahara langsam wieder zur Wüste, was zum Schwinden der Auerochsenpopulation führte. Zur selben Zeit schränkte das Auftreten des domestizierten Rindes den Lebensraum des Auerochsen zusätzlich ein. Eines seiner Rückzugsgebiete waren die Weiten des Niltales. Das führte zu einer starken Bejagung des Vorgängers der Rinder. Papyrusschriften belegen die Jagdfreude, ja, richtiggehende Jagdgier der Pharaonen. Die Jagd auf die imposanten Auerochsen war eine große königliche Herausforderung. Bevor die stattlichen Tiere in der Römerzeit endgültig in Afrika ausstarben, fanden sie im Atlasgebiet ihr letztes Refugium. Genuntersuchungen zeigen einen eindeutigen Einfluss des *Bos primigenius opisthonomus* auf afrikanische Rinder. Der Haplotyp T1 der mitochondrialen DNA kommt nur in Afrika vor, nicht aber in Europa. Eine Ausnahme bilden spanische und sizilianische Rinder, die einen direkten Einfluss aus Afrika erfahren haben.

Seit zumindest dem 6. Jahrtausend v. Chr. gibt es domestizierte Rinder in Afrika. Die vielen Felszeichnungen belegen es genauso wie Funde von Ausgrabungen. Vom Niltal aus gen Westen, in die damals grünen Savannen der Sahara, breitete sich das Rind in Afrika aus. Die Klimaerwärmung verdrängte die Rinder entlang der Regenwälder nach Westafrika, aber auch nach Ostafrika.

VERBREITUNGSWEGE DURCH DIE SAHARA

Die Sahara war lange ein Gebiet der herumziehenden Herden und Völker. Felszeichnungen aus dem 5. Jahrtausend v. Chr., die Rinder und das Verarbeiten von Milch darstellen, zeigen uns eindrücklich das damalige Leben der Pastoralisten und die Unterschiede der Herden. Es werden Rinder mit langen und kurzen, dicken und dünnen Hörnern dargestellt. Sogar die zwiebelförmigen Hörner der Kouri-Rinder sind damals schon abgebildet worden. Die unterschiedlichen Stile der Zeichnungen deuten darauf hin, dass sie von unterschiedlichen Völkern angefertigt wurden. Von Völkern, die die Sahara zwischen humiden und trockenen Klimaperioden durchwanderten.

ZEBUS KOMMEN AUF DEN KONTINENT

Ab dem 2. Jahrtausend v. Chr. kamen die ersten Zebus nach Afrika, sowohl über das Niltal als auch über das Horn von Afrika. Die ersten Rinder Afrikas waren taurine Langhornrinder, dazu kamen Rinder des Kurzhorntyps. Aus den Kreuzungen tauriner Rinder mit Zebus entstanden die Sanga-Rinder mit einem kleinen Halsbuckel und imposanten Hörnern.

Sanga-Rinder werden wegen der Mischung aus indicinen Zebus und taurinen Rindern auch als „taurindicin" bezeichnet. Sie breiteten sich sehr stark aus und stießen etwa um 250 – 500 n. Chr. bis nach Südafrika vor. 1887 brachte die italienische Armee mit Rinderpest infizierte Zebus ins heutige Eritrea, es war der Auslöser der größten Rinderkatastrophe in Afrika. Innerhalb von zehn Jahren fielen der Seuche, die durch die europäischen Kolonialisten eingeschleppt wurde, 90 Prozent der afrikanischen Rinder südlich der Sahara zum Opfer.

Im Gegensatz zu den taurinen Rindern aber zeigten Zebus ein gewisses Maß an Resistenz. So wurden die Rinderbestände hauptsächlich mit Zebus wiederaufgebaut und dadurch die taurindicinen Sanga verdrängt. Ein neuer Hybridtypus namens Zenga entstand aus Kreuzungen der Sanga mit Zebus. In Feuchtgebieten, oft in Küstennähe, breiteten sich Zebus nicht aus, da sie sehr anfällig für die von der Tsetsefliege übertragene afrikanische Schlafkrankheit, Trypanosomiasis, sind.

Taurine Rinder und Zebus wurden in verschiedenen Regionen domestiziert und haben dadurch unterschiedliche Ansprüche an ihre Umwelt. Die Kreuzung dieser Rindertypen erweiterte ihr Repertoire der Anpassung an die verschiedenen Herausforderungen ihrer Umwelt.

DIE VIELFALT DER RINDER IN AFRIKA

Afrika ist der Kontinent der unterschiedlichsten Rinderrassen. In Afrika gibt es in der Tat eine große Vielfalt, da es aufeinanderfolgende Einwanderungen von taurinen Langhorn- und Kurzhornrindern und Zebus gab, dazu noch mögliche Domestikationsereignisse und Introgressionen des afrikanischen Auerochsen. Die breite Variabilität der unterschiedlichen Haltungsformen der Rinder, wie Sesshaftigkeit, Transhumanz oder nomadischer Pastoralismus, trug zur Spezialisierung, aber auch Verbreitung und Durchmischung der Rinderrassen bei. Die afrikanischen Rinder entwickelten sich aus vier Hauptgruppen.

LANGHORNRIND

Die ersten Funde dieses großartigen Typus in Ägypten stammen aus dem 7. Jahrtausend v. Chr. Wie Felszeichnungen zeigen, waren es beeindruckende Tiere: hochbeinig, schlank, mit langen lyraförmigen Hörnern. Um 3000 v. Chr. waren sie von Ägypten in den Sudan bis Nubien vorgedrungen. In den Elyon-Bergen an der Grenze zwischen Kenia und Uganda wurden Felszeichnungen von diesen imposanten Rindern gefunden. Daher können wir annehmen, dass dies das südlichste Verbreitungsgebiet war. In Westafrika stießen sie bis in die südliche Sahelzone, d. h. bis Kintampo, vor. Funde aus den Jahren 1500 – 1200 v. Chr. belegen dies.

AFRIKANISCHES KURZHORNRIND

Die ältesten Funde aus der Zeit um 4260 – 3260 v. Chr. stammen vom Adrar Bous im Aïrgebirge im Nordniger. Aus Papyrusschriften ist bekannt, dass im alten ägyptischen Reich – 2686 – 2181 v. Chr. – Kurzhornrinder gleichzeitig neben Langhornrindern lebten. Wir gehen davon aus, dass die frühen neolithischen Kulturen in Ägypten einen regen Austausch mit den westasiatischen Kulturen unterhielten und die Kurzhornrinder über diesen Austausch nach Afrika kamen. Noch im 20. Jahrhundert wurden in Afrika Praktiken der Rinderhaltung ausgeübt, die aus neolithischen Kulturen Westasiens bekannt sind. Kurzhornrinder, so nehmen wir an, wurden in Nordafrika und später in der Zentralsahara domestiziert. Der Mangel an Futter und die härter werdenden Bedingungen ließen die Rinder kleiner werden.

BUCKELRINDER IN AFRIKA: DIE SANGA

Die ersten Hinweise auf diese Rinder sind auf Felszeichnungen in der Sahara zu finden und auf das Jahr 2000 v. Chr. datiert. Buckelrinder mit Brustbuckel kamen ca. 3500 v. Chr. von Westasien über das Horn von Afrika auf den Kontinent. In Äthiopien wurden Brustbuckelrinder, die mit Semiten ins Land kamen, mit den heimischen Langhornrindern gekreuzt. Das war die Geburtsstunde der langhornigen Sanga-Rinder, die sich von Äthiopien ausbreiteten.

Aber bei den afrikanischen Rindern geht nichts ohne die Sahara. Einige Archäologen sind der Meinung, dass die Domestikation der afrikanischen Buckelrinder unabhängig von den asiatischen Zebus verlief, nämlich in der Zentralsahara, und dass die Sanga dieser Domestikation entstammen. Felszeichnungen begründen diese Theorie. Bis zum Zeitpunkt der Rinderpest waren die Sanga zwischen Äthiopien, den zentralafrikanischen Seen und Südafrika das wichtigste Rind. Die Rinderpest löschte die Sanga-Population fast aus. Nach der Rinderpest wurden die Zebus, die gewisse Resistenzen aufwiesen, das bestimmende Rind Afrikas. Zebus wurden nach der Pest mit überlebenden Sanga gekreuzt und so wurde die neue Zenga-Population begründet.

INDISCHE ZEBUS

Heute sind Zebus der weitverbreitetste Rindertypus in Afrika. Sie kamen über das Niltal, das Horn von Afrika, aber auch durch Handel über den Indischen Ozean auf den Kontinent. Migrierende Völker verbreiteten die Zebus zusätzlich. Diese Rinder weisen in tropischen und subtropischen Gebieten eine höhere Toleranz gegenüber Hitze und Trockenheit sowie Krankheiten auf – die Ausnahme bildet die afrikanische Schlafkrankheit.

DIE RINDERKULTUREN VON AFRIKA

Die Nutzung afrikanischer Rinder beschränkt sich nicht aufs Monetäre. Für afrikanische Viehhalter wäre es sehr befremdlich, Rinder nach Fleisch, Milch oder Arbeitsleistung zu beurteilen. Bereits ab 5000 v. Chr. entwickelte sich in der Sahara eine vitale Pastoralwirtschaft von Menschen und Rindern, wie Felszeichnungen belegen. Bei einigen Ethnien Afrikas hat sich die Form der Rinderhaltung von der Zeit der Domestikation bis zum heutigen Tag sehr wenig verändert. So sprechen wir in diesen Fällen mit Fug und Recht von Rinderkulturen mit extensiver Weidewirtschaft und Hirtennomadismus.

Vor allem bei nilotischen Völkern sprechen wir von einer Rinderkultur. Zu diesen Volksgruppen zählen die

Barabaig, Dinka, Karamojong, Massai, Nuer, Schilluk und Turkana – um nur einige zu nennen. Um zu verstehen, über welche Traditionen der Rinderhaltung diese Völker verfügen, wurden Gentests zur Laktoseverträglichkeit vorgenommen. Es wurde aufgezeigt, dass der Haplotyp C-14010, der Zeiger für die Verträglichkeit von Laktose, häufig bei Ethnien vorkommt, die der nilo-saharanischen Sprachgruppe angehören. Frühestens um 4800 v. Chr. kam es durch eine Mutation zur Entstehung dieses Haplotyps. Durch archäologische Funde konnte dies zusätzlich bestätigt werden. In Tongefäßen aus einer Ausgrabung in Acacus, Südlibyen, wurde Milchfett gefunden, was darauf hinweist, dass zur menschlichen Ernährung schon zu dieser Zeit Milch gewonnen wurde. Die Funde und die Mutation zu einem Haplotyp mit Laktoseverträglichkeit zeigen uns, dass der Grundstein des Pastoralismus in Afrika im 5. Jahrtausend v. Chr. gelegt wurde.

Rinder beherrschen das Leben dieser Ethnien von jeher bis heute. Sogar die außergewöhnliche Körpergröße der Angehörigen der Rinderkulturen wird auf die jahrtausendealte Kultur des Milchgenusses als Hauptnahrungsquelle zurückgeführt. Fleisch hingegen spielt bei den nilotischen Völkern eine gänzlich untergeordnete Rolle. Junge und gesunde Tiere werden nicht geschlachtet. Nur frisch verendete oder sehr alte Tiere werden gegessen. Eine Ausnahme bilden rituelle Zeremonien, bei welchen Ochsen und Stiere geopfert und gemeinschaftlich verzehrt werden.

ADERLASS FÜRS RINDERBLUT

Es gibt noch eine Praxis, über die wir sprechen sollten. Bei Hirtennomaden wird die Halsschlagader der Rinder mit einem Messer oder einem speziellen Pfeil, der an der Spitze eine messerartige Schneide aufweist, aufgeritzt. Anschließend werden ca. 2 Liter Blut abgelassen und in einer Kalebasse gesammelt. Ein afrikanisches Rind hat etwa 30 Liter Blut und überlebt diese Handlung selbstverständlich. Das Blut stellt für die Hirtennomaden ein reichhaltiges Lebensmittel dar. Entweder wird es gleich getrunken oder zuvor mit Milch gemischt. Sie rösten es auch auf dem Feuer und essen es als Blutkuchen pur oder mit Getreide vermengt. Blutkuchen sind der überlebenswichtige Vorrat für Notzeiten, dienen aber auch für Schwache und Kranke als Aufbaunahrung.

INNIGE BEZIEHUNG UND SYMBIOTISCHES MITEINANDER

Melkarbeiten werden bei den Hirtenvölkern von Frauen, Mädchen und Knaben verrichtet. Knaben melken nur bis zu ihrer Initialisierung. Bei diesem Ritus, durch den der Knabe zum Mann wird, bekommt er vom Vater einen Speer und einen Ochsen oder Stier, den sogenannten *Song Ox* oder auch *Dance Ox.* Dieser Ochse oder Stier wurde schon als Kalb ausgewählt. Wichtig ist, dass das Tier hinsichtlich seiner Fellfarbe als Typus außerordentlich, ungewöhnlich aussieht. Diese Tiere sind der schützende Geist des jungen Mannes und der Grundstock seines zukünftigen Vermögens. Die Initialisierten haben eine tiefe Beziehung zu ihrem Tier. Sie umschmeicheln es, sie liebkosen es, sie singen ihm Lieder vor. Die Tiere werden geschmückt und sind unveräußerbar.
Es gibt Hirtenvölker in Afrika, für die Rinder grundsätzlich unverkäuflich sind. In ihren Schöpfungsmythen sind ihnen die Rinder gleichgestellt. Sie leben mit den Rindern, von den Rindern, sie teilen mit den Rindern. Von den Rindern kommen die Milch, die Wärme in kalten Nächten und eine vorbehaltlose Zuneigung. Mensch und Rind bilden eine Einheit.
Vom *Song Ox* haben die Buben ihren Namen. Sie sind mit ihren Rindern auf eine innige Art tief in ihrem Wesen verbunden. Rinder werden nicht gekauft – sie waren immer schon da. Rind und Mensch sind in die Vergangenheit und in die Zukunft hinein miteinander verbunden. Die Milch ist der Fluss der Gegenwart, der die Welt zusammenhält. Die Milch ist der Fluss, der Himmel und Erde verbindet.

Borana

BOS PRIMIGENIUS INDICUS
Oromia, Äthiopien

Im südlichen Tiefland Äthiopiens werden die weißen, hellgrauen oder falben Borana gehalten. Sie sind sehr hitze- und trockenheitstolerant – und das müssen sie sein, denn selbst kurz nach der Regenzeit ist es in diesen Gebieten staubtrocken. Trotz der widrigen Lebensbedingungen geben sie erstaunlich gut Milch. Borana gehören zu den Zebus, die mit der ersten Migrationswelle von Asien nach Afrika kamen – daher auch der ausgeprägte, fast pyramidenförmige Buckel. Sie haben eine herrliche Wamme, und auch das Euter ist gut entwickelt. Die Hörner sind kurz und am Ansatz dick, teilweise besteht genetische Hornlosigkeit. Die Tiere sind bestens an die Umweltbedingungen angepasst. Tagsüber suchen sie zumeist Schatten unter riesigen Akazienbäumen.

Der Name Borana leitet sich von dem Volk ab, das diese Rinder hält. Die Borana sind eine Untergruppe der Ethnie Oromo, ein pastoralistisch lebender Volksstamm. Häufig werden die Rinder transhumant oder nomadisch gehalten, je nach Weidenangebot, Trockenheit oder Dürresituation.

Die Borana haben ein unglaublich komplexes System der Namensgebung für ihre Tiere. Die Namen beziehen sich auf Muster, Fellfarbe, Hörnerformen, können aber auch während der Zeremonien der Schenkung entstehen. Es gibt rinderbezogene Zeremonien, bei denen allerdings oft nicht ganz klar ist, ob sie dem Vieh oder dem Viehhalter gewidmet sind. Vielleicht dienen sie auch der Erhaltung der Weltordnung, von der die Rinder ein Teil sind – selbstverständlich der erhabenste Teil.

Erreichen junge Männer das heiratsfähige Alter, müssen sie ihre Stärke vor der ganzen Dorfgemeinschaft beweisen. Das Ritual sieht vor, inmitten der Herde auf den Rücken eines Tieres und von diesem aus auf so viele Kuhrücken wie möglich zu springen. Je mehr der junge Mann schafft, desto größer ist seine Kraft und desto höher sind seine Chancen, eine schöne Frau zu bekommen.

Anzahl der Tiere: Ca. 2 Millionen in Äthiopien (Borana), dazu ca. 3 Millionen in Kenia und Tansania (Boran) | **Körpergröße:** Stier: 1,25 – 1,35 m | Kuh: 1,15 – 1,27 m | **Abstammung:** Namensgebend ist das pastoralistische Volk der Borana in Äthiopien; in Kenia und Tansania Boran genannt und z. T. stärker durch Zucht verändert (Improved Boran); Zebu-Einkreuzungen erstmals nach der Rinderpest und erneut ab der ersten Hälfte des 20. Jahrhunderts führten zu überwiegend zebuiden Geno- und Phänotypen | **Nächste Verwandte:** Karamojong, Teso, N'Kedi | **Wesen:** Sehr tolerant gegenüber Hitze und Trockenheit; durch weiße Färbung wenig sonnenempfindlich; futtergenügsam; legt weite Wege zurück | **Besonderheit:** Bietet eine Lebensgrundlage in sonst kaum nutzbarer Halbwüste | **Verbreitung:** Tropische Savannen in Südäthiopien, Nordwestkenia und im östlichen Südsudan auf 1 000 – 1 500 m Seehöhe; kleinere Bestände in anderen ostafrikanischen Ländern sowie Sambia, Kongo und Australien |

Horro

BOS PRIMIGENIUS INDICUS X TAURUS
Oromia, Äthiopien

Im Hochland von Äthiopien auf 2 200 Meter Seehöhe leben sie. Ihr Fell weist eine ziemlich gleichmäßige rehbraune Färbung auf. Die Stiere sind dunkler, besonders am Buckel und Widerrist. Insgesamt haben die Horro einen eher kleinen, cervico-thorakalen Buckel und ein kleines, aber schön geformtes Euter. Da ihre Milchleistung nicht besonders hoch ist, werden Horro versuchsweise mit Jersey und Holstein gekreuzt. Es ist jedoch fraglich, ob dabei die überragende Anpassungsfähigkeit und Robustheit der Rasse bewahrt bleibt, denn Horro sind zum Teil Trypanosomen-tolerant, und das ist in Afrika nicht unbedeutend.

Horro sind Zenga-Typen, und in ihnen waltet noch etwas von dem Blut der sagenhaften Sanga. Sie sind eine besonders vielfältig nutzbare Rinderrasse. Die Rinderpest in der zweiten Hälfte des 19. Jahrhunderts war unter den Horro besonders verheerend. Die Rinderpest machte es nötig, Zebus einzukreuzen, die sich gegenüber der Krankheit als widerstandsfähiger erwiesen hatten.

Anzahl der Tiere: Ca. 3,2 Millionen | **Körpergröße:** Stier: 1,10 – 1,45 m | Kuh: 1,00 – 1,20 m | **Abstammung:** Zenga-Typus, entstanden durch Einkreuzung von Zebus in überlebende Sanga-Bestände nach der Rinderpestepidemie 1887 – 1890; zur Hybridisierung dienten Hochland-Zebus und nilotische Sanga | **Nächste Verwandte:** Andere Zenga-Rassen wie Fogera (Äthiopien), N'Ganda (Uganda), Jiddu (Somalia), Alur (Kongo) | **Wesen:** Sehr vielseitig, genügsam, anpassungs- und widerstandsfähig; teilweise Trypanosomen-tolerant | **Besonderheit:** Ein besonders vielseitiges Rind vom Zenga-Typus | **Verbreitung:** Weit verbreitet im nordwestlichen Hochland Äthiopiens (um 2 000 m Seehöhe) |

Nuer

BOS PRIMIGENIUS INDICUS X TAURUS

Gambela, Äthicpien

Einst war das stolze Volk der Nuer – ein nilotischer Stamm zwischen dem Sudan und Äthiopien, der sich selbst Naath nennt – nomadisierend mit ihren Herden unterwegs. Jetzt leben viele von ihnen in Äthiopien an der Grenze zum Sudan in Lehmhäusern, die von Hilfswerken für sie errichtet worden sind. Die Nuer blicken auf eine großartige, beeindruckende Geschichte über Tausende von Jahren zurück – und nun auf dieses schwere Los: Bürgerkriege haben sie aus dem Südsudan vertrieben.

Die Rinder tragen den gleichen Namen wie die Ethnie. Die Nuer leben in einem semiariden, tropischen Klima.

Die Rinder sind das Maß aller Dinge für ihre Halter. Jeder Nuer hat ein für ihn bestimmtes Rind. Sie identifizieren sich so stark mit ihren Tieren, dass sie sogar den Namen des Rindes annehmen. Auch der Brautpreis wird in Rindern bezahlt. Die Rinder sind der Stolz der Sippe, sie sind Teil der Familien, sie sind Opfertiere, müssen dem Schöpfergott Kowth dargeboten werden. Bei Vermählungen und beim Ableben des Patriarchen wird ein Rinderopfer dargebracht. Nuer-Rinder sind die Lebenstiere der Stammesangehörigen und sie sind Versöhnungstiere. Stört ein Heranwachsender die Harmonie der Schöpfung, die Harmonie des Kowth, indem er einen Schmetterling tötet, wird das getötete Tier auf den Rücken einer Nuer-Kuh gelegt und um Abbitte gebeten – eine Versöhnungshandlung, um den Unmut des Kowth abzuwenden.

Bei nilotischen Pastoralisten sind Tongefäße für die Milch ein Tabu, ebenso wenig wird die Milch in Blechgeschirr abgefüllt. In die für die Milch bestimmten Gefäße – abgedichtete Körbe, Holzschüsseln und ausgehöhlte Kürbisse – darf niemals Wasser gefüllt werden. Diese Milchgefäße werden mit dem Urin der Rinder gereinigt. Denn alles, was vom Rind kommt, ist rein und heilig.

Anzahl der Tiere: 30 000 – 100 000 (vage, unsichere Schätzungen) | **Körpergröße:** Stier: 1,20 – 1,40 m | Kuh: 1,10 – 1,30 m | **Abstammung:** Ursprünglich aus dem heutigen Südsudan, einem historischen Vermischungsgebiet tauriner und zebuider Rinder; wird daher zur Gruppe der nilotischen Sanga gezählt; seit 1991 aufgrund von Bürgerkriegen zusätzlich zur Ursprungsregion auch in Äthiopien zu finden | **Nächste Verwandte:** Nilotische Sanga wie Abigar und Dinka; ähnliche Abstammungsgeschichte wie abessinische Sanga (Raya-Azebo) | **Wesen:** Sehr tolerant gegenüber Hitze und lang anhaltender Trockenheit; enge Verbundenheit mit seinen Haltern | **Besonderheit:** Edle Kuh, um die heute blutige Kriege geführt werden | **Verbreitung:** Jonglei/Südsudan und angrenzende Gebiete in Äthiopien (seit etwa 1991) |

Raya-Azebo

BOS PRIMIGENIUS INDICUS X TAURUS
Amhara, Äthiopien

Die Raya-Azebo werden von den Ethnien der Danakil und Afar gehalten. Sie leben im Grenzgebiet zu Eritrea auf 2 000 Meter Seehöhe in einem offenen Buschland mit langer Trockenzeit. Raya-Azebo sind extrem widerstandsfähig, und mit der Trockenheit kommen sie zurande. Sie vermögen längere Futterknappheit zu überstehen.
Die Rinder haben einen Sanga-typischen Halsbuckel und eine vielfältige Färbung des Fells, teilweise mit schönen Einsprengseln. Ihre imposanten Hörner tragen sie aufrecht durch die Trockengebiete. Raya-Azebo sind nicht nur stolze, sondern auch wunderschöne Rinder. Aber auch die Menschen dieser kargen Gegend sind atemberaubend schön, makellos schön, als wären sie unser aller Archetyp.
Für das Überleben der Menschen in den Dürrezeiten sind die Rinder essenziell. Raya-Azebo ziehen den Pflug durch die harte, ausgetrocknete Erde, sie haben die Kraft und Ausdauer und sie geben Milch für den Menschen. Die Milch darf laut der Vorstellung des nah verwandten Volkes der Oromo nicht erhitzt werden. Sie wird roh getrunken oder zu Butterschmalz, Tesmi, verarbeitet. Dieses Butterschmalz ist das Gold der Frauen. Sie massieren es in ihre schönen Haare ein und verwenden es als Körperbalsam. Labsal der Schönheit, um sie noch mehr zu vervollkommnen – falls dies überhaupt möglich ist.

Anzahl der Tiere: Ca. 500 000 | **Körpergröße:** Stier: 1,25 – 1,40 m | Kuh: 1,15 – 1,25 m | **Abstammung:** Abessinisches Sanga aus historischer Vermischung tauriner und zebuider Rinder am Horn von Afrika | **Nächste Verwandte:** Danakil in Eritrea (kleiner und in noch trockeneren Gebieten gehalten); ähnliche Abstammungsgeschichte wie nilotische Sanga (Nuer, Abigar und Dinka) | **Wesen:** Extrem widerstandsfähig, futtergenügsam und tolerant gegenüber Trockenheit | **Besonderheit:** Trotzen langen Dürren und sind daher essenziell für das Überleben der Menschen | **Verbreitung:** Tigrai-Region nahe der Grenze zu Eritrea auf 1 500 – 2 000 m Seehöhe |

Mahibere-Silassie

BOS PRIMIGENIUS INDICUS X TAURUS
Amhara, Äthiopien

Ende des 5. Jahrhunderts sollen die „Neun Heiligen" nach Äthiopien – in das Heilige Land – gekommen sein, in dem bis heute angeblich die Bundeslade gehütet wird. Sie begründeten das dortige Mönchstum. Vermutlich waren die „Neun Heiligen" syrische Mönche, die aus ihrer Heimat fliehen mussten, weil sie den Monophysiten oder besser den Miaphysiten angehörten. Monophysiten glauben an die Vereinigung des Göttlichen und des Menschlichen in der einen Natur: Jesus Christus.
In der Umgebung des weit abgelegenen Klosters Mahibere-Silassie leben die gleichnamigen Rinder, weiße, schöne Tiere, die seit Jahrhunderten in der Abgeschiedenheit des Klosters gehalten werden. Sie sind durch ihre isolierte Haltung klar von allen anderen Rassen abgegrenzt. Wahrscheinlich kamen sie als Geschenk in den Besitz des Klosters.
Die Mahibere-Silassie haben einen Sanga-typischen kleinen Buckel und mittellange Hörner, die manchmal nach unten gerichtet sind. Die Rinder sind extrem futtergenügsam und sehr tolerant gegenüber Trockenheit. Sie werden extensiv ohne Zufütterung gehalten. Die Menge der Milch, die sie geben, entspricht den kargen Umweltbedingungen, denn in der Region zwischen Gondar und der Grenze zum Sudan herrschen sehr lange Trockenzeiten. In der Fasten- und langen Trockenzeit werden die Kühe in der Regel nicht gemolken. Fleisch kommt bei den 250 Mönchen nur am Ostersonntag auf den Tisch. Die Kühe dürfen den Klosterkomplex nicht betreten, da keiner Weiblichkeit Zutritt gewährt wird – wie es so in der Orthodoxie üblich ist. Aber die Herde weißer Tiere macht das Kloster zu einem Ort der Lebendigkeit, des Lebens von Tier und Mensch.

Anzahl der Tiere: Ca. 3 000 | **Körpergröße:** Stier: Ø 1,35 m | Kuh: Ø 1,25 m | **Abstammung:** Hervorgegangen aus verschiedenen Zebu- und Sanga-Rassen der Umgebung; isolierte Haltung im äthiopisch-orthodoxen Kloster; seit dem 17. Jahrhundert dokumentiert; durch Isolation bedingte genetische Flaschenhalssituationen haben zu einer klaren Abgrenzung zu anderen Rassen geführt | **Nächste Verwandte:** Keine näheren Verwandten, Isolation führt zu relativ großer genetischer Distanz | **Wesen:** Extrem futtergenügsam und tolerant gegenüber Trockenheit | **Besonderheit:** Weiße Kühe aus dem Kloster | **Verbreitung:** Äthiopisch-orthodoxes Kloster Mahibere-Silassie im Nordwesten Äthiopiens auf 500 – 1 200 m Seehöhe |

Sheko

BOS PRIMIGENIUS TAURUS

Southern Nations, Nationalities and Peoples' Region, Äthiopien

Shekos sind Kurzhornrinder aus einer längst untergegangen Welt. Es sind die letzten Vertreter der rein taurinen, buckellosen Rinder in Ostafrika. Shekos zählen zu Afrikas großen fünf Rinderrassen, neben Ankole, Kouri, Fulani und Borana. Diese alten Rassen verfügen über das herausragende genetische Potenzial, um künftige Herausforderungen Afrikas, wie die Klimakatastrophe, zu bewältigen.
Gehalten werden Shekos auf den Dorfwiesen in Waldlichtungen der Region Kaffa, auf rund 2 000 Meter Seehöhe.
Die Gegend gilt ihren Bewohnern als Wiege des Kaffeeanbaus. Kaffee wird hier auch in einer traditionellen, aufwendigen, fast feierlichen Zeremonie zubereitet und mit Weihrauch serviert. Der Kaffeesatz wird mit Salz vermischt, und dieses Gemisch dient dazu, Rinder anzulocken, um sie zu verwöhnen.
Ein Hauch von Wehmut umgibt diese alte Rinderrasse, die im Verschwinden begriffen ist. Durch dauernde, meist unbeabsichtigte Vermischung mit anderen Rindern kommen reinrassige Tiere heute kaum noch vor; nur noch 1 000 soll es von ihnen geben.
Dabei werden Shekos von den Bauern hochgeschätzt. Sie haben eine bessere Milchleistung, sind besser an die klimatischen Verhältnisse angepasst und erkranken seltener an der gefürchteten Trypanosomiasis als andere lokal vorkommende Rassen.

Sheko – ein Rind, das Wehmut, Wärme und Geborgenheit verbreitet.

Anzahl der Tiere: Ca. 1 000 | **Körpergröße:** Stier: 1,20 – 1,30 m | Kuh: 1,10 – 1,20 m | **Abstammung:** Einziges in Ostafrika präsentes Rind der Gruppe der afrikanischen Kurzhornrinder; durch Einkreuzungen mit Zebus stark gefährdet | **Nächste Verwandte:** Westafrikanische Kurzhornrinder (z. B. Baoulé und Kapsiki) | **Wesen:** Trypanosomiasis-tolerant; gutmütig und Menschen gegenüber zutraulich | **Besonderheit:** Einzige rein taurine Rinder Ostafrikas | **Verbreitung:** Region Kaffa im südwestlichen Äthiopischen Hochland, auf 1 700 – 2 500 m Seehöhe |

Karamojong

BOS PRIMIGENIUS INDICUS
Northern Region, Uganda

Akarima ajong, wörtlich übersetzt „die alten Männer sind müde" – daraus leitet sich der Name für das Volk und seine Rinder ab. Um 1600 soll das nilotische Volk der Langi von Äthiopien in den Nordosten Ugandas eingewandert sein. Während die Langi weiterzogen, blieben die Karamojong zurück, da die alten Männer müde wurden.

Karamojong ist eine alte Zebu-Rasse, die vermutlich über das Horn von Afrika um 600 n. Chr. ins Land kam. An das raue und trockene Gebiet sind sie bestens angepasst. Die Tiere haben einen ausgeprägten Zebu-Buckel und eine prächtige Wamme. Karamojong sind meistens einfärbig. Das Farbspektrum reicht von Weiß über Hell- und Dunkelbraun bis zu Schwarz. Selbstverständlich sind die Karamojong sehr tolerant gegenüber Hitze und Trockenheit. Sie sind äußerst anhänglich, ihre Verbundenheit mit ihrem jeweiligen Halter ist legendär. Die Rinderherde bildet nie eine anonyme Masse. Sie besteht aus lauter Individuen, jedes Tier trägt einen Namen, der meist auf seine charakteristischen Merkmale oder sein Verhalten bezogen ist.

Allerdings gibt es häufig regelrechte Raubzüge, um gerade dieses Vieh zu stehlen. Das Volk der Karamojong ist dabei einmal der Bestohlene, ein anderes Mal der Dieb selbst. Die Raubzüge führen nicht selten zu bürgerkriegsähnlichen Konflikten.

Jeder Mann hält einen eigenen, nur für ihn bestimmten Ochsen – seinen guten Geist, den er um Hilfe bittet, wenn die Not groß ist. Stirbt sein Ochse, ist es ein großes Unglück für den Besitzer. Stirbt der Besitzer, wird der Ochse nach der Beerdigung geopfert.

Kein Tier wird zum Zweck der Fleischgewinnung geschlachtet. Nur Opfertiere oder Tiere, die aus anderen Gründen gestorben sind, werden verspeist. Von ihnen wird alles verwertet: das Fleisch, die Knochen, die Klauen, die Hörner, die Haut.

In Notzeiten trinken die Karamojong das Blut ihrer Tiere, das mit Milch vermengt wird. Bleibt der Regen aus, bestimmt der Medizinmann einen Stier – in der Regel einen schwarzen –, der in einer besonderen Zeremonie auf dem Kraal geopfert wird.

Bei ihrer Initiation müssen junge Männer einen Löwen oder einen Elefanten allein mit einem Speer erlegen. Gelingt dies, wird ein Stier geopfert, den der erfolgreiche Jäger mit seiner Sippe und Freunden teilt. Erst dann ist der junge Mann heiratsfähig. Findet der Vater eine Braut, wird diese mit bis zu 100 Rindern bei ihren Eltern ausgelöst. 100 unglaublich personenbezogene Tiere für eine Beziehung. Welch ein Omen! Welch ein Fest!

Anzahl der Tiere:
Ca. 500 000
Körpergröße:
Stier: 1,30 – 1,42 m
Kuh: 1,25 – 1,32 m
Abstammung:
Reine Zebu-Rasse, die wahrscheinlich auf Migrationen über das Horn von Afrika zurückgeht
Nächste Verwandte:
Eng verwandt mit Teso; nähere Verwandtschaft auch zu Borana
Wesen:
Zebu-Charakteristika erleichtern Anpassung an raues, trockenes Haltungsgebiet
Besonderheit:
Enge Verbundenheit mit ihren Haltern, die jedoch oft durch Viehdiebstahl zerrissen werden kann
Verbreitung:
Nordostuganda sowie angrenzende Gebiete in Äthiopien und Kenia auf einer durchschnittlichen Seehöhe von 1 400 m

Ankole

BOS PRIMIGENIUS TAURUS X INDICUS
Western Region, Uganda

Ankole klingt wie das Horn der Götter. Und diese Rinder sind tatsächlich ein Geschenk der Götter. Ein Züchter beschreibt sein Verhältnis zu diesen Prachttieren: „Sie sind Mitglieder der Familie; sie sind wie meine Schwestern und Brüder."

Ankole werden nicht verkauft. Sie sind Mitgift und Versöhnungsgabe bei Verstößen gegen die Gebote der Sippe. Erleiden Menschen innerhalb der Gemeinschaft Unglück, werden den Betroffenen Tiere geschenkt. Ankole dienen dem Ausgleich unter den Menschen.

Ankole geben aber auch Milch. Das Futter ist meist karg, daher ist auch die Milchleistung niedrig. Die Kühe können nur gemolken werden, wenn die Kälber in der Nähe sind. Stirbt das Kalb, versiegt die Milch. Findige Ankole-Halter häuten das tote Kalb, legen die Haut über einen Stock und versuchen so, die Kuh zu täuschen.

Das nomadische Verhalten ist den Ankole noch ins Blut geschrieben. 20 Kilometer pro Tag legen sie zurück, um auf ihre Weiden zu kommen. Bis zu drei Tage lang sollen sie auf ihren Wegen ohne Wasser auskommen können, und im Gegensatz zu europäischen Rassen können sie lange Zeit ohne Fressen und Wiederkäuen verbringen.

Die Kühe sind der Reichtum der Halter, sie bestimmen die soziale Stellung in der Gesellschaft. Ohne Rinder würden die Menschen weder zu den Versammlungen noch zu den Festen geladen werden. Um die einmalige Schönheit einer Ankole wurden Diebeszüge und Kriege geführt. Und als einst eine gewaltige Flut ins Land brach, wurde eine makellose, weiße Ankole auf dem Berg Igongo geopfert, um die Götter zu besänftigen. Und sie ließen sich besänftigen.

Ankole sind majestätische Tiere – wie sie sich bewegen und wie sie innehalten, wird eine Herde durchquert! Ihre Hörner sind aus der Nähe noch überwältigender als auf Fotografien. Die Hörner fühlen sich warm, fast heiß an. Sie werden von Blut durchpulst. Im Inneren des Horns befindet sich ein Stützgewebe, zwischen dem das Blut bis kurz unter die Spitze fließt. Die Hörner dienen wahrscheinlich dem Temperaturausgleich und ermöglichen das Leben der Rinder nahe dem Äquator.

Ankole haben ein warmbraunes bis weißes Fell und sind Tiere von hoher Intelligenz. Sie sind optimal an ihre Umgebung angepasst, mit Ausnahme der Anfälligkeit gegenüber der von der Tsetsefliege übertragenen Schlafkrankheit.

Mit den wilden Tieren Afrikas kommt eine Ankole-Herde gut zurecht. Greift ein Leopard an, formiert sich die Herde und geht in den Gegenangriff. Das kann für den Leoparden übel verlaufen!

Ansonsten gehen Ankole mit ihren Hörnern äußerst behutsam um; von verletzten Menschen weiß kein Züchter, kein Ankole-Halter. Die Rinder sind ihr wichtigstes Gut, und so ist auch das Verhältnis von Mensch zu Ankole verbindlich, respektvoll, fast verehrend.

Und die überwältigenden Hörner? Des Königs Tiere haben die mächtigsten Hörner. Wehe dem, der diese mit seinen Kühen übertrumpfen will!

Anzahl der Tiere:
Ca. 1,6 Millionen
Körpergröße:
Stier: 1,18 – 1,47 m
Kuh: 1,18 – 1,31 m
Abstammung:
Vermutlich geht die Rasse auf Kreuzungen von taurinen Langhornrindern mit Zebus zurück und kam im 14. Jahrhundert nach Uganda; der Name Ankole geht auf ein historisches Königreich zurück; Ankole ist ein Überbegriff verschiedener verwandter Schläge
Nächste Verwandte:
Ankole gehören zur Gruppe der Sanga-Rinder; durch Kreuzung mit Zebus ist Ende des 19. Jahrhunderts die Rasse Nganda entstanden
Wesen:
Enge Bindung an ihre Halter; eleganter, stolzer Gang
Besonderheit:
Ausgesprochen große und mächtige Behornung
Verbreitung:
Verbreitungsgebiet ist in zwei Teile untergliedert. Grenzgebiete Uganda/Kongo zwischen Albert- und Edwardsee; Südwestuganda und Gebiete in Kongo, Burundi, Ruanda und Tansania

Vom Werden

„Ganze Weltalter voll Liebe werden notwendig sein, um den Tieren ihre Dienste und Verdienste an uns zu vergelten."

Christian Morgenstern

ENDE UND ERBE DES AUEROCHSEN

1627 starb im Wald von Jaktorów der letzte Auerochse im Alter von 30 Jahren. Manche Quellen meinen, er sei eines natürlichen Todes gestorben, während andere Quellen behaupten, er sei Wilderern zum Opfer gefallen. Die stolzen, kraftvollen Tiere waren ausgestorben. Was uns bleibt, sind Knochenfunde, Darstellungen in Höhlen und Felsen. Vor etwa 30 000 Jahren begannen die Menschen, das Wilde, Unbändige von Auerochsen zeichnerisch zu verewigen – frühgeschichtliche Kunstwerke sowie Beschreibungen aus den ersten Kulturen der Menschheit.

Ja – und unsere Kühe.

PRÄHISTORISCHE ENTSTEHUNG DES GENUS *BOS*

Der Beginn liegt weit zurück. Zoologisch werden Rinder in der klassischen Taxonomie eingeteilt in die Ordnung Paarhufer (Artiodactyla), Unterordnung Wiederkäuer (Ruminantia), Gruppe Stirnwaffenträger (Pecora), Familie Hornträger (Bovidae) und Unterfamilie Rinder (Bovinae). Innerhalb der Hornträger sind ihre nächsten Verwandten die Antilopen-Unterfamilien der Boselaphini und Tragelaphini. Als letzter gemeinsamer Vorfahre gilt der *Eotragus,* der vor rund 18 bis 20 Millionen Jahren gelebt hat. Vom *Eotragus* aus entwickelten sich über die Jahrmillionen verschiedene Urrinder heraus, wie beispielsweise *Selenoportax* und *Parabos,* sowie später *Pelorovis* und *Leptobos,* die sich bis ins Pleistozän diversifizierten (siehe Stammbaum). Der Ursprung der Boviden wird, durch fossile Funde begründet, in den Siwalikbergen am Fuße des Himalayas vermutet. Die Boviden sind die erfolgreichsten Ruminantia. Im Miozän, vor 20 Millionen Jahren, tauchten sie erstmals auf, und sie breiteten sich rasch aus. Nach und nach entstanden unterschiedliche Ausprägungen der Bovidae. Eine der Aufspaltungen waren die Bovinae, aus denen wiederum der Tribus Bovini hervorging – die Rinder.

Den Tribus Bovini können wir heute in die Genera *Bubalus* (Asiatische Büffelarten), *Syncerus* (Afrikanischer Büffel), *Pseudoryx* (Saola) und *Bos,* die eigentlichen Rinder, unterteilen. Die Wildarten des Genus *Bos* sind das Yak, der Gaur, der Banteng, der Kouprey, Bison, Wisent und der Auerochse, der in seiner Wildform allerdings ausgestorben ist. Prinzipiell sind die verschiedenen *Bos*-Arten untereinander kreuzbar, wobei es bei den Chromosomensätzen Abweichungen gibt. Dies führt dazu, dass männliche Abkömmlinge meist nicht fortpflanzungsfähig sind, weibliche hingegen schon.

DIVERSIFIZIERUNG DES AUEROCHSEN

Vom Auerochsen muss eine große Faszination ausgegangen sein. Überliefert ist nicht nur das Bildnis des letzten Auerochsen, der sogenannte „Augsburger Ur", der im 17. Jahrhundert von unbekannter Hand auf eine Holztafel gebannt wurde, sondern es sind auch eine Vielzahl an Fels- und Höhlenzeichnungen, Figuren, aus der Obed-Zeit vorhanden. Der Auerochse hatte glatte, lange Haare, die sich über der Stirn krausten. Stiere waren schwarzbraun bis schwarz, aber es gab wohl auch herrschaftliche weißlich-graue Tiere mit einem gelben Aalstrich über dem Rücken. Die Kühe hatten ein braunrotes Fell. Die männlichen Auerochsen hatten eine Widerristhöhe bis zu 2 Metern und auch mehr. Kühe wurden bis 1,7 Meter groß. Das weist auf einen beträchtlichen Geschlechtsdimorphismus hin. Auerochsen hatten einen großen Kopf mit gewaltigen Hörnern, kleine Ohren, große Augen und einen kräftigen Hals. Die Hörner erreichten eine Länge bis zu 1 Meter. Der Auerochse hatte ein unglaublich großes Verbreitungsgebiet. Von der Atlantikküste Europas, ausgenommen Irland, bis zur Pazifikküste Chinas, aber auch in Nordafrika, war er heimisch.

Im Pleistozän bildeten sich unterschiedliche Unterarten des Auerochsen aus: *Bos primigenius primigenius* in Eurasien, von dem die taurinen Rinder abstammen, *Bos primigenius namadicus* südlich des Himalayas, von dem die indicinen Rinder, die Zebus, abstammen und *Bos primigenius opisthonomus,* den es in Ägypten und Nordafrika gab. Der asiatische Auerochse, der vor ca. 2 000 Jahren ausstarb, hatte riesige Hörner. Der afrikanische Auerochse hatte lyraförmige Hörner und starb im 14. Jahrhundert v. Chr. aus, im Atlasgebirge 1 000 Jahre später.

Der Auerochse breitete sich von Asien ausgehend aus. Südeuropa, zuerst Spanien, erreichte er vor 700 000 Jahren, Mitteleuropa erst vor 275 000 Jahren.

ERSTE DOMESTIKATION IM FRUCHTBAREN HALBMOND

In der neolithischen Revolution begannen die Menschen, ihre Lebensart zu verändern. Aus Jägern, Sammlern, Nomaden wurden sesshafte Bauern. Die Menschen bildeten dörfliche Gemeinschaften und bauten Getreide an. Um 10000 v. Chr. begannen sie langsam, Wildtiere und Wildpflanzen zu domestizieren. Warum sich die neolithischen Menschen bei ihrer Entwicklung von dörflichen Agrargemeinschaften aber gerade an den unbändig wilden Auerochsen wagten, vermag nicht endgültig beantwortet zu werden.

DER BEGINN UNSERER ZIVILISATION

Die Domestikation nahm im Fruchtbaren Halbmond ihren Anfang. Das Rind war das erste Großtier, aus dem sich die Menschen ein Haustier zu machen trauten. Die Domestizierung und die Züchtung von Haustieren ist der Schlüssel zur Entwicklung der Kulturen, wie wir sie kennen. Die Menschen lebten bis dahin aneignend, jagend und sammelnd. Erst im Neolithikum entwickelten sie sesshafte, Ackerbau betreibende Produktionsgemeinschaften.

Um sich das Gedeihen der Ernten zu sichern, war es klug, die Götter günstig zu stimmen. Ackerbaugemeinschaften benötigten eine wohlgesonnene Vegetationsgottheit. Dafür brauchten sie Rinder als Opfertiere für die Mondgottheiten, die Gottheiten der Fruchtbarkeit. Aber warum gerade der unbändige, gewaltige Auerochse? Darüber lässt sich nur spekulieren. Es könnten die mächtigen, weit ausladenden Hörner gewesen sein, die sie als Opfertiere für die Mondgottheiten prädestinierten. Tiere mit kleinen Hörnern waren für den Mondkult ungeeignet. Nur das schönste, prächtigste Tier war für die gute, verlässliche Ernte geeignet. Das Rind war ein sakrales, ein kultisches Tier. Es war das Tier am Beginn der Hochkulturen, am Anfang unserer Zivilisation.

Darüber, wie der Auerochse domestiziert werden konnte, können wir nur rätseln. Möglich sind Salz- oder Wassergabe sowie die Fesselung und das Hungernlassen von jungen Tieren, um so ihren Widerstand zu brechen. Der Möglichkeiten gibt es viele, und die menschlichen Findigkeiten sind grenzenlos.

Charles Darwin beschrieb die Methode, mit der argentinische Gauchos verwilderte Rinder wieder einfangen: Von der Herde unbemerkt nähern sie sich ihr an und werfen Bolas zwischen die Beine der Tiere. In diesen verheddern sie sich und können sich nicht mehr bewegen. Durch das Ringen gegen die Fesseln und den Futterentzug sind sie bald erschöpft. Die auf diese Weise gebrochenen Rinder werden einer Herde gezähmter Rinder zugeführt, in die sie sich integrieren. Wenn ihnen ein Vorteil erwächst, haben Menschen viel Fantasie.

Archäozoologische und genetische Schätzungen datieren die Domestizierung der taurinen Rinder auf die Jahre 10800 bis 10300 vor unserer Zeit. Die Domestizierung verlief wahrscheinlich kleinräumig im Verlaufe einiger Jahrhunderte, möglicherweise zwischen den Ausgrabungsstätten Dja'de el Mughara und Çayönü, die ca. 250 Kilometer auseinanderliegen. Aus der genetischen Verteilung und den archäologischen DNA-Proben kann die heutige taurine Rinderpopulation auf

80 Kühe zurückgeführt werden. Über die Bestimmung der Haplogruppen und des Haplotyps kann die Verbreitung der Rinder gut beschrieben werden.

WEITERE DOMESTIKATIONSEREIGNISSE

Etwa 2 000 Jahre später als die taurine Form der Rinder wurden – wahrscheinlich im Industal – aus dem *Bos primigenius namadicus* die indicinen Rinder domestiziert. Die heutigen indicinen Rassen weisen eine ungleich breitere genetische Diversität auf als die heutigen taurinen Rinder. Das lässt drei Erklärungsmöglichkeiten zu. Möglich ist, dass es zu räumlich und zeitlich getrennten Domestikationsereignissen kam. Es kann auch sein, dass ein weit höherer genetischer Beitrag sowohl männlicher als auch weiblicher wilder Auerochsen vorhanden war als bei der Entstehung der taurinen Form. Die dritte Möglichkeit ist, dass die Population weniger oder nicht so drastische Flaschenhalssituationen erlebte wie die der taurinen Rinder. Neben den Domestikationsereignissen in West- und Südasien wird auch eine dritte, unabhängige Domestikation des Auerochsen angenommen, nämlich die der Unterart *Bos primigenius opisthonomus* in Afrika. Sie kann bis heute nicht eindeutig bewiesen werden, wohl aber sind die genetischen Spuren des afrikanischen Auerochsen durch die mtDNA-Haplogruppe T1 belegt, die sich nur in Rindern afrikanischer Abstammung finden.

Auch andere Arten der eigentlichen Rinder wurden domestiziert. Das Yak machte den ersten Siedlern im Himalaya und in den angrenzenden Gebirgsregionen das Überleben möglich. Auf den Inseln Südostasiens wurde vor etwa 7 000 Jahren aus dem wilden Banteng das domestizierte Bali-Rind. Das Mithun wurde wahrscheinlich erstmals im Industal vor rund 4 500 Jahren domestiziert, Ausgangstier war hierbei der Gaur. Als einziger Vertreter der Bubalina wurde, möglicherweise zeitgleich mit dem Zebu, der Wasserbüffel zum Haustier. Bison, Wisent und Kou-prey wurden als Vertreter der eigentlichen Rinder dagegen nie domestiziert.

FOLGEN DER DOMESTIKATION

Während der Migration der Rinder kam es durchaus auch zu Introgressionen von wilden Auerochsen. Darauf deutet etwa die Verteilung der Y-Haplogruppen Y1 und Y2 innerhalb Europas hin. Dies wäre auch eine alternative Erklärung zur Domestikationstheorie für die abweichende Haplogruppe der afrikanischen Rinder. Der Einfluss der Auerochsen hat die Genetik der Rinder jedenfalls variabler, um nicht zu sagen – interessanter, gestaltet. Dadurch kam ein gewisser Charme der Eigenständigkeit in die Tiere.
Die domestizierten Tiere machten als Haustiere einen starken Wandel durch. Sie wurden den wilden Arten immer unähnlicher und passten sich hinsichtlich ihrer Körperform und Hörner den Haltungsbedingungen stark an. Die Anpassung, die Epharmonie der zu Haustieren werdenden wilden Auerochsen, ist das Ergebnis eines beeindruckenden Prozesses. Der Wunsch der Menschen, die Kraft der Tiere einzuschränken, bewirkt eine gewisse Verzwergung. Bei den Wildarten setzen sich die angriffigen, unbändigen, starken Tiere durch, während bei Haustieren die friedlichen, angepassten, vielleicht auch schwächeren bevorzugt werden.
Bei Haustieren verändert sich das Fell, die Haut wird faltig, die Drüsen verändern sich bis zur Dauerlaktationsfähigkeit, die Knochen werden schwerer, der Fettanteil wächst im Tier an und vor allem werden die Hörner kürzer; sie korrelieren mit der Größenabnahme der Rinder.

Durch selektive Eingriffe der Menschen beim Rind wurden Merkmale der Tiere verändert, erhalten oder betont. Bei den taurinen Rindern kristallisierten sich zwei Typen heraus: Rinder mit gewaltigen Hörnern und Kurzhornrinder mit einer langen, schmalen Schädelform. In Indien wurde der Buckel betont, der in allen urigen Rindern als Erbanlage potenziell vorhanden ist.

EXPANSION IN ALLE HIMMELSRICHTUNGEN

Taurine Rinder erreichten Ostasien vor ca. 5 000 Jahren. Dieser Stamm wird als turano-mongolisch bezeichnet. Gab es dort eine eigene Domestizierung, wie teilweise angenommen wird, muss sie als gescheitert betrachtet werden, denn sie hat keine genetischen Spuren in heutigen Rindern hinterlassen. Taurine Rinder verteilten sich in weiterer Folge nach Norden, Jakutien, und Süden, Himalaya, wo sie noch heute zu finden sind.

Die frühen Migrationen führten die indicinen Rinder vom Industal nach Westen.
In Mesopotamien gibt es die ersten Darstellungen von Buckelrindern aus dem 5. Jahrtausend v. Chr. Zebus migrierten in den Kaukasus nach Ägypten. Die Migration vom Industal nach Osten und Südosten wurde durch die Invasion der indoarischen Bevölkerung vom heutigen Iran in das heutige Indien ausgelöst.

DIE EROBERUNG EUROPAS

Die ältesten Funde des Hausrindes in Europa wurden in Thessalien entdeckt. Sie sind etwa 8 500 Jahre alt. Die Hausrinder breiteten sich entlang der nordafrikanischen Mittelmeerküste aus, Spanien erreichten sie 7 900 – 7 700 Jahre vor unserer Zeit. Die zweite Migrationsroute nach Europa führte über die Donau; bei dieser kamen die domestizierten Rinder vor 7 500 Jahren nach Mitteleuropa. Nordeuropa erreichten sie 1 000 Jahre später. Die ersten Rinder, die nach Europa kamen, wurden bereits gemolken; darauf weist die hiesige hohe Frequenz an Laktosetoleranz der Menschen hin.

In der Bronzezeit verringerte sich die Größe der Rinder in Mittel- und Nordeuropa vermutlich wegen mangelnden Futterangebots. Aus diesen Rindern entstanden die der alpinen Pfahlbaukulturen und die der Kelten. Ganz im Gegensatz dazu gab es in Griechenland zwischen dem 8. und 7. Jahrhundert v. Chr. die wunderschönen, prachtvollen großen Epirus-Rinder, auf die die römischen Langhornrinder zurückzuführen sind. Die Spuren all dieser Rinder können heute noch in diversen Rinderrassen gefunden werden. Ab dem 6. Jahrhundert mischten die verschiedenen Völkerwanderungsrouten die Rinderschläge Europas durcheinander. Durch den Genfluss können wir das heute nachvollziehen. Auf der Iberischen Halbinsel wurden mit der maurischen Herrschaft nordafrikanische Rinder eingeführt. Im Mittelalter war der Ernährungszustand der meisten europäischen Rinder katastrophal, infolgedessen wurden die Rinder kleiner. Nach der Pestzeit wuchsen sowohl der Bestand als auch die Größe der Rinder wieder an.
Ab dem 14. Jahrhundert erlebte die Rinderhaltung erneut eine Blütezeit. Sie entwickelte sich aus der gesteigerten Nahrungsmittelnachfrage der wachsenden urbanen Zentren, und vielleicht wurde die Neuorganisation der politischen Macht erst durch die Rinderherden, die die Menschen ernährten, möglich.

Um den Hunger der Städte zu befriedigen, entwickelten sich neue Wirtschafts- und Handelssysteme, zum Beispiel Viehtriebe wie der Ungarische Oxenweg nach Mitteleuropa oder der aus der Peripherie Großbritanniens in die aufstrebenden Ballungsräume der Insel. In der Schweiz erlebte die Hartkäserei einen Aufschwung: Schweizer Käse wurde europaweit gehandelt. Und Hand in Hand mit diesen Entwicklungen ging die gezielte Selektion der Rinder auf bestimmte Leistungen. Gebraucht wurden Arbeitstiere, milchbetonte Kühe und Fleischrassen für die Städte.

In der Mitte des 18. Jahrhunderts, mit der beginnenden Industriellen Revolution, kam es auch zur sogenannten britischen Agrarrevolution. Der Ackerbau wurde intensiviert, und das Haustier Rind wurde endgültig zum Nutztier Rind, dessen Zucht nun systematisch betrieben wurde. Die britischen Zuchtmethoden zur Selektion bei Rindern breiteten sich im 19. Jahrhundert über ganz Europa aus. Die Zucht im englischen Adel war aber nicht nur auf Ertrag getrimmt. Abstammung, Besonderheiten und Geschichte der Rasse wurden zum Faible der Adeligen und zu ihrem sozialen Konzept. Der Besitz bestimmter Rinderrassen konnte zu Anerkennung und Bewunderung führen. Internationale Tierausstellungen befeuerten die Bekanntheit und die Verbreitung mancher Rassen.

SPEZIALISIERUNG UND ENTFREMDUNG

Ab 1870 wurden Zuchttiere in die Neue Welt exportiert. In Amerika, wo bis dahin vor allem halb verwilderte Rinder, wie z. B. Texas Longhorn, extensiv gehalten wurden, kam es zur extremen züchterischen Spezialisierung auf Leistungsmerkmale. Das verlangte nach Futtereffizienz sowie nach einer Industrialisierung der Haltung, Milchverarbeitung und Schlachtung. Sobald dies möglich war, kam es auch zur Technisierung der Zucht mit künstlicher Besamung und Embryotransfer. Damit sind wir in der Gegenwart angelangt. 1,4 Milliarden Rinder soll es auf der Welt geben. Der Hunger auf Fleisch und Milch wächst weltweit.

Rinder, die industriell genutzt werden, haben ihre enge Verbundenheit mit den Menschen verloren, sie leben im Abseits.

Die Beziehung zwischen Mensch und Rind hat viele Tausend Jahre gehalten. Sie hat uns Menschen die Welt eröffnet. Das Wort „Kuh" soll es in 539 Sprachen und Dialekten geben. Die Rinder ermöglichten Menschen, in unwirtliche Regionen vorzustoßen und diese zu besiedeln, beispielsweise Jakutien, Himalaya oder die Hochgebirgstäler der Alpen, was ohne das Rind gescheitert wäre. Die Haltung von Rindern schützte die Menschen vor Armut, trug zur Stabilität des Gemeinwesens bei und ermöglichte und prägte Kulturen. Rinder stellten ein bewegliches Vermögen dar. Die harten, beständig arbeitenden Ochsen machten den Ackerbau möglich. Pastorale Rinderhaltung und Transhumanz erweiterten den Horizont der Menschen. Rinder nährten die Menschen, heilten, kleideten und schmückten sie.

GRASEN UND IMMERZU WIEDERKÄUEN

Rinder machten den Menschen ihre Nahrung 10 000 Jahre lang nicht streitig. Durch ihren Magen vermögen sie, die für uns wertlosen, rohfaserreichen Pflanzen zu verwerten und in hochwertiges Eiweiß umzuwandeln. Rinder sind Pflanzenfresser und ihre Mägen bauen die im Gras enthaltenen Stoffe ab, indem sie ihm Protein, Vitamine und Mineralien entziehen. Aus der für die menschliche Ernährung wertlosen Zellulose gewinnen Rinder mit ihrer Darmflora noch Energie.

Der Magen von Rindern besteht aus vier Abteilungen: Pansen, Netzmagen, Blättermagen und Labmagen. Pansen und Netzmagen bilden eine Fermentationskammer. Das Pflanzenmaterial wird von symbiotischen Mikroben im Pansen fermentiert. Durch Kontraktion wird es ständig durchmischt und verteilt. Kleine Portionen dieses Breis kommen wieder in den Mund zurück und werden ein weiteres Mal gekaut, d. h. wiedergekäut. Vom Netzmagen kommt der Nährbrei in den Blättermagen, der Flüssigkeit entzieht. Im Labmagen wird der enzymatische Prozess der Verdauung beendet. Im Darm werden die Nährstoffe absorbiert und die Flüssigkeit resorbiert. Das ist vor allem für die Rinder lebensnotwendig, die in Trockengebieten leben. Natürlich besteht ein direkter Zusammenhang zwischen der Morphologie des Verdauungstrakts und den Futtermöglichkeiten. Der Rindermagen ist auf ballaststoffreiche Rohfaserprodukte ausgelegt. Gras und etwas Laub: Das ist die ideale, der Art Rind entsprechende Diät. Bei dieser Diät sind Rinder unglaublich effiziente Tiere, die die hochwertigsten Lebensmittel für uns Menschen erzeugen. Die nilotischen Pastoralisten sind überzeugt, dass Rinder sakrale Tiere sind und alles, was vom Rind kommt, einen Wert für die Menschen hat.

WERT UND ENTWERTUNG DES DUNGS

In der industrialisierten Landwirtschaft ist die Gülle – eine Mischung aus Jauche und Fäkalien – durch ihre schiere Menge eine Last. Sie zerstört den Humus der Böden, das Grundwasser durch Nitraterhöhung und das Fließwasser durch Eutrophierung. Die Meere ersticken unter der Zufuhr von Nährstoffen, die Luft wird durch Ammoniakemissionen verschmutzt. Die Tiere leben auf Teilspaltenböden über ihren Ausscheidungen. Dung, eine Göttergabe, wird so zum Problem der Umwelt und auch der Gesellschaft. Denn Dung wirkt eigentlich erdbelebend. Rudolf Steiner meint, aus toter Erde könne die Pflanze schwer gedeihen. Rinderdung aber macht die Erde lebendig und schenkt uns vitale Lebensmittel. Die Kuh kann auf derselben Fläche fressen und ausscheiden und laugt den Boden dabei nicht aus – ganz im Gegenteil: Kuhdung stärkt die Pflanzen und fördert ihr Wachstum.

Im Kuhdung sind Phosphor, Stickstoff und Kalium im Verhältnis 1 : 2 : 3 enthalten – das ideale und für Pflanzen notwendige Maß. Dies ist die Grundlage der Bodenfruchtbarkeit. Der Boden und der Kuhdung gehen dabei eine koevolutionäre Symbiose ein. Kühe können über Generationen auf denselben, von ihnen selbst gedüngten Wiesen leben. Dabei ist selbstredend das richtige Verhältnis von Kuhbestand und Bodenfläche wichtig. Kühe haben Wiesen über viele Jahrhunderte beweidet und die Bodenfruchtbarkeit aufgebaut. Deswegen konnten wunderbare Ackerböden mit gesundem Pflanzenbestand für die menschliche Ernährung gedeihen. Kuhdung ist aber auch ein Brennstoff in Hochgebirgen und in Trockengebieten. Er ist zudem ein Baumaterial, das traditionell dem Lehm beigemengt wurde, um die Isolationskraft gegen Kälte und Hitze zu erhöhen. Auch in europäischen Fachwerkhäusern kam Kuhdung als Baumaterial zum Einsatz. Kuhdung soll vor Schimmelbefall schützen. Da ist es ganz schlüssig, dass Lakshmi, die hinduistische Göttin des Reichtums und des Glücks, die Göttin des Rinderdungs ist.

UNLIEBSAME NEBENEFFEKTE DER RINDERHALTUNG

Rinder produzieren Treibhausgase. Etwa 9,5 Prozent der von Menschen verursachten Emissionen an CO_2-Äquivalenten entstehen durch die Rinderhaltung, wobei über die Hälfte durch Bereitstellung von Futtermitteln und Transport der Produkte verursacht wird. Eine Möglichkeit der Reduktion dieser Menge ist die Steigerung der Produktion pro Tier. Das bedeutet: eine noch intensivere Haltung und Fütterung der Rinder, infolgedessen Landnutzungsänderung, Intensivierung des Futtermittelanbaus, zerstörte Regenwälder, verstärkten Kunstdüngereinsatz, Erhöhung der Pestizidgaben und Gentechnik bei Soja. Im Ergebnis also eine Totalabhängigkeit von Petroindustrie, Sojabaronen und Gentechnik.
Eine andere Perspektive bietet die Nutzung von bereits bestehenden Weiden mit widerstandsfähigen, weniger krankheitsanfälligen, standortangepassten Tieren. Um diese Tiere zu füttern, bedarf es keiner Landnutzungsänderung für Kraftfutteranbau und keines entsprechenden Transports. Unvermeidlich wird sein, unseren Fleischkonsum zu mindern.

ZURÜCK IN UNSERE MITTE

Das Rind ist die Mitte des landwirtschaftlichen Organismus und das wichtigste Haustier. Wir machten aus dem umherziehenden Tier ein eingeschränktes Haustier, ein Nutztier, das ausschließlich Nutzen zu erbringen hat. Es ist unsere Hybris des Zurechtrichtenmüssens, unsere Überheblichkeit, unser kalter Egoismus, dem das sakrale Tier, das uns das Leben ermöglicht, zum Opfer fiel.

Rinder lehrten die Menschen Verlässlichkeit, Beständigkeit und Gelassenheit. Sie waren für die Menschen da, als die Not eine große war. Unsere Zivilisation, unsere Verbreitung über große Teile der Erde, unsere kulturelle Vielfalt und religiösen Vorstellungen, die gesellschaftlichen Entwicklungen des Gemeinwesens, die Fruchtbarkeit der Böden, den schier nie versickernden Strom der lebenserhaltenden Milch – all das und noch einiges mehr verdanken wir den Rindern.

„Die Kuh bedeutet für mich die ganze nichtmenschliche Natur. Die Kuh führt den Menschen, sein Eins- und Gleichsein mit allem, was lebt, anzuerkennen. Die Kuh war immer der beste Gefährte des Menschen. Der Ruf aus tiefsten Schichten unserer Schöpfung ist umso zwingender, als er wortlos bleibt."

Mahatma Gandh

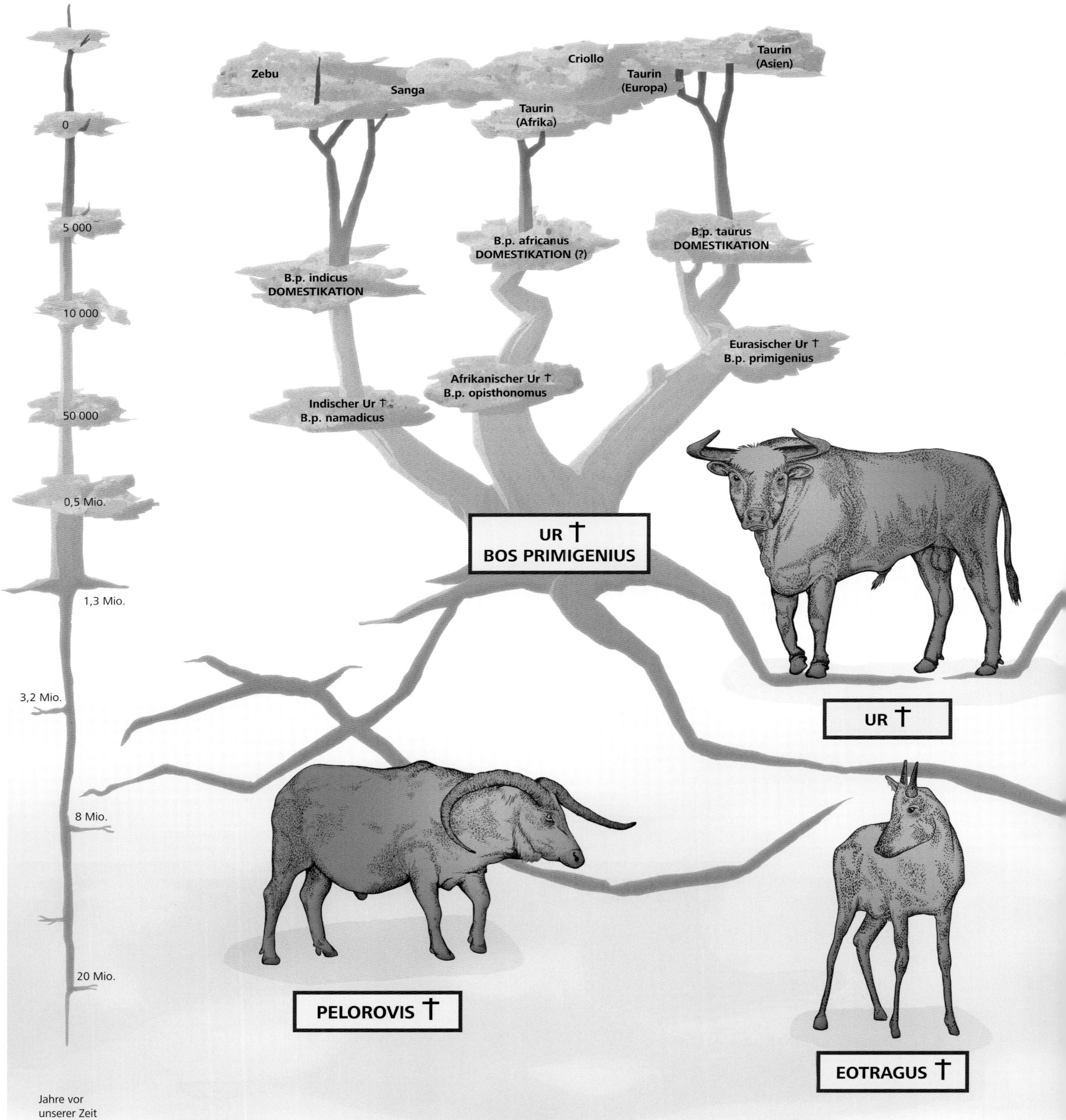

Zebu
Sanga
Criollo
Taurin (Europa)
Taurin (Asien)
Taurin (Afrika)
B.p. indicus DOMESTIKATION
B.p. africanus DOMESTIKATION (?)
B.p. taurus DOMESTIKATION
Eurasischer Ur † B.p. primigenius
Afrikanischer Ur † B.p. opisthonomus
Indischer Ur † B.p. namadicus
UR † BOS PRIMIGENIUS
UR †
PELOROVIS †
EOTRAGUS †
0
5 000
10 000
50 000
0,5 Mio.
1,3 Mio.
3,2 Mio.
8 Mio.
20 Mio.
Jahre vor unserer Zeit

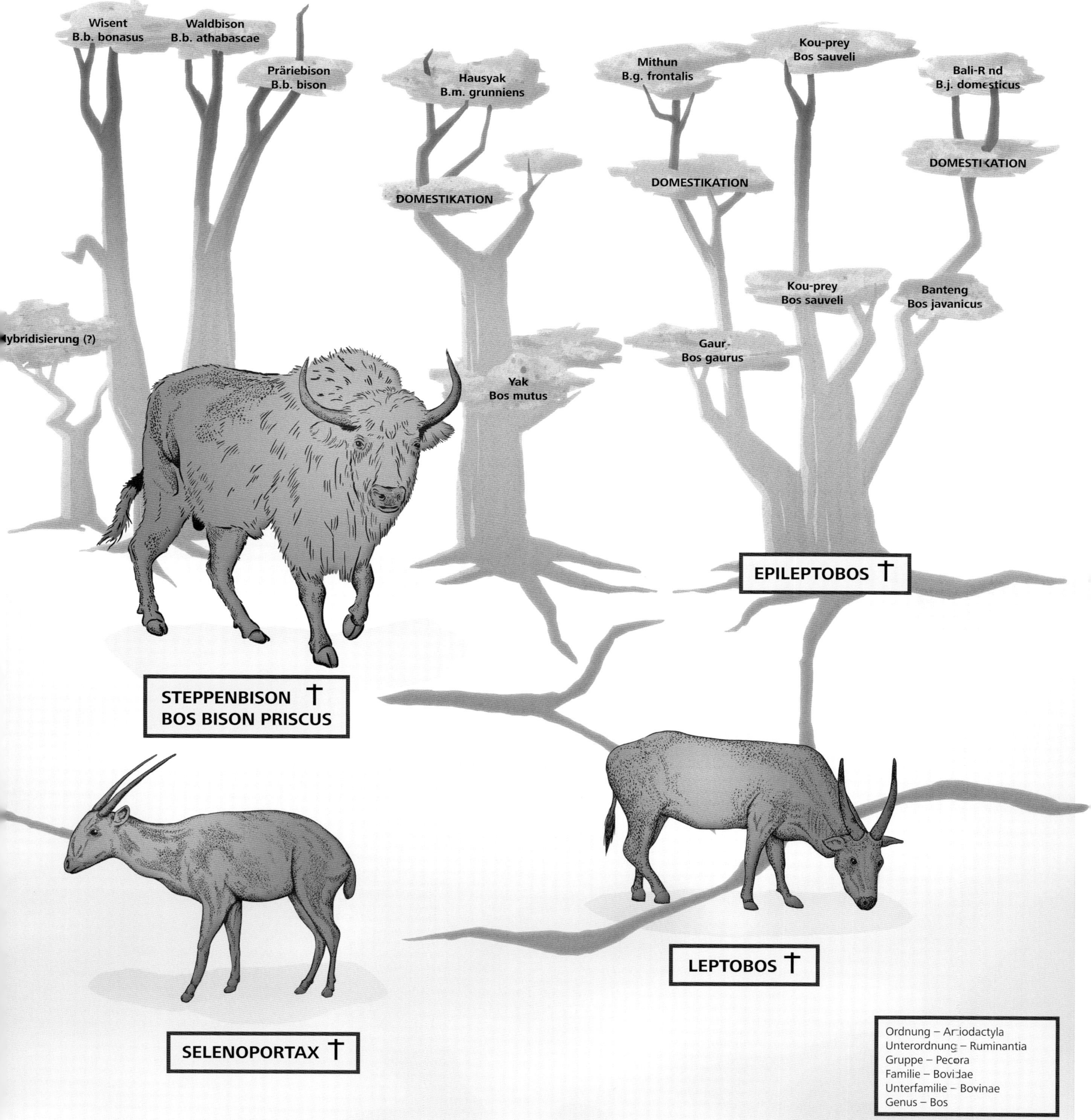

Wisent
B.b. bonasus
Waldbison
B.b. athabascae
Präriebison
B.b. bison
Hausyak
B.m. grunniens
Mithun
B.g. frontalis
Kou-prey
Bos sauveli
Bali-R nd
B.j. domesticus
DOMESTIKATION
DOMESTIKATION
DOMESTIKATION
Kou-prey
Bos sauveli
Banteng
Bos javanicus
ybridisierung (?)
Gaur
Bos gaurus
Yak
Bos mutus
EPILEPTOBOS †
STEPPENBISON †
BOS BISON PRISCUS
LEPTOBOS †
SELENOPORTAX †
Ordnung – Artiodactyla
Unterordnung – Ruminantia
Gruppe – Pecora
Familie – Bovidae
Unterfamilie – Bovinae
Genus – Bos

Glossar zur Abstammung

Auerochse: Auch Ur, ➻ Wildrind mit historischer Verbreitung in Eurasien und Nordafrika; Vorfahre der heutigen Hausrinder (➻ taurin und ➻ zebuid); 1627 ausgestorben.

Chromosom: DNA-Strukturen im Zellkern, die die wesentlichen Erbinformationsträger darstellen. Chromosomen sind paarweise vorhanden, in sogenannten Chromosomensätzen. ➻ Taurine und ➻ zebuide Hausrinder haben z. B. 30 Chromosomenpaare, also 60 Chromosomen.

DNA, auch DNS: Desoxyribonukleinsäure; Biomolekül in Doppelhelixstruktur; Träger der ➻ Gene.

Domestikation: Prozess, der aus einer Wildtierpopulation eine Haustierpopulation macht. Die Mensch-Tier-Beziehung ist vielfältig ausgeprägt und es existieren Zwischenstufen der Zähmung und Verwilderung. Als erste Domestikation gilt die des Wolfes zum Hund, der Auerochse als erstes Wildrind wurde erstmals vor rund 10 500 Jahren im Gebiet des Fruchtbaren Halbmondes domestiziert.

Embryotransfer: Eine Technik, bei der Embryonen von Säugetieren künstlich in eine Gebärmutter eingebracht werden. Innerhalb der Zucht von Rindern dienen Embryotransfer und künstliche Besamung der Verbreitung von besonders erwünschten Merkmalen ausgewählter Zuchttiere.

Epharmonie: Harmonie zwischen der Struktur eines Organismus und den ihn beeinflussenden veränderlichen Umweltbedingungen. Dies setzt einen hohen Grad an Anpassungsfähigkeit voraus.

Fruchtbarer Halbmond: Gebiet von der östlichen Mittelmeerküste über Anatolien bis ins Zweistromland zwischen Euphrat und Tigris. Gilt als eine der Wiegen des Ackerbaus und erste ➻ Domestikationsregion des ➻ Auerochsen.

Gen: Abschnitt der ➻ DNA, Träger von Erbinformationen, die durch Reproduktion an die Nachkommen weitergegeben werden.

Genetische Nachweismethoden: Verwandtschaftsverhältnisse können über den Vergleich von ➻ Haplotypen abgeschätzt werden. Verwandtschaft auf mütterlicher Linie wird mithilfe der ➻ mtDNA, die auf väterlicher Linie mithilfe von ➻ Y-Chromosomen abgeschätzt. Autosomenvergleiche sind nicht an geschlechtsspezifische Gene gebunden.

Genetischer Flaschenhals: Je nach Kontext auch Gründerereignis. Durch Isolation oder Reduzierung einer Population verursachte Verringerung der genetischen Variabilität, wodurch Gendrift verstärkt zutage tritt. Eine solche Population (Gründerpopulation) kann sich wesentlich schneller geno- und phänotypisch verändern, als dies unter Idealbedingungen der Fall wäre, und eine neue, distinkte Subpopulation, Unterart oder Art bilden.

Genus *Bos*: Rinder im eigentlichen Sinne. Alle im Buch abgebildeten Rinder gehören zu diesem Genus, das Wild- und Domestikationsformen der Auerochsen, Yaks, Gaur, Banteng, Bison, Wisent und Kou-prey umfasst.

Haplogruppe: Zusammenfassung verschiedener ähnlicher ➻ Haplotypen. Mittels ➻ genetischer Nachweismethoden können über die Verteilung von Haplogruppen in heutigen Populationen Verwandtschaftsverhältnisse und Migrationswege abgeschätzt werden. So zeigt das ausschließliche Vorkommen der ➻ mtDNA-Haplogruppe T1 in Rindern afrikanischer ➻ tauriner Abstammung, dass es in Afrika zu einem genetischen Einfluss durch Auerochsen gekommen sein muss, der in Europa nicht vorhanden ist. In Nordeuropa ist wiederum die Y-Haplogruppe Y1 dominierend, während in Südeuropa die Gruppe Y2 überwiegt. Das deutet darauf hin, dass es während der Migration eine Introgression wilder Auerochsen in domestizierte Bestände gegeben haben könnte.

Haplotyp: Variante einer Gensequenz. Ähnliche Haplotypen werden in ➻ Haplogruppen zusammengefasst.

Hybridisierung: Paarung zweier Individuen verschiedener Arten oder Unterarten; wird teilweise synonym mit ➻ Kreuzung verwendet. Alle Rinderarten des ➻ Genus *Bos* sind miteinander hybridisierbar, meist sind aber die männlichen Nachkommen nicht fortpflanzungsfähig.

Indicines Rind: Siehe ➻ zebuides Rind.

Introgression: Genetischer Eintrag einer Art/Unterart in eine andere bzw. Bewegung eines Gens, einer Gensequenz oder eines Chromosoms von einer Art/Unterart auf eine andere.

Koevolution: Wechselseitige Anpassung zweier Arten aneinander im Laufe der Evolution.

Kreuzung: Paarung zweier Individuen verschiedener Rassen oder Unterarten; teilweise synonym mit ➻ Hybridisierung verwendet.

mtDNA, mitochondriale DNA: Gehört nicht zu den ➻ Chromosomen, sondern befindet sich außerhalb des Zellkerns. Sie wird nur von mütterlicher Seite weitervererbt und kann so die Verwandtschaftsverhältnisse und Migrationsprozesse auf maternaler Ebene nachzeichnen.

Taurindicines Rind: ➻ Hybrid aus ➻ taurinem und ➻ zebuidem Rind. In Afrika als Sanga bekannt. Ein Sanga, das wiederum mit Zebus gekreuzt wird, heißt Zenga.

Taurines Rind: Buckelloses Hausrind *(Bos primigenius taurus)*. Von der ➻ Auerochsen-Unterart *Bos primigenius primigenius* abstammende Domestikationsform.

Ur: ➻ Auerochse.

Wildrind: Nicht domestizierte Form der Rinder. Insgesamt gibt es zwölf bestehende Arten, sechs davon im ➻ Genus *Bos,* sowie den Auerochsen, der nur noch in seinen ➻ Domestikationsformen (➻ taurines und ➻ zebuides Rind) besteht.

Y-Chromosom: Kommt nur bei männlichen Individuen vor (Chromosomenpaar XY bei den Geschlechtschromosomen) und kann so die Verwandtschaftsverhältnisse und Migrationsprozesse auf paternaler Ebene nachzeichnen; aufwendiger umzusetzen als mtDNA-Analyse.

Zebuides Rind, auch indicines Rind: Zebu, bebuckeltes Hausrind *(Bos primigenius indicus)*. Von der ➻ Auerochsen-Unterart *Bos primigenius namadicus* abstammende Domestikationsform.

2

Westafrika

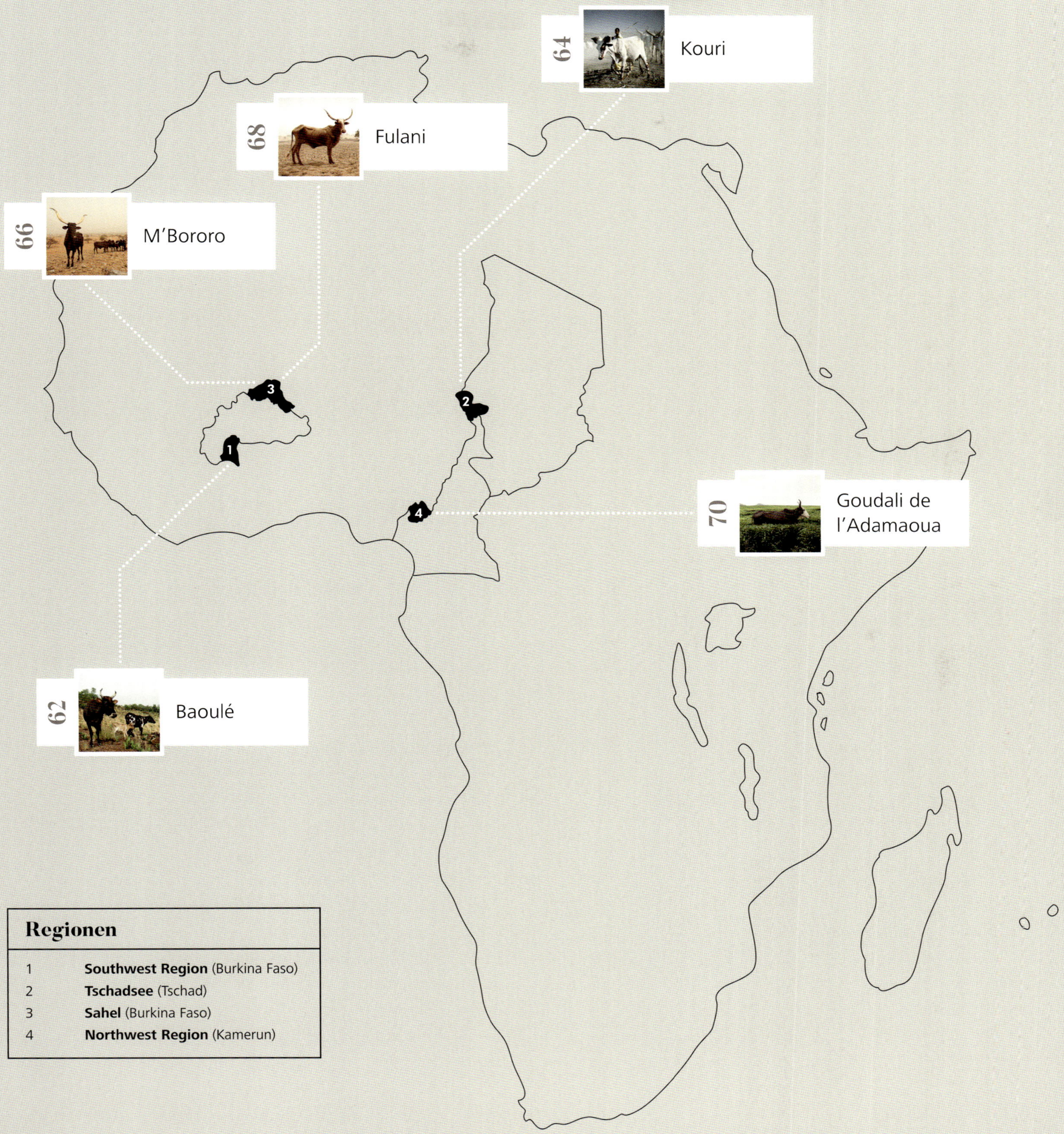

Regionen

1	**Southwest Region** (Burkina Faso)
2	**Tschadsee** (Tschad)
3	**Sahel** (Burkina Faso)
4	**Northwest Region** (Kamerun)

Die grüne Sahara wird zur Wiege des Pastoralismus

Der Pastoralismus ist eine der faszinierendsten Kulturleistungen der Menschheit. Ununterbrochen seit fast 9 000 Jahren währt er. Er schuf Landschaften, Regionen, menschliche Verhaltensweisen, Gesellschaften, Werte, Haltungen, Beziehungen. Zudem ist er von unendlicher geistiger und seelischer Schönheit, die von einer Form zu einer anderen übergeht.

Die Liebe zu den Tieren, der tief verwurzelte Respekt zu ihnen, der viele Hunderte von Generationen gelebt und weitergetragen wurde, ist das Gefäß, in dem sich der Pastoralismus entwickelte.
Und die Handlungsebenen sind die vielgestaltigen Interaktionen zwischen Rindern, Menschen und der Umwelt. Die Fürsorge für die Rinder, die Zufriedenheit der Tiere, das zuvörderst stehende Wohl der Tiere schaffen erst den Nutzen für die Menschen.
Das ist eine radikale Umkehrung von Werten und Gesinnungen in der Tierhaltung und in der Mensch-Tier-Beziehung, zu der, wie heute von Nutztierhaltern oft mit ihren Tieren umgegangen wird. Der Gewinn aus der Nutztierhaltung steht heute zumeist an erster Stelle. Alles andere – Haltung, Stall, Fütterung und vor allem das Wohl der Tiere – wird dem untergeordnet.
Bewahren, erhalten und beschützen werden wir langfristig nur, was wir lieben – nicht das, was uns zur ausschließlichen Benutzung ist. Dafür ist der gelebte Pastoralismus ein eindrucksvolles Zeugnis.
Aber zurück zum Ort, der Region und den Umständen, in denen der Pastoralismus in Afrika entstand.

DIE WIEGE DES PASTORALISMUS

Dunkle Monsunwolken zogen um 9000 v. Chr. über der Sahara auf und brachten schwere Niederschläge mit sich. In den 20 000 Jahren vor dieser Wende war die Sahara ein ausgetrocknetes Wüstenland, das noch 400 Kilometer südlicher als die heutige Sahara reichte. Eine globale Klimaänderung brachte den Monsun und seine Niederschläge nach Nordafrika und in den Nahen Osten. Die unfruchtbare Sahara verwandelte der Monsun in eine paradiesische Landschaft, in eine blühende Savanne. In der Regenzeit bildete die Savanne eine grüne Graslandschaft mit einzelnen Bäumen, wie Akazien und Affenbrotbäumen. Bald stellte sich in der riesigen Grasfläche eine vielfältige Tierwelt ein. Und exakt in der abwechslungsreichen Landschaft zwischen Wüsten und Savannen bildete sich der Pastoralismus heraus. Heute lebt er noch in den ariden und semiariden Regionen West- und Ostafrikas.
In der Regel ist der Pastoralismus, über den wir hier sprechen, eine hoch entwickelte Rinderhaltung, bei der die Tiere und die Beziehung ihrer Halter zu ihnen im Mittelpunkt stehen. Alle anderen Tätigkeiten in der Gesellschaft sind dem untergeordnet.

VON ÜBERFLUSS UND MANGEL

Der andauernde Kreislauf von Regen und Trockenheit bildet einen Zyklus, der das Denken, Fühlen und Handeln der Pastoralisten prägt. Durch ihre geistige und physische Mobilität versuchen sie, den Herausforderungen der Trockenzeiten zu begegnen. So wie wir es heute noch auf den Almen erleben, versuchen die Pastoralisten durch ihre Mobilität den positiven Zyklusabschnitt auszudehnen und den negativen Abschnitt, Futtermangel in der Beweidung, zu verkürzen.
Der Jahreszyklus der Niederschläge ist die prägende Umweltbedingung für die pastoral lebenden Menschen. Er bestimmt die Zeit und die Richtung der Wanderungen, aber auch die Fruchtbarkeit und das Wohlergehen der Rinder. Den Überfluss, den die Regenzeit den Savannen beschert, versuchen die Pastoralisten über ihre Rinder zu konservieren. Die Bedeutung der Rinder geht daher weit über deren materiellen Nutzen hinaus.

RINDER ALS MEDIUM ZUR ERHALTUNG DER KONTINUITÄT

Gleichzeitig verkörpert die Nutzung der Rinder wiederum das Prinzip der Wiederkehr für die Pastoralisten. Daher war die Milch, aber auch das Blut aus dem Aderlass, sehr früh schon so essenziell. Rinder spenden Leben, ohne ihr Leben hingeben zu müssen.
Pastoralisten werden von der Herde versorgt und schenken den Tieren ihre Zuneigung, Anerkennung und Fürsorge.

WIE KAM ES GERADE IN DER SAHARA ZU DIESER BESONDEREN FORM DES MITEINANDERS VON HIRTEN UND RINDERN?

Die nach dem Einsetzen der Regenzeiten neu entstandenen Savannenlandschaften wurden überraschend schnell von Wildbeutern in Besitz genommen.
Ab dem 7. Jahrtausend v. Chr. finden sich in Nordostafrika aber auch Steinwerkzeuge, die wahrscheinlich aus dem östlichen Mittelmeerraum, dem Gebiet des levantinischen Neolithikums, stammen. Im selben Zeitraum kamen domestizierte Ziegen und Schafe von Westasien in die Sahara, die als Wildtiere nicht in Nordafrika beheimatet waren. Archäologische Funde ab 6000 v. Chr. zeigen uns, dass gleichzeitig auch domestizierte Rinder weite Verbreitung fanden. Es gab zu dieser Zeit eine vermutete Migration aus Westasien nach Nordafrika. Im Fruchtbaren Halbmond wurden im Neolithikum mobile Wildbeuter zu sesshaften Bauern und Rinderhaltern. In Nordafrika war der Pfad von der Nutzung wilder Ressourcen zur Nahrungsproduktion ein anderer: Hier wurden nomadische Wildbeuter zu nomadischen Hirten und erst viel, viel später im Niltal zu sesshaften Landwirten.

GAB ES IN DER SAHARA EINE EIGENE DOMESTIKATION VON *BOS PRIMIGENIUS OPISTHONOMUS* BZW. *AFRICANUS?*

Darüber rätseln die Experten noch. Manche schließen es aus, andere entwickeln Theorien, die die Frage bejahen. Die Felsen der Sahara sind voller großartiger Felszeichnungen. Einige berichten uns von zwei unterschiedlichen Rindertypen: einem Langhorn – auch hamitisches Langhorn genannt – und von Kurzhornrindern. Daran knüpfen sich abermals Vorstellungen: Die Langhornrinder kämen aus dem Nahen Osten und die Kurzhornrinder aus einer eigenen afrikanischen Domestikation. Rinderfunde im Nabta-Playa, die aus dem Jahr 6500 v. Chr. datieren, heizten die Vorstellungen einer eigenen Domestikation zusätzlich an. Die neuesten DNA-Untersuchungen verwerfen die Idee einer Domestikation in Nordafrika wieder. Warten wir ab, was uns die Zukunft noch an Theorien bringen wird.
Im Übergang von der Altsteinzeit zur Jungsteinzeit gab es im Maghreb die sagenumwobene Capsien-Kultur. Bereits im 6. Jahrtausend v. Chr. gab es in dieser neolithischen Gesellschaft domestizierte Rinder. Vielleicht war die Capsien-Kultur der Ort, an dem der Ur in Afrika domestiziert wurde. Vielleicht bildete sie aber auch nur ein Bindeglied auf dem Verbreitungsweg der Hausrinder aus dem Domestikationszentrum Fruchtbarer Halbmond entlang der Mittelmeerküste bis Spanien.

DER WANDEL ZU EINER PASTORALISTISCHEN GEMEINSCHAFT

Um 5500 v. Chr. tauchen unter den Funden plötzlich Gegenstände ohne praktischen Nutzen, wie Schmuck und Zierwaffen, auf. Das zeigt den Wandel von einer egalitären, aufs tägliche Überleben ausgerichteten Wildbeutergesellschaft hin zu einer pastoralistischen

Gemeinschaft, in der es Besitz und Zukunftsplanung gab. Rinder gewannen an Bedeutung. Sie waren nicht nur Nahrungsquellen, sondern brachten Reichtum, Wohlstand, Prestige – und nicht zuletzt auch Macht. Ab 5300 v. Chr. begann die Sahara, langsam wieder zur Trockenzone zu werden. Die Menschen zogen sich mehr und mehr in feuchtere Nischen, wie etwa die Oase Dachla, Gebirgsregionen wie Gilf el-Kebir und Jebel Ouenat oder Ufergebiete wie Nabta-Playa und das Niltal zurück. Die wilden Ressourcen, das Jagen und Sammeln, wurden von den Menschen nicht gänzlich aufgegeben. So konnten sie ihre diversifizierte Form der Lebensführung erhalten. Die Haustierhaltung ersetzte nicht plötzlich das Wildbeutertum, Rinder wurden aber sukzessive zur ökonomischen Lebensgrundlage und auch zum Mittelpunkt des kulturellen Lebens.

Kunstvolle Felszeichnungen aus jener Epoche zeigen Rinder in Herden, bei denen die Fellarten und -zeichnungen, aber auch die Hornformen raffiniert herausgearbeitet sind. Abbildungen von Abkalbungen lassen vermuten, dass die frühen Rinderhalter ein hohes Interesse an Genealogie und Zucht gehabt haben könnten. Was die Felszeichnungen eindeutig belegen, ist die Vertrautheit zwischen den Menschen und den Rindern – ob es nun Langhorn- oder Kurzhornrinder sind.

DAS RIND STAND IM MITTELPUNKT DER DARSTELLUNGEN

Knochenfunde – hauptsächlich von ausgewachsenen Rindern – erzählen uns, dass die Rinder nicht frühzeitig geschlachtet wurden, sondern wohl Milchlieferanten waren, denn zugleich wurden Milchkrüge mit Schnabelausguss gefunden.

Im Niltal wurde ab 5200 v. Chr. einerseits Ackerbau mit Getreidesorten und Anbaumethoden vom Fruchtbaren Halbmond betrieben, andererseits wurden auch Rinder gehalten. Doch die Artefakte der Alltagskultur stammten von den Pastoralisten aus der grünen Sahara.

Als Bindeglied zwischen Sahara und Niltal fungierte vermutlich die Nabta-Playa-Kultur. Sie lag in räumlicher Nähe zum Oberlauf des Nils und am östlichen Rand zur Sahara und spielte eine Schlüsselrolle zwischen den Einwohnern des Nils und den Rinderkulturen der grünen Sahara. Das Nabta-Playa war ab dem 6. Jahrtausend v. Chr. ein religiöses und politisches Zentrum. Ein Ort für Versammlungen, ein Ort, an dem Rituale ausgeübt wurden, Sterndeutung betrieben wurde und auch Tieropfer erbracht wurden. Nabta-Playa war ein lokales, kulturelles Zentrum des entstehenden Pastoralismus.

Bei Ausgrabungen wurde ein Friedhof von Nabta-Playa gefunden, bei dem als Grabbeigabe ganze Rinder mitbestattet wurden – möglicherweise als Opfergaben. Die religiöse Praktik erklärt sich uns nicht, aber die enorme Bedeutung der Rinder in der Gemeinschaft tritt darin klar hervor. Vielleicht waren es die neolithischen Rinderhalter aus der Sahara, die das spirituelle Erbe mit ins Niltal brachten. Bei der späteren Badari-Kultur in Oberägypten, 4400 v. Chr., gab es ebenso Rinder als Grabbeigaben.

In der Region um das Wadi Howar entwickelte sich von 4000 bis 2200 v. Chr. die auf Pastoralismus ausgerichtete Leiterbandkultur. Es war eine einflussreiche neolithische Kultur, die auf Rinderhaltung fokussiert war. Die Rinder waren vermutlich nicht nur essenzieller Teil der Ernährung der Bevölkerung, sondern hatten auch eine Schlüsselrolle bei Ritualen. Zahlreiche Fundorte zeugen von Rinderopfern, über deren Bedeutung wir nur spekulieren können: Opferung als Teil menschlicher Begräbnisse; Opferung als Reaktion auf die sich verschlechternden Klima- und Umweltbedingungen, um so die Balance im pastoralistischen System wiederherzustellen; oder gar Opferungen, die Überfluss symbolisieren und Rang, Macht, Autorität nach außen repräsentieren sollten. Wir wissen es nicht.

Bei den Pastoralisten der Leiterbandkultur entwickelten sich Verhaltensweisen und Weltbilder, die bei pastoralistischen Gemeinschaften bis in die heutige Zeit noch Gültigkeit haben. Ihre Schlussphase um 2200 v. Chr. markiert das Ende der grünen Sahara als Heimat der pastoralistischen Lebenskultur.

Pastoralismus können wir als eine Art symbiotisches System beschreiben, als eine transhumante, nomadische Nutzung von Weidegebieten – abhängig von jeweiligen Wasser- und Futtervorkommen – sowie eine Spezialisierung von Rinderhaltung mit Milchgewinnung, um Rinder dauerhaft zu nutzen. Die Schlachtung der Rinder ist kein primäres Ziel der Pastoralisten. Rinder rücken ins Zentrum der Gesellschaft und werden geradezu kultisch verehrt.

Die Pastoralisten, die in der grünen Sahara ihre Technik, ihren Umgang mit den Rindern und ihre spezifische Kultur entwickelt haben und sich mit der Zeit auf Ost- und Westafrika verteilten, können auf ein Geschichtskontinuum und ein Erfahrungsrepertoire von fast 9 000 Jahren zurückblicken.
Die Technik der vaginalen Insufflation, mit der die Oxytocinausschüttung und damit der Milchfluss angeregt werden, ist in Felsgravuren um 3000 v. Chr. abgebildet. Sie wird so bis heute von pastoralistischen Völkern wie den Nuern angewandt. Eine weitere Felszeichnung aus derselben Zeit in dieser Region zeigt eine Melkszene, bei der die Kälber an den Vorderfüßen der Kuh fixiert sind. Genauso wird das heute noch bei den Salers im *système traditionnel* und bei vielen heutigen Pastoralisten ausgeübt.
In dem in der Zentralsahara voll entwickelten Pastoralismus ist die Milch ab 3200 v. Chr. nachweisbar ein Teil der Ernährung. Es konnte nicht nur Milchfett an der Keramik aus dieser Zeit nachgewiesen werden, sondern auch viele Felszeichnungen legen Zeugnis darüber ab.
Die Laktosetoleranz der Fulani – ein Volksstamm, der den Pastoralismus seit Anbeginn lebt – ist auf dieselbe Genmutation zurückzuführen wie die der Europäer. Die anderen afrikanischen Völker weisen eine andere Genmutation aus, die ihre Laktosetoleranz verursacht. Dazu passen Hinweise auf verschiedene Volksgruppen mit unterschiedlichen Rindern unter den Pastoralisten der Sahara. Auf einer Felsgravur im Tassili n'Ajjer, datiert auf 5000 bis 3000 v. Chr., haben die Kühe eine vielfältige Fellzeichnung und ganz unterschiedliche Hörner. Manche der dargestellten Hirten haben dunkle Hautfarbe, während andere hellhäutig abgebildet sind. Vielleicht kamen sie aus Capsien, oder es waren Iberer, die, bevor sie auf die Iberische Halbinsel drangen, an der Nordküste Afrikas im Maghreb lebten. Vielleicht sind es Einwanderer aus dem Fruchtbaren Halbmond, die ihre afroasiatischen Sprachen und ihre Langhornrinder nach Afrika mitbrachten?
Die Gene der Fulani zeigen eine Verwandtschaft zu Menschen aus Südeuropa und Westasien, aber auch zu prä-neolithischen Stämmen der Sahara. Genauso kann die Abstammung mancher Völker des Tschadbeckens teilweise auf eine jahrtausendealte Migration aus Westasien zurückgeführt werden.

Die heutigen taurinen Rinderrassen Afrikas sind das Erbe der Pastoralisten der grünen Sahara, sowie die bis heute praktizierten nilo-saharanischen Sprachen. Vielleicht war die Leiterbandkultur der gemeinsame Vorläufer der nilotischen Rinderkulturen, wie Nuer, Dinka und Massai.
Aber nicht nur kulturell könnten sie die Wurzeln der nilotischen Rinderhalter sein. Es gibt viele Hinweise, dass sie, wie auch die Pastoralisten am Oberlauf des Nils, genetisch die ersten Niloten gewesen sein könnten. Das hieße für uns, dass die nilotische Kultur zu den am längsten bestehenden Kulturen auf unserer Erde gehört. Welch eine kulturelle Kontinuität, welch ein lebendiges Erbe!
Mit Ehrfurcht und großem Respekt begegnen wir den pastoralistischen Völkern und ihrer Kultur – und auch mit Dankbarkeit. Pastoralisten sind Grenzgänger zwischen Tier und Mensch, zwischen der Natur und ihrem Nutzen, zwischen dem Unsagbaren und dem Brauchbaren, zwischen der Erfahrung und dem Wagnis.
Der Pastoralismus führt nicht nach Arkadien. Er befriedigt keine ästhetische Sehnsucht, er ist rau und direkt, ein intensives Beziehungsfeld zwischen Mensch, Tier und der Umwelt. Der Pastoralismus in Afrika ist eine holistische Lebensweise, die von Kriegen und Genoziden geschunden, von Gier und Hybris unterwandert, von der Erderhitzung nach und nach zerstört wird. Eine Kultur, die auf ein Kontinuum von 9 000 Jahren zurückblickt. Eine Kultur, die zum Stolz der Menschheit, zu den Schätzen der Menschheit gehört – und aufs Äußerste bedroht ist.

Baoulé

BOS PRIMIGENIUS TAURUS
Southwest Region, Burkina Faso

Baoulé sind erstaunlich kleine Rinder. Sie stammen von taurinen Kurzhornrindern ab, die ursprünglich in der Sahara zu Hause waren. Doch die Desertifikation der Sahara drängte sie nach Süden.
Baoulé sind unglaublich anspruchslos und leicht zu halten. Ein an die kargen Umweltbedingungen großartig angepasstes Rind. Überdies kann diesen Tieren die Tsetsefliege wenig anhaben, denn sie sind trypanosomentolerant. Dort, wo unsere Baoulé fotografiert wurden, werden die Rinder von Kindern im Alter von etwa sechs bis neun Jahren gehütet. Sie bleiben den ganzen Tag über beim Vieh, um zu verhindern, dass dieses Ackerflächen und deren Kulturen zertrampelt.

Trotz niedriger Milchleistung, Spätreife und geringem Fleischansatz sind Baoulé für die Bauern interessant, denn durch ihre lange Herkunftsgeschichte, ihre Genügsamkeit und optimale Anpassung tragen sie wertvolle genetische Merkmale. Ein Rind mit Vergangenheit und – angesichts der fortschreitenden Wüstenbildung und der härter werdenden Lebensbedingungen – ein Rind mit Zukunft. Baoulé haben in ihrer langen Vergangenheit gelernt, damit umzugehen, was künftig auf große Teile der Sahelzone zukommt: Dürre, Trockenheit, Stürme.

Anzahl der Tiere: Ca. 500 000 | **Körpergröße:** Stier: 1,00 – 1,06 m | Kuh: 0,90 – 1,00 m | **Abstammung:** Abstammung von taurinen Kurzhornrindern; möglicherweise historische Einkreuzung mit N'Dama | **Nächste Verwandte:** Teil der Gruppe der westafrikanischen taurinen Kurzhornrinder; wie u. a. Kapsiki und Lagune | **Wesen:** Extrem genügsam | **Besonderheit:** Erweitert die Möglichkeiten der lokalen Rinderhaltung durch Resistenz gegen die Schlafkrankheit | **Verbreitung:** Nördliche und zentrale Elfenbeinküste sowie Südwesten von Burkina Faso, auf 100 – 400 m Seehöhe |

Kouri

BOS PRIMIGENIUS TAURUS
Tschadsee, Tschad

Als ich ein Bild dieses Rindes sah, wusste ich: Es wird kein Kuhbuch ohne die Kouri geben können. Doch die Kouri kommen ausschließlich am Tschadsee vor und die Region ist sehr unsicher. Teilweise herrscht dort die Gruppierung Boko Haram und daher war es zu gefährlich, eine Reise dorthin zu organisieren. Auch Fotografen vor Ort setzten sich der Gefahr nicht aus. So muss ich auf eine Fotografie der FAO zurückgreifen. Dankeschön der FAO und dem Fotografen Marzio Marzot.
Kouri leben am Ufer und auf den Inseln des Tschadsees und sind perfekt an die feuchte Umwelt angepasst. Kouri – fantastisch schöne Tiere mit strahlend weißer Fellfärbung. Vielleicht sind sie Abkömmlinge der legendären Langhornrinder, der ersten Rinder auf dem afrikanischen Kontinent. Eine Pigmentierung an Extremitäten und am Kopf ist typisch für diese Rinderrasse. Sie verfügt über eine gute Milchleistung, da das Umfeld viel und vielfältiges Futter bereithält. Ihre hohe Fertilität bewahrt den Stand der Rinder. Sie sind widerstandsfähig und kaum anfällig für Krankheiten. Kouri sind gesunde, vitale Tiere, sie sind resistent gegen die Schlafkrankheit und obendrein auch noch schön.
Vielleicht haben sie ihre beeindruckenden Hörner von den historischen Langhornrindern, von denen es in der Sahara viele Felszeichnungen gibt. Leierförmig schwingen sie sich hoch.
Bei den Populationen, die auf den Inseln im Tschadsee leben, gibt es auch blasen- oder zwiebelförmige Hörner, die imposant anzusehen sind. Sie haben einen Umfang von bis zu 1 Meter. Diese Ausformungen der Hörner dienen den Kouri, die für ihr Leben gerne schwimmen und sehr viel Zeit im Wasser verbringen, nicht als Schwimmhilfe, wie es immer wieder angenommen wird, denn sie halten die Hörner beim Schwimmen gänzlich über dem Wasserspiegel. Durch eine Mutation kommt es zu einem Dickenwachstum unmittelbar am Hornansatz. Aber es ist durchaus auch möglich dass vor langer Zeit der Mensch eine Selektion auf diese Besonderheit hin vornahm. Eine Antwort auf die Frage, ob die Hörner für die Kühe auch einen biologischen Nutzen haben, gibt es bisher nicht. Wie auch immer, diese Hörner sind ein großartiger Anblick!
Kouri sind perfekt an ihre Umwelt adaptierte Rinder. An ihnen ist das breit gefächerte Adaptionsspektrum der Rinder deutlich zu sehen und zu studieren. Kouri sind erstaunliche Tiere und großartige Begleiter der Menschen. Sie zeigen uns: Es gibt fast keine Lebenswelt, an die sich Rinder nicht anpassen können. Wenn es nötig ist, leben sie auch auf eine semiaquatische Weise.

Anzahl der Tiere: 110 000 | **Körpergröße:** Stier: 1,40 – 1,50 m | Kuh: 1,26 – 1,46 m | **Abstammung:** Vermutete direkte Vorfahren sind taurine Langhornrinder; möglich ist auch ein früher Zebu-Einfluss, auch wenn heute keine Buckel vorkommen; heute bergen die Veränderung des Lebensraums und die Einkreuzung von Zebus die Gefahr der Verdrängung | **Nächste Verwandte:** N'Dama und Kouri bilden gemeinsam die Gruppe tauriner Langhornrinder; taurine Komponente der nilotischen Sanga (Nuer, Dinka) geht vermutlich ebenfalls auf taurine Langhornrinder zurück | **Wesen:** Perfekte Adaption an sehr spezielle semiaquatische Umweltbedingungen, dafür wenig trockenheitstolerant; vielfältige Nahrungsgrundlage, die gut verwertet werden kann; trypanosomiasis-tolerant und generell wenig krankheitsanfällig; hohe Fruchtbarkeit und relativ hohe Milchleistung | **Besonderheit:** Kühe des Tschadsees mit einzigartigen Hörnern | **Verbreitung:** Ausschließlicher Lebensraum sind das Ufer und die Inseln des Tschadsees (ca. 280 m Seehöhe) mit Anteilen in Nigeria, Niger, Tschad und Kamerun |

M'Bororo

BOS PRIMIGENIUS INDICUS
Sahel, Burkina Faso

M'Bororo – es hallt und rollt, wird dieser Name ausgesprochen. Es sind stolze, abschätzende Tiere, die in einer unvorstellbar trockenen Gegend leben. Mit den Fulani-Rindern sind sie zumindest phänotypisch verwandt, aber sie haben ein überwiegend dunkles, rotbraunes Fell und große, ausladende Hörner.

Auch M'Bororo werden von der Ethnie der Fulani gehalten. Unglaubliche Wegstrecken können sie zurücklegen. Sie sind anspruchslos und sehr, sehr genügsam. Mit Hitze und Dürre können sie umgehen.

Ihre jetzige Heimat ist von der Ausdehnung der Sahara äußerst bedroht. Die Desertifikation könnte Menschen und Rindern ihren Lebensraum rauben, denn sie können den immer längeren Dürreperioden kaum noch trotzen.

M'Bororo werden transhumant und auch von sesshaften Bauern gehalten. Sie werden sowohl für die Feldarbeit als auch als Milchvieh genutzt. M'Bororo sind Tiere, die Unglaubliches leisten und zu ertragen vermögen. Sie gehören zu den Schätzen der Menschheit.

Anzahl der Tiere: 5 Millionen | **Körpergröße:** Stier: 1,30 – 1,52 m | Kuh: 1,18 – 1,38 m | **Abstammung:** Stammen wahrscheinlich von Zebus ab, die über das Horn von Afrika eingeführt wurden und sich dann entlang der historischen Handelsrouten der Sahelzone (12. – 14. Breitengrad) verbreitet haben; lange Hörner könnten durch Vermischung mit taurinen Langhornrindern (wie Kouri und N'Dama) entstanden sein | **Nächste Verwandte:** Fulani-Zebus, mit denen sie eine Rassegruppe bilden; abstammungsgeschichtlich vermutlich mit ostafrikanischen Zebus wie Borana oder Karamojong verbunden | **Wesen:** Genügsam, anspruchslos, mit guter Futterverwertung; Zebucharakteristische Hitze- und Trockenheitstoleranz | **Besonderheit:** Als zweitwichtigstes Rind der Fulani gleichermaßen deren Lebensgrundlage | **Verbreitung:** Sahelzone in Burkina Faso, Nigeria, Tschad und Kamerun mit Seehöhen um 500 m |

Anzahl der Tiere: 5,6 Millionen | **Körpergröße:** Stier: 1,30 – 1,44 m | Kuh: 1,24 – 1,40 m | **Abstammung:** Stammen wahrscheinlich von Zebus ab, die über das Horn von Afrika eingeführt wurden und sich dann entlang der historischen Handelsrouten der Sahelzone (12. – 14. Breitengrad) verbreitet haben; lange Hörner könnten durch Vermischung mit taurinen Langhornrindern (wie Kouri und N'Dama) entstanden sein; der Name geht auf die Volksgruppe der Fulani zurück | **Nächste Verwandte:** M'Bororo, mit denen sie eine Rassegruppe bilden; abstammungsgeschichtlich vermutlich mit ostafrikanischen Zebus wie Borana oder Karamojong verbunden | **Wesen:** Genügsam, Zebu-charakteristische Hitze- und Trockenheitstoleranz; legt weite Strecken zurück | **Besonderheit:** Lebensgrundlage des westafrikanischen Rindervolkes der Fulani | **Verbreitung:** Sahelzone von Senegal bis Kamerun mit Seehöhen um 500 m |

Fulani

BOS PRIMIGENIUS INDICUS
Sahel, Burkina Faso

Die Fulani-Rinderrasse entstand vor 400 Jahren. Das Volk der Fulani – auch als Fulbe, Fula oder Peul bekannt – hat ebenfalls eine lange Tradition. Die pastoralistische Kultur der Fulani führt bis mindestens 5000 v. Chr. zurück. Die Rinder stammen vielleicht von den Zebus ab, die von Händlern im 6. oder 8. Jahrhundert über das Horn von Afrika eingeführt worden sind und sich von dort über die alten Handelsrouten in der Sahelzone verbreitet haben.

Das Erste, das einen beeindruckt, ist der Umgang des Fulani-Volkes mit ihren Herden. Sie dirigieren ihre Rinder wie mit magischen Fähigkeiten, mit einer spirituellen Kraft. Die Verbundenheit von Mensch und Rind ist für uns unbegreiflich tief. Mit Gehpositionen und sanften mündlichen Signalen führt der Fulani seine Herde. Ihr Umgang mit den Tieren ist hohe Kunst, ist Kultur in Vollendung.

Im Mittelpunkt des Lebens der Fulani stehen die Rinder, die sie transhumant halten. Ihre erste Loyalität gehört den Herden, nicht den Staaten, in denen sie wohnen. Ihr Leben ist gestaltet durch *tokka na'i,* das Hinterherziehen hinter ihren Rindern. Gemolken wird von den Männern, verarbeitet und veräußert wird die Milch von den Frauen.

Warum gerade die Ethnie der Fulani mit den Rindern dermaßen verbunden ist, ist einfach erklärt. In ihrer alten Religion schuf ihr höchster Gott die Welt aus einem Tropfen Milch der Urkuh Itoori, danach die Kühe und erst darauffolgend die Menschen. Das schafft Bindung, die auch die Rinder zu den Menschen haben. Sind sie auf der Weide, ist ihr Blick, ihre Kopfhaltung immer zum Dorf ihrer Hirten gerichtet.

Goudali de l'Adamaoua

BOS PRIMIGENIUS INDICUS
Northwest Region, Kamerun

Der Name dieser Rinderrasse klingt wie ein Minnelied der Troubadoure. Und so wirkt die Landschaft, in der die Herde grast, wie eine Liebeserklärung: Kamerun auf 1 000 bis 2 000 Meter Seehöhe, alles ist grün und üppig, die Tiere sind gut genährt, die Berge sanft, und überall fließen kleine Bäche. Ein sagenhaft schönes Land.

Goudali de l'Adamaoua sind Zebus, die aus Kreuzungen von Fulani mit Shuwa, den schwarzen Rindern Westafrikas entstanden sind. Sie haben eine gedrungene Statur mit einer Prachtwamme. Ihr Fell ist vielfältig; meist weiß, aber häufig auch gescheckt oder braun. Goudali de l'Adamaoua sind Fremden gegenüber sehr distanzierte, vorsichtige Tiere, da sie die Nähe zum Menschen nicht kennen. Sie sind zugfreudig und zugstark und können sehr weite Wege zurücklegen.

Goudali de l'Adamaoua sind autonome Tiere mit großem Eigensinn und Freiheitsliebe, die durch ihren Nutzen für die Halter überzeugen und nicht durch ihren Charme.

Anzahl der Tiere: 15 000 | **Körpergröße:** Stier: 1,20 – 1,42 m | Kuh: 1,13 – 1,27 m | **Abstammung:** Gehen auf Kreuzungen von lokalen Kurzhornzebus mit den Langhornzebus des Volkes der Fulani zurück | **Nächste Verwandte:** Shuwa, Fulani und M'Bororo | **Wesen:** Wenig zugänglich, Fremden gegenüber vorsichtig; anpassungsfähig, futtergenügsam; gute Arbeitstiere | **Besonderheit:** Vielfältige Allzweckkuh des Adamaoua-Gebirges | **Verbreitung:** Adamaoua-Gebirgsregion in Kamerun auf 1 000 – 2 000 m Seehöhe sowie angrenzende Gebiete in Nigeria |

Kuhhaltung im Zeitalter der Erderhitzung

Oberflächlich betrachtet ist es kein schönes Lied

Kühe haben in den landwirtschaftlichen Nachhaltigkeitsbewertungen einen schweren Stand. Durch ihren Methanausstoß (CH_4) sind sie für zehn Prozent der weltweiten Treibhausgase verantwortlich (FAO-Review 2009) und Methan ist 25-mal klimaschädigender als CO_2. Daher wird heftig an Futterzusätzen für Kühe geforscht, die die Gase im Kuhmagen reduzieren sollen. Versuche mit Rotklee, Esparsette oder Rotalgen werden gemacht, gerade die Rotalgen erweisen sich als hoffnungsvoll.

OH WEH, UNSERE WUNDERBAREN KÜHE SIND KLIMASÜNDERINNEN?

Oder sind es wir Menschen, die die Kühe verdinglichen und auf pure Leistung reduzieren?
Hebt die Augen und seht, was es anzuschauen gibt!

In der konventionellen Tierhaltung gilt seit längerer Zeit die Vorstellung, nach zwei Laktationen wäre die Hochleistungsfähigkeit einer Kuh erschöpft. Hohe Gaben von Proteinen, Soja, Futtergetreide, Harnstoffen und dergleichen können Nieren und Leber der Tiere schädigen – Entzündungen nehmen überhand, der Gesundheitszustand der Kühe verschlechtert sich rapide und dadurch sinkt die Leistung. Halterinnen und Halter müssen sich von ihren angeschlagenen Kühen trennen. Stattdessen werden neue Tiere eingestallt, wodurch bei dieser Haltungsform ein gewaltiger CO_2-Rucksack entsteht, denn die ersten zwei Lebensjahre werden die Rinder gefüttert, gepflegt, gefördert, ohne dass sie Leistungen, sprich Milch, geben. Und zwischen dem dritten und fünften Lebensjahr werden sie geschlachtet. Bei einem solchen Umgang sind Kühe mit Sicherheit die Klimasünderinnen schlechthin. Oder ist es vielmehr die Unvernunft der Menschen, denen die Kühe anvertraut sind?

Als ich ein Bub war, waren die Bauern stolz, wenn ihre Kühe ein Lebensalter von 20 Jahren und mehr erreichten. Die Persistenz, die Langlebigkeit der Rinder und ihre Lebensleistung ist der Gegenentwurf zu Unvernunft und Gier. Eine ältere Kuh mit ihrer Lebensleistung hat im Verhältnis selbstverständlich einen völlig anderen, einen viel kleineren Fußabdruck. Übrigens gut gehaltene Kühe, die verständnisvolle Halter und Halterinnen haben, die in einer emotionalen Beziehung zu ihren Tieren stehen, können 25 Lebensjahre erreichen. Nicht nur für das Klima ist Langlebigkeit von Vorteil, auch ökonomisch ist sie ein Pluspunkt. Die zwei unproduktiven Anfangsjahre eines Rindes fallen so kaum mehr ins Gewicht und die Haltenden müssen nicht mehr auf Hochleistung und Ausbeutung setzen, was viel Geld und Energie kostet. Die Langlebigkeit ist gut für das Tierwohl und gut für die ökonomische Seite der Landwirtschaft.

TREIBHAUSGASE UND KÜHE SIND EIN AUFREGENDES THEMA

Bei der Rinderhaltung müssen wir zwischen biogenen und fossilen Emissionen differenzieren.
Die Atmosphäre fungiert zwischenzeitlich als Senke für Treibhausgase, die in einem dynamischen Prozess zerfallen. Methan verweilt beispielweise durchschnitt-

lich etwa 12 Jahre dort, bis es in CO_2 und Wasserstoff zerfällt. Lachgas bleibt etwa 112 Jahre in der Atmosphäre und spaltet sich dann in Stickstoff und Sauerstoff. Die Verweildauer von CO_2 in der Atmosphäre beträgt hingegen 500 bis 1 000 Jahre und baut sich auch in diesem langen Zeitraum nicht gänzlich ab. Doch kehren wir zu biogen und fossil zurück.
Kühe fressen Pflanzen, die zuvor Stickstoff und Kohlenstoff aus der Atmosphäre und dem Boden in Pflanzenmaterial eingebaut haben. Kohlenstoff- und Stickstoffmengen bleiben so in einem Gleichgewicht. Wir sprechen mit Fug und Recht von einem „natürlichen", biogenen Kreislauf.
Ganz anders ist es mit fossilen Emissionen. Durch die Verbrennung und Nutzung von fossilen Kohlenstoffen, Erdöl und Erdgas, werden Ressourcen verwendet, die sich seit Millionen von Jahren in keinem natürlichen Kreislauf mehr befinden.
Das bei der Verbrennung freiwerdende CO_2 kommt ergänzend zu den Treibhausgasen in natürlichen Kreisläufen hinzu und befeuert so die Erderhitzung.

Seit der industriellen Revolution potenziert sich CO_2 in der Atmosphäre und wird noch mehrere hundert Jahre benötigen, bis es sich komplett abbaut. Wir müssen uns in der Lebensmittelproduktion dringend von den fossilen Energieträgern befreien. Nur so werden wir der Verantwortung für die kommenden Generationen gerecht werden.

WAS MUSS GESCHEHEN, UM DIE METHANEMISSIONEN IN DER TIERHALTUNG ZU REDUZIEREN?

Der schnellste Weg zu diesem Ziel ist die radikale Reduktion unseres Fleischkonsums. Damit würden wir gleich mehrere Ziele erreichen: viel weniger Massentierhaltung und damit einen weit geringeren Methanausstoß und zugleich weniger Futtermittelanbau auf den Ackerflächen. Gerade in der heutigen Zeit wird uns bewusst, dass unsere Äcker nicht die Menschen, sondern die Tiere ernähren. Etwa 65 Prozent von allem, was auf Europas Äckern wächst, ist als Futter den Tieren vorbehalten. Der Bedarf an Tierfutter ist jedoch noch größer. Allein die Viehhaltung innerhalb der EU braucht eine zusätzliche Anbaufläche außerhalb Europas von der Größe Deutschlands.

Gerade die genügsamen, genialen Kühe mit ihrem vierteiligen Magen bräuchten nichts als Gras und Heu. Von den leistungssteigernden Futtermitteln werden sie oft sogar krank.

ÖKOSYSTEM KUHFLADEN

Wir kommen noch zu einem weiteren Problem in der Rinderhaltung. Es ist, bei Gott, nicht egal, wo der Dung, die Ausscheidung der Kühe, hinfällt. Kommen Harn und Kot auf der Stallbodenfläche oder in Güllegruben zusammen, beginnt ein Prozess, der in der Freisetzung von Ammoniak endet. Bakterien im Kot bilden das Enzym Urease, das den Harnstoff durch die Mitwirkung von Wasser in Ammoniak und CO_2 spaltet. Im Übrigen, bis zu 45 Prozent ist die Massentierhaltung für die Feinstaubbelastung verantwortlich. Das freiwerdende Ammoniak verbindet sich mit Gasen wie Schwefel- und Salpetersäure, wodurch Feinstaubpartikel entstehen. „Die Massentierhaltung führt zu Ammoniak, Ammoniak führt zu Feinstaub, und Feinstaub bringt belasteten Menschen den vorzeitigen Tod." (Deutsche Ärztezeitung)

Der Ausweg aus der düsteren Welt der Massentierhaltung mit all ihren Einflüssen auf unsere Gesundheit und unser Klima ist die Weidehaltung. Jedoch auch bei der segensreichen Weidehaltung müssen ein paar Voraussetzungen eingehalten werden. Zum einen die Bestandsdichte, bei fünf Großvieheinheiten pro Hektar – diese Größenordnung kommt durchaus vor – sind wir mitten im Desaster. Eine optimale Besatzdichte von einer Großvieheinheit pro Hektar wäre wünschenswert für ein gelingendes Weidemanagement. Der Kuhmist ist bei diesem Bestand ein wertvoller Dünger und kommt den Pflanzen zugute, statt sich in die Atmosphäre zu verflüchtigen.

„Eine behutsame Tierhaltung hat eine wichtige Funktion im betrieblichen Nährstoffkreislauf." (Prof. Hülsbergen, in: Lebendige Erde 1-2021). Und weiter: „Sie fördert die Humus- und Nährstoffversorgung von Böden und Pflanzen und ist eine wesentliche Grundlage der Bodenfruchtbarkeit." Rudolf Steiner nennt diese Funktion, diese Tätigkeit der Rinder „eine Erneuerung der inneren Lebendigkeit der Erde."

Schauen wir uns den Kuhfladen einmal genau an. Bei der Zersetzung des organischen Materials spielen Insekten einen wichtigen Part. In einem einzigen Kuhfladen können bis zu 4 000 Insekten tätig sein. Sie sind die Akteure, die den Pflanzen die Nähstoffe bereitstellen, und sie wandeln CO_2 in Humus um. Bis zu zehn Tonnen Kuhfladen kann eine Kuh innerhalb eines Jahres auf der Weide produzieren, das heißt 10 000 Kilogramm Nährstoffe – ein wahres Eldorado für Millionen Insekten (mit einem Gewicht von etwa 100 Kilogramm) und die Fruchtbarkeit der Erde. 100 Kilogramm Insekten können ohne Weiteres ein Pärchen des Großen Brachvogels ernähren. Mit seinem wunderbar geschwungenen Schnabel stochert der Große Brachvogel im Dung nach Insekten und Larven. So wird die Ausscheidung der Kuh zur Ernährungsgrundlage der Vogelwelt. Pflanzen, Insekten, Vögel, deren wir heute in einem unfassbar großen Ausmaß für immer verlustig werden, bilden seit vielen Millionen Jahren eine Symbiose mit dem Dung von Pflanzenfressern. So entstand eine für uns heute nicht mehr vorstellbare Artenvielfalt. Grüße aus dieser zauberhaft vielfältigen Welt entbietet uns der Apollofalter, dieser rotgesprenkelte Seelenerfreuer. Doch auch er entschwindet langsam für immer. Der Apollofalter hat sie alle erlebt, die vom Grasland lebten, die halfen den Humus aufzubauen und die die Fruchtbarkeit unserer Böden steigerten.

Das Wunderbare an Grasfressern ist, dass sie sich von etwas ernähren, was für uns Menschen in der Ernährung bedeutungslos ist. Die Grasfresser erhöhen mit ihrem Dung die Qualität des Bodens. Es waren Mammuts, Wisente und Auerochsen, die über das Grasland zogen, viel, viel später dann unsere Rinder, Schafe, Ziegen, aber auch Pferde. Gesunde Kuhfladen, Pferdeäpfel oder Schafsköttel stellen eine vielfältige Lebensgemeinschaft dar. Vielerlei Käfer leben im Kot: Mistkäfer, Wasserkäfer, Stutzkäfer, Kurzflügelkäfer, Federflügler und viele mehr. Eine Unzahl an Fliegenarten, deren Larven sich im Kuhfladen entwickeln, leben im Umfeld. Und für Vögel ist eine solche Weide ein Paradies, ein Nahrungsfindungsparadies.
In den Abendstunden queren Fledermäuse die Ausscheidungen und bemächtigen sich der Fliegen. Doch einer der wichtigsten Dungverwerter ist der Mistkäfer. Er lebt nicht direkt im Dung, sondern knapp unter ihm, von dort gräbt er Gänge in die Erde und zieht den Mist hinein, um seine Larven zu ernähren. Der Stierkäfer, ein imposanter Käfer mit drei Hörnern auf dem Kopf, gräbt seine Tunnel bis zu einem Meter tief in die Erde, dadurch verteilt er die Nähstoffe weitflächig und belüftet mit seinen Bauwerken zugleich den Boden. Die Pillendreher kneten den Dung zu Kugeln, rollen ihn bis zu neun Meter über Stock und Stein, über alle Hindernisse hinweg, um ihn als Nahrungsvorrat ihrer Brut bereitzustellen. So wird der Dung nach und nach im Boden verteilt, der Boden belebt, belüftet, fruchtbar gemacht und Humus aufgebaut. Wer Augen hat zu sehen, kann erleben, wie in der Natur alles miteinander verbunden ist.

Doch begegnen Sie einem graufarbigen, leblosen Kuhfladen, so sind die Rinder mit einem Entwurmungsmittel behandelt worden – was für die Dungfauna todbringend ist. Bei ungenügendem Weidemanagement, bei der Massentierhaltung, werden Parasiten leicht zu einem großen Problem. Befallene Tiere werden krank, und Halterinnen und Halter sind genötigt, zu Medikamenten zu greifen. Dann liegt er da, der betonähnliche Kuhfladen und ist zum Erschrecken.

ZURÜCK ZUR WEIDE

Weide ist nicht gleich Weide. Da gibt es das Urgrasland, ein natürliches Grünland – der größte Teil der eisfreien Erde ist von solchen grasbewachsenen Offenland-Biomen bedeckt. In diesen spielen Bäume eine gänzlich untergeordnete Rolle. Das Urgrasland kommt hauptsächlich in Regionen vor, die weniger als 400 Millimeter Niederschläge im Jahr haben und wo daher naturgemäß keine Sukzession zu Busch- und Waldland stattfindet. Dazu gehören die Prärien Nordamerikas, die eurasische Steppe, die Wüstensteppe Patagoniens und die Trockensavannen in den Tropengürteln, aber auch die Wiesentundren in den arktischen Regionen, die Hochlandsteppen in den Kordilleren, das Grasland in den asiatischen Hochgebirgen wie Anatolien, die Mongolei und Tibet. Steigen die Niederschlagsmengen deutlich an, bildet das Grasland eine offene Parklandschaft mit Weiden und Wäldern. Laut einer Hypothese wurden sie von Wildtierherden

über viele 100 000 Jahre gestaltet.[1] Kürzer zurückliegend sind die Beweidungsleistungen der Hirtenvölker mit ihren Herden.
Das traditionell bewirtschaftete Grünland ist biologisch gesehen ein sehr vielfältiges, artenreiches Ökosystem. Es ist eine Kulturlandschaft, die zum kulturellen Erbe der Menschheit gehört. Auch in den Alpen wird das Grasland seit tausenden Jahren von Rindern beweidet und dadurch von Verbuschung und Bewaldung freigehalten. Bei so gehaltenen Kühen braucht es keine fossile Energie, um sie zu ernähren, sie suchen sich ihr Futter selbstständig.

Bei den Pastoralisten ziehen die Rinderherden mit ihren Hirten zwischen ganz unterschiedlichen Futterorten, Weiden, hin und her. Auf diese Weise sichert der Pastoralismus Nahrung und Arbeitsplätze für viele Menschen. Über 26 Millionen Quadratkilometer werden von Pastoralisten bewirtschaftet, das ist eine Fläche, die größer als die gesamte USA, China und die EU ist. In vielen Ländern ist der Pastoralismus die essenzielle Wirtschaftsweise: Es gibt Länder, in denen 70 bis 90 Prozent der Rinder in diesem System gehalten werden. Wir sollten zudem in Erinnerung behalten, dass beweidetes Grasland Vögeln, Amphibien und Reptilien Nahrung bietet. Außerdem ist beweidetes Grasland eine wichtige Kohlenstoffsenke. Durch die landwirtschaftliche Tätigkeit kann die Erderhitzung beschleunigt werden, es kann ihr aber auch entgegengewirkt werden. Eine gut geführte Landwirtschaft produziert nicht nur CO_2, sie hat auch das Vermögen, in größerem Umfang Kohlenstoff im Boden zu binden. Für viele Millionen Menschen weltweit ist der Pastoralismus Ernährer und zudem ist er die nachhaltigste und umweltfreundlichste Form der Tierhaltung. Durch den Pastoralismus, die Beweidung, wird die Bodenqualität ständig verbessert, die Artenvielfalt wird erhalten, die Nährstoffkreisläufe werden aufrechterhalten und er stärkt die regionale Ernährungssicherheit. So kommen die International Union for the Conservation of Nature und das UN Environment Programme zur Einsicht, der Pastoralismus sei das Schlüsselelement eines globalen Übergangs zu einer grünen und ökologisch nachhaltigen Wirtschaft.
Durch den Nomadismus werden die Böden nicht überlastet, sie werden lebendig erhalten und sind dadurch ein optimaler CO_2-Speicher. Er hält die regionale Wertschöpfung aufrecht, unabhängig vom globalen Geschehen.
Der Pastoralismus lehrt uns, wie ein regeneratives Weidemanagement ausgeführt werden muss, das sogar die Treibhausgasemission der Rinder wettmachen kann. Der Weltklimarat beschreibt Pastoralisten und Viehzüchter als Teil der Klimalösung. Das Projekt DRAWDOWN prophezeit, dass viele Millionen Gigatonnen CO_2 bei dieser Rinderhaltungsform im Grünland gebunden werden können.

WIE GEHT EIN REGENERATIVES WEIDEMANAGEMENT VONSTATTEN?

Eine Weidefläche wird in viele kleinere Flächen unterteilt, diese werden ein paar Tage intensiv beweidet und danach sehr lange sich selbst überlassen. Das Gras erholt sich, nicht nur das der Sonne zustrebende, sondern auch die Graswurzeln. Früher übernahmen Raubtiere die Funktion die Herde zu bewegen, so kam es nie zu einer Überweidung. Es gibt aber auch andere pflegerische Maßnahmen in der regenerativen Landwirtschaft: Kompost und Kompost-Tee werden auf die Weide ausgebracht und Leguminosen eingesät.
Wird die Kuh verantwortungsvoll und weitsichtig gehalten, ist sie keine Klimasünderin. Es sind wir Menschen, die die Rinder in diese Situation bringen. Werden Kühe tierwohlgerecht auf der Weide gehalten, fressen sie Gras und düngen zugleich den Boden. So schaffen sie Lebensmöglichkeiten für vielerlei Arten. Hat die Kuh zudem noch ein langes Leben und ist sie noch ein Zwei- vielleicht sogar ein Dreinutzungsrind, sind Kühe ein Gottesgeschenk für uns Menschen. Lasst uns die Kühe wieder in die seit Millionen Jahren ausgeübte Symbiose mit Land und Weide zurückführen – das ist die einzige natürliche Form der Existenz von Rindern. Befreien wir die Kühe von unserer Gier und Ausbeutung!

[1] Megaherbivorenhypothese: Große Pflanzenfresser beeinflussten die Landschaftsstruktur entscheidend.

3

Walser Vieh

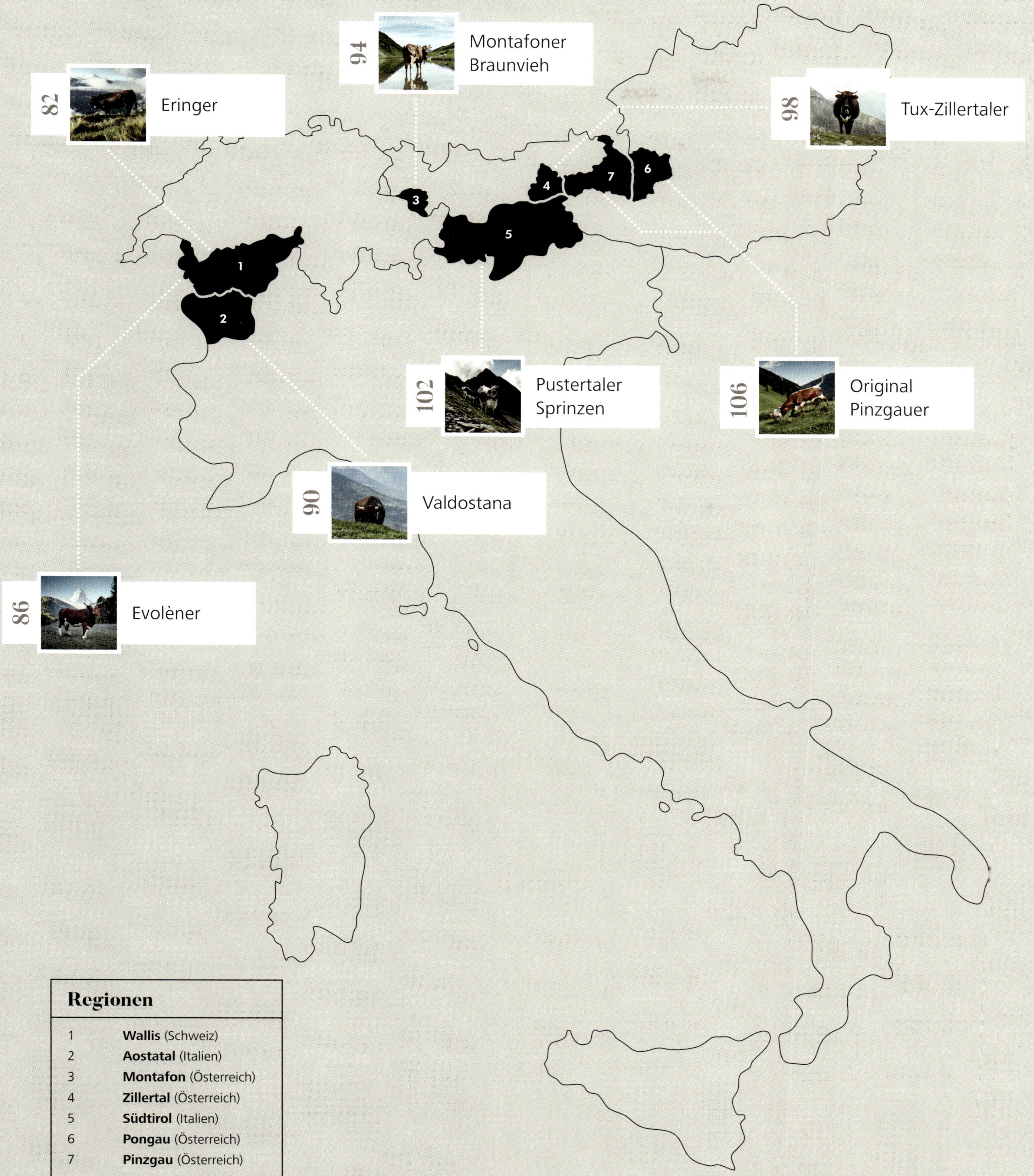

Regionen

1	**Wallis** (Schweiz)
2	**Aostatal** (Italien)
3	**Montafon** (Österreich)
4	**Zillertal** (Österreich)
5	**Südtirol** (Italien)
6	**Pongau** (Österreich)
7	**Pinzgau** (Österreich)

Von Nubien in das Herz der Alpen

Wann immer es um Rinder geht, treffen die wildesten Theorien auf die romantischsten Gefühle. So ist es auch hier.

KURZHORNRINDER – ENTLANG DER DONAU IN DIE ALPEN

In den Tälern der großen Flüsse Rhone, Etsch und Rhein finden sich die ersten Spuren von Rinderhaltung im Alpengebiet. Auch um die Voralpenseen Neuenburgersee, Bodensee und Mondsee wurden Rinder als Haustiere gehalten.

Die Funde von Rindern reichen hier bis 4000 v. Chr. zurück und werden der Pfahlbaukultur zugeordnet. Diese Rinder waren alle vom selben Typ: mittelgroß, eher zierlich und mit kurzen, kräftigen Hörnern, die scharf gebogen waren. Der Schweizer Paläontologe Ludwig Rütimeyer (1825 – 1895) untersuchte diese Rinder und führte für sie den Begriff Kurzhornrind *(Bos brachyceros)* ein. Von den Pfahlbausiedlungen aus wurde das Alpengebiet besiedelt, und so bilden die brachyceren Typen den Urtypus aller Rinderrassen der Zentral- und Ostalpen. Die ersten Spuren der neolithischen Kurzhornrinder in Europa wurden im Nordosten des ehemaligen Jugoslawiens und in Ungarn gefunden. Diese Tiere waren die Rinder der Körös-Kultur, die auf 6200 – 5600 v. Chr. datiert wird. Die ersten domestizierten Rinder kamen, ausgehend vom Fruchtbaren Halbmond, entlang der Donau nach Europa. Das ist eine der Migrationsrouten, während eine andere über Nordafrika nach Spanien führte.

AFRIKANISCHE SPURENSUCHE IM WALLIS

Dieser zweite Weg ist es, der die romantischen Träume entfacht. 1884 erschien ein Buch mit dem Titel „Iberisches Hornvieh in den Schweizer und Tiroler Alpen". Der Verfasser: der k. u. k. Regierungsrat Ferdinand Kaltenegger. Seine Theorie: Die Urheimat der Tuxer und Eringer Rinder ist Nubien. Kalteneggers Studien waren umfassend, und er erkannte bei der Bevölkerung des Eringer-Stammgebiets, im Oberen Wallis, Hinweise darauf, dass mit den Rindern auch die Bauern gleich aus Nubien mitkamen.

Die Seduner – einen keltischen Stamm, der das Oberwallis besiedelte – verortete Kaltenegger mithilfe der Sprachwissenschaft als „die aus dem Sudan Kommenden". Seiner Theorie nach kamen Mensch und Vieh von Nubien, aus der Region des Weißen Nils, über Ägypten, den Maghreb und die Meerenge von Gibraltar nach Spanien, und später über Spanien und Südfrankreich, die Rhone hinauf, in das Wallis. Das Volk, das mit den Rindern nach Europa zog, bezeichnete er als Iberer. Im Wallis erkannte er im Ortsnamen Visp *(lat. Viberi)* einen Zusammenhang mit den Iberern.

HEILIGER URSPRUNG

Selbstverständlich waren die Rinder nicht einfache, „dahergelaufene" Rinder. Sie mussten zumindest

Abkömmlinge des heiligen altägyptischen Apis-Stieres sein. Dieser Stier galt als Symbol der Fruchtbarkeit und wurde geschaffen durch einen vom Gott Ptah gesandten Blitz. Er galt als Ptahs „herrliche Seele auf Erden", als irdischer Vertreter dieses Gottes und als Orakel. Ptah, wörtlich der Bildner, wurde in Memphis als mächtigster aller Götter verehrt, als chthonische Gottheit, die die Menschen aus Ton erschuf. Der Apis-Stier wurde stets wiedergeboren. Um als Reinkarnation erwählt zu werden, musste ein Stier einen dreieckigen, weißen Stirnfleck besitzen, zudem einen hellen Sattelfleck und schließlich auch einen Zungenfleck, der einen Skarabäus darstellt.

Von diesem göttlichen, erwählten Stier stammen also die Rinder ab, die vom Rhonetal hoch ins Wallis getrieben wurden. So ist es selbstredend, dass die Rinder der Walser Nachfahren des Apis-Stieres sind. Die Eringer haben die schwarze Färbung, die Evolèner gar noch den weißen Stern auf der Stirn bewahrt.

Nachdem diese Theorie in Vergessenheit geraten war, lebte sie einige Jahre später wieder auf. 1926 verglich der Zoologe Leopold Adametz Schädel von Apis-Stieren mit Schädeln moderner Rinder. Das Ergebnis ließ sich mit Kalteneggers Theorie in Einklang bringen.

DIE WANDERUNG DER RINDER IM SPIEGEL DER GENETIK

Auf dem Weg durch Spanien und Südfrankreich ins Wallis haben die afrikanischen Rinder natürlich auch Spuren hinterlassen. So sind die andalusischen Kampfrinder, die Eringer und die Evolèner miteinander verwandt. Keine Zweifel hat die heutige Wissenschaft darüber, dass Rinder aus Afrika nach Europa kamen, und zwar teilweise über Spanien. Genanalysen bestätigen dies.

In Europa dominiert der Haplotyp T3, in Spanien hingegen gibt es einen bis zu 15-prozentigen Anteil vom haploiden Genotyp T1, der sonst ausschließlich bei taurinen Rindern in Afrika vorkommt. Bewiesen ist zudem, dass die Iberer, die später in Spanien siedelten, einen regen Handelskontakt mit Nordafrika pflegten, vor allem mit der Stadt Karthago. Belegt ist überdies, dass ab der Bronzezeit Rinder von Ägypten, dem Oberlauf des Nils, Nubien, entlang der Mittelmeerküste auf die Iberische Halbinsel migrierten. So können wir getrost den schönen Traum vom Apis-Stier in den Alpen weiterträumen.

AUFTRITT DER WALSER

Das Wallis wurde ab dem 6. Jahrhundert v. Chr. von Keltenstämmen besiedelt. Nach Römer- und Burgunderherrschaft kamen erst ab dem 8. Jahrhundert auch alemannische Stämme vom Haslital aus in das Oberwallis. Diese alemannischen Stämme nannten sich Walser. Bei ihrer Besiedelung des Wallis fanden die Walser eine Rinderrasse vor, die sie sich zu eigen machten. Die Walser waren hervorragende Viehzüchter und perfektionierten auch in den extremen alpinen Hochtälern die Viehfuttergewinnung. An gemeinschaftlichen Siedlungen scheinen sie keine Freude gehabt zu haben.

Walser waren ehrgeizig, mutig, unabhängig und freiheitsliebend. Ab dem 11. Jahrhundert kam es zu größeren Abwanderungen über die Pässe nach Süden, Osten und Norden. Über den Auslöser dieser Abwanderungsbewegung gibt es verschiedene Mutmaßungen.

WARUM DIE WALSER WANDERN

Nach einer Theorie war der Grund für die Abwanderung der starke Bevölkerungszuwachs. Im 13. Jahrhundert war die alemannische Bevölkerung im Oberwallis so stark angewachsen, dass es dort zu eng wurde. Durch den deutlichen Anstieg der Temperatur und die Verbesserung der klimatischen Verhältnisse kam es zu einer intensiven Urbanisierung und zur verstärkten Rodung. Die Erweiterung der landwirtschaftlichen Nutzflächen und die guten Ernteerträge ließen die Bevölkerung stark ansteigen, bis sich schließlich das Problem der Überbevölkerung einstellte.

Eine andere Theorie geht von Naturkatastrophen aus, wie zum Beispiel Erdbeben, Lawinen, Feuersbrünste, lang anhaltende Trockenheit und Dürre. Wahr ist, dass es im 12. Jahrhundert zu einer klimatischen Verschiebung kam, während der im Wallis Dürre herrschte, die landwirtschaftlichen Erträge stark zurückgingen, Vieh geschlachtet werden musste und sich Hungersnöte einstellten. Diese Zeit fiel überdies mit dem Ausbruch der Pest zusammen. Aus Angst verließen die Menschen ihr Siedlungsgebiet.

Eine weitere Erklärung findet sich in der sprichwörtlichen Freiheitsliebe der Walser. Sie waren ihren Landherren und dem Bischof von Sitten untertan, hatten jedoch schließlich genug von dieser Knechtschaft. Andere Bischöfe, Klöster und Feudalherren lockten sie mit dem Versprechen, ihnen die Freiheit zu schenken. Sie sollten die entlegenen Täler urbar machen und dafür als Belohnung eine eigene Gerichtsbarkeit erhalten und am freien Viehhandel teilnehmen können. Aber vielleicht waren die Walser einfach nur ein unternehmungsfreudiges Volk, das sein angestammtes Nomadentum ausleben wollte.
Die Walser stießen ins Aostatal vor, wo heute noch am Fuße des Monte Rosa Walserdeutsch gesprochen wird. Sie drangen in das Tessin und bis Bosco-Gurin vor, erreichten aber auch weitere Gebiete des Piemonts, zum Beispiel Val Formazza. Im Westen kamen sie in das Tal von Chamonix, im Norden ins Lötschental. Im Osten gelangten die Walser nach Graubünden, genauer gesagt nach Davos und in das Rheintal.

Nach Vorarlberg und Tirol kamen sie zwischen dem 13. und 14. Jahrhundert. Die älteste Urkunde, die von einer Walserbesiedelung in Vorarlberg spricht, stammt aus dem Jahr 1313. Besiedelt wurden in Vorarlberg das Laternsertal, Brandnertal, Silbertal, Oberes Lechtal, Großes und Kleines Walsertal sowie Damüls und Ebnit, und in Tirol Galtür. Die Walser hatten neben der Fähigkeit, die unwirtlichsten Hochtäler urbar zu machen, noch eine weitere, bedeutendere: Sie waren begnadete Viehzüchter. Sie brachten aus dem Wallis ihr Walser Vieh mit: die Vorfahren der Eringer und Evolèner.

DAS WALSER VIEH VERBREITET SICH

Durch die Freiheit, die ihnen gewährt wurde, durften die Walser auch Viehhandel betreiben – das war der allgemeinen Bevölkerung meist untersagt. Und so begann die massive Beeinflussung der heimischen, ansässigen Rinderschläge durch das Walser Vieh.

Das Valdostana-Rind ist sehr eng mit Eringern und Evolènern verbunden. In gleichem Maße war das Walser Vieh an der Entstehung der Montafoner Rinderrasse beteiligt. Das Tux-Zillertaler Rind ist der Lieblingsenkel der Eringer Rinder. Kampffreudig, mutig und extrem an den alpinen Standort angepasst, verfügt es nicht zuletzt auch über das nötige Feuer. Es ist intelligent und dem guten Bauern gegenüber äußerst loyal.
Die Walser Rinder kamen durch den Viehhandel ins Zillertal. Schwaz in Tirol war durch den Bergbau eine reiche, offene Stadt und ein großer Umschlagplatz für Vieh. Die Tuxer ihrerseits sind mit den Pinzgauern, den Pustertaler Sprinzen und dem Grauvieh verwandt. Die schwarzen Pinzgauer erinnern noch an das Erbe des Walser Viehs.

FASZINIERENDE TIERE GÖTTLICHER ABSTAMMUNG

So kann mit Fug und Recht – und einer Prise Fantasie – behauptet werden: Die Rinder im Hochgebirge stammen alle vom Apis-Stier ab und sind erwählte, heilige Tiere. Die Pinzgauer mit ihrer unglaublichen Kraft und Schönheit, die Valdostana mit ihrer Wildheit und dem Sanften, die Pustertaler Sprinzen mit ihrer Erhabenheit und Kampfeslust, die Tux-Zillertaler mit ihrem Feuer und der Lust am Sichmessen, die Eringer und Evolèner als das Vieh, das all diese Eigenschaften den Rindern der Alpen schenkte, und die Seelentiere, die Montafoner: Alle haben sie den Apis-Stier als Urahn in ihrem Blut, alle sind sie vom heiligen Schlag – und alle sind sie ein großer Segen für die Menschen und die Bauern, die sie halten.

ÜBER DEN ERHALT DER EVOLÈNER

Wir können das Walser Kapitel nicht abschließen, ohne von den Auseinandersetzungen zwischen Eringer-Züchtern und den Haltern der Evolèner zu sprechen.
Bis ins 19. Jahrhundert wurden die Schläge Eringer und Evolèner nicht unterschieden. Sie waren schlichtweg Schwesternrassen innerhalb des Walser Viehs. Ab 1884 gab es „einen regelrechten Kreuzzug zugunsten der Einfärbigkeit", soweit Hugo Raaflaub.
Rinder mit Flecken – zum Beispiel das Mal des göttlichen Apis-Stieres – wurden nicht mehr prämiert und so aus der Zucht gedrängt. Züchter, die die weißen Zeichnungen erhalten wollten, wurden heftigen Schikanen und Diskriminierungen ausgesetzt. Es gab Zeiten, da verschlossen und versperrten Evolèner-Züchter fein säuberlich ihren Stall und Hof, verließen sie ihr Gehöft. So groß war die Angst, dass während ihrer Abwesenheit

ihre Evolèner-Stiere kastriert würden. „Allein der Hartnäckigkeit und der Widerstandskraft einer Handvoll Züchter ist es zu verdanken, dass die herrlichen Evolèner überhaupt noch existieren", sagt Herr Raaflaub. Gerade in dieser Zeit der größten Bedrängnis waren es die Züchter der Valdostana im Aostatal, die ihren Landsleuten – Walsern – zu Hilfe kamen. Zwischen den Evolèner-Züchtern und denen der Valdostana gab es regen Austausch von Tieren, besonders über den Col de Collon, und sogar über den Grossen St. Bernhard. Auch im Zweiten Weltkrieg blieb der Austausch von Waren und Vieh bestehen.

Wir verneigen uns vor den mutigen Frauen und Männern, denen wir die wunderbaren Evolèner zu verdanken haben. Und wir danken auch den Züchtern der herrlichen Eringer dafür, dass sie sich mit den Haltern der Evolèner und auch mit der Existenz der Evolèner schließlich versöhnten. Jetzt erfreuen uns zwei der schönsten Rinderrassen weltweit – vom selben Stamme des göttlichen Apis-Stieres kommend. Dankeschön, ihr Walser!

Eringer

BOS PRIMIGENIUS TAURUS
Wallis, Schweiz

Eringer tragen das geheimnisvolle Nubien in sich. Schon zur Römerzeit scheint ein dem Eringer ähnlicher Rindertyp im Wallis beheimatet gewesen zu sein.

Eringer haben einen ganz außerordentlichen Charakter und das Herz eines Kämpfers. Jahr für Jahr kämpfen sie auf der Alm ihre Stellung in der Herde unblutig aus. Der Almauftrieb ist nicht nur für die Kühe eine Herausforderung, auch für die Besitzer der Kühe ist es ein nervenaufreibendes Ereignis. Massen an Menschen säumen die Almen und wohnen fasziniert dem Kampf Kuh um Kuh bei. Es kann aber auch bis zum Ende der Almzeit dauern, bis die Rangordnung endgültig feststeht, denn manchmal wird der Sieg erst kurz vor dem Abtrieb ausgefochten. Diese Kämpfe sind aufregend, und hin und wieder kommt es auch zu Unfällen. Wenn zwei Kühe ihre Rangkämpfe nahe einem Abgrund austragen, kommt es vor, dass eine dabei über die Klippe stürzt.

Wo Kampf ist, liegen Demütigung und Stolz sehr nahe beieinander. Es gibt keinen größeren Stolz, als Besitzer der Siegerkuh zu sein.

Die Eringer sind eher kleine Tiere, aber sie haben unglaubliche Muskeln und kräftige Hörner. Milch geben sie nicht allzu viel.

Eringer sind nicht nur mutig, sondern zugleich auch sehr anpassungsfähig und anspruchslos. Es ist jedes Mal ein Erlebnis, ihnen auf der Alm zu begegnen. Mit ihrem dunkelbraunen bis schwarzen Fell und dem kurzen, breiten Kopf sind sie sehr beeindruckend. Es ist ein feuriger Zauber, der von ihnen ausgeht.

Anzahl der Tiere:
Ca. 13 500
Körpergröße:
Stier: 1,25 – 1,34 m
Kuh: 1,18 – 1,28 m
Abstammung:
Ein Verwandtschaftsverhältnis mit südfranzösischen und damit auch spanischen Rassen ist nicht unwahrscheinlich; spanische Rassen sind nachweislich von nordafrikanischen taurinen Rindern beeinflusst, die mutmaßlich auf Bestände in Ägypten und Nubien zurückgehen
Nächste Verwandte:
Evolèner
Wesen:
Sehr kämpferisch und temperamentvoll; anspruchslos, anpassungsfähig und berggängig
Besonderheit:
Kampfkuh für alle Höhenlagen und den ganzen Alpenbogen
Verbreitung:
Wallis; namensgebend ist das Eringertal/Val d'Hérens zwischen 550 und 3 200 m Seehöhe am Fuße der Walliser Alpen im französischsprachigen Teil des Kantons; weitere Stammzuchtgebiete in benachbarten Tälern, wie z. B. dem Zermattertal

Evolèner

BOS PRIMIGENIUS TAURUS
Wallis, Schweiz

Weiß der Stern auf der Stirn der Evolèner und schneeweiß das Matterhorn – ein Gleichklang für immer. Der Schönheit höchster Sinn eröffnet sich uns, sehen wir die beiden. Im Schweizer Val d'Hérens liegt das Dorf Evolène, und im benachbarten Mattertal trafen wir sie, das Matterhorn und die Evolèner Kühe.

Eringer und Evolèner haben dieselbe Herkunft. 1884 wurden die stolzen Eringer als eigene Rasse anerkannt und ab diesem Zeitpunkt wurde auf Einfarbigkeit gezüchtet. Für die Evolèner mit ihren weißen Stulpen und dem weißen Stern gab es keinen Platz mehr im Herdbuch der Eringer. Zu dieser Zeit schloss der Evolèner-Züchter sorgfältig Tür und Tor zu, wenn er aus dem Haus ging, denn die Sorge, sein Evolèner-Stier könnte während seiner Abwesenheit im Stall kastriert werden, war stets mit ihm. Denn neben den Eringern wollten deren Halter keine Evolèner mehr dulden. Doch wer die stolzen, leidenschaftlichen, nach Gerechtigkeit strebenden Walser kennt, weiß: Es ging doch weiter mit der Zucht der Evolèner in den Hochtälern des Wallis. Bis hin zum italienischen Aostatal fanden sich ein paar Aufrechte, die diesen wahrscheinlich vollkommensten Rindern eine Bresche schlugen. Über Saumpfade wurden selbst die trennenden Berggipfel überwunden, um Tiere zur Zucht zu tauschen.

The fighting spirit der Halter übertrug sich auf die kleinrahmigen, stark muskulösen, geschickten und berggängigen Tiere – oder war es umgekehrt? Den Haltern wie den Kühen werden Eigensinn und Kampfeslust nachgesagt. Und die Evolèner sind kampfeslustige Tiere. Von klein auf üben sie sich im spielerischen Kämpfen. Anders als bei den Eringern dauert ein Kampf bei den Evolènern nur kurz, einer momentanen Explosion von Energie gleich. Schon wenige Minuten später, wenn klar ist, wer der Sieger ist, schlecken sie sich gegenseitig ab. Diese kampfeswilligen Tiere sind süchtig nach Zärtlichkeit, nach Zuwendung. Oxytocin, das Hormon der Nähe, der Zartheit und der Beziehungsfähigkeit waltet in ihnen. Das macht den Umgang für den Bauern mit den Evolènern so spannend.

Beständige Beobachtungskunst ist im Umgang mit der Herde gefragt, der Halter muss immer in Beziehung sein mit der Herde. Nur so gelingt eine reibungslose Haltung der Evolèner. Sie sind kuschelig und kampfeswillig, zart und kühn. Mein Gott, dem hohen Lied kein End'!

Es gibt nur noch ca. 400 Stück von den herrlichen, vollkommenen Evolènern, denn oft werden sie nur zur eigenen Freude gehalten. Die Menschen haben Freude am Charakter, an der perfekten Schönheit der Tiere, und Freude an der Beziehung zu den Evolènern.

Dankeschön, Herr Raaflaub, ohne Sie und Ihren Brief hätte ich das perfekteste Rind in den Alpen vergessen. Das Verwandtschaftsverhältnis der Evolèner zu den Valdostana, zu den Pinzgauern und Tuxern beschenkte die drei Alpenrassen mit Schönheit und dem ausgewählten Charakter. Ohne Sie hätte ich die unvergleichliche Schönheit der Evolèner nicht besingen, ihr feines, seidiges Fell nicht spüren können.

Dankeschön, allen Haltern der Evolèner!

Anzahl der Tiere:
Ca. 400
Körpergröße:
Stier: Ø 1,30 m
Kuh: Ø 1,25 m
Abstammung:
Gemeinsame Abstammung mit den Eringern, mit denen sie bis ins 19. Jahrhundert synonym genannt werden und die zusammen den Grundstock des Walser Viehs gebildet haben; enge Bande zu den Valdostana im Aostatal, die historisch zum Erhalt der Rasse beigetragen haben
Nächste Verwandte:
Eringer, Valdostana
Wesen:
Kampflustiges und robustes Walser Vieh
Besonderheit:
Vereinigung von Alptauglichkeit und Kampfeslust
Verbreitung:
Vorwiegend in Hochtälern des Wallis – namensgebend ist der Ort Evolène im Eringertal – aber auch in anderen Schweizer Regionen; saisonale Alpung auf Hochweiden bis 3 100 m Seehöhe

Valdostana

BOS PRIMIGENIUS TAURUS
Aostatal, Italien

Valdostana bringen die Menschen mit ihrer nach oben gebogenen Nase unwillkürlich zum Lachen. Dabei sind Valdostana, vor allem die schwarz gezeichneten Valdostana Pezzata Nera, äußerst kampfestüchtig. In ihnen pulsiert das Feuer des Walser Viehs, das die Walser im 13. Jahrhundert aus dem Wallis mitbrachten. Der Bestand dieser schönen Variante, der sich auf wenige 500 bis 600 Stück beläuft, ist äußerst bedroht. Unser Bauer auf der Alm auf 1 900 Meter Seehöhe ist der Meinung, dass die schwarz Gefleckten die einzig echten Valdostana sind.
Wir finden die Valdostana im Aostatal auf der Alpe Chaligne; dort, wo es eine hinreißende Aussicht auf das Matterhorn gibt und selbst dem Blick auf den Montblanc nur ein Hügel im Wege steht. Die Tiere bewegen sich äußerst sicher im hochalpinen Gelände. Sie sind sehr robust und anspruchslos, dadurch sind sie ihrem Lebensumfeld optimal angepasst.
Im Hochgebirge der Chaligne wird aus der Milch dieser vitalen Tiere der Fontina hergestellt – ein Käse, den Kenner für seinen besonderen Geschmack schätzen. Die Freiheit des Viehs, die Vielfältigkeit der Kräuter, Blumen und Gräser und die Abwesenheit von Kraftfutter sind die wahren Zutaten für einen unvergleichlichen Käse. Hier auf der Alm sorgen beim Käsen der melkwarmen Milch zudem Kupferkessel, Labkraut und die einzigartige Reifungsumgebung für die Entfaltung des herausragenden Charakters. Geschmack, Duft, Gaumenkraft, der nötige Schmelz: einfach ein vollendeter Käse!
Wie lange aber wird es die kräftige Milch noch geben? Wie lange werden wir uns an der Intelligenz und der Leichtfüßigkeit, an der Kraft, der Lebensfreude der Valdostana erfreuen können? Wie lange wird es den Fontina aus dem Hochgebirge des Aostatals noch geben? Den Fontina aus der Milch der Valdostana?

Schönheit und unvergleichliche Qualität haben es immer schwerer in unserer Gesellschaft. Wir verlieren zunehmend das Gespür für das Außerordentliche. Nur noch ein Gott könne uns retten, meinte einmal ein Philosoph. Mögen bei dieser Rettung auch die Valdostana dabei sein.

Variante: V. Pezzata Rossa | **Anzahl der Tiere:** 15 000 | **Körpergröße:** Stier: Ø 1,35 m | Kuh: Ø 1,25 m | **Nächste Verwandte:** Eringer, Tarentaise | **Wesen:** Anspruchslos mit ausgezeichneter Futterverwertung |

Variante: V. Castana | **Anzahl der Tiere:** Ca. 6 000 | **Körpergröße:** Stier: Ø 1,35 m | Kuh: Ø 1,25 m | **Nächste Verwandte:** Eringer |

Variante: V. Pezzata Nera | **Anzahl der Tiere:** Ca. 600 | **Körpergröße:** Stier: 1,30 – 1,35 m | Kuh: Ø 1,25 m | **Abstammung:** Gehen auf Kreuzungen von Eringern und Evolènern mit einheimischen Schlägen (wohl alpiner Brachyceros-Typ) zurück | **Nächste Verwandte:** Evolèner | **Wesen:** Kampflustig (ausgeprägte Neigung zu sozialen Rangkämpfen); robust, anspruchslos und berggängig | **Besonderheit:** Kämpferische Walser aus dem Aostatal | **Verbreitung:** Aostatal, auf einer Seehöhe von 400 – 3 200 m |

Montafoner Braunvieh

BOS PRIMIGENIUS TAURUS
Montafon, Österreich

Mein Gott, Montafoner! Die Kühe meiner Kindheit. Nichts ist mir so vertraut wie diese Kühe. Ich liebte es, als Kind meine Nase in ihrem Fell zu reiben, meinen Kopf an ihren Körper zu schmiegen. Ich liebte ihren Geruch, ihre Zartheit und ihre Zugewandtheit. In ihrer Gegenwart fühlte ich mich ganz.

Aber ich hatte immer auch Respekt vor diesen Tieren. Denn hinter der Sanftheit lauerte eine unbändige Wildheit. Kamen sie beim ersten Schnee aus dem Stall, sprangen sie wie Gämsen, warfen wild die hinteren Beine in die Höhe und tanzten voll Begeisterung, begleitet von lautem Muhen in den unterschiedlichsten Tonarten.

Montafoner sind ganz und gar vitale Kühe. Sie leben unter einem Dach mit den Menschen, denn sie gehören zur Familie. Wird eine Kuh abgeholt, ist es ein tagelanges Drama für Groß und Klein, für die ganze Familie. Sprachlos versuchen alle, mit dem Verlust umzugehen.

Eine Montafoner Herde strahlt Harmonie aus, sie hat ihren eigenen Rhythmus und Einklang. Es ist so, als hielte eine stille Melodie, die wir nicht hören können, weil sie nur den Rindern vorbehalten ist, die Herde zusammen.

Montafoner sind zart und robust. Graziös bewegen sie sich im steilsten alpinen Gelände, gerade so, als wären sie ein Teil davon.

Wer auch immer mit Montafonern zu tun hatte, teilt dieselbe Begeisterung. Ein von ihnen begeisterter Mensch hatte die Idee, sie 1873 zur Weltausstellung nach Wien zu bringen. Sie erregten dort großes Aufsehen. Die Harmonie, die sie vermitteln, die Schönheit ihrer Gesamterscheinung war das, was die Menschen rührte. Die Augen der Montafoner Kühe ziehen Menschen in ihren Bann. Genauso wie ihre Erscheinung: das schwarz pigmentierte Maul, das von einem hellen Saum umrandet ist, die dunklen Klauen und Hornspitzen, der gleichmäßige Körperbau, die wunderbaren behaarten Ohren und der Kuhschweif, der keine Ruhe kennt. So begegnet einem diese Schönheit, und sie beeindruckt sofort. Der starken direkten Präsenz dieser Tiere kann sich niemand entziehen. Eine Präsenz, die Geborgenheit vermittelt.

Montafoner tun aber nicht nur der Seele gut, sie bieten auch höchsten Genuss. Sie geben Milch und machen auch da den Unterschied – denn Milch ist bekanntlich nicht gleich Milch. Im Milcheiweiß dieser Tiere kommt eine spezifische Kaseinvariante vor, die Hartkäsesorten aus der Montafoner Kuhmilch unverwechselbar macht. Heute wird der Wert von Milch jedoch nur noch in Kilogramm gemessen, und so ist es nicht verwunderlich, dass der Bestand der echten Montafoner Kühe gefährdet ist.

Anzahl der Tiere: Wenige Hundert | **Körpergröße:** Stier: 1,33 – 1,42 m | Kuh: 1,26 – 1,34 m | **Abstammung:** Geht ursprünglich auf das Kurzhornrind (Brachyceros) bzw. „Torfrind" zurück | **Nächste Verwandte:** Braunvieh, Tux-Zillertaler, Eringer | **Wesen:** Hohe Vitalität, dadurch lange Nutzungsdauer; futtergenügsam, sehr berggängig und aufgrund seines geringen Gewichts besonders alptauglich; zart und zugewandt, aber auch wild und temperamentvoll | **Besonderheit:** Temperamentvolle Kühe für das Hochgebirge | **Verbreitung:** Montafon, südliches Vorarlberg, auf 600 – 2 800 m Seehöhe |

Tux-Zillertaler

BOS PRIMIGENIUS TAURUS

Zillertal, Österreich

Bei einer Begegnung mit diesen Kühen auf einem Hochgebirgspfad wird einem mulmig, und es ist weit mehr als Respekt, denn diese Tiere wecken Bewunderung. Tuxer sind Tiere für Mannsbilder! Oder?

Ein Bauer, dem ich einmal einen Stier schenkte, erzählte mir, dass der Stier ihn um ein Haar getötet hätte. Hätte nicht im entscheidenden Moment der Briefträger scheppernd die Türe seines Kleinautos zugeschlagen und so den Stier einen winzigen Moment abgelenkt, wäre es um den Bauern geschehen gewesen. Verdutzt fragte ich den wirklich sehr erfahrenen Bauern, wie es dazu kam. „Schon als du den Stier gekauft hast, hätte ich wissen müssen: Das geht nicht gut. Der Stier hat als einzige menschliche Bezugsperson die junge Bäuerin gehabt, und sind Stiere einmal auf Frauen fixiert, akzeptieren sie dich als Bauer nie."

So gesehen sind die urgewaltigen Tuxer nicht nur für Mannsbilder, sondern auch für Frauen, die eine Beziehung mit dem Vieh aufbauen können, gerade richtig.

Tuxer haben einen breiten, kurzen Kopf mit starken, in weiter Biegung nach vorne gerichteten Hörnern. Das sind die sogenannten Stechhörner. Tuxer werden daher auch respektvoll als Stechkühe bezeichnet.

Am ersten Sonntag im Mai, dem Gauderfest, fand in den Zillertaler Bergen das Kuhstechen statt. Mit stierem Blick und scharrenden Füßen krachten die mutigsten Kühe aufeinander. Das Stechen verlief unblutig. Der Grund für dieses Stechen war, die Leitkuh für die bevorstehende Weidezeit zu eruieren.

Tuxer sind selbstredend mutig. Sie sind richtige Haudegen, aber zugleich haben sie zarte Beine, auf denen sie anmutig und trittsicher auch die verwegensten Wege in den Bergen gehen. Mein Freund, der Tuxer hält, beschreibt sie jedoch ganz anders. Anmutige, anschmiegsame, intelligente, treue und beziehungshungrige Viecher seien es. Sie haben einfach alles, was es braucht, um mit ihnen die harten Monate im Hochgebirge, auf der Alp, zu bestehen.

Diese Tiere lassen den Bauern die Brust anschwellen, reden sie von ihren Tuxern. Sie haben aber nicht nur in ihrer Heimat Erfolg, auch in der Ferne erhalten sie Anerkennung. 1848 wurden 13 Tuxer im Zillertal gekauft und zu Fuß 2 300 Kilometer bis an die Wolga getrieben. In Sysran wurden mit Tuxern drei russische Rinderrassen gegründet: die Gorbatov, die Rote Tambov und die Yurino. Ein Votivbild in der Lindenkapelle in St. Georgenberg berichtet von diesem Abenteuer und der Gründungstat der Tuxer!

Anzahl der Tiere: Ca. 1 800 | **Körpergröße:** Stier: Ø 1,40 m | Kuh: 1,20 – 1,30 m | **Abstammung:** Gehen auf Walser Vieh-/Eringerbestände zurück, die die Walser im oberen Paznaun (Galtür) einführen und die sich dann über Viehmärkte in weiten Teilen Tirols verbreiten | **Nächste Verwandte:** Eringer | **Wesen:** Temperamentvoll und kampflustig; genügsam, gute Grundfutterumsetzung | **Besonderheit:** Alpkuh unter Skiliften | **Verbreitung:** Zillertal und Tuxertal auf Seehöhen von 550 bis 2 700 m |

Pustertaler Sprinzen

BOS PRIMIGENIUS TAURUS
Südtirol, Italien

Kühe sind Kühe und Sprinzen sind Königinnen. Die Sicherheit und die Erhabenheit, mit der sie sich bewegen, sind einfach beeindruckend.
Auch der Kaiser war von ihnen angetan. Während der Regentschaft Kaiser Franz Josephs waren sie im Habsburgischen Reich die Hauptkuhrasse. Mit dem Zusammenbruch der Monarchie verloren auch die Königinnen ihr Reich.
Der Erfolg der Sprinzen war nämlich auch ihr Verhängnis. Sprinzen verfügen über eine große Leistungsfähigkeit. So kam es zum Ausverkauf der besten Kühe und der stärksten Stiere, aus denen formschöne und zugstarke Ochsen wurden. Weitergezüchtet wurde mit den schwächeren Tieren, und so fiel das bewunderte Leistungsniveau rasch ab. Erst seit 1950 gehen die Züchter einen anderen Weg, der den Sprinzen wieder eine Zukunft geben wird.
Die Färbung, die den Pustertaler Sprinzen die Lebendigkeit und das Außergewöhnliche verleiht, kann schwarz oder fahlgelb-rot sein. Das Verbindende ist das tiefe Schwarz des Flotzmauls, der Augenlider, der Hornspitzen und Klauen. Glänzend ist das Schwarz, das diese Tiere wie einen Schmuck tragen, als Schmuck der Königinnen.
Trotz ihres massigen Körpers bewegen sich Pustertaler Sprinzen mit großer Leichtigkeit im schwierigen Berggelände. Sie sind eine Augenweide und haben heute wieder viele Bewunderer. So ist die Zukunft der könig- und kaiserlichen Prachttiere wieder rosig.

Anzahl der Tiere: Ca. 600, davon rund 180 in Südtirol und 420 in Österreich; damit stark gefährdet | **Körpergröße:** Stier: 1,35 – 1,45 m | Kuh: 1,25 – 1,35 m | **Abstammung:** Grundbestand waren bis ins 19. Jahrhundert vermutlich Bestände, die den Ennstaler Bergschecken und dem Kärntner Blondvieh nahestehen und in die importiertes Walser Vieh (Tux-Zillertaler) eingekreuzt wurde | **Nächste Verwandte:** Pinzgauer, Tux-Zillertaler | **Wesen:** Temperamentvoll, robust, sehr futtergenügsam mit guter Grundfutterverwertung, dabei langlebig | **Besonderheit:** Schönheitsköniginnen ohne Reich | **Verbreitung:** Südtiroler Pustertal mit Seitentälern auf 700 – 3 000 m Seehöhe sowie verstreute Zucht in Österreich |

Original Pinzgauer

BOS PRIMIGENIUS TAURUS
Pongau & Pinzgau, Österreich

An einem herrlichen Frühlingstag war ich unterwegs im Oberen Pinzgau. Der Himmel blitzblau, die Bergspitzen glitzernd weiß vom Schnee, das Gras grün, die Bäume blühend und um die Bäume eine Herde kastanienbrauner Pinzgauer mit dem weißen Band am Rücken. Es war ein atemberaubender Moment. Ein Moment der absoluten Schönheit, der mich wie ein Faustschlag traf.

Ich möchte niemanden vor den Kopf stoßen, aber die Pinzgauer sind wahrscheinlich die schönsten Rinder auf Gottes Erdboden. Es gab eine Zeit, in der die meisten Bauern auf Fleckvieh umstellten, und die Pinzgauer wurden, wahrscheinlich als Gegenreaktion, auf nichts als die Schönheit hin gezüchtet. Von diesem Übermaß ist heute noch viel zu sehen.

Das Kastanienbraun der Pinzgauer hat eine Farbbreite von dumpfem Dunkelbraun bis zu feurigem Rotbraun. Vom oberen Rücken zieht sich ein weißer Kamm, der sich bis in den Kuhschweif fortsetzt, und das Braun wird auch am Bauch durch ein Weiß unterbrochen.

Zweimal waren die Pinzgauer auf Weltausstellungen: 1855 in Paris und 1873 in Wien. Ihr Erfolg war überwältigend. Im 19. Jahrhundert wurden sie Bistumskühe genannt, denn sie standen für das erzbischöfliche Bistum Salzburg. In so einer tief verwurzelten Verbindung standen die Pinzgauer mit ihrer Region. Ihr Ruf aber drang bis Berlin, denn die Ochsen repräsentierten die sprichwörtliche Zugfähigkeit. Überall führten sie ihre Stärke vor. Eine Strecke von 1 Kilometer bewältigten sie in 8,5 Minuten – mit einem Zugwagen, der das Fünffache ihres Körpergewichts wog. Für solche Kunststücke waren sie berühmt. Aber auch für ihre Marschtüchtigkeit und für die Leichtigkeit, mit der sie sich sogar im schwierigsten Gelände bewegten.

Pinzgauer sind robuste, genügsame und ruhige Tiere. Seit geraumer Zeit werden Red Holstein eingekreuzt, um sie ertragsstärker zu machen. Der Ertrag steigt wohl, aber diese wunderbare Rasse droht, zugrunde zu gehen.

Doch noch gibt es Bauern, die auf die Tugenden der reinen Pinzgauer setzen. Eine Pinzgauer Kuh wird 20 Jahre alt und hat eine beeindruckende Lebensleistung als Milchkuh. Bei allen uns bevorstehenden, sich ändernden Umweltbedingungen werden die Pinzgauer noch von nicht zu unterschätzender Wichtigkeit sein. Sie sind enorm anpassungsfähige und widerstandsfähige Rinder, und ihr Fell weist ultraviolette Strahlen in einem hohen Maß ab. Pinzgauer – ein Rind für unsere unsicher werdende Zukunft.

Anzahl der Tiere:
Ca. 5 000 reinrassige Original Pinzgauer
Körpergröße:
Stier: 1,45 – 1,50 m
Kuh: 1,35 – 1,40 m
Abstammung:
Zum Ursprung der Rasse gibt es widersprüchliche Theorien; als Ahnen werden alpine Kurzhornrinder („Torfrind"), Keltenrinder, bajuwarische Rotschecken, Blondvieh und norddeutsche Niederungsrinder vorgeschlagen
Nächste Verwandte:
Jochberger Hummeln, Eringer
Wesen:
Gute Futterverwertung, große Adaptionsfähigkeit an unterschiedliche Klimazonen und Widerstandsfähigkeit (daher heute Haltung in Tropen, Steppen und Gebirgsregionen); friedfertig
Besonderheit:
Zukunftsträchtige und leistungsstarke Bergschönheit
Verbreitung:
Hochgebirgsregion, mit sommerlicher Nutzung von Hochweiden als Melk- und v. a. Galtviehalmen

SCHWARZE PINZGAUER

Mein Gott, welche Schönheiten, die das Kräftige und Zarte aufs Wunderbarste in sich verbinden. Lebendige und behände Tiere, mit unendlich warmen und sogleich stolzen Augen.

Am Beginn stand wohl eine Genmutation, aber das Geschenk schwarzer Pinzgauer war so überwältigend, dass sie fürderhin die kastanienbraune Herde als Glückskühe schmückten und gezielt gezüchtet wurden.

Ein, höchstens zwei schwarze Pinzgauer in der Herde sollen Glück bringen – und vor allem Freude. Die Schönheit der schwarzen Pinzgauer ist überwältigend, auch ihre Ausdruckskraft ist außergewöhnlich. Sie sind eigenwillig, und doch suchen sie die Zuwendung ihrer Bezugsperson. Fremden gegenüber sind sie misstrauisch.

Feingliedriger und sehr geländegängig sind sie, etwas kleinrahmiger als ihre braunen Geschwister. Im Sommer bewegen sie sich im Hochgebirge zwischen den Felsen und den steilen Weiden mit Leichtigkeit und großer Selbstverständlichkeit.

Ja, sie geben weniger Milch als die braunen, aber wegen der Milchleistung werden sie doch nicht gehalten. Die Glückskühe, die schwarzen Pinzgauer, werden ausschließlich zur eigenen Freude der Bauern gehalten. So soll es auch sein: Neben der harten Arbeit der Bergbauern braucht es etwas Besonderes fürs Gemüt, und das sind die schwarzen Pinzgauer.

Zudem schärfen sie, die Glückskühe, den Schönheitssinn der Bauern, der uns allen wieder zugutekommt.

4

Alp- und Almkühe

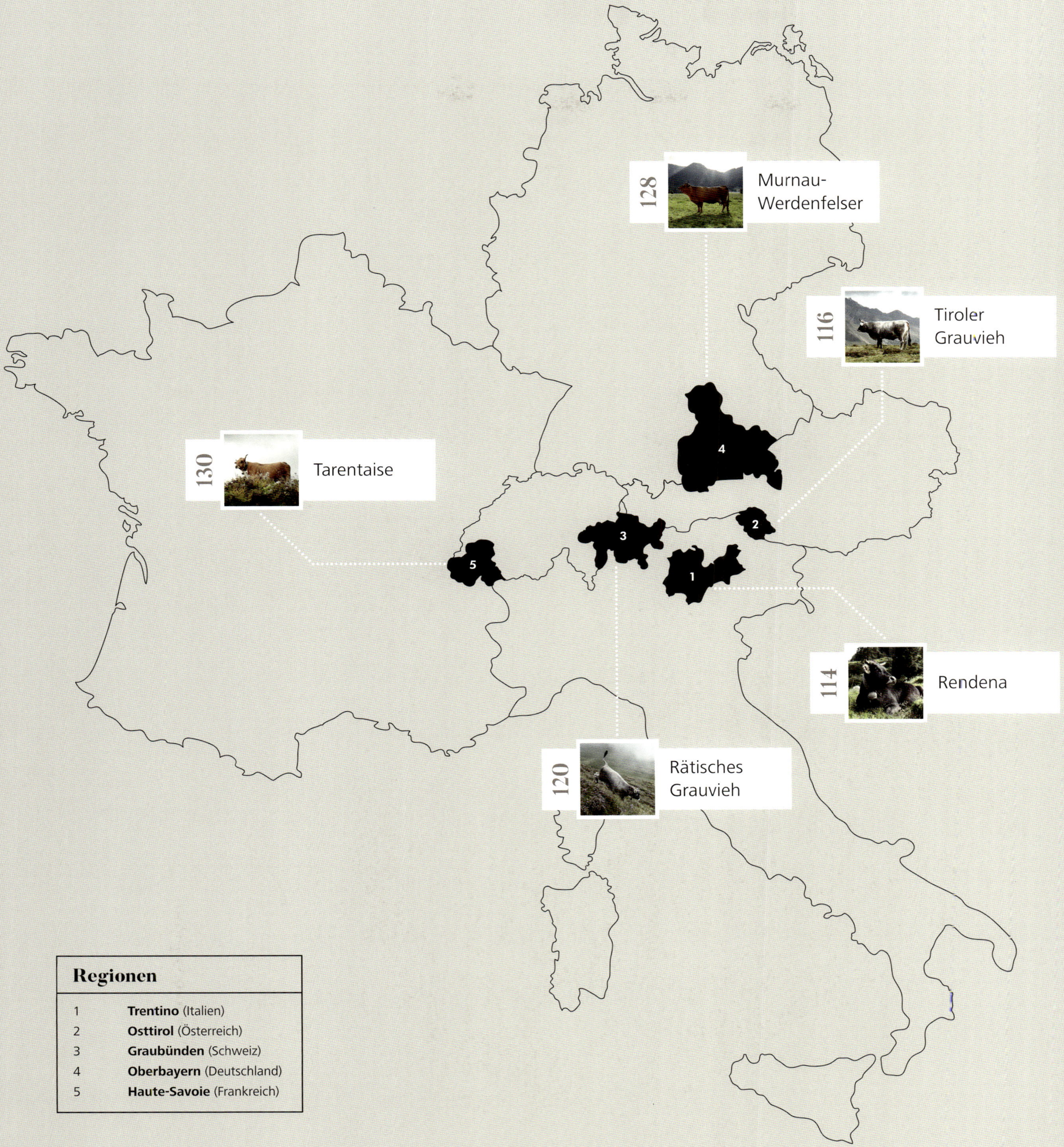

Regionen

1	**Trentino** (Italien)
2	**Osttirol** (Österreich)
3	**Graubünden** (Schweiz)
4	**Oberbayern** (Deutschland)
5	**Haute-Savoie** (Frankreich)

Rendena

BOS PRIMIGENIUS TAURUS

Trentino, Italien

Rendena sind Kurzhornrinder, aber nicht der alpine Typ, der uns von der Pfahlbaukultur als Erbschaft überlassen wurde, sondern sie entsprechen dem illyrischen Typ. So wie das Trentino das Welschtirol ist, ist die Rendena das aus der illyrischen Ferne kommende Rind. Die weite Welt trifft sich auf den Bergen und vielleicht leben in den Rendena-Rindern noch die Geheimnisse der sagenumwobenen Torfkuh.
Hoch auf der Alm zwischen Unmengen von Heidel- und Preiselbeeren begegnet uns die Herde der Rendena. Sie sind starke Rinder, haben starke Klauen, bewegen sich trittsicher im steilsten Gelände und sind an das harte hochalpine Leben außerordentlich gut angepasst. Durch ihr dunkelbraunes Fell und das helle Flotzmaul richtet sich sofort alles Interesse auf sie. Rendena – das Vieh des Trentino mit starkem Einfluss auf alle Rinderrassen des Alpengebiets. Stolz und schön sind diese Tiere. Eine Rasse, die dem Trentino zu einem außergewöhnlichen Charakter verhilft und aus ihm eine beeindruckende Landschaft mit beeindruckenden Rindern macht.

Anzahl der Tiere: Im Herdbuch rund 5 000 Kühe und 50 Stiere erfasst | **Körpergröße:** Stier: Ø 1,30 m | Kuh: Ø 1,25 m | **Abstammung:** Wird aufgrund der Morphologie im 19. Jahrhundert zu den Kurzhornrindern *(Brachyceros)* gezählt, allerdings nicht zum alpinen Typus der Pfahlbaukulturen, sondern zum illyrischen Typ des Balkans; früher wohl größeres Verbreitungsgebiet; soll Braun- und Grauvieh stark beeinflusst haben; später wiederum Einkreuzungen des Braunviehs | **Nächste Verwandte:** Braunvieh | **Wesen:** Besonders an Ansprüche der Alpung adaptiert; gute Futterumwandlung auf Extensivweiden, Trittsicherheit, harte Klauen, Anpassungsfähigkeit | **Besonderheit:** Einflussreiche Alpenrasse aus dem Trentino | **Verbreitung:** Namensgebend ist das Rendenatal im Trentino zwischen Brenta- und Adamellogruppe auf 750 – 3 000 m Seehöhe; heute größere Verbreitung in der Ebene und in Berggebieten des Veneto (z. B. Po-Ebene der Provinz Padova, Hochebene von Asiago) |

Tiroler Grauvieh

BOS PRIMIGENIUS TAURUS
Osttirol, Österreich

Bin ich im Alpinen unterwegs, begegnen mir immer wieder die silbrigen bis eisengrauen Rinder. Grazil und stolz. Bauern, die sich für Grauvieh entschieden haben, sind die stolzesten Rinderhalter weit und breit. Reden sie über ihre Kühe, wachsen sie bis zur fünffachen Körpergröße an. Für jemanden, der das nie erlebt hat, ist das schwer vorstellbar.

Das Hintergrundmotiv meines Mobiltelefons ist selbstredend ein Grauvieh. Selbstverständlich! Um täglich an die absolute Schönheit erinnert zu werden. Durch das Silbergrau, das ins Schwarze übergeht, vermitteln diese Rinder eine kühle Schönheit.

Das Grauvieh zählt zu den ältesten Kuhrassen des östlichen Alpenraums. Die Vorläufer des Grauviehs gehen auf die Kurzhornrinder der Pfahlbausiedlungen der Eisen- bis Mittelbronzezeit zurück. Neben dem Silber- bis Eisengrau haben die Tiere dunkle Schattierungen an Kopf, Hals und Rumpf, die wie angeraucht wirken. Entlang des Rückens haben sie einen hellen Aalstrich, und das dunkle Maul ist hell gesäumt, was den Tieren eine distanzierte Freundlichkeit verleiht. Und: Grauvieh hat wunderbare Hörner. Schön gebogen und nach oben gerichtet. Wirklich eine wunderschöne Erscheinung!

Ein wenig wirken die Tiere, als kämen sie aus einer anderen Zeit, aus einem anderen Reich. Dabei waren sie geschätzte und gesuchte Arbeitstiere in Oberitalien. Ihre Robustheit, ihre unverwüstliche Gesundheit sprach sich herum. Sie haben eine hohe Widerstandsfähigkeit gegen Wind, Wetter und Krankheiten. So war zum Beispiel TBC beim Grauvieh unbekannt. Sieben Monate im Jahr sind diese Rinder im Gebirge, daher haben sie eine außerordentlich geschmackvolle Milch.

Grauvieh macht nicht nur die Bauern stolz; die Tiere selbst sind sehr auf die Menschen bezogen, mit denen sie leben. Und Grauvieh macht abhängig: Hat sich ein Bauer einmal für das Grauvieh entschieden, bleibt er auch dabei – und mit ihm die folgenden Generationen. Grauvieh zu halten, adelt die Bauern und hebt sie heraus. Die Tiere sind etwas Besonderes, die sie haltenden Bauern sind etwas Besonderes. Schön, dass es diese Beständigkeit und stille Übereinkunft in unseren Zeiten der Instabilität noch gibt.

Anzahl der Tiere: In Österreich ca. 15 000 | **Körpergröße:** Stier: 1,33 – 1,40 m | Kuh: 1,25 – 1,30 m | **Abstammung:** Herkunft unklar, wird mit den Brachyceros-Rindern bzw. „Torfrindern" der eisenzeitlichen Pfahlbausiedlungen in der Schweiz in Verbindung gebracht | **Nächste Verwandte:** Rätisches Grauvieh, Braunvieh, Murnau-Werdenfelser | **Wesen:** Sehr lebhaft, aber gutmütig; robust, genügsam und langlebig, dazu leichtfüßig und geländegängig; sehr gute Leistung im Verhältnis zur Futtergrundlage in Gebirgsgebieten und zur geringen Körpergröße („Jersey der Berge") | **Besonderheit:** Almtaugliches Aushängeschild Tirols | **Verbreitung:** Nord- und Südtirol; 85 % der Talbetriebe liegen über 1 000 m, die meisten Almen auf 1 600 – 2 300 m |

Rätisches Grauvieh

BOS PRIMIGENIUS TAURUS
Graubünden, Schweiz

Die Rinder des Engadins – und sage ich Engadin, schlägt mir das Herz höher. Ein Gebirgstal, das sich von Osten nach Westen zieht, vom Tirolerischen bis zum Bergell, von Sent und Ftan über Guarda hinauf zum Roseggtal, Fextal nach Maloja, eine Talhöhe zwischen etwa 1 000 und 1 800 Meter Seehöhe. Das Engadin ist, um es direkt zu sagen, mit seinem unglaublichen Licht, den Bergen, den Seen, der atemberaubenden landschaftlichen Vielfalt die schönste Gegend der Welt. Links und rechts ragen die Berge hoch und bis über 2 200 Meter reicht der Baumbestand der Lärchen- und Arvenwälder. An den steilen Bergwiesen des Engadins weidet das Rätische Grauvieh, das mir hier immer noch leuchtender und silbriger vorgekommen ist, aber vielleicht liegt es nur an diesem unglaublichen Licht.

Es gibt zwei unterschiedliche Schläge vom Rätischen Grauvieh: den kleinen Albula und den größeren Oberländer. Aber im 20. Jahrhundert wurde die Rasse fast vollständig verdrängt. Seit 1985 gibt es eine Erhaltungszucht, die sich auf den kleineren Typus konzentriert. Dabei ist zu Beginn der Initiative das Tiroler Grauvieh aus der Finstermünzschlucht behilflich gewesen, da diese Rasse dem Albula-Typ am ähnlichsten ist.

Das Rätische Grauvieh ist sehr lebendig und neugierig. Es ist mutig und selbst auf den steilsten Bergwiesen leichtgängig, dabei sehr genügsam und langlebig.

Nur 500 Tiere gibt es noch. Das Rätische Grauvieh ist das vor dem Verschwinden gerettete Erbe des Engadins. Ein sehr schönes Erbe – mit einem Wermutstropfen: Immer wieder begegnen mir in den Engadiner Bergen Tiere ohne Hörner, was beim Tirolerischen Grauvieh undenkbar ist. Schauen Sie sich bitte einmal diese wunderbaren, fast elfenbeinfarbenen Hörner an, die sich in der oberen Hälfte zur Spitze hin dunkel verfärben. Prächtige Hörner, die aus dem Rätischen Grauvieh erst ein majestätisches Engadiner Vieh machen.

Das behornte Rätische Grauvieh vom *Top of the World* – so die Fremdenverkehrswerbung von St. Moritz – hätte in der Tat den Platz an der Spitze für die schönste Kuh verdient.

Anzahl der Tiere:
Unter 500
Körpergröße:
Stier: 1,15 – 1,34 m
Kuh: 1,10 – 1,28 m
Abstammung:
Albula-Typ des Rätischen Grauviehs, das wiederum mit dem Tiroler Grauvieh verwandt ist
Nächste Verwandte:
Tiroler Grauvieh
Wesen:
Lebhaft, robust, genügsam und langlebig, dazu leichtfüßig und geländegängig
Besonderheit:
Vor dem Verschwinden gerettetes Erbe des Engadins
Verbreitung:
Engadin, auf Seehöhen zwischen 900 und 2 900 m

Von Almen und Rindviechern

Letztes Frühjahr war ich in den Bergen zwischen 2 000 und 3 000 Höhenmetern unterwegs, vorbei an Lärchen und Arven, Polster um Polster von Alpenrosen passierend. Was ich da zu erleben bekam an Vielfalt, an Düften, an Schmetterlingen, an Vögeln – mit einem Wort: an Herrlichkeiten –, war unbeschreiblich.

Türkenbund, gelber Enzian, Feuerlilien, Polsternelken, das zauberhafte Leinkraut, Schwarze Kohlröschen, eine fast unscheinbare Orchideenart mit einem Duft, einem ausströmenden Aroma, das so betörend und so unverwechselbar ist, dass es mir lebenslang in Erinnerung bleiben wird, Alpenastern, blaue Glockenblumen, viel stark duftender Thymian, Seidelbast, Alpenrebe, Arnika, und, und, und. Gelbe, blaue, weiße, rote, rostrote, hellrote, violettrote, blaurote, dunkelrote, braune und zartlila Flecken im Grün der Bergwiesen, durchbrochen von Kräutern und Steinen. Ein Gesurre von Hautflüglern, eingebettet in eine heilige Ruhe. Nur in der Distanz hörte ich das Geläute der Kuhglocken.

Ich war zur richtigen Zeit am richtigen Ort. Es ist ein Paradies an Biodiversität und zugleich eine Mahnung, was in den Gunstlagen alles verloren ging in den letzten Jahrzehnten, welche Verarmung wir schufen! In den Bergen jedoch ist noch viel intakt, zumindest abseits der Skipisten. Das hat mit den Menschen, den Tieren, der Tradition und dem Wissen zu tun: Geht in diesen Höhen etwas kaputt, werden wir Lebenden es nicht mehr wiederherstellen können.

Die alte und immer noch lebendige Kultur der Alpwirtschaft hat diese Refugien geschaffen, die Bewaldungen zurückgedrängt, den Bewuchs auf Weiden reduziert. Der Dung der Rinder und ihre Beweidung schufen die herrlichen Almen der Alpengebirge, die unsere Herzen entzücken und die Leidenschaft für unsere Berge entfachen und am Leben halten.

Das Nutzen der Alpengebirge für die Rinderwirtschaft hat eine lange Tradition, die bis auf das 4. Jahrtausend v. Chr. zurückgeht, wie es im Silvretta-Gebiet nachgewiesen werden konnte. Auch in den Voralpenseen weisen Funde auf die Haltung von Rindern seit der Jungsteinzeit hin, und zwar von Rindern, die den *Bos brachyceros* – also den Kurzhornrindern – zugeordnet werden können. Es gibt Hinweise darauf, dass alpine Weiden schon 2800 v. Chr. regelmäßig genutzt wurden. Keramikfunde zeigen, dass Nahrungsmittel von den Tälern hinauf in die Höhe gebracht worden sind. Möglicherweise wurde in dieser Keramik Milch aufbewahrt, vielleicht sogar bearbeitet. So können wir die Funde deuten.

Über die Jahrtausende war die Nutzung der Almen für die alpine Bevölkerung von großer Bedeutung. Täler – die Gunstlagen – waren dem Ackerbau vorbehalten. Hier wurden Feldfrüchte und Getreide angebaut. Und oben in den Bergen wurden die rauen, niederschlagsreichen Lagen, auf denen kein Ackerbau mehr möglich war, als Viehweiden genutzt. Viele der Bergweiden wurden durch Rodungen erst geschaffen.

Die in den Bergen naturgemäß kürzere Vegetationsphase nötigte die Bauern, die Almwirtschaft ähnlich dem Pastoralismus zu betreiben, indem sie dem Futterangebot der Weiden mit ihrem Vieh hinterherwanderten. Bis heute hat sich in den Alpen eine Art Transhumanz erhalten, in der die Hirten mit dem Vieh im Sommer auf die Hochalpen-Sommerweiden ziehen.

Im Alemannischen – wahrscheinlich durch die Walser begründet – ziehen die Bauern mit dem Vieh im Mai auf das Maisäß, um dann in den wetterstabilen Sommermonaten mit dem Vieh hinauf auf die Hochalm zu steigen. Bis ins 14. Jahrhundert lässt sich diese Tradition zurückverfolgen. Im letzten Fall – vom Alemannischen bis heute – wird sowohl auf dem Maisäß als auch auf der Hochalm die Milch verarbeitet. Aus der fetten, geschmackskräftigen Milch wird der sagenumwobene echte Bergkäse gefertigt, gleich vor Ort auf der Alm. Die vielen Kräuter und die herrlich vielseitige Vegetation verhelfen ihm zu einem außerordentlichen Geschmack. Als ich noch ein Kind war, sind wir Anfang September ins Walsertal gezogen, hinauf auf die steilen Almen, um so einen herrlichen, großen Laib Käse zu erstehen. Mühsam trugen wir ihn den Berg hinunter ins Tal, um den Käse bis Weihnachten zu Hause zu pflegen, ihn reifen zu lassen. An Weihnachten wurde er angeschnitten. Jedes Mal war es aufregend: Wie wird er heuer schmecken? Haben wir ihn gut gewaschen, gesalzen, oft genug gedreht? War die Temperatur im Keller richtig? Und jedes Jahr war die Aufregung zu Recht, denn jedes Jahr schmeckte er anders. Ich, der für die Pflege des Laibes Käse verantwortlich war, wurde an diesem besonderen Tag gelobt, mit Vorwürfen überhäuft oder hatte gerade noch Glück, weil er doch halbwegs geworden ist. Seltsamerweise kam niemand auf die Idee, dass der Senner auf der Alm Fehler gemacht haben könnte. Der war immer sakrosankt.

In der Regel wurde nach dem Almabtrieb der Käse an Händler verkauft und so im ganzen Land – im Ländle – als eine Besonderheit angeboten, die naturgemäß einen reißenden Absatz hatte.

Im alpinen Raum ist die Herstellung von gesäuerten Milchprodukten schon im 4. Jahrtausend v. Chr. belegt. Das Wissen der Süßkäserei kam spätestens mit den Römern in die Alpengegend. Über Jahrtausende haben sich der Kulturraum und die Nutzung der Alpen entwickelt. Die Menschen und die Tiere schufen einen unvergleichlichen Lebensraum. Die Kulturlandschaft der Alpen ist beeindruckend abwechslungsreich: Auf kleinsten Räumen wechseln sich paradiesische Weiden, dichter Wald, steile Felsabhänge, Geröll, Gletscherausläufer und Berggipfel ab.

Aber für eine angemessene Almwirtschaft benötigt es auch das richtige Vieh: berggängige Ziegen, die widerstandsfähig und eigenwillig sind und die Hirten zur Weißglut bringen, lammfromme Schafe, die behände die steilsten Hänge beweiden können, und Rinder – stabile, eher kleinrahmige, fitte, kräftige, trittsichere, geländegängige, gesunde Rinder.

Immer wieder erlebte ich in den Wochen vor dem Almauftrieb eine große Unruhe in den Kuhställen. Die Kühe konnten den kurz bevorstehenden Marsch auf die Almen kaum erwarten. Das Wissen um die große Freiheit und das wilde, herausfordernde Leben in den Bergen war wohl epigenetisch tief verankert in den Tieren.

Die FAO machte vor ein paar Jahren eine Studie, in der sie nachwies, dass die autochthonen Rinder des Alpenraumes eine große ökonomische Leistung für die Allgemeinheit erbringen – und das Jahr für Jahr. Sie halten die Räume offen und verhindern das Zuwuchern – das leisten sie für den Tourismus. Sie verringern die Lawinengefahr durch die Beweidung: Das Gras kann sich an den steilen Hängen nicht auswachsen, was sonst eine ideale Rutschhilfe für den Schnee bilden würde. An gut beweideten Hängen vermindert sich die Gefahr von Murenabgängen. Und das Allerwichtigste: Auf von Rindern beweideten und vom Dung der Rinder gedüngten Bergwiesen ist ein intakter Boden, ein intaktes Bodenleben, das vielerlei Insekten, Würmern, Spinnen und anderem Kleingetier Lebensraum bietet. Rinder schaffen Räume mit hoher, ja höchster Biodiversität. Etwas, das in Gunstlagen längst und weitgehend zerstört ist, lebt durch das Vieh in den Bergen noch. Und das Großartigste ist die hervorragende Bilanz von Beweidung: Durch Sequestrierung von CO_2 könnten bis zu 75 Prozent des Methans kompensiert werden, das Kühe ausstoßen.

Ganz nebenbei muss noch gesagt werden, dass der Unterschied im Kohlehaushalt von Ackerflächen zum Grünland so groß ist, dass die Erhaltung von Dauergrünland eine potenziell bedeutende Maßnahme zur

Verbesserung der CO_2-Bilanz ist. Da leisten Vieh und Bauern enorm viel für die Allgemeinheit: auch für Sie. Aber dazu braucht es die richtigen Rinder. Schwere, in die Hochleistung gezwungene Tiere können in den Bergen kaum überleben. Ihre Genetik zwingt sie in den Stall, mit etwas Auslauf. Soja, Mais, Harnstoffe, Propylenglykol und geschützte Aminosäuren kommen in den Bergen nicht vor.
Leicht und geländegängig müssen sie sein, die Rinder, stark, robust und ausdauernd, um die steilen Hänge hinauf zu weiden. Auch den Launen des Bergwetters müssen sie gewachsen sein: Sie müssen tagelange Niederschläge im Freien aushalten, frühe Wintereinbrüche im August und die Hitze im Juli ertragen können. Hochalpines Wetter ist kein Kaiserwetter.
Über die vielen Jahrhunderte haben sich Rinderrassen herausgebildet, die all dem widerstehen können, die fit und kräftig genug sind, um in der Freiheit der Berge zu bestehen. Wie schon besprochen, hat sich im Alpenraum seit dem 4. Jahrtausend eine Form von Kurzhornrindern – *Bos brachyceros* – herangebildet, von Zeit zu Zeit aufgefrischt mit Rindern aus Nordafrika und dem Balkan, und manchmal den endlosen Steppen des Ostens. Wichtig war die Geländegängigkeit, der Mut, die Trittsicherheit, die relativ geringe Größe, harte und gesunde Klauen, eine gute Persistenz sowie effiziente Grundfutterverwertung. Woher soll denn in den Bergen das Kraftfutter schließlich kommen? Mit den ausgefeilten Haltungsmethoden der Bauern im alpinen Raum und der gleichzeitigen natürlichen Selektion der alpinen Umwelt haben sich bei den Rindern die nötigen Eigenschaften für diese spezifischen Herausforderungen entwickelt. Diese autochthonen Rassen sind an ihre Aufgabe, die Bewirtschaftung des alpinen Raumes, ideal angepasst.

Wir stellen sie vor, die Richtigen für Alm und Alp.

Murnau-Werdenfelser

BOS PRIMIGENIUS TAURUS
Oberbayern, Deutschland

Von dieser Rasse sind nur noch rund 130 Kühe und 5 Stiere im Herdbuch eingetragen.
Murnau-Werdenfelser sind wunderbare Rinder, eine Zierde des Alpenraumes. In den Klöstern Ettal und Murnau wurden sie durch Kreuzungen vom Oberinntaler Vieh – Tiroler Grauviehschlag – und Braunvieh gezüchtet. Die Nachfrage der Münchner Brauereien nach „Gangochsen" war gewaltig, denn die Ochsen dieser Rasse hatten nicht nur unglaublich viel Zugkraft, sondern sie sahen auch hinreißend gut aus, zogen sie geschmückt die Bierwagen durch München.
Diese Tiere haben einen kompakten, leistungsfähigen Körperbau mit einer ausgeprägten Hinterhand, dazu schöne mittellange, ausladende Hörner und ein einnehmendes Rehmaul. Ihr Fell ist gelb bis rötlich-braun mit einer dunklen Pigmentierung an den Augen und am Schweif. Die Stiere sind dunkler als die Kühe. Durch die Einkreuzung von Montafoner Braunvieh haben sie einen temperamentvollen Charakter. Sie sind eher anspruchslos und langlebig.
Murnau-Werdenfelser sind die klassische Rinderrasse des Bayerischen Oberlandes. Bei reiner Grünfütterung haben sie eine erstaunliche Milchleistung. Sie sind das Weiderind schlechthin – und das mit Tradition. Früher wurde der erste Weideaustrieb vom ganzen Dorf mit Musik gefeiert; die Rinder waren dabei stattlich geschmückt.
Murnau-Werdenfelser sind Rinder, die eine starke Bindung zu ihren Bauern haben. Werden sie zu lange auf der Weide belassen, machen sie sich selbstständig. Sie brechen von der Weide aus und gehen nach Hause. Finden sie die Bauersleute nicht vor, kann es schon vorkommen, dass sie auch in der Wohnung nach ihnen suchen.
Murnau-Werdenfelser sind eine Rinderrasse für beherzte und beziehungsfähige Bauern.

Anzahl der Tiere: Ca. 2 000, davon rund 300 Kühe und 13 Stiere im Herdbuch erfasst | **Körpergröße:** Stier: 1,38 – 1,45 m | Kuh: 1,28 – 1,32 m | **Abstammung:** Entstanden in den Klöstern Ettal und Murnau durch Kreuzung von Oberinntaler Vieh und Braunvieh; weitere Einkreuzungen, u. a. mit Montafonern; Verdrängung durch Braunvieh (von Westen) und Fleckvieh (von Osten) in heute kleine Zuchtinsel | **Nächste Verwandte:** Grauvieh, Braunvieh, Montafoner | **Wesen:** Temperamentvoll; anspruchslos und robust mit hoher Langlebigkeit und guter Grundfutterverwertung | **Besonderheit:** Milch, Fleisch und Zugkraft für München: traditionsreiche Rasse des Bayerischen Oberlandes | **Verbreitung:** Werdenfelser Land und Murnau im Landkreis Garmisch-Partenkirchen in den Oberbayerischen Voralpen, auf einer Seehöhe zwischen 550 und 2 000 m |

Tarentaise

BOS PRIMIGENIUS TAURUS
Haute-Savoie, Frankreich

Im Hochtal von Mont Cenis, auf 2 000 Meter Seehöhe, treffen wir die Tarentaise-Rinder an. Seit Jahrhunderten leben sie in den Hochtälern Savoyens.
Vielzählig sind die Herkunftstheorien. So wird vermutet, dass sie von den „Torfrindern" der Pfahlbaukultur abstammen. Nach einer anderen Theorie brachten die Mauren bei ihren Eroberungen diese Rinder nach Iberien, und die Tiere migrierten von Spanien und der Rhone hinauf in die Savoyer Berge. Das verstehen wir sehr gut, denn hier oben ist es einfach grandios. Es gibt noch eine weitere mögliche Herleitungsgruppe, nämlich die aus den Rindern des Massif central/der Pyrenäen, die am Beginn der Tarentaise gestanden haben sollen. Wir sehen, dass sich viele in diesen wunderschönen Tieren wiedererkennen.
Tarentaise haben sich an das steile, raue Berggebiet hervorragend angepasst. Wo ihr Ursprung auch immer lag, sie sind die Tiere dieser Gegend. Und das, obwohl die Franzosen diese Rinder im 20. Jahrhundert in die unwirtlichste Gegend ihrer Kolonien, in das Atlasgebirge Nordafrikas, exportierten. Aber auch im nahen Aostatal hatten die Bauern Lust auf die Tarentaise; dort werden sie unter dem Namen Savoiarda gehalten. Großartige Tiere, die Tarentaise, denen man viel zumutete in der Vergangenheit.
Hochsavoyen und die Milch der Tarentaise stehen für mich für den unübertreffbaren Beaufort d'Alpage. Haben Sie das Glück, einen zwei Jahre lang gereiften Beaufort d'Alpage genießen zu können, der aus der Milch der Tarentaise aus den Hochtälern Savoyens gemacht wurde, dann haben Sie eine Vorstellung von der höchsten Käsekultur. Unübertreffbar, unerreichbar! Aber nur aus dieser besonderen Milch ist das möglich. Deshalb können wir mit Fug und Recht behaupten, dass Tarentaise die Sennereikühe schlechthin – und vor allem die Schönheit Hochsavoyens – sind.

Anzahl der Tiere: Im Stammzuchtgebiet 33 000, davon 13 000 im Herdbuch erfasst | **Körpergröße:** Stier: Ø 1,40 m | Kuh: Ø 1,30 m | **Abstammung:** Seit Jahrhunderten im heutigen Verbreitungsgebiet; eventuell auf die grau-braunen Alpenrinder und die „Torfrinder" der Pfahlbaukultur zurückzuführen; auch eine Migration mit den Arabern nach Spanien und von dort in den Alpenraum wird vermutet; Verwandtschaft mit der Rassegruppe Massif central/Pyrenäen (z. B. Aubrac) wird ebenfalls vermutet | **Nächste Verwandte:** Braunvieh; mögliche Kreuzung mit Valdostana | **Wesen:** Lebhaft, robust, genügsam und langlebig, dazu leichtfüßig und geländegängig | **Besonderheit:** Sennereikuh und Schönheit Hochsavoyens | **Verbreitung:** Hochtal der Isère und Nebentäler im Département Savoyen, auf ca. 500 – 3 200 m Seehöhe |

5

Keltenrinder

Regionen

1	**Obersteiermark** (Österreich)
2	**Baden-Württemberg** (Deutschland)
3	**Herefordshire** (Großbritannien)
4	**Carmarthenshire** (Großbritannien)
5	**Cumbria** (Großbritannien)
6	**Argyll and Bute** (Großbritannien)

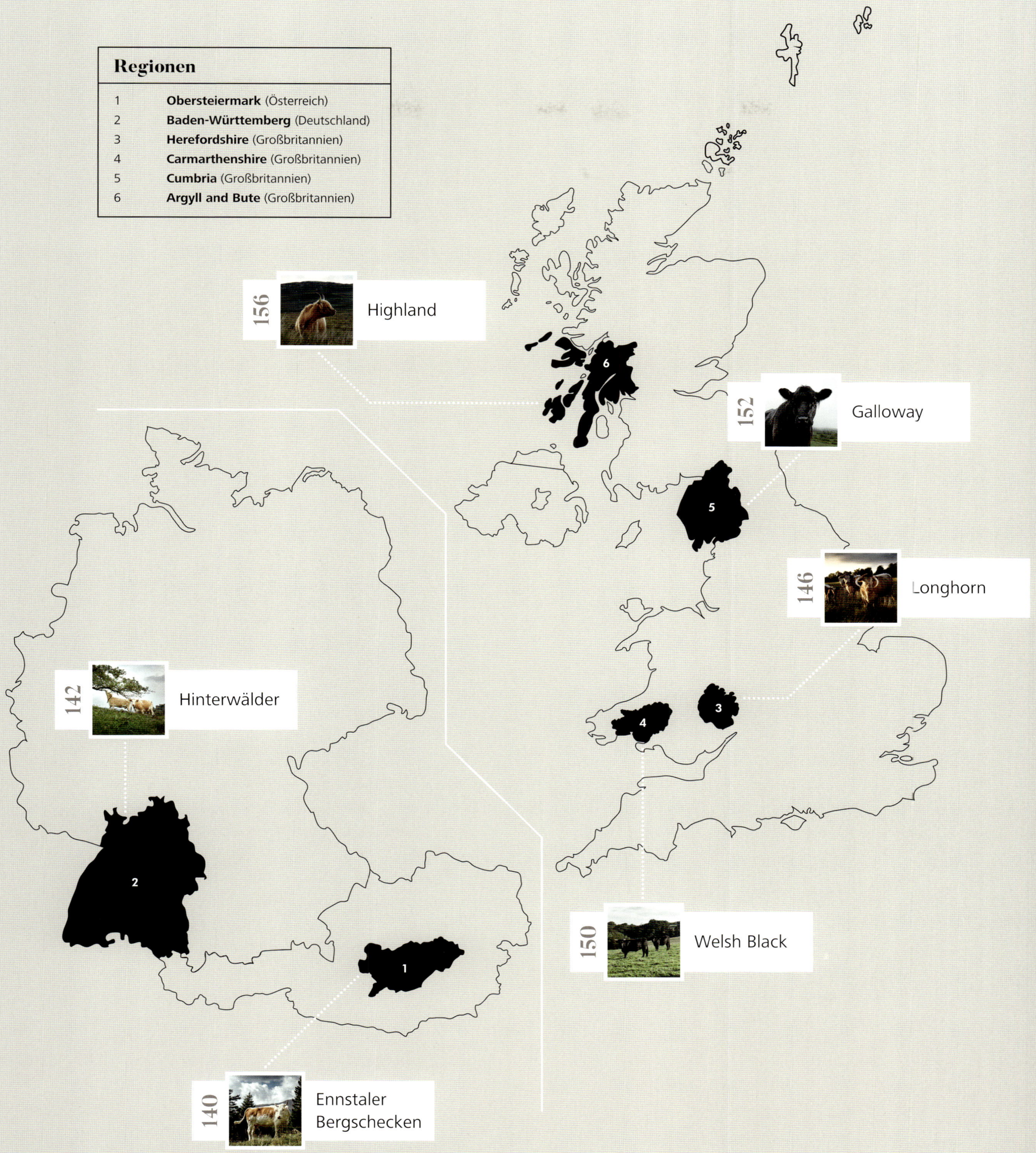

Das Erbe der Kelten

Sich mit Rindern zu beschäftigen heißt, sich mit den Menschen, ihren Migrationswegen, Eroberungszügen und Handelsrouten auseinanderzusetzen. Das Rind, das seit 10 000 Jahren auf die Bedürfnisse der Menschen hin gezüchtet wurde, war stets der treue Begleiter, der die Menschen bei ihren Zügen nährte und wärmte.

DER UR WECKT FANTASIEN

Schon lange bevor die ersten neolithischen Viehhalter und später die Kelten ihre Rinder nach Großbritannien brachten, lebten hier die wilden, mächtigen Auerochsen – wie auch in den größten Teilen Asiens, Europas, Nordafrikas und in der damals noch grünen Sahara. Nach der letzten Eiszeit gab es zwischen Kontinentaleuropa und der heutigen Insel noch eine Landverbindung, die nach der einsetzenden Wärmeperiode um 6200 v. Chr. versank.

Die Inselexistenz und eine noble Leidenschaft für die Rinder Britanniens entfachten eine romantisierende Weltsicht über eine eigene Domestikation auf der Insel. Die sehr ursprünglich wirkenden, robusten Rinder, die Highlands, ließen aus der fantasievollen Überzeugung zunächst Gewissheit werden. Dann kam ein Wissenschaftszweig auf, der viele Behauptungen dahinschmelzen ließ, als seien sie Junischnee: die Molekulargenetik. Skelettfunde wilder Auerochsen von 1750 – 1320 v. Chr. wurden mit den britischen Rindern verglichen. Die Erkenntnis war, dass die heutigen englischen und schottischen Rinder nicht direkt vom Auerochsen abstammen, sondern genetische Übereinstimmungen mit Hausrindern aus dem Nahen Osten haben. Eine lokale Domestikation fand somit zu meinem und vieler Romantiker Leid nicht statt.
Mütterlicherseits kommen die britischen Rinder aus dem Gebiet des Fruchtbaren Halbmondes. Allerdings gibt es in Europa heute zwei Y-Haplotypen, was ein Hinweis auf einen nicht domestizierten paternalen Einfluss von Auerochsen sein könnte. In den nordeuropäischen Ländern haben die Rinder eher den Haplotyp Y1, während sie auf der Iberischen Halbinsel, in Zentral- und Südeuropa den Haplotyp Y2 haben.
Es kann davon ausgegangen werden, dass es im Zuge der Verbreitung der im Fruchtbaren Halbmond domestizierten Rinder nach Europa teilweise zu Vermischungen mit wilden Auerochsen kam. Die zwei unterschiedlichen Haplotypen zeigen uns sehr deutlich die unterschiedlichen neolithischen Migrationsrouten: eine vom Fruchtbaren Halbmond über den Donau-

raum nach Mittel- und Nordeuropa, die andere entlang der Mittelmeerküste Nordafrikas über die Iberische Halbinsel. Im Neolithikum gab es zudem Wanderbewegungen von der Iberischen Halbinsel nach Britannien auf dem Seewege.

Der Auerochse starb in Großbritannien bereits vor 3 000 Jahren aus. Es war der unstillbare Jagdtrieb der damaligen Bewohner, der ihn ausrottete. Die domestizierten Rinder erreichten Nordeuropa um 4500 v. Chr. über die Donauroute. Der erste Nachweis domestizierter Rinder in Britannien stammt von 4000 v. Chr. Es waren Rinder, die zu den neolithischen Langhornrindern zählten. Sie sahen dem wilden Auerochsen recht ähnlich, vor allem ihre Körperform und ihre mächtigen Hörner, aber auch ihren ausgeprägten Geschlechtsdimorphismus betreffend. Die weiblichen Tiere waren bedeutend kleiner als die männlichen.

DIE KELTEN KOMMEN AUF DIE INSEL

Im 1. Jahrtausend v. Chr. erreichten die Kelten den Höhepunkt ihrer Macht. Sie beherrschten Gallien und Teile der Iberischen Halbinsel, sie drangen nach Oberitalien und auf die britische Insel vor. Nach Britannien kamen sie vor ca. 2 500 bis 2 000 Jahren, und sie brachten ihre Rinder mit, die kleiner waren als die dort schon vorhandenen neolithischen Langhornrinder. In ihren Kultstätten, die inmitten von Eichenhainen lagen, brachten sie ihre Opfer dar. Bei diesen handelte es sich ganz sicher um Tiere, wahrscheinlich aber auch um Menschen.
Der erste Nachweis von Langhornrindern in Britannien stammt von 4000 – 3000 v. Chr., und als die Kelten auf die Inseln kamen, brachten sie ihre kleineren Kurzhornrinder mit. Während der Eisenzeit, um 1000 – 500 v. Chr., dominierten Kurzhornrinder in weiten Gebieten Europas. Die Rinder verloren an Größe, die Hörner wurden kürzer. Zur Bronzezeit waren die Rinder noch einfarbig; erst in der Eisenzeit kam es zu Farbmutationen und zu geflecktem Fell. Auch in Großbritannien drängten die Kurzhornrinder die prächtigen Langhornrinder zurück. Ab 1000 v. Chr. kamen immer mehr Kurzhornrinder nach Britannien. Sie wurden die „keltischen Ochsen" genannt. Der britische Paläontologe Richard Owen bezeichnete sie als *Bos longifrons.*

Ob die ursprünglichen Kurzhornrinder von den Langhornrindern der Insel abstammen oder während der Bronzezeit ihren Weg nach Britannien fanden, ist noch nicht ganz geklärt.

RÖMER, GERMANEN UND WIKINGER

Nach der römischen Kolonialisierung gab es ab dem 1. Jahrhundert doch wieder eine größere Vielfalt an Rindern. Die großen Rinder mit lyraförmigen, langen Hörnern sahen den römischen Rindern sehr ähnlich, doch der Import von diesem Typus kann nicht nachgewiesen werden. Vielmehr wurden die Haltungsbedingungen der Rinder stark verbessert und die züchterischen Fähigkeiten entwickelt.
Nach dem Fall des Römischen Reiches kamen Invasoren aus dem Norden Europas –Angeln, Sachsen und Juten – nach Britannien. Sie führten den Eisenpflug ein, wodurch sich der Ackerbau entwickelte. Es gab Rinder, die auf den Feldern eingesetzt, und andere, die extensiv auf der Weide gehalten wurden. So unterschieden sich die Tiere im 8. bis 10. Jahrhundert stark in der Größe. Im 9. Jahrhundert stießen die Nordmänner, die Wikinger, auf die Insel und brachten hornlose Tiere mit, die auf ihren Schiffen von Vorteil waren. Hornlosigkeit bei Rindern ist eine Mutation, die lediglich bei einem von 50 000 Tieren auftritt. Sie wird allerdings dominant vererbt, und so kann durch Zucht eine ganze Population genetisch hornlos werden.
Das Mittelalter ist das Zeitalter der kleinen Rinder. Das Vieh hatte nur noch eine Widerristhöhe von knapp über 1 Meter. Die Haltungsbedingungen verschlechterten sich. Große Tiere wurden Arbeitsochsen, mit den kleineren wurde weitergezüchtet. Wie vieles andere auch, ging im Mittelalter züchterisches Wissen verloren. Aber auch die Bevölkerung wuchs an, und Weideflächen mussten zu Ackerflächen umgebrochen werden, um die Menschen ernähren zu können. Durch den Verlust der Weideflächen, vor allem in Gunstlagen, wurden die Rinder auf die kargen Flächen und Weiden abgedrängt. So wurden genügsame, robuste Tiere bevorzugt, die alle dem Kurzhorntypus angehörten. Es dauerte bis ins 15. Jahrhundert, bis die ersten Langhornrinder in Zentralengland wiederauftauchten.

MEAT ON HOOVES FÜR DIE INDUSTRIELLE REVOLUTION

Im 17. Jahrhundert verdreifachte sich die Einwohnerzahl von London. Die Menschen brauchten Essen, wobei Rindfleisch bevorzugt wurde. In den nördlichen und östlichen Gebieten Englands wurden deshalb besondere Zuchtprogramme umgesetzt. Zum Mästen wurden die Rinder in die guten Grasgebiete der Midlands, von Norfolk, Essex, Hertfordshire, Middlesex und Surrey getrieben. Von dort aus waren die Schlachthäuser von London die Endbestimmung der Rinder; sie waren *Meat on Hooves.* Importe von Rindern nach England wurden im 17. Jahrhundert bis 1842 verboten, um die eigene Rinderwirtschaft zu schützen. Die industrielle Revolution trieb die Menschen in die Städte, die Konglomerate wuchsen enorm an. Die Menschen mussten ernährt werden. Das war die Geburtsstunde der modernen heutigen Rinderrassen. In der Nutzung wurden die Rassen getrennt nach Milch- und Fleischrassen. Die Methodik für die moderne Rinderzucht auf Nutzen entwickelte Robert Bakewell. Er setzte auf die gezielte Auswahl der Tiere für die Anpaarung, Inzuchtprogramme und die Einführung von Herdbüchern. Die Größe der Tiere nahm schnell zu, genauso wie ihre Leistungsfähigkeit.

KELTENRINDER – UNBESTIMMTE HERKUNFT, KLARE WESENHEIT

Der Begriff „Keltenrinder", der im 19. Jahrhundert geprägt wurde, wird für Tiere verwendet, die mittelgroße bis lange Hörner haben, auf ihre Haltung und Fütterung bezogen sehr anspruchslos und mit Rinderrassen in Süd- und Zentralspanien vergleichbar sind. Kein Wunder, dass zu diesen Rindern immer wieder ein Verwandtschaftsverhältnis vermutet wird. Aber auch die sehr genügsamen, eher kleinwüchsigen Hinterwälder und Bergschecken auf dem Kontinent werden den Keltenrindern zugeordnet.

Das Rind verwirklichte Fantasien und Träume der Menschen. Das Rind gab Sicherheit, ermöglichte Unabhängigkeit und hielt die Sippe zusammen. Rinderherden geben den Menschen Stabilität.

Ennstaler Bergschecken

BOS PRIMIGENIUS TAURUS

Obersteiermark, Österreich

Als ich vor etwa 30 Jahren die ersten Bergschecken sah, war ich augenblicklich fasziniert von diesen Tieren. Bergschecken sind mit 130 Zentimeter Widerristhöhe kleine, lebendige, fröhliche und ungemein neugierige Rinder. Neben ihrer Fellzeichnung braunrot bis fuchsrot auf milchweißem Grund sind es vor allem die Klauen und Hörner, die mich begeisterten. Wachsgelb bis elfenbeinfarbig sind sie.

Auf den steilen Hängen des Steirischen Mur- und Ennstals bewegen sie sich behänd, stets zum Unfug aufgelegt. Mit ihren Kälbern gehen die Kühe sehr umsichtig und aufmerksam um. Die Kühe lösen sich bei der Beaufsichtigung ihres Jungviehs ab. Der Umgang miteinander ist zuwendend und fröhlich. Die Lebenslust ist ein Teil des Charakters der Bergschecken.

Im 18. und 19. Jahrhundert war das Fleisch der Bergschecken bis nach England begehrt – man munkelte, das feine und kurzfaserige Fleisch würde selbst bei der königlichen Tafel nachgefragt.

Herde um Herde wurde von den Hängen der Alpen weggetrieben. In der Mitte des 20. Jahrhunderts war der Bergschecke fast ausgestorben. Nicht nur die Fleischtöpfe waren es, die dem Bestand zusetzten, es waren auch die leistungsstarken neuen Rinderrassen. Bergschecken haben es nicht mit der Hochleistung. Ihre Milch ist fett und sehr reich an Kasein, aber der Ertrag ist gering – und die Fleischesser des 20. Jahrhunderts setzten mehr auf Masse denn auf die besondere Qualität.

Etwa in den 70er-Jahren des 20. Jahrhunderts wurden im Ennstal und in Murau noch drei kleine Bestände von Bergschecken gefunden. Von diesen Rindern aus begann das Erwecken der Rasse, die Neuzucht. Heute soll es 30 kleine Herden geben. Der Bestand der Bergschecken ist äußerst bedroht. Ihr Ursprung wurde in den bayerischen Rindern vermutet, die mit den Siedlern im 8. Jahrhundert in die Alpen zogen, aber auch in den Hinterwälder-Rindern, die im 14. Jahrhundert mit den Siedlern aus dem Alemannischen nach Slowenien und Kroatien zogen. Doch ihren wahren Urgrund haben sie im Keltenrind, wie archäologische Funde in Hallstatt zeigen. Die kleinen Keltenrinder, die auch den Ursprung der Hinterwälder-Rinder bilden, sind die Verbindung der Bergschecken zu den Hinterwälder-Rindern.

Gehören Sie zu den Glücklichen, die einer Herde Bergschecken im steilen Gelände begegnen dürfen, werden Sie dieses Erlebnis für immer in Ihrem Herzen bewahren. Es ist eine Begegnung mit der urwüchsigen Lebendigkeit, die dieses Geschehnis so unvergesslich macht. Und augenblicklich begreifen Sie: Die Bergschecken und das Fleckvieh weiden zwar auf denselben Berghängen, haben aber sonst nicht viel miteinander gemein

Anzahl der Tiere: Ca. 600 | **Körpergröße:** Stier: Ø 1,30 m | Kuh: Ø 1,25 m | **Abstammung:** mögliche Herkunft von Kurzhornrindern, die seit Zeiten der Kelten im ganzen nördlichen Alpenraum verbreitet oder mit Siedlern aus Bayern im 8. Jahrhundert ins ursprüngliche Verbreitungsgebiet gekommen waren; bis ins späte 19. Jahrhundert in weiten Teilen Oberösterreichs als „Kampete" und der Obersteiermark als „Helmete" verbreitet | **Nächste Verwandte:** Hinterwälder, ausgestorbener Kuhländer Schlag in Mähren | **Wesen:** Flink, berggängig, sehr futtergenügsam | **Besonderheit:** Kleines Keltenvieh mit feinfaserigem Fleisch | **Verbreitung:** Heute ohne geschlossenes Zuchtgebiet, vereinzelte Halter mit kleinen Herden, vorwiegend in der Steiermark sowie Ober- und Niederösterreich |

Hinterwälder

BOS PRIMIGENIUS TAURUS
Baden-Württemberg, Deutschland

In den grünen Tälern des Hochschwarzwaldes treffen wir auf die Hinterwälder-Rinder. Aufgeweckte, unternehmungslustige Tiere sind sie. Die steilsten Hänge laufen sie hinauf, wie Ziegen bewegen sie sich. Genügsam sind sie, die Hinterwälder, und großartige Futterverwerter. Sie brauchen kein stickstoffgetriebenes Gras – jede Art von Gras und Kräutern, auch Blätter im Herbst und junge Triebe von Sträuchern sind ihnen recht. Hängen von den Bäumen Äste herunter, fressen sie auch diese und finden sie an den Ästen noch Obst, erfreuen sie sich auch daran. Der Bauer, bei dem wir die Hinterwälder fotografierten, berichtete uns, dass die Rinder im Frühherbst mit allen Mitteln versuchen, an das Obst der Bäume heranzukommen. Nicht selten ist zu beobachten, wie sie die Vorderläufe auf den Stamm hochstellen, um sich dadurch größer zu machen. Ja, wie die Ziegen bewegen sich die kleinen Tiere mit einem Widerrist von 115 bis 125 Zentimeter. Stiere können bis zu 135 Zentimeter groß werden.

Das Stammgebiet der Hinterwälder liegt auch heute noch im Schwarzwald. Und auch die Hinterwälder-Rinder gelten als legitime Nachfahren der legendären Keltenrinder, die klein und ungemein lebendig, genügsame und vielseitige Nutztiere waren.

Hinterwälder geben eine gute, reichhaltige Milch, haben ein feines, kurzfaseriges Fleisch und sie prägen die Landschaft, in der sie weiden, wie Rinder es kaum sonst tun. Die Buchen auf den Weiden haben selten einen Hauptstamm, denn sie wurden meist von den Hinterwäldern zu buschigen Solitären geformt. Hinterwälder als Landschaftsgestalter.

Der Schwarzwald hat etwas Mystisches an sich. Gegend, Bauern und Hinterwälder-Rinder bilden eine harmonische Einheit. Selten haben wir es so beeindruckend erlebt.

Die selbstbewusste, unglaublich aufgeweckte Lebendigkeit der Rinder, der Zauber der vielgestaltigen Landschaft, das bewusste Sicheinlassen der Bauern auf das jetzt und hier Nötige zeigen uns eine noch ganz andere Verbindung auf zum Leben – zum wahren Leben – als das, was wir, in den bürgerlichen Gewohnheiten gefangen, erfahren.

Anzahl der Tiere:
Ca. 2 500
Körpergröße:
Stier: Ø 1,25 m
Kuh: 1,15 – 1,20 m
Abstammung:
Ähnliche Rinder sind im Schwarzwald schon seit den Kelten bekannt; mögliche Verwandtschaft besteht zu den Kurzhornrindern, die vorwiegend in den nördlichen Voralpen verbreitet waren
Nächste Verwandte:
Vorderwälder, ausgestorbene Landschläge der Schweizer Voralpen, Ennstaler Bergschecken
Wesen:
Aufgeweckt, klein, leicht und sehr berggängig
Besonderheit:
Kleinste Rinderrasse Mitteleuropas, die für ihre Fleischqualität berühmt ist
Verbreitung:
Vorwiegend im südlichen Schwarzwald bis auf 1 200 m Seehöhe, sowie in anderen Teilen Süddeutschlands und der angrenzenden Schweiz

Longhorn

BOS PRIMIGENIUS TAURUS
Herefordshire, Großbritannien

Ein Bild voller unbändiger Kraft, etwas abwartend, aber in innerer Anspannung, bereit für den Angriff. Kaum war ein Foto geschossen, setzte sich die Herde auf Teufel komm raus in Bewegung, auf die Fotografin Ramona zu.

Sie dachte, ihr Leben sei dahin, doch wie von einer unsichtbaren Hand gelenkt, öffnete sich die stürmende Herde unmittelbar vor ihr und Ramona blieb gänzlich unbehelligt, bis auf ihren Schock.

Longhorns sind Urviecher! Voller Kraft, wach, abschätzend und unendlich sensibel. Kaum zu glauben, doch diese Tiere sind die erste nach wissenschaftlichen Methoden gezüchtete Rinderrasse. Robert Bakewell, genannt *The Great Improver*, begründete in Leicestershire die Longhorn-Rasse. 1760 begann er, die Methoden seines Zuchtprogramms bei den lokalen Schlägen einzusetzen. Bis Anfang des 19. Jahrhunderts war das Longhorn die einflussreichste Rinderrasse, dann begann die Zeit des englischen Shorthorns. Selbstverständlich sind Longhorns äußerst wehrhaft, aber auch sehr auf ihre Halter bezogen und ihnen sehr zugewandt. Longhorns sind überragende Mutterkühe, ihren Jungen bringen sie eine ausgeprägte Fürsorge entgegen. Urviecher mit sanftem Wesen.

Um ihre Abstammung ranken sich Geschichten um Geschichten. Heute gehen wir davon aus, dass sich in ihnen hauptsächlich die domestizierten Rinder erhalten haben, die 4000 v. Chr. auf die Insel kamen. Alte Theorien dichteten ihnen eine direkte Abstammung von wilden Auerochsen oder von einem indigenen irischen Wildrind an. Longhorns beflügeln die Fantasie. Das chthonisch Kraftvolle, das sie ausstrahlen, ist es, das uns fesselt.

Anzahl der Tiere: Ca. 1 500 Zuchtkühe | **Körpergröße:** Stier: Ø 1,50 m | Kuh: 1,30 – 1,40 m | **Abstammung:** Ursprung liegt wohl in Rindern, die schon vor den Kelten auf den Britischen Inseln vorkommen; geht auf großrahmige Arbeitstiere Mittelenglands zurück | **Nächste Verwandte:** Möglicherweise White-Park (Chartley-Herde); spekulative Verwandtschaft mit Berrenda en Colorado | **Wesen:** Zahm und dem Menschen zugewandt, dabei aber durchaus wehrhaft; spätreif, mit guten Muttereigenschaften | **Besonderheit:** Urtümliches, erstes Zuchtrind | **Verbreitung:** Stammzuchtgebiet ist Gegend um Dishley, Leicestershire, in Mittelengland auf ca. 60 – 70 m Seehöhe |

Welsh Black

BOS PRIMIGENIUS TAURUS
Carmarthenshire, Großbritannien

„Die Düfte des Sommers schmolzen auf den Wegen ineinander. In den Hecken schlangen sich Geißblatt und Hundsrose umeinander, und es gab graublauen Storchschnabel und purpurroten Fingerhut."
Bruce Chatwin, On the Black Hill

Auch das ist eine Seite des hart-rauen Wales, nebst den schwarzen Bergen und dem winddurchfurchten Land – paradiesische Augenblicke.
Llandeilo im hügeligen Wales war es, wo wir die Welsh Black fanden. Früher trieben die *Drovers* ihre walisischen Rinder in die englischen Metropolen, um sie dort zu verkaufen. Mit viel Bargeld ging es dann wieder Richtung Heimat. Das rief natürlich Halunken auf den Plan, die die heimkehrenden *Drovers* ausraubten. Aus dieser Not entstanden viele kleine Privatbanken, damit die Rinderhirten kein Bargeld mehr mitzuführen brauchten. Eine der ersten war die Llandovery Bank, die *Black Ox Bank* genannt wurde, denn als Symbol der Bank ziert das Porträt eines Welsh Black Ox deren Schecks.
Welsh Black sind eine zähe Rinderrasse, die sich der herausfordernden Region angepasst hat. Sie ist robust und anspruchslos und hat eine hohe Krankheitsresistenz. In den Tieren fließt noch Blut der keltischen Kurzhornrinder. Früher gab es noch eine regionale Unterscheidung von Fleisch- und Milchrindern, die Milchrinder sind jedoch heute fast verschwunden. Welsh Black haben eine breite Stirn und ein sehr dichtes Winterfell. Die Winter sind stürmisch und hart in dieser Region. Die Tiere haben einen lebenserprobten Blick und strahlen eine große Gelassenheit aus. Welsh Black sind bereit für die ganze Welt.

Anzahl der Tiere: Weltweit ca. 40 000 | **Körpergröße:** Stier: Ø 1,40 m | Kuh: Ø 1,30 m | **Abstammung:** Mutmaßliche Mischung aus Celtic Shorthorn und Rindern, die schon vor den Kelten in Großbritannien waren; Verbindung mit den White Park von Dynevor wird vermutet | **Nächste Verwandte:** Über Herkunft möglicherweise White Park; wahrscheinlich Beeinflussung der geografisch benachbarten Rassen Hereford und Gloucester | **Wesen:** Robust und anspruchslos, mit guter Futterverwertung und Krankheitsresistenz; hoher Fettgehalt der Milch sorgt für schnell wachsende Kälber; gute Muttereigenschaften und Fähigkeit zur Ammenkuhhaltung | **Besonderheit:** Abgehärtet in Wales für die ganze Welt | **Verbreitung:** Hügel- und Berggebiete von Wales bis auf 800 m Seehöhe; Vielseitigkeit und Anpassungsfähigkeit hat zu weltweiter Verbreitung geführt |

Galloway

BOS PRIMIGENIUS TAURUS

Cumbria, Großbritannien

Als sich ein Freund von seiner sehr schönen Galloway-Herde trennen musste, entschied ich mich, sie zu kaufen. Ich brachte sie für einige Sommer in die Hundsheimer Berge, an einen Ort, der in seiner Biodiversität sowohl die Weiten Russlands als auch den mediterranen Raum vereint. Da es in dieser Gegend kaum noch Rinder gab und die unglaublich wertvolle Landschaft zu verbuschen drohte, brachte ich die Galloways auf den Berg. Die Kühe verwilderten sehr schnell, scheuten die Menschen, fraßen Gräser, junge Büsche, dünnere Äste – taten also genau das, was sie sollten. Sie im Herbst wieder einzufangen, war immer eine Sisyphusarbeit. Sie sahen nach den Monaten in der Wildnis aufregend schön und wild aus, mit einem fantastischen Fell und leuchtenden Augen.

Ein Rind musste geschlachtet werden, und meine Tochter, die sich mit Fleisch gut auskennt, bemerkte nach einer Kostprobe, dass sie noch nie ein vergleichbares Fleisch in Bezug auf die Qualität gegessen habe. Dieser Meinung sind viele Connaisseurs. Wie Tiere gehalten und gefüttert werden, bestimmt die Qualität der Lebensmittel, die wir von ihnen bekommen. Das ist bei der Milch genauso.

Mit Galloways umzugehen, die die Freiheit kennengelernt haben, ist eine große Kunst. Kommt jemand ihnen nahe, senken sie sofort den Kopf, um auf Angriff zu gehen. Galloways sind ausgesprochene Herdentiere. Bedrohungen erledigen sie im Verbund. Werden sie in der freien Welt von Wölfen bedrängt, greifen sie sofort an und rollen den Angreifer mit ihren Köpfen so schnell, dass jedes Leben aus ihm weicht. Dieses Verhaltensmuster ist bei ihnen noch sehr lebendig.

Die etymologische Bedeutung von Galloway ist „fremde Gaelen", also Kelten. Galloways haben lange, zottelige Haare, auch auf der Innenseite ihrer Ohren. Mit rauen, harten Klimata und Umweltbedingungen kommen sie hervorragend zurecht.

Seit 1843 werden sie als hornlose Rinder im Herdbuch geführt. Die Hornlosigkeit entstand durch gezielte Selektion.

Das Stammzuchtgebiet ist die Grafschaft Galloway im Südwesten Schottlands mit ihrem kühlen, feuchten Klima. Heute werden sie noch immer auf extensiv bewirtschafteten Hügeln Schottlands gehalten.

Galloways verfügen über eine überragende Robustheit und sind kräftige, mutige Herdentiere.

Anzahl der Tiere:
Weltweit etwa 50 000
Körpergröße:
Stier: Ø 1,28 m
Kuh: Ø 1,20 m
Abstammung:
Gehen möglicherweise auf das Celtic Shorthorn zurück und kamen mutmaßlich mit den Kelten in die Region; vermutlich gemeinsame Ausgangspopulation mit Aberdeen Angus; Hornlosigkeit ist Ergebnis früher Zucht
Nächste Verwandte:
Gemeinsame Herkunft mit Aberdeen Angus; durch Einkreuzung besteht Verwandtschaft mit Shorthorn, bei White Galloway mit White Park und bei Belted Galloway vermutlich mit holländischen Lakenvelder
Wesen:
Robust, anspruchslos und gute Futterverwertung, damit gut für extensive, ganzjährige Freilandhaltung geeignet
Besonderheit:
Hornlose Robustrasse des schottischen Hügellandes
Verbreitung:
Stammzuchtgebiet ist das Hügelland in der Grafschaft Galloway im Südwesten Schottlands bis 700 m Seehöhe

Highland

BOS PRIMIGENIUS TAURUS
Argyll and Bute, Großbritannien

Das Herz schlägt höher, so viel Respekt haben wir vor den Highlands. Urtümliche Rinder, die in der wilden Landschaft wie Yaks mit langen Hörnern aussehen. Seit dem 13. Jahrhundert gibt es die Tiere im westlichen Schottland. *A' Ghàidhealtachd,* übersetzt „der Ort der Gälen", bezeichnet ihr Stammgebiet – die Highlands von West- und Zentralschottland. Die Highland-Rinder sind Nachfahren von keltischen Rindern, ihr wirklicher Ursprung liegt jedoch noch viel, viel weiter zurück. Gemunkelt wird, dass nebst dem keltischen Blut hamitisch-ägyptische Langhornrindergene in ihnen seien oder gar Steppenrinder, die mit der Glockenbecherkultur etwa um 2500 v. Chr. auf die Insel kamen. Wie auch immer, sie gehören zu den ältesten Rinderrassen Großbritanniens.

Highlands sind unglaublich robust. Außerhalb der Inselgruppe der Hebriden werden die Kühe kaum gemolken. Sie haben ein sehr dickes Fell für die rauen Wintermonate und ihr Haar fällt ihnen ganz gerade von der Krone ins Gesicht, was ihnen den arttypischen, herrlichen Ausdruck verleiht. Sie sehen nicht nur wehrhaft aus, sie sind es auch.

Die Highlands – das markanteste Rind Britanniens.

Anzahl der Tiere: Schätzungen zufolge weltweit 50 000 – 100 000 | **Körpergröße:** Stier: 1,25 – 1,30 m | Kuh: 1,15 – 1,20 m | **Abstammung:** Vermutlich geht es zurück auf Kreuzungen zwischen den Celtic Shorthorn – eingeführt von den Kelten – und Tieren, die schon vor den Kelten vorhanden waren; Herdbuch seit 1885 | **Nächste Verwandte:** Luing, das aus einem Kreuzungszuchtprogramm mit Shorthorn 1947 hervorgegangen und seit 1965 als eigene Rasse anerkannt ist; Shetland: Highlands bilden möglicherweise eine der zwei Ausgangspopulationen | **Wesen:** Robust und anspruchslos; spätreif, mit guten Muttereigenschaften, dabei wehrhaft gegen Eindringlinge | **Besonderheit:** Der Inbegriff von extensiver Weidehaltung | **Verbreitung:** Stammzuchtgebiet sind die Highlands in West- und Zentralschottland und die westlich vorgelagerte Inselgruppe der Hebriden; Höhenlagen auf ca. 0 – 800 m Seehöhe |

6

Aus den Untiefen der Romantik

Regionen

1	**Carmarthenshire** (Großbritannien)
2	**Northumberland** (Großbritannien)

Land of Hope and Glory

Während die Rinder Europas allesamt vom Fruchtbaren Halbmond stammen, träumen englische Romantiker von einer eigenen Geschichte – einer Geschichte in „England's pleasant pastures".

EIN TRAUM VOM UR

Vom britischen Ur stammten die wirklichen britischen Rinder ab, die Keltenrinder, und die skandinavischen Rinder vom *Bos longifrons.* Und diesen wunderbaren Ur beschrieben die antiken Schriftsteller voller Bewunderung als „ein wenig kleiner denn der Elephant". Der Ur sei weiß gewesen, wie an Felszeichnungen in Lascaux zu sehen ist, die zwischen 17000 und 15000 v. Chr. datiert sind. Dieser legendäre, viel besungene weiße Ur soll in den Wäldern Schottlands sogar noch bis ins 15. Jahrhundert gelebt haben.

In der Zeit des Hauses Plantagenet (1154 – 1399) kam es zu einem großen Wachstum der Bevölkerung. Wälder, die nicht gerodet wurden, wurden zu Parks umgestaltet. Mit Zäunen, Mauern und Hecken wurden diese Parks eingefriedet, um die Gebiete für die Jagd der Adeligen zu erhalten. Mit diesem Tun wurden die weißen verwilderten Rinder eingeschlossen. Der schottische Historiker Hector Boece (1465 – 1536) beschreibt die wilden, kräftigen und menschenscheuen Rinder. In der Zeit der Präraffaeliten, die die Natur wiederentdeckten – „to study nature attentively" –, wurde das weiße, angeblich genuin britische Rind besungen, meist in Zusammenhang mit den keltischen Mythen. So auch die Opferung des milchweißen Stieres. Druiden im weißen Ornat stiegen auf die Eichenbäume und schnitten mit goldenen Sicheln einen Mistelzweig ab. Dann opferten sie den weißen Stier im Eichenhain zu Ehren ihrer Götter. Ein Versöhnungsopfer, das den Himmel, das Universum wieder in Einklang mit der Erde brachte.

MILCHWEISSE SCHÖNHEITEN

Zwei weiße Rinderrassen gibt es, die sich von diesen sagenumwobenen Tieren ableiten sollen: die White Park und die Chillingham. Die einmalige Abstammung wird in den Fantasien der Träume an der Ähnlichkeit der Schädel mit dem des Ures festgemacht. Der feinere Knochen- und der um einiges kleinere Körperbau werden auf jahrhundertelange Inzucht innerhalb der geschlossenen Parkanlagen zurückgeführt. Die beiden Herden der White Park und Chillingham könnten bis auf das Jahr 1292 zurückgehen, in dem John Balliol schottischer König wurde. Allerdings wurde er bereits 1296 von Edward I. abgelöst – aber das ist eine ganz andere Geschichte. Die lange Tradition der Tankerville, der Herren von Chillingham Castle, die – so die eherne Mär – stets eine Kreuzung mit anderen Tieren ablehnten, hat den alten, wilden Typus der milchweißen, mythischen Bullen vielleicht am besten erhalten.

Das Ausmerzen von unerwünschten Phänotypen in der Herde ist bis ins 17. Jahrhundert belegt. Die scheuen Rinder zogen sich in die Wälder zurück. Nur im Winter kamen sie zu den in den Park bereitgestellten Heuwagen. Gegen Ende des 18. Jahrhunderts bedrohte eine Epidemie den Bestand der weißen Rinder stark. Bereits am Anfang des 19. Jahrhunderts gab es aber wieder 80 Tiere. Trotzdem wurde ein Teil der Stiere kastriert, sodass stets nur wenige fortpflanzungsfähige Stiere Teil der Herde waren, darunter der *King Bull.* Der *King Bull* war jeweils der Stammhalter. Die Rangkämpfe um die Position des „Monarchen" der Herde wurden erbittert geführt und endeten manchmal tödlich. Auch Jagden auf die Rinder in den Parks gab es regelmäßig. Dabei wurde heimtückisch der Heuwagen der Winterfütterung als Ausgangspunkt der Jagd gewählt. Die weißen Rinder waren an den Umgang mit Menschen nicht gewöhnt, weshalb Selektionseingriffe sehr gefährlich waren und die Menschen dabei oft schwere Verletzungen erlitten.

Die Wildheit der Stiere ist legendär und gefürchtet. Genauso wie die Träume, die die weißen Rinder in allen Rinderenthusiasten, so auch in uns, auslösen. In unseren Tagträumen verflechten sich Mythos und Magie auf eine poetische Art. Ihre Herkunft, ihre Rolle bei den Druiden, ihr Sein durch die Jahrhunderte inmitten von Bürgerkriegen, Eroberungszügen, Unterwerfungen, Hungersnöten, sozialen und industriellen Revolutionen entfachen unsere Neugier und unsere Leidenschaft für die weißen Rinder. Es sind himmlische Rinder, die bei den Druiden die Sonne repräsentierten. Die wilde Schönheit der englischen Parks und die wilde, erhabene Schönheit der weißen Rinder gingen für viele Jahrhunderte eine Symbiose ein und steigerten den Schönheitsbegriff himmelhoch – „in England's green and pleasant land".

White Park

BOS PRIMIGENIUS TAURUS
Carmarthenshire, Großbritannien

Gäbe es etwas, das für brillante Schönheit steht, so wären es die White Park. White Park zählen zu den ästhetischsten unter all den vielen Rinderschönheiten und sind der Höhepunkt auf der langen Reise zu den Kühen auf fünf Kontinenten, zwischen 5 500 und minus 50 Meter Seehöhe. Sie haben ein schneeweißes Fell mit kleinen dunklen Einsprengseln, schwarze bis dunkelbraune Ohren, ein schwarzes Flotzmaul auf weißem Fell, das ihnen eine hoheitsvolle Ausstrahlung verleiht, schwarze Zitzen und Klauenansätze, elfenbeinige Hörner, die in der oberen Hälfte schwarz auslaufen, sowie einen leichten Schwung von Schwarz um ihre anziehenden, warmen, dunklen Augen, die das Wissen über viele Geheimnisse ausdrücken – Geheimnisse, die uns Menschen auf dieser Erde auf immer verborgen sein werden. Das Besondere an ihnen ist das Unberührte, das sie ausstrahlen und das zur romantischen Verklärung verführt.

White Park faszinieren aber auch durch ihre jahrtausendealte Geschichte, durch die vielen Mythen um die weißen Rinder wie das gälische *Táin Bó Cuailnge*. Die White Park gehen auf die uralten keltischen Rinderbestände zurück. Um das Jahr null waren die weißen Rinder in Irland verbreitet sowie im Westen Englands in den alten keltischen Siedlungsgebieten. Dort galten sie als Tiere mit magischen Eigenschaften. Weiße Stiere hatten als Opfertiere eine große Bedeutung. Heute sind die Tiere aus Irland verschwunden. Doch am äußersten Rand Großbritanniens, in Wales, haben sie sich fast unbeeinflusst gehalten.

In Dynevor, wo wir die White Park fanden, gab es schon im frühen Mittelalter eine große Herde weißer Rinder.

Im 13. Jahrhundert begannen die Feudalbesitzer, ihre Wälder – den Lebensraum der White Park – einzufrieden.

Bei der Haltung der White Park gab es drei regionale Schwerpunkte:

– Wales: Dynevor, Lamphey Court, Castlecain

– Schottland: Cadzow, Hamilton. Von den elf schottischen Herden ist nur noch eine erhalten.

– Nordengland: im sagenumwobenen kaledonischen Wald; hier hat sich jedoch außer der Lyrick-Population keine Herde gehalten.

Im nichtkeltischen England leben drei Herden in Chartley – diese Herde geht aber vermutlich auf die Lamphey-Court-Herde zurück –, in Leigh Court und Vale Royal Abbey.

Das 20. Jahrhundert brachte den Niedergang der White-Park-Herden. Die Chartley-Herde wurde durch eine wiederkehrende Tuberkulose geschwächt und dezimiert. 1904 wurde sie verkauft, und der neue Besitzer kreuzte Longhorn ein.

In der Erstausgabe des Herdbuches 1919 wurden nur noch 16 Stiere und 82 Kühe geführt. In den 1940er-Jahren kam es zu einem genetischen Engpass. Von sechs Stieren waren fünf eng miteinander verwandt. Sie stammten aus der Linienzucht von einem Stier namens *master sire* Faygate Brace. Schließlich waren es nur noch drei Herden, die in Cadzow, in Woburn und in Dynevor. Ab 1950 stand es erst recht kritisch um die White Park. Wichtige Züchter starben. Die Herden von Woburn und Whipsnade wurden 1970 aufgelöst. Der Kern der Whipsnade-Herde ging in die neu gegründete Royal Agricultural Society of England (RASE) über, und das war für den weiteren Bestand der White Park überlebenswichtig.

1976 waren im Herdbuch der *Countrywide Livestock* noch 13 Stiere und 68 Zuchtkühe verzeichnet. 1996 gab es wieder 38 Stiere und 404 Kühe. Die breite Anerkennung der Öffentlichkeit, EU-Förderungen, private Förderer und die Unterstützung durch die RASE trugen zur Stabilisierung der Herden bei. Die urtümliche, robuste Qualität der Rinder ging nicht verloren.

White Park leben ganzjährig draußen, nur in den harten Wintern wird Heu zugefüttert. Eine Anekdote gibt den Charakter der Tiere wieder: Ein Bauer hielt eine kleine Herde von Blonde d'Aquitaine und ein paar White-Park-Rinder. Immer, wenn er die Tiere gemeinsam auf eine neue Weide trieb, gingen die Blonde d'Aquitaine in die Mitte der Weide, wo das saftigste Gras stand, die White Park bogen dagegen zu den Rändern der Wiese ab, um die kargen, rauen, rohfaserreichen, vielartigen Grasbestände zu fressen.

White Park sind ursprüngliche Tiere für verwilderte Landschaften, robust, genügsam und krankheitsresistent. Nicht nur schön, sondern auch von vitaler Qualität, verspielt und genussvoll sind die White Park. Von Künstlern umschwärmt, von Romantikern gemalt. Und so, wie die echten englischen Parklandschaften verwildert wirken müssen, um die Schönheit zu vollenden, sind die White Park in ihrer wilden Schönheit vollendete Tiere.

Zitierte Literatur: LAWRENCE ALDERSON: A Breed of Distinction: White Park Countrywide Livestock Ltd, 1997. Persönliches Gespräch mit Lawrence Alderson am 30. September 2014 in Corsley Heath

Anzahl der Tiere: Unter 1 500 Zuchtkühe | **Körpergröße:** Stier: Ø 1,40 m | Kuh: Ø 1,30 m | **Abstammung:** Gehen wahrscheinlich auf Langhornrinder zurück, die mit den ersten neolithischen Einwanderern nach Britannien kamen; im Mittelalter werden zahlreiche Parks, v. a. in Nordengland, Schottland und Wales, mit verwilderten weißen Rindern eingehegt | **Nächste Verwandte:** Chillingham, Vaynol und British White (genetisch hornlos) sind abgeleitete Rassen, die zeitweise auch in gemeinsamem Herdbuch geführt wurden | **Wesen:** Durch halbwilde Haltung menschenscheu; robust und krankheitsresistent | **Besonderheit:** Romantisch verklärte, künstliche Unberührtheit | **Verbreitung:** Heute v. a. Herden in Mittel- und Südengland sowie Wales auf Seehöhen bis 400 m; kleine Bestände in Kontinentaleuropa, Nordamerika und Australien |

Chillingham

BOS PRIMIGENIUS TAURUS
Northumberland, Großbritannien

Die milchweißen Chillingham werden ganz von ihrem Instinkt geleitet, keiner menschlichen Züchtung waren sie unterworfen, waren sie Opfer. Tiere von unbeschreiblicher Schönheit, erhaben wie ein Traum. Seit fast acht Jahrhunderten leben sie im weiten Park des Schlosses Chillingham.
Bekommt eine Kuh ein Junges, zieht sie sich mit dem Neugeborenen einige Tage von der Herde zurück. Die Chillingham-Herde ist keine zusammengewürfelte, sondern eine organisch gewachsene Struktur. Dass Rinder ausgesprochene Herdentiere sind, kommt erst in dieser wilden Herde zum Vorschein. Nichts Ängstliches oder Unterwürfiges ist an diesen Tieren. Die Schönheit des Wilden und die physische Schönheit verschmelzen in den Chillingham.
Zwischen 1225 und 1250 wurde eine Mauer um das Anwesen des Lord Tankerville gebaut, um die herrlichen Rinder zu schützen und die Jagd auf sie zu erleichtern. Dieser Park ist 1,5 Quadratkilometer groß, und seither leben die Tiere wild, abgeschnitten von äußeren Einflüssen.
Erstaunlich ist, dass die Herde trotz der extremen Inzucht, die sich in der identen Blutgruppe bei allen Tieren zeigt, bis heute überlebt hat. Dies erklärt sich aus der Populationsgenetik, durch das sogenannte *Purging*. *Purging* bedeutet, dass starke Inzucht durch einen genetischen Flaschenhals positive Fitnessmerkmale selektiert. Das setzt aber eine hohe Reproduktionsrate voraus, um zumindest eine überlebensfähige Populationsgröße zu erhalten.
Chillingham sind schon aus ihrer Haltung heraus extrem widerstandsfähig, sehr robust und anspruchslos. Geführt und gedeckt wird die Herde vom *King Bull,* der schon nach zwei Jahren Herrschaft von einem jüngeren Stier abgelöst wird. So kommt es nie dazu, dass er seine eigenen Töchter deckt. Chillingham haben eine leichte, gepunktete Pigmentierung in ihrem herrschaftlichen weißen Fell, ein wunderbar dunkles Flotzmaul und dunkle Ohren und leierförmige, ausladend geschwungene Hörner, ähnlich wie der Ur.

Chillingham ist das ursprünglichste und sagenumwobenste unter allen Parkrindern. Wir lieben diese Rinder definitiv mit ganzer Leidenschaft. Dass es in unserer Zeit der Verdinglichung und des aufgeblähten Nutzbarkeitswahns noch Chillingham gibt, ist ein Wunder und ein Geschenk.

„[…] And did the Countenance Divine
Shine forth upon our clouded hills […]"

William Blake

Anzahl der Tiere: Ca. 80 (plus ca. 20 in Reserveherde) | **Körpergröße:** Stier: Ø 1,15 m | Kuh: Ø 1,10 m | **Abstammung:** Wurde bis 1939 im Herdbuch als White Park geführt und erst seitdem als eigene Rasse anerkannt; geht genauso wie White Park auf verwilderte Rinder zurück, die in Parkanlagen eingehegt wurden; die Herde soll seit dem 13. Jahrhundert ohne menschliche Eingriffe bestehen, es gibt aber nachweislich Ausmerzungen unerwünscht gefärbter Tiere und vermutlich auch Einkreuzungen von White Park; die Rasse ist durch geringe Bestandszahl und extreme Inzucht stark gefährdet | **Nächste Verwandte:** White Park, mit ähnlicher Zuchtgeschichte und gemeinsamem Zuchtverband bis 1939 | **Wesen:** Extrem widerstandsfähig, anspruchslos und robust; ausgeprägtes Sozialverhalten, hierarchisch angeführt vom *King Bull* | **Besonderheit:** Das urtümlichste und sagenumwobenste unter den Parkrindern | **Verbreitung:** Chillingham Castle, Northumberland sowie eine „Reserveherde" in Schottland |

7

Normannen-
rinder

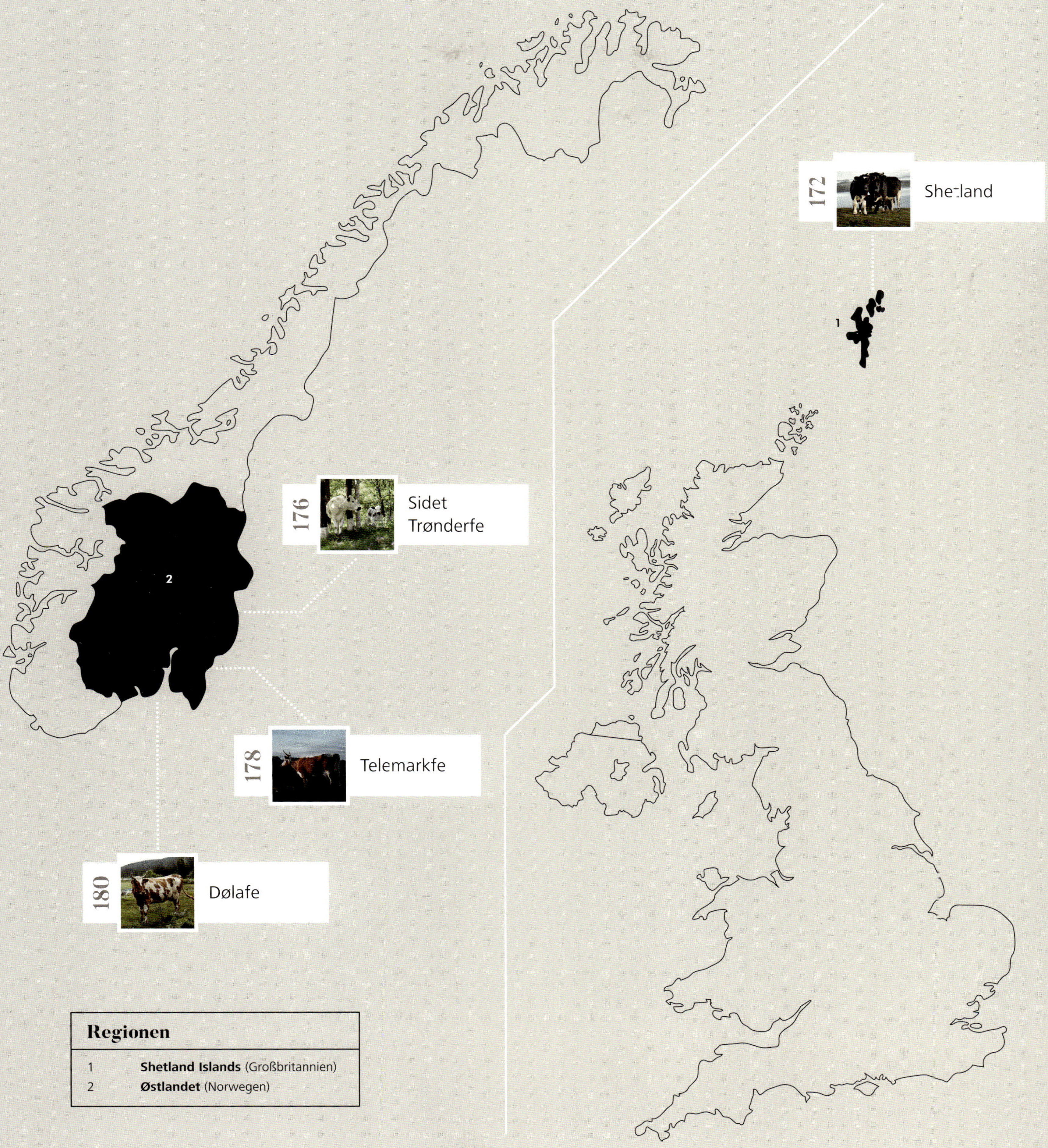
172
Shetland
1
176
Sidet Trønderfe
2
178
Telemarkfe
180
Dølafe
Regionen
1 Shetland Islands (Großbritannien)
2 Østlandet (Norwegen)

Von Göttern, Riesen und Rindern

Wo immer die Menschen mit Rindern lebten, entfachte das Rind ihre Fantasie, veränderte ihre Vorstellung von den Göttern, von Himmel und Erde und vom Beginn des Lebens.

In der nordischen Mythologie ist es Audhumla, die Urkuh, die am Anfang stand und der alles zu verdanken ist. Audhumla nährte den aus Feuer und Eis erschaffenen Urriesen Ymir, der der Stammvater des Riesengeschlechts der Jötunen ist, mit ihrer Milch.

Eines Tages leckte Audhumla, die Urkuh, an den salzigen, bereiften Steinen im vereisten Niflheim, das für die eisbedeckte Nordhälfte der Welt steht. Am Abend des ersten Tages zeigten sich Haare und in nur drei Tagen kam ein ganzer Mann hervor, der schöne und überaus starke Buri, der Stammvater der Götter. Ohne Urkuh Audhumla hätte es in den nordischen Mythologien keine Götter gegeben. Mit Buri aber kam Leben in den noch leeren Götterhimmel. Seine Kinder Odin, Vili und Vé fanden am Meeresstrand zwei Baumstämme, aus denen sie den Mann Ask und die Frau Embla gestalteten und ihnen Leben, Verstand und menschliche Sinne gaben. Mit Ask und Embla begann unser Sein auf dieser Erde. Aus Ymirs Körperteilen schufen die Götter die Welt, nachdem sie ihn getötet hatten.

Das Urrind – die Urkuh – steht in vielen Kulturen am Anfang der Schöpfung. Wo immer entstehende Kulturen den Übergang vom Auerochsen zum Rind erlebten, nahm das Rind oder die Kuh in ihrer Vorstellung vom Werden der Welt eine magische Stellung ein. Die Urkuh steht für die Mutter Erde, von deren Fruchtbarkeit das Leben der Menschen abhängig war. Oft bildete der Himmel einen Milchsee, von dem aus vier Flüsse nach Westen, Osten, Norden und Süden flossen. Ob Urkuh, Milchtropfen, Milchsee oder Milchflüsse: Es war immer das Nährende der Kuh, das den Glauben der Menschen beflügelte und ihnen die Hoffnung gab, dass die Zeit der nährenden Urkuh wieder anbrechen würde, würde es einmal eng auf Erden.

Für die Nordvölker war die Haltung von Rindern von fundamentaler Bedeutung. Wo immer ihre Eroberungszüge sie hinbrachten, mussten ihre Rinder sie begleiten – selbst dann, wenn es für die Eroberer nicht von Vorteil war. Von 1000 bis 1450 gab es auf Grönland eine Normannenkolonie, in der selbstverständlich auch Rinder gehalten wurden. Aufwendig soll sie gewesen sein, die Erhaltung der Rinder in Grönland. Das sommerliche Heuen fürs Winterfutter band viele Ressourcen und Arbeitskräfte. In der kargen grönländischen Landschaft wären Schafe viel leichter zu halten gewesen als Rinder. Doch die Normannen hielten an ihren Rindern fest. Letztendlich trug dies auch dazu bei, dass die Kolonie Grönland verloren ging. Die Treue zu ihren Rindern war den Normannen von höherem Wert als der Erfolg des Eroberers. Von dieser Bedingungslosigkeit haben die Rinder des Nordens noch einiges bewahrt, ebenso wie von der warmherzigen Zuwendung der Urkuh Audhumla.

Shetland

BOS PRIMIGENIUS TAURUS
Shetland Islands, Großbritannien

Shetland – *The Old Rock* und einige Gesteinsformationen der Inseln sind bis zu 370 Millionen Jahre alt. Kein Wunder, dass diese Inseln mit dem untergegangenen Atlantis in Verbindung gebracht werden. Shetland, sagenumwobene Inseln, umspült von windgepeitschter See.
Am Äquator oder im hohen, rauen Norden der Shetlandinseln, überall leben Menschen mit ihren Rindern, und überall haben sie eine ganz besondere Beziehung zueinander. Der Bauer Ronnie, den wir auf einer der Inseln getroffen haben, hat eine gute, bezogene Art, mit seinen Tieren umzugehen. Er achtet darauf, dass die Tiere für den Torfboden und das steile Gelände nicht zu schwer werden. Er liebt seine Tiere in pflegerischer Zuneigung und auf das Wesentliche beschränkt.
Shetland-Rinder sehen auf den ersten Blick nicht aufregend aus, aber sie haben ein Leuchten in ihren Augen, und eine stille Kraft geht von ihren Körpern aus. Leicht bewegen sie sich in den steilen Hängen der Insel. Das raue Leben kann ihnen nichts anhaben. Es ist immer wieder beeindruckend, an welchen Orten Menschen mit ihren Rindern leben. Wie die kleinsten Rinder in Nepal sind auch die Shetland-Rinder optimal an ihre karge, harte Umgebung angepasst. Sie sind außerordentlich genügsam, können von Tang und der Moorvegetation leben. Werden sie hingegen intensiv gefüttert, verfetten sie und pflanzen sich nicht mehr fort. Die Winter auf den Shetlandinseln sind hart, dunkel und lang. Viel Zeit für die Menschen, sich dem Whiskey zu widmen.
Diese Tiere haben ihre Herkunft bei den Wikingern, die im 8. Jahrhundert mit ihren Rindern auf die Insel kamen. Und so ist die Ähnlichkeit mit den norwegischen Sidet Trønderfe nicht verwunderlich.

Die Shetland-Rinder repräsentieren auf beeindruckende Weise die gemischte Kultur auf den Inseln: die schottische und die normannische Herkunft.

Anzahl der Tiere: Unter 750 Zuchtkühe; damit Gefährdungsstatus „at risk" | **Körpergröße:** Stier: 1,30 – 1,35 m | Kuh: 1,20 – 1,25 m | Ursprünglicher Typ wesentlich kleiner | **Abstammung:** Zwei Haupteinflüsse werden vermutet: Den Grundstock bilden norwegische Rinder, die Wikinger ab dem 8. Jahrhundert eingeführt haben; Einkreuzungen schottischer Rinder (Highland bzw. Vorfahren), die nach der schottischen Annexion der Inseln im 15. Jahrhundert angesiedelt wurden, besonders aber im 20. Jahrhundert; ab dem 19. Jahrhundert auch von Shorthorn und Aberdeen Angus beeinflusst | **Nächste Verwandte:** Highland; norwegische Rinder, z. B. Ähnlichkeiten zum Sidet Trønderfe | **Wesen:** Außerordentlich anspruchslos | **Besonderheit:** Eine Kuh als Verbindung beider Ufer der Nordsee | **Verbreitung:** Shetlandinseln – auf 0 – 450 m Seehöhe im Übergangsgebiet von Nordsee und Nordatlantik sowie auf den südlicher gelegenen Orkney-Inseln |

Sidet Trønderfe

BOS PRIMIGENIUS TAURUS
Østlandet, Norwegen

Vielleicht stammen sie aus Finnland, die Sidet Trønderfe. Wenn das der Fall ist so müssten sie vor 4 500 Jahren den langen Weg von Anatolien über den Kaukasus nach Finnland zurückgelegt haben. Und ihre Hörner wären auf ihrem langen Weg den Züchtern zum Opfer gefallen – oder aber die Wikinger hätten sie entsprechend selektioniert, denn beim Transport auf ihren Drachenschiffen hätten Hörner gestört.

In den Rinderrassen spiegelt sich der Lauf der Welt, die gesamte Weltgeschichte, daher erachte ich indigene Rinder als Weltkulturerbe. Später, als die Normannen kamen, nahmen sie die wunderbaren Sidet Trønderfe auf ihre Eroberungszüge mit, und so beeinflussten diese Rinder verschiedene Rinderrassen fern der Heimat, so zum Beispiel die Shetland oder die Normande.

Unsere Sidet Trønderfe fanden wir in der wunderschönen Region Sør-Trøndelag auf dem Hof von Bjørn Huseklepp. Er war der erste Biobauer weit und breit. Inzwischen gibt es in der Region eine eigene Biomolkerei. Unter anderem erzeugen sie Tjukkmjølk, ein einst traditionelles norwegisches Milchgetränk.

Sidet Trønderfe sind sehr umgängliche und ruhige Tiere. Sie haben eine beeindruckende Kältetoleranz und leben nicht nur in einer traumhaft schönen Landschaft, sondern sie leben auch sehr lange, obwohl das Klima in Sør-Trøndelag mit Temperaturen bis −50 °C zu den rauesten in Norwegen gehört. Unter solchen Umweltbedingungen sind die Haltung und die enge Beziehung zwischen den Bauern und ihren Rindern ausschlaggebend für das gemeinsame Bewältigen der Anforderungen.

Sidet Trønderfe haben ein schönes weißes Fell mit zauberhaften Punkten in Schwarz oder Rot, die sich zu einer ganzen Fläche ausdehnen. Diese Rinder sind herrliche Tiere mit dem stummen Wissen um die langen Winter und die leichten Sommer. Sie zwischen den weißen Birken des Nordens zu sehen, ist ein Geschenk. Ein Geschenk, ein Bild, das einen lange nicht mehr loslässt und träumen lässt.

Anzahl der Tiere: Ca. 8 000 | **Körpergröße:** Stier: Ø 1,30 m | Kuh: Ø 1,19 m | **Abstammung:** Enge Verwandtschaft zu schwedischen Rassen, die ihrerseits mit finnischen Rindern in Verbindung stehen, deutet auf ursprüngliche Herkunft aus Finnland hin; für die autochthonen finnischen Rassen wird eine sukzessive Migration aus Anatolien über den Kaukasus und über Russland vermutet; genetische Hornlosigkeit geht wohl auf eine züchterische Bearbeitung auf dieser Migrationsroute zurück (heute ausgestorbene russische hornlose Rassen sind dokumentiert) | **Nächste Verwandte:** Schwedische Kullig Boskap, die als weitgehend idente Rasse gelten und auch in die Erhaltungszucht miteinbezogen sind; nah verwandt ist auch das Fjäll-Rind (Nordschweden), das seinerseits auf finnische Rinder zurückgehen soll | **Wesen:** Umgänglich, ruhig und pflegeleicht; gute Grundfutterverwertung, langlebig und kälteunempfindlich | **Besonderheit:** Weit gereist und an Kälte gewohnt | **Verbreitung:** Ursprungsgebiet befindet sich um Røros im Trøndelag auf einer Seehöhe von rund 600 – 800 m; Verbreitung in ganz Mittel- und Nordnorwegen bis zu den Lofoten |

Telemarkfe

BOS PRIMIGENIUS TAURUS
Østlandet, Norwegen

Zwischen Bergen, die aussehen wie Ayers Rock, nur nicht rot, sondern grau, grün und vermoost sind, weiden die Telemarkfe. Bauernhof und Seter, die skandinavische Form der Alm, gehören zusammen. Manchmal liegen sie auch nah beieinander.
Von diesen großartigen Rindern gibt es nur noch 700. Telemarkfe sind eine uralte Rasse, sie sind friedfertig und menschenbezogen. Rinder für einsame Winter.
In Norwegen hat nur die Leitkuh eine Glocke umgehängt. Als eine Kuh von Kjell Trandokken, bei dem wir unsere Telemarkfe fanden, ein Beinproblem hatte, führte die Leitkuh zunächst die Herde auf die Weide. Dann kehrte sie um, holte die Kuh mit dem Gebrechen am Bein ab und begleitete sie langsam, in ihrem Tempo, zur Herde.
Es ist immer wieder beeindruckend zu sehen, welche Beziehungsfähigkeiten Kühe haben können – sowohl zu den Menschen als auch zu den Tieren in ihrer Herde. Kein Mensch, der mit seinen Kühen und nicht nur von ihnen lebt, zweifelt daran, dass Kühe eine große, starke, erhabene Seele haben.
Kjell ist mit seinen Kühen auf der Alm und macht aus der Milch der Telemarkfe etwas Köstliches, das kaum zu beschreiben ist. Am ehesten ist dieses Produkt vielleicht mit unserer Crème fraîche vergleichbar, aber auch diese Beschreibung ist nicht zufriedenstellend.
Telemarkfe sind schöne Tiere mit einem großartigen Charakter und von einer stillen, vornehmen Schönheit. Nicht umsonst sind sie ein Nationalsymbol Norwegens. Es ist höchste Zeit, gut auf den Bestand zu achten, denn in ihnen spiegelt sich die unvergleichliche Einmaligkeit Norwegens.

Anzahl der Tiere: Ca. 700 | **Körpergröße:** Stier: Ø 1,40 m | Kuh: Ø 1,20 m | **Abstammung:** Vorläufer dieser Rinder kamen vermutlich mit den ersten neolithischen Siedlern ab 3500 v. Chr. ins südliche Norwegen | **Nächste Verwandte:** Norwegisches, schwedisches und dänisches Rotvieh; damit weitere Verwandtschaft auch zu Angler; durch Einkreuzung auch schottisches Ayrshire | **Wesen:** Friedfertig; gute Futterverwertung | **Besonderheit:** Fast verschwundenes norwegisches Nationalsymbol aus der Heimat des Skisports | **Verbreitung:** Obere Telemark im südlichen Norwegen, auf einer Seehöhe bis 1 100 m (in dieser Höhe ausschließlich Seterwirtschaft) |

Dølafe

BOS PRIMIGENIUS TAURUS
Østlandet, Norwegen

Anne Saglien aus dem Gudbrandsdalen hält die Dølafe, die wir aussuchten. 150 Zuchtkühe gibt es noch von dieser uralten Rinderrasse. 3500 v. Chr. kamen die Rinder ins südliche Norwegen, und langsam wanderten sie entlang der Küste hoch und ins Landesinnere. Die Vorfahren der Dølafe haben sich früh von anderen Rinderschlägen abgesondert. Heute können keine Verwandtschaften zu den benachbarten Rinderrassen nachgewiesen werden. Dølafe sind hier im hohen Norden eine Rinderrasse für sich.

Die Färbung dieses ungewöhnlichen Viehs reicht von weiß über gelb- und dunkelbraun bis schwarz. Sie sind meist einfarbig, können aber auch getigert, gescheckt oder gesprenkelt sein. Fremden gegenüber sind sie sehr zurückhaltend, fast scheu. Zu ihren Haltern jedoch haben sie eine ausgesprochen anhängliche Beziehung. Dølafe und Bauern leben in einer Symbiose – das ist hier oben notwendig.

Dølafe sind Rinder der Seterfjell, der Almwirtschaft in Norwegen. Ihre Heimat Gudbrandsdalen ist ein 320 Kilometer langes Tal mit Seitentälern, das auf einer Seehöhe von 150 bis 800 Meter liegt. Das Klima lässt sich mit dem von alpinen Hochgebirgen vergleichen, nur die Nächte der Sommer sind kürzer. Die Winter dauern von Mitte Oktober bis Ende April, und der Schnee liegt in dieser Zeit beständig im Tal in einer Höhe von ca. 1,5 Meter.

In der Region wird traditionell Gudbrandsdaler Brunost, ein spezieller Molkenkäse, hergestellt. Dazu werden Milch und Obers so lange gekocht, bis eine karamellartige Masse entsteht.

Anne und ihre Dølafe verbindet eine große Innigkeit. Immer wieder traf ich Menschen, die eine besondere innere Beziehung zu ihren Kühen haben, und zu diesen gehört auch Anne. Sie lebt von ihren Rindern und mit ihren Rindern. Kühe können sich ganz in die Hände des Bauern oder der Bäuerin begeben, und als Dank schenken sie Kraft, Zuversicht und Stärke. Leben Mensch und Tier in so einer Beziehung, braucht es nicht viele Worte. Ein Wink, ein Augenschlag genügt dem Menschen. Und die Kühe selbst sind in einer kaum erfassbaren inneren Kommunikation miteinander verbunden.

Wir wünschen uns sehr, dass diese feinsinnigen Rinder eine gute Zukunft haben. Dølafe, die Kuh für Seterfjell und Brunost – Dølafe, Kühe fürs Herz.

Anzahl der Tiere: Gesamtbestand auf wenige Tausend geschätzt | **Körpergröße:** Stier: Ø 1,40 m | Kuh: Ø 1,20 m | **Abstammung:** Ab 3500 v. Chr. sind Rinder in Norwegen nachweisbar; Dølafe haben eine unabhängige Herkunftsgeschichte und stehen daher keiner anderen skandinavischen Rinderrasse nahe; heute gibt es wegen starker Gefährdung ein Erhaltungszuchtprogramm | **Nächste Verwandte:** Keine näheren Verwandten | **Wesen:** Fremden gegenüber scheu, ihren Haltern gegenüber anhänglich; bestens an klimatische Bedingungen adaptiert | **Besonderheit:** Eine Kuh für Seterfjell und Brunost | **Verbreitung:** Gudbrandsdalen in Zentralnorwegen |

„Die Poesie der Natur“

Alexander Kluge

Ein Hirte in Äthiopien meinte lakonisch, ein Rind ohne Hörner sei wie eine schöne Frau ohne Haare. Kühe mit entfernten Hörnern wirken auf einen objektiven Betrachter beschädigt – ein beschädigtes Tier, ein entwürdigtes Tier.

VEREHRUNG IN AFRIKA

Bei den nilotischen Kulturen wird die Schönheit der Hörner besungen, es werden Gedichte auf Hörner gereimt und lange Reden gehalten, in denen die Hörner der Rinder im Mittelpunkt stehen. Tanzend werden die Hörner nachgebildet. Hörner verleiten diese Kulturen zur Poesie, ja sind die Poesie selbst. Hörner werden geschmückt und herausgeputzt, sie sind eine Angelegenheit der Ehre. Bei den Ankole-Haltern besitzt der König die Kühe mit den mächtigsten Hörnern.

MAGIE UND MACHT

Wildrinder wie die Kou-prey werden von Wilderern verfolgt, denn ihr Horn gilt als eine Trophäe, wie der Stoßzahn eines Elefanten. Auch den Banteng werden ihre Hörner zum Verhängnis. In der traditionellen chinesischen Medizin sollen sie müden Männern ihre Kraft zurückgeben können.
In Çatal Höyük wurden Stierhornpfeiler oder Bukranien – Schmuckleisten aus Rinderschädeln mit Hörnern – aus dem Neolithikum gefunden. Bukranien gab es bei den Griechen und den Römern. In Mesopotamien waren Hörnerkronen Embleme der Gottheiten und, davon abgeleitet, jene der weltlichen Regierenden. Die mesopotamischen Tempel waren mit Hörnern verziert. Das Oppidum, eine befestigte Siedlung der Kelten, wurde mit Rinderschädeln mit Hörnern von geopferten Tieren abgesteckt. Die Hörner der Rinder haben eine magische Kraft, die über die letzten 10 000 Jahre nicht verloren ging und bis zum heutigen Tag anhält. Mittels Kuhhörnern wurde die Zukunft geweissagt. Hörner waren Ritualträger. Sie sind der Tiere Stolz und der Menschen Ehre.

VERSTÄNDNISLOSE MISSACHTUNG

In der heutigen westlichen Gesellschaft der Zurechtrichtung ist alles, was herausragt, unnütz. Zudem sind die Kuhställe zu klein, um den Kühen ihre Hörner zu belassen. Viele Bauern verstehen ihr Handwerk nicht mehr und vor allem sind ihnen ihre Tiere nicht vertraut. Rinder sind ihnen ein nützliches Ding, ein Produktionsgegenstand, aber fremd. Und das darüber hinausstehende unnütze Zeug muss weg. Ich denke, dass bei 90 Prozent der westlichen Kühe die Hörner entfernt wurden. Dazu wird die Hornanlage im Kalbesalter durch beispielsweise Ausbrennen verstümmelt – das verhindert, dass sich das Horn bilden kann.

WAS IST DAS HORN?

Im vorderen oder seitlichen Bereich des Stirnbeins sind die Hörner angelegt. Der Hornaufbau ist ein gut durchdachtes Konstrukt. Um es ehrlich zu sagen: Es ist ein fantastischer Entwurf, voller Geheimnisse und Rätsel für uns – auch heute noch.

Das Horn ist schichtweise von innen nach außen aufgebaut: Knochen, Knochenhaut, SLCT (loses subkutanes Verbindungsmaterial), Epidermis und Hornmantel, der vorwiegend aus Keratinschichten besteht. Die Formen der Hörner sind so vielfältig wie die Rinder selbst: zart und feingliedrig beim Betizu, mächtig krönend beim Ankole oder gar dicker als lang und zwiebelförmig beim Kouri.
Die unterschiedliche Ausformung hängt mit den differenzierten Wachstumsmöglichkeiten des Hornmantels zusammen. Denn Hörner sind zwischen Knochen und Mantel wunderbar durchblutete und mit vom Kopf ausgehenden Nervenbahnen durchzogene Gebilde. Und stellen Sie sich vor: Die Wissenschaft rätselt noch immer über die Bildung des Hornkerns.

WIE WÄCHST DAS HORN?

Entweder verbinden sich lose, knochige Knospen *(Os cornu)* beim zwei Monate alten Kalb mit der Hornanlage und dem weichen Bindegewebe, oder der Kern bildet sich aus der Anlage selbst heraus. Der Hornkern verknöchert und die Epidermis bildet keratinreiches Hornmaterial. Die jungen Schichten sind beim Hornwachstum noch elastischer als die älteren. Ob die Hörner zwischen den Membranen im Innenraum des Horns oder auf der Oberfläche wachsen, wissen wir nicht.
Oft wird behauptet, dass der Hornkern ein direkter Auswuchs des Stirnbeins sei. Das ist Folklore, auch wenn es lange Zeit die Lehrmeinung der Tiermedizin war. Die Ausbildung der Hörner wird im Rind von vier Genen gesteuert und ist als rezessives Merkmal angelegt. Deshalb kann genetische Hornlosigkeit weitervererbt werden. So konnten hornlose Rassen wie beispielsweise Galloway entstehen. Obwohl Hörner so viel magische, poetische und machtpolitische Bedeutung haben, wissen wir über ihre praktische Funktion sehr wenig. Manche meinen, dass sie der Verteidigung oder der Jagd auf Wölfe und Tiger dienen. Nach einer anderen Meinung sind sie bei Rangkämpfen wichtig.

ANTENNE, WAFFE ODER VERDAUUNGSORGAN?

Die Hörner gehören zum Ausdrucksrepertoire der Rinder schlechthin. Im Sozialverhalten von Rindern haben Hörner vielfältige Funktionen, und sie gehören zum Wesen der meisten Rinder. Mit den Hörnern stecken Rinder ihre Intimsphäre ab, sie fühlen mit ihren Hörnern – siehe Aubrac. Gemeinsam am Wassertrog saufend, kommen sie einander mit den Hörnern sehr nahe. Dicht an dicht stehen sie da und kommen den anderen Tieren mit den Hornspitzen augennahe. Von Verletzungen gibt es dennoch keine Spur, denn sie fühlen einander gegenseitig mit den Hörnern.
Rudolf Steiner verbindet die Hörner mit den Kraftströmen, die alles Lebendige habe und die entweder nach innen oder nach außen gerichtet seien. Bei den Klauen und Hörnern der Rinder werden demnach die Kraftströme nach innen geleitet. Das Rind ist ein kosmisches Wesen; Hörner sind kein überflüssiger Zierrat. Sie müssen beim Stoffwechsel eine bedeutende Funktion haben, denn beim Wiederkäuen werden sie stark durchblutet. Die Hörner sind dann richtig warm. Und je karger das Futter ist, desto mächtiger sind die Hörner.

WERKZEUG FÜR HANDWERKER UND DICHTER

Auch für uns haben die Hörner einen praktischen Nutzen. Aus Hörnern werden Trinkgefäße, Medizinbehälter und Schmuck hergestellt. Silberschmiede verwenden Hämmer aus Horn, damit das Silber beim Bearbeiten nicht abgenutzt werde.
Als die Phönizier, die Nachfahren der Kanaanäer, ihre Symbol-Schriftzeichen auf ein Alphabet veränderten, das leichter zu handhaben ist, bildete der erste Buchstabe A – Aleph – eine einem Stierkopf mit Hörnern nachempfundene Form. So kamen die Hörner des Stieres in unser alltägliches Leben. Gerade die Hörner sollen der Grund gewesen sein, warum der Auerochse domestiziert worden ist. Hörner wurden mit dem Mond als Fruchtbarkeitssymbol assoziiert. Hörner waren Attribute des Göttlichen und mit Hörnern wurde weltliche Macht ausgeübt. Bei behornten Rindern kommt nur jedes 50 000. Kalb genetisch hornlos auf die Welt. Grund genug, im Buch fast nur Rinder mit Hörnern abzubilden.

8

Nicht vom Ur

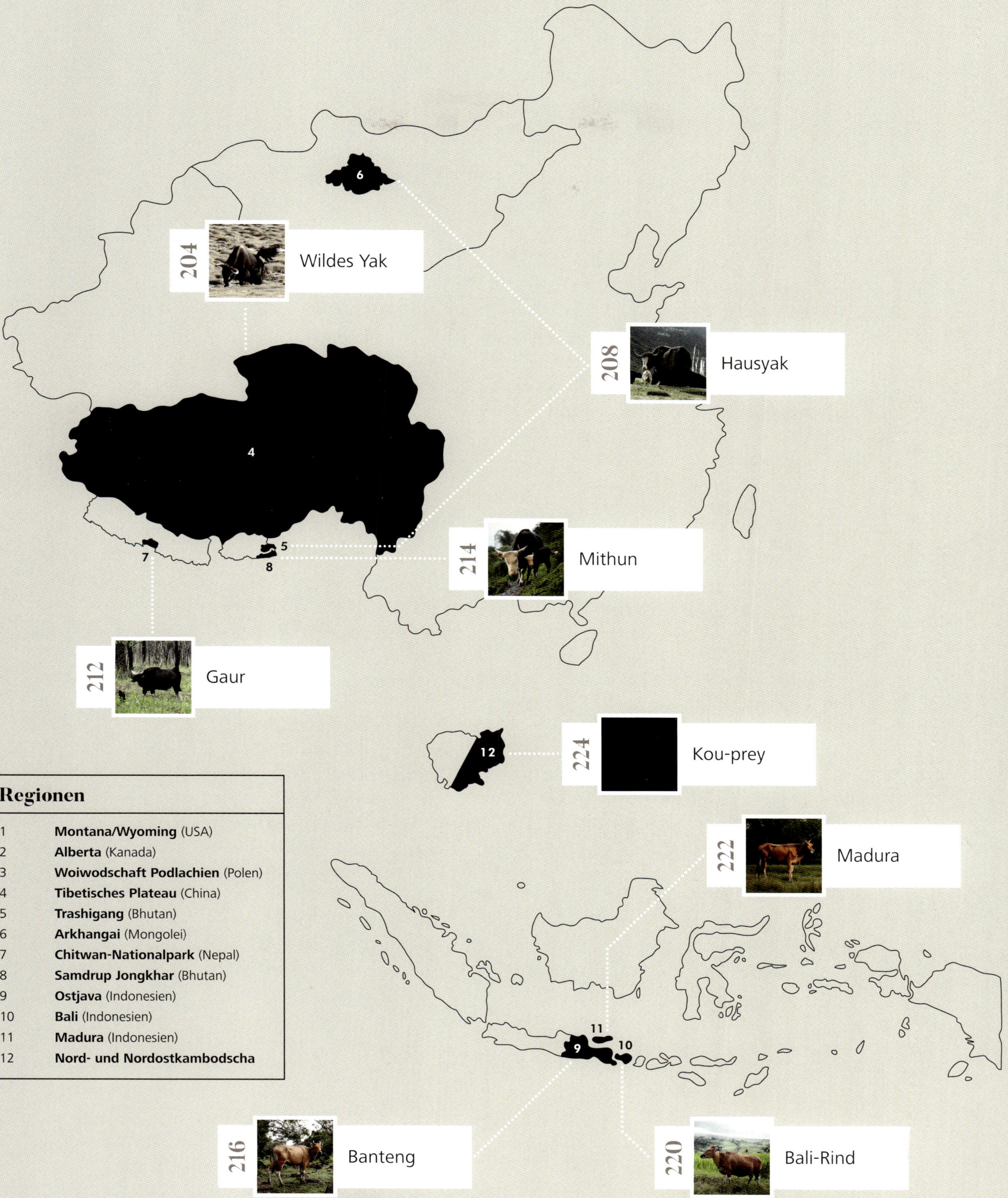

Regionen

1	**Montana/Wyoming** (USA)
2	**Alberta** (Kanada)
3	**Woiwodschaft Podlachien** (Polen)
4	**Tibetisches Plateau** (China)
5	**Trashigang** (Bhutan)
6	**Arkhangai** (Mongolei)
7	**Chitwan-Nationalpark** (Nepal)
8	**Samdrup Jongkhar** (Bhutan)
9	**Ostjava** (Indonesien)
10	**Bali** (Indonesien)
11	**Madura** (Indonesien)
12	**Nord- und Nordostkambodscha**

Erben der Mammutsteppe

Für 100 000 Jahre währte die mächtige, unbeschreibliche Steppe. Sie war während der letzten großen Kaltzeit das vorherrschende Biom der Erde. Von Spanien über Eurasien bis in den Süden Chinas und über die Bering-Landbrücke – auch Beringia genannt – sogar bis Kanada reichte sie. Je nach Temperatur war die Steppe eine hochproduktive Graslandschaft oder wurde es wärmer, kamen Lärchen und Kiefern hinzu. Unter dem Grasboden war eine Permafrostschicht. Von der Flora kennen wir die genauen Arten nicht, aber ungefähre Vorstellungen haben wir. Es gab Süßgräser, Riedgräser, Beifuß, Polarweiden, Fingerkräuter, Grasnelken, Jakobsleiter, Nelkengewächse und vieles, von dem wir nichts ahnen. Aber die Kräuter waren der überwiegende Teil der Vegetation.
Das Nahrungsangebot musste überwältigend gewesen sein, denn all die eiszeitliche Megafauna gedieh prächtig: Wollhaarmammut, Wollnashorn, Moschusochsen, der Steppenbison, aber auch eiszeitliche Wildpferde, Säbelzahnkatzen, amerikanische Löwen, Wölfe und mehr.
Vor ca. 12 000 Jahren wurde es wärmer, und Wälder breiteten sich aus. Die eiszeitlichen Eismassen verschwanden, die Landbrücke von Asien nach Alaska ging in den Wassermassen der schmelzenden Gletscher unter. Nur die Steppe in der Altai-Sayan-Region zwischen Russland, der Mongolei, China und Kasachstan scheint das letzte Überbleibsel der Mammutsteppe zu sein.
Im Zeitraum 11400 – 10800 vor unserer Zeit kam es zum *Overkill* der eiszeitlichen Megafauna, dem vor 11 700 Jahren auch der eventuelle Vorgänger des Wisents und Bisons, der Steppenbison *Bos bison priscus,* großteils zum Opfer fiel. Beringia war das letzte Refugium. Vor etwa 5 400 Jahren starben die letzten Exemplare der eiszeitlichen Megafauna – die Steppenbisons – endgültig aus. Vermutlich nahm ihnen das Ende der Eiszeit die Lebensmöglichkeit, und den Rest vollbrachten die Werke des expansiv werdenden Menschen. Die Ausrottungswelle überlebten schließlich nur die direkten Vorgänger der heute lebenden Bison-Arten.

Die Entwicklung und Verbreitung des Bisons steht im engen Zusammenhang mit der paläoökologischen Veränderung des Pleistozäns. Die Ausdehnung der Eismassen beeinflusst ganz direkt die Lebensräume der Großsäugetiere. Schwankende Klimaverhältnisse sorgen im Norden der Erdkugel für Phasen mit überwiegenden Steppen, und in Warmphasen dringt die Bewaldung wieder nach Norden vor. Bei sehr großer Ausdehnung der Eismassen bildete sich die Beringia-Landbrücke von Eurasien nach Alaska. Wuchsen die Kordilleren und der Laurentidische Eisschild zusammen, waren die Wege nach Süden, Kanada und zu den USA versperrt.
Knochenfunde vom Steppenbison in Beringia belegen ihr Vorkommen in der Zeit zwischen dem 195. und dem 135. Jahrtausend vor unserer Zeit. Es gibt aber durchaus Anzeichen, dass der Steppenbison schon früher nach Beringia gekommen ist.
Das Interglazial – die Eem-Warmzeit, vor 126 bis 115 Jahrtausenden – öffnete die eine Landzunge, die es dem Steppenbison ermöglichte, bis zu den südlichen Teilen Nordamerikas vorzudringen.
Der Steppenbison verbreitete sich auf dem ganzen nordamerikanischen Kontinent zwischen dem 120. und dem 11. Jahrtausend vor unserer Zeit. Wann immer die Beringia-Landbrücke offen war, kam es zu neuen Migrationswellen von Steppenbisons, aber auch zu Wanderungen von Amerika nach Sibirien. Vor 83 bis 64 Jahrtausenden trennte sich die Population endgültig. Es kam zur Steppenbison-Linie Beringia/Asien und zu einer, die die Bisons Kontinentalamerikas zusammenfasst. Im neuen Lebensraum gab es auch Diversifizierungen des Steppenbisons zum Langhorn-Bison, dem *Bos bison latifrons,* der mit einer Schulterhöhe von bis zu 2,5 Meter unter allen Bisonarten die gewaltigste war, sowie zum *Bos bison occidentalis* und *Bos bison antiquus.* Auf diese Linie gehen Präriebison, *Bos bison bison,* und Waldbison, *Bos bison athabascae,* zurück. Während der maximalen Ausdehnung der Eismassen entwickelten sie sich zu der heutigen Art.

Auch daher sollte uns das Schicksal der Wisente und Bisons, den Erben der pleistozänen Mammutsteppe, am Herzen liegen. Ihr Wissen und ihre Erfahrung reichen in eine Zeit, bevor der moderne Mensch seinen Siegeszug begann. Nicht alles, was uns überlegen ist, muss unserem Zerstörungstrieb zum Opfer fallen.

ZUR ENTWICKLUNGSGESCHICHTE

Während der Steppenbison die Steppen Eurasiens bevölkerte, nach Nordamerika einwanderte und sich dort weiterentwickelte, entstand in Europa eine neue Art: der Wisent. Der letzte gemeinsame Vorfahre der heutigen Bisons und Wisente hat ein rechnerisches Alter von 657 000 bis 886 000 Jahren. Die Diversifizierung fällt in eine Zeitphase von zyklischen Temperaturschwankungen in Eurasien und Nordamerika vor 1,2 bis 0,8 Millionen Jahren. Ab dem Übergang von Alt- zu Mittelpleistozän finden sich in weiten Teilen des nördlichen Eurasiens fossile Funde des Steppenbisons. Stiere scheinen eine Schulterhöhe von 2 Meter aufgewiesen zu haben, die weiblichen Tiere waren erheblich kleiner. Vom Wisent gibt es erst ab dem Holozän Funde, er scheint somit erst nach der Eiszeit aufgetaucht zu sein. Dieser Umstand führte lange zu der Annahme, dass sich der Wisent durch Anpassung an wärmeres Klima direkt aus dem Steppenbison heraus entwickelt habe. Die künstlerischen Darstellungen erzählen uns hingegen, dass beide, Steppenbison und Wisent, zur selben Zeit in Südwesteuropa lebten und dass es bereits über längere Zeit einen Wisent-Vorgänger gegeben habe. Die bildlichen Darstellungen in Lascaux von vor 20 000 Jahren zeigen einen Bison-Typ, der dem Steppenbison ähnelt, und in Pergouset, von vor 17 000 Jahren, zeigt sich ein Typ, der durchaus als Wisent interpretiert werden kann. Eine plötzliche Anpassung und „Weiterentwicklung" des Steppenbisons im Übergang des Jungpleistozäns zum Wisent ist daher nicht wirklich glaubwürdig. Hingegen scheint es so zu sein, dass Wisent und Steppenbison gleichzeitig verschiedene Habitate bewohnten: der Wisent Wälder und der Bison Steppen. Je nachdem, ob das Klima das eine oder das andere Ökosystem begünstigte, waren Bisons oder Wisente vorherrschend.
Der wahre Vorfahre des Wisents blieb der Forschung in den letzten Jahren ein Rätsel. Für die Entstehung des „Urwisents" gibt es zwei Erklärungsansätze.
Eine Theorie meint, dass es zur Zeit des Eem-Interglazials, also vor ca. 120 Jahrtausenden, zu einer Introgression von Auerochsen in eine kaukasische Steppenbison-Population gekommen sei. Diese Population habe dann Jahrtausende in der ökologischen Nische Wald gelebt und sich zum Wisent weiterentwickelt. Als sich die ökologischen Bedingungen in Europa änderten, soll das den Wisenten erlaubt haben, sich in ganz Europa zu verbreiten.
Aber der Rätsel nicht genug. Andere Wissenschaftler meinen, der Wisent gehe auf die Schoetensack-Bisons, *Bos bison schoetensacki,* zurück. Im Mittelpleistozän existierte diese Art neben den Steppenbisons. Sie war deutlich kleiner und lebte in Wäldern. Daher kam diese Art auch nie nach Beringia und Nordamerika, denn die Wälder lagen in dieser Zeitepoche südlich der Mammutsteppe. Im Jungpleistozän verlieren sich ihre Spuren, was mit der deutlichen Abkühlung des Klimas erklärt wird. Einige Wissenschaftler vermuten ein Vorkommen des *Bos bison schoetensacki* in Europa bis vor 15 000 Jahren und leiten davon die Hypothese ab, dass der Wisent von ihm abstammt. Neue Genvergleiche weisen zusätzlich darauf hin, dass es sich beim Schoetensack-Bison um den mysteriösen „Urwisent" handeln könnte.

Wisente sind nicht nur für uns als Betrachter, sondern auch für die Wissenschaft Tiere voller Rätsel. In der vor- bzw. frühgeschichtlichen Zeit waren Wisente vom Kaspischen Meer bis Spanien verbreitet, heute leben sie nur noch in kleinen Schutzgebieten im Osten Europas und dem Kaukasus.
Bisons und Wisenten begegnen zu dürfen, war für uns das außerordentlichste Erlebnis. Beide Tierarten packten uns – nicht nur unsere Aufmerksamkeit, nein: auch unsere Seelen. Sie prägten sich tief in uns ein. Nie werden wir Bisons und Wisente aus unseren Erlebniserinnerungen verlieren.

Bison

BOS BISON BISON & BOS BISON ATHABASCAE
Montana/Wyoming, USA & Alberta, Kanada

Francisco Vásquez de Coronado war in den Jahren 1540 bis 1542 auf der erfolglosen Suche nach den Goldstädten von Cíbola und Quirivia. Was er stattdessen fand, überwältigte ihn: „Ich fand eine solche Menge an Kühen – Bisons –, dass ich sie nicht zu zählen vermochte und während wir die Ebenen – die ‚Great Plains' – durchquerten, gab es keinen Tag, an dem wir sie aus den Augen verloren."

Gaspar Pérez de Villagrá nahm 1601 an einer spanischen Expedition bis in die Great Plains teil und meinte: „Es gibt eine solche Zahl – an Bisons –, dass ich nicht weiß, wie ich sie mit etwas anderem vergleichen kann als den Fischen im Meer."

Menschen, die die Bisonherden in den Great Plains zum ersten Mal sichteten, waren einfach überwältigt vom schier grenzenlosen Meer grasender Bisons. Lange ist es her – aber doch nicht so lange. Meriwether Lewis beschreibt 1806 staunend, wie er eine einzige Herde Bisons im heutigen South Dakota sichtete: „Ich muss über 20 000 Tiere gesehen haben, die auf der Ebene grasten."

In den ersten Jahrzehnten des Bestehens der USA wurden die Great Plains, von den High Plains bis zu den semiariden Prärien, als „große amerikanische Wüsten" gesehen, die höchstens für die indianischen Ureinwohner als Lebensraum dienen können. Dieses großartige Grasland ernährte um diese Zeit bis zu 30 Millionen Bisons, und diese wiederum zahlreiche indianische Stämme, die sowohl kulturell als auch existenziell im hohen Maße von den Bisonherden abhingen.

Alles, was die Jagdbeute Bison ihnen schenkte, wurde verarbeitet, auch für die Knochen und Gedärme fanden die Ureinwohner Verwendung. Die Bisons nährten und kleideten sie. Tipis, Schmuck und Werkzeuge stellten sie aus den Tieren her. Für viele Indianerstämme waren Bisons heilige Tiere. Durch Bisons traten manche Prärieindianer in spirituellen Riten mit der beseelten Natur in Verbindung. Mit Tänzen, Bisonmasken und Rollenspielen. Bis ins 19. Jahrhundert bildeten Bisons für die verschiedenen Stämme der Prärieindianer die wichtigste Lebensgrundlage. Den jahreszeitlichen Wanderbewegungen der Bisonherde zogen sie nomadisch oder manche seminomadisch lebend hinterher. Eine Jagdzeit war im Frühjahr, die zweite im Herbst. Die Indianer entwickelten ausgeklügelte Formen des Fleischtrocknens und Konservierens. Einige Stämme schufen krugförmige Erdgruben, in denen sie Fleisch, Obst, Mais und Gemüse zur Vorsorge für die harten Wintermonate lagerten.

Zwischen 1865 und 1885, innerhalb von lächerlichen 20 Jahren also, verschwand die unbeschreibliche Zahl an Bisons – die Bisons, die wie Fische im Meer der wogenden Prärie lebten. Es war kein Komet und kein Erdbeben von apokalyptischem Ausmaße, das die Auslöschung der Bisonpopulation bewerkstelligte. Nein, es war einzig ein Strategiewechsel der neuen Herren, dem die Bisons zum Opfer fielen. Diese Herren bauten Eisenbahnstraßen durchs „Niemandsland" und versuchten, in den endlosen Weiten Ackerbau zu betreiben. Für die aufkommende Viehwirtschaft wurde Raum benötigt, denn sie musste die rasant wachsenden Städte ernähren. Dann wurde im großen Stile Jagd auf Bisons gemacht, der Felle wegen. Und zuletzt – aber durchaus sehr bedeutend – galt das Abschlachten von Bisons in einer unbeschreiblichen Art und Weise dem strategischen Entzug der Lebensgrundlage der Prärieindianer, die den Expansionsbemühungen der Eroberer massiv im Wege standen.

Präsident Lincoln verabschiedete 1862 den Homestead Act, der jeder Person über 21 Jahren das Recht gab, eine Fläche von 64 Hektar – später auf 256 Hektar erhöht – abzustecken, in Besitz zu nehmen und landwirtschaftlich zu nutzen. Diesen Rechtsanspruch durfte der Staat auch militärisch durchsetzen. Das führte zu heftigen Konflikten mit der indianischen Bevölkerung, die dieses Land seit Jahrtausenden oft nomadisch nutzte. Der Krieg gegen die Prärieindianer dauerte von 1865 bis 1890. Vor allem wurden die Stämme der Sioux, Komantschen, Kiowa, Cheyenne und manche andere bekämpft.

Auch um diesen Krieg zu gewinnen, wurden die großen Bisonherden vernichtet. In vielen Jahrtausenden ist für Bisons vom Menschen keine Gefahr ausgegangen. Daher entwickelten sie Menschen gegenüber keine große Scheu. Mit der Jagdtechnik *still hunting* erlegte ein einziger Jäger 100 Tiere am Tag. Zuerst erschoss er die Leitkuh und dann nach und nach die weiteren Tiere der Herde. Aber es gab noch wildere Formen des Bejagens der Bisons. 1890, am Ende des Krieges, lebten wohl nur noch 1 000 Bisons. Der Krieg gegen die Ureinwohner wurde auch über die Auslöschung der amerikanischen Bisons geführt.

Als die ersten Europäer in der Neuen Welt eintrafen, gab es um die 30 Millionen Bisons in Nordamerika – der WWF spricht gar von bis zu 50 Millionen.

Wie auch immer, alle waren bass erstaunt von der schier unzählbaren Größe der Herden. Heute leben etwa 11 000 Waldbisons und ca. 19 000 Präriebisons in freier Wildbahn, d. h. in wild lebenden Erhaltungsherden. Sie gehen auf *Bos bison priscus,* den Steppenbison, zurück. Er breitete sich von Eurasien über die Bering-Landbrücke nach Nordamerika aus. *Bos bison priscus* starb vor 5 400 Jahren aus. Für Amerika die wichtigsten Unterarten, die sich aus dem Steppenbison heraus entwickelten, sind der riesenhafte Langhornbison *Bos bison latifrons,* vor ca. 20 000 Jahren ausgestorben, und *Bos bison antiquus,* aus dem sich die heute lebenden Arten *Bos bison athabascae* und *Bos bison bison* entwickelten. Ein kleiner Zweifel besteht noch: Gehören Bisons tatsächlich zum Genus *Bos?* Ja, und sind der Waldbison und der Präriebison eigene Unterarten oder vielleicht lediglich zwei Ökotypen? Wir können das hier nicht endgültig klären.

PRÄRIEBISON

Die einzige Herde, die ohne Unterbrechung am selben Ort lebt, ist die im Yellowstone-Nationalpark. Um 1900 wurden noch 23 Tiere in freier Wildbahn gezählt. 1872 wurde der älteste Nationalpark der Welt gegründet, und die Kulisse ist für jeden, der das erste Mal hierherkommt, einfach atemberaubend. Der Nationalpark ist so groß wie ganz Korsika. 80 Prozent des Parks sind mit Wald bedeckt, und die Rocky Mountains türmen sich bis zu 4 000 Höhenmeter auf. Die wilde, vielgestaltige Landschaft wurde zum letzten Rückzugsort und Refugium für Präriebisons. Das Büffelgras ist der wichtigste Nahrungspool für Bisons. Büffelgras ist die Bezeichnung für mehrere Grastypen, zu denen Buchloe, Bouteloua-Arten, das duftende Mariengras, Bartgräser, Roter Schwingel, Idaho-Schwingel, Straußgräser, Sandverbene und einige mehr zählen. Im Frühjahr blüht es hier wie in einem Zaubergarten. Rittersporne, Stachelmohne, das bezaubernde Blau der Leinarten, das Gelb des Großblütigen Hundszahnes, Claytonia und Herzblumen. Im Sommer erstrahlen die Wiesen im Gelb der Pfeilblättrigen Balsamwurzeln, unterbrochen vom Weiß der Flammenblumen und dem Rot und Orange der Castilleja-Arten, den Herbst kündigen die vielfarbigen Astern an.
Die Bisons teilen sich den Park unter anderem mit Grizzlybären, Luchsen, Pumas und Kojoten, aber auch Dickhornschafen, Elchen, Wapitis und den

herrlichen Lazulifinken, Berghüttensängern und dem zweiten emblematischen Tier der USA, dem Weißkopfseeadler. Es ist eine wilde, schöne, bezaubernde und erschreckende Welt, das Refugium der Bisons. Gerade als wir im Nationalpark waren, rissen Bären eine Bisonkuh und zwei Kälber, und auch Wolfsspuren führten zu den gerissenen Tieren. Wir kamen gerade recht zum Wintereinbruch an. Sofort sank die Temperatur auf −25 °C, der erste Schnee fiel, und unvermutet schnell stießen wir bei der ersten Suche nach den Bisons auf eine Herde von 100 Tieren. Die Felle der mächtigen Körper waren weiß vom Schnee, die Köpfe bewegten sie am Boden hin und her, um im Tiefschnee noch etwas Futter zu finden. So zogen sie langsam an uns vorbei, eine Herde nach der anderen. Die Leitkühe kennen die guten Futterplätze und gehen den Herden voran. Keine Futterstelle wird überweidet, die Tiere nehmen ihr Futter im Weiterziehen auf. Auch wenn die Wetterbedingungen herausfordernd sind, flammen die Lebensfreude und der Übermut der Kälber und Bullen von Mal zu Mal neu auf. Sie springen durch die Gegend wie wild, messen sich aneinander und ziehen dann wieder der Herde hinterher.

Um die 5 500 Bisons leben im Nationalpark. Bisons sind wandelnde Überlebenskünstler. Ihre Augen, ihr Blick: Sie erzählen die uralte Geschichte vom steten Dahinziehen, von ihren Überlebenskämpfen, von Verfolgungen, aber auch von fruchtbaren Weidegründen. Ihre rhythmischen Kopfbewegungen kennen kaum ein Innehalten, und bei jedem ihrer Schritte knirscht der Schnee unter ihren Klauen. Sie queren Bäche auf ihrem Weg, stehen bis zum Bauch im Wasser und ziehen unerschüttert weiter. In der Nähe von warmen Quellen – der Geruch von Schwefel liegt in der Luft – öffnet sich die Landschaft, die von uralten Wüsten-Beifußpflanzen bewachsen ist, der Indianer heiligen Pflanze. An diesen schneefreien Futterplatz führt die Leitkuh die Herde. Teile des Nationalparks ruhen auf einem Vulkan, der vor 630 000 Jahren seinen letzten großen Ausbruch hatte. Passieren wir die vielen heißen Quellen und Geysire, lässt uns der Vulkan seine Lebendigkeit wissen. Das ist die Heimat der Präriebisons. Sie überlebten vieles und sind Willens, weiterzugehen. Wir wünschen uns und den Bisons eine gute Zukunft ohne menschliche Bedrohungen. Sie sind eine Brücke zu einer Zeit des Erwachens des modernen Menschen im beginnenden Holozän, gerade das ist das Faszinosum der Bisons für uns.

WALDBISON

Ein bisschen größer, etwas dunkler und weniger behaart als ihre Cousins in der Prärie sind Waldbisons. Das ursprüngliche Verbreitungsgebiet erstreckte sich vom Süden Kanadas bis hoch hinauf nach Alaska. Auch ihnen erging es wie den Bisons in den Great Plains: Fast alle wurden sie ausgerottet. 1958 fand man zwischen Alberta und den Nordwest-Territorien eine Herde von ungefähr 200 Tieren. Diese haben sich nicht mit den Präriebisons gekreuzt und sind so als Waldbisons erhalten geblieben. Die meisten dieser gesunden Waldbisons wurden 1965 in den Elk-Island-Nationalpark nach Alberta gebracht und bildeten den Grundstock der heutigen Erhaltungsherde.

Es ist uns nicht leicht gefallen, die dunklen Riesen im Walddickicht aufzuspüren. Tagsüber halten sie sich im Wald verborgen, nur am Morgen bei Sonnenaufgang dringen sie in unterschiedlichen Herdengrößen auf die Lichtung hinaus, um zu fressen. In der klirrenden, trockenen Kälte, die um die −30 °C erreicht, können wir ihren Atem sehen. Die aufgehende Sonne, die gerade über den Wald steigt, die ersten Sonnenstrahlen auf der Lichtung, die ersten Waldbisons langsam, vorsichtig aus dem Pappeldickicht hervorkommend – das ist ein unglaubliches, ja, unvergessliches Bild. Eine Stimmung wie in einer uns abgekehrten Welt. Die Leitkuh wittert uns, richtet ihre Augen lange, ganz ruhig auf uns. Einen Moment wägt sie ab, dann geht sie weiter und alle anderen Waldbisons folgen ihr. Scheuer als die Gruppe von Kühen und Kälbern sind die Stiere. Als sie uns erblicken, scharren sie mit den Vorderfüßen und flüchten kraftvoll und behände. Ihre schnellen, kräftigen Bewegungen erstaunen uns. In der Mitte des vorangegangenen Jahrhunderts galten die reinrassigen Waldbisons in freier Wildbahn als ausgestorben, durch die nahezu vollkommene Ausrottung im 19. Jahrhundert und die Hybridisierung der letzten Waldbisons mit den Präriebisons um 1920 im Wood-Buffalo-Nationalpark. Doch hie und da gibt es Wunder auf dieser Welt – nicht mehr viele, aber doch noch einige. Und die wenigen Waldbisons haben wir in bitterkalten Tagen besucht. Für uns waren es unvergessliche Tage. Nie werden wir sie vergessen.

Anzahl der Tiere: Ca. 11 000 wild lebende Waldbisons, wobei ein Teil mit dem Präriebison hybridisiert ist; ca. 19 000 Präriebisons in wild lebenden Erhaltungsherden; ca. 500 000 Bisons auf kommerziellen Ranches (vorwiegend Präriebisons), häufig mit Rindern hybridisiert | **Körpergröße:** Präriebison: Stier: Ø 1,60 – 1,87 m | Kuh: Ø 1,55 m | Waldbison: Stier: Ø 1,65 – 1,95 m | Kuh: Ø 1,60 m | **Abstammung:** Ihr Vorfahre ist der Steppenbison, der sich ab der Zeit vor 126 000 Jahren auf dem nordamerikanischen Kontinent ausbreitet. In Nordamerika bilden sich schließlich die heutigen Unterarten Wald- und Präriebison. | **Nächste Verwandte:** Wisent | **Wesen:** Majestätische Herdentiere der Great Plains, dabei widerstandsfähig und an alle Herausforderungen der Prärie angepasst | **Besonderheit:** Größtes Landsäugetier Nordamerikas und Nationales Symboltier der USA | **Verbreitung:** Ehemals in weiten Teilen Nordamerikas östlich der Rocky Mountains von Alaska bis nach Mexiko verbreitet. Heute wild lebend nur in isolierten Herden in Nationalparks und anderen Schutzgebieten. |

Wisent

BOS BISON BONASUS

Woiwodschaft Podlachien, Polen

In einem der letzten Urwälder Europas, einem Tieflandurwald, begegnen wir den urgeschichtlichen Kolossen, den Wisenten. In Białowieża im Grenzgebiet Polens und Weißrusslands fanden die Wisente wieder ein Leben in freier Wildbahn. Unter dem Blätterdach uralter Eichen, Pappeln, Linden und Pinien haben die Wisente ihr Rückzugsgebiet – aber nicht nur sie, sondern auch viele, viele bedrohte Arten. Um die 12 000 Tierarten soll es im Nationalpark Białowieża noch geben, aber auch unglaubliche 3 500 Pilzarten und um die 5 500 Pflanzenarten. Das Grenzgebiet ist ein Refugium für bedrohtes Leben.

Inmitten dieser Vielfalt und Vielartigkeit bewegen sich die größten Säugetiere Europas. Von Weitem witterten sie uns und beobachteten jede unserer Bewegungen. Ganz langsam versuchten wir, uns den Prachttieren zu nähern. Gelassen standen sie in Gruppen da, ganz so, als wollten sie uns ihre Familie zeigen. Erfassen wir ihren Blick, erscheint es uns, als beobachteten sie nicht unsere Körper, sondern als gelte ihre ganze Aufmerksamkeit dem, was uns im Inneren bewegt.

Wann immer Wisentgruppen Menschen begegneten, hinterließen sie mächtigen Eindruck. Die älteste Darstellung eines Wisents ist in der Grotte von Chauvet: 34 500 Jahre ist sie alt, die graziös gezeichnete Form des Wisents, und doch ist die Wirkung der Zeichnung wuchtig und kraftvoll. Das Auge des Wisents widerspiegelt ihre bedrohliche Wildheit und den unbändigen Zug, in die Freiheit zu entkommen. In der Schwäbischen Alb fand man eine 32 000 Jahre alte mächtige, beeindruckende Plastik des Wisents. Wo die Menschen ihm begegneten, waren sie fast schockiert, so überwältigt waren sie vom Wisent.

Lange Zeit lebten Wisente und Steppenbisons parallel zueinander. In den klimatischen Warmzeiten, die eine stärkere Bewaldung mit sich brachten, hatten die Wisente jeweils ein größeres Verbreitungsgebiet.

Wisente sind immer noch fast unbekannte Wesen. Manche ihrer Wurzeln liegen im Dunkeln. Vielleicht begegnet uns im Wisent auch der Auerochse. Manches deutet darauf hin, dass sich der Wisent durch die Hybridisierung mit dem Ur von den amerikanischen Verwandten diversifizierte. In der mtDNA, die nur die Muttertiere weitervererben, lässt sich der Auerochse in der Abstammungslinie des Wisents nachweisen.

Bis ins Mittelalter gab es in den gemäßigten Wäldern von Nordwestasien und Europa Wisentpopulationen. Durch zunehmende Rodungen, Landnutzungsänderungen in der Landwirtschaft und überbordendes Bejagen kamen Wisentpopulationen massiv unter Druck.

Von den drei Unterarten: Der letzte wilde Flachlandwisent in Zentral- und Osteuropa wurde 1921 erschossen. Der Bergwisent im Kaukasus, der auf Seehöhen von bis zu 2 100 Meter lebte, wurde 1927 in freier Wildbahn ausgerottet. Der karpatische Wisent schließlich überlebte nur bis ins 18. Jahrhundert.

66 Flachlandwisents gab es in Gefangenschaft, und einen einzigen kaukasischen Bergwisent. Aus den Wisentbeständen, die in privaten und öffentlichen Zoos gehalten wurden, erfolgten Neuzüchtungen.

1865 wurden dem Fürst von Pleß vier Wisentkühe und ein Bulle geschenkt. Isoliert wurde mit diesen Tieren weitergezüchtet, und ein Bulle dieser Zucht steht am Anfang der Neuzüchtungen des Nationalparks Białowieża. Seit 1952 gibt es erfolgreiche Auswilderungen. Inzwischen existieren außerhalb von Białowieża an die 30 Wisentherden im Osten Europas, aber auch in den Bergen des Kaukasus. In Polen gab es darüber hinaus ab dem 19. Jahrhundert Hybridisierungen von Wisent und Hausrindern. Die Kreuzung wird Żubroń genannt und ist besonders krankheitsresistent und – selbstredend – außerordentlich widerstandfähig. Da die männlichen Tiere in erster Generation unfruchtbar sind, blieb dieses Experiment jedoch ohne langfristigen Erfolg.

Die Wisente, die wir im Nationalpark sahen, verwenden den dichten Wald als Rückzugsgebiet. Die Herde ist in Gruppen gegliedert, die von erfahrenen Weibchen angeführt werden. Majestätisch bewegen sie sich mit ihren riesigen Körpern. Die Spitzen ihrer ausladenden Hörner zeigen zueinander, fast so, als imaginierten sie einen Kreis – einen Kreis, der über ihren Häuptern wacht. In den Gruppen können wir kaum Rivalität beobachten. Mit subtiler Körpersprache kommunizieren sie untereinander. Von Wisenten – das haben wir in der Gruppe bei Kälbern, Kühen und Bullen erlebt – geht eine starke Ausstrahlung aus, die uns anzieht und sogleich auf Distanz hält. Sanft und voller Zuneigung gehen sie miteinander um, und ihr klarer, offener Blick vermittelt uns eine Form von Selbstverständnis im Hier und Jetzt, das bei domestizierten Tieren nicht mehr gegenwärtig ist. Wildheit und Freisein erfahren wir an ihnen.

Einst erstreckte sich ihr Lebensraum vom nördlichen Teil der Iberischen Halbinsel bis weit in den Osten zum Baikalsee. Heute sind die wenigen Herden auf Reservate, Nationalparks und Schutzzonen reduziert. Aber es besteht Hoffnung, dass die Zahl der Wisente groß genug ist, um ihr Überleben zu sichern.

„Darnach schlug er schiere einen Wisent, einen Elch und starker Ure viere", so heißt es vom Helden Siegfried im Nibelungenlied. Hoffen wir, dass diese Zeit vorüber sei! Ein Held muss sich nicht mehr am Wisent messen. Unsere Zeit hat andere Aufgaben, an denen Helden gemessen werden.

Anzahl der Tiere: Ca. 3 000 – 4 500, davon ca. 60 % ausgewildert | **Körpergröße:** Stier: 1,60 – 1,90 m | Kuh: Ø 1,60 m | **Abstammung:** Abstammung zumindest teilweise vom Steppenbison, wobei der Ablauf der Artbildung unklar ist. Als Zwischenstufe gab es vermutlich einen Urwisent, der eine eigene Art (Schoetensack-Bison) oder aber ein Hybrid aus Steppenbison und Auerochse gewesen sein könnte. | **Nächste Verwandte:** Amerikanische Bisons | **Wesen:** Zäher, widerstandsfähiger, dabei menschenscheuer Beherrscher des Waldes | **Besonderheit:** Überlebte als einziges Wildrind nur in Gefangenschaft, mittlerweile vielfach erfolgreich ausgewildert | **Verbreitung:** Ehemals halb offene Grasländer mit Waldgebieten als Rückzugsraum, nicht jedoch offene Steppen in Eurasien zwischen der nördlichen Iberischen Halbinsel und dem Baikalsee; heute nur noch in Zoos oder in ausgewilderten Herden, vor allem in Osteuropa und dem Kaukasus. |

Rinder aus einer anderen Zeit

Das Vieh der Zentralalpen, vor allem die in ihrer Rasse erhaltenen Rinder um das Gotthardmassiv herum, stammte vom malaiischen Banteng ab – so dachte zumindest die Wissenschaft noch im Jahre 1912. Es wurden stichhaltige Beweise ins Treffen geführt, wie beispielsweise die Farbe des Fells, der Aalstrich auf dem Rücken, die Kopfform und sogar die Stellung der Hörner.

MYTHEN UND WIRKLICHKEIT

Die Forschung hat in den letzten hundert Jahren auf dem Feld der Wildrinder einen beeindruckenden Erkenntniszuwachs verzeichnet. In der langen Geschichte der Paarhufer (Artiodactyla) bzw. der Wiederkäuer (Ruminantia) bildeten sich die Hornträger (Bovidae) heraus und von diesen stammen die Rinder (Bovini) ab. Heute werden 13 Arten unterschieden, von denen fünf domestiziert wurden: Auerochse, Banteng, Gaur, Yak und Wasserbüffel. Daneben gibt es Arten, die nie domestiziert wurden: Kou-prey, Flachland- und Berganoa, Tamarau, Saola, Afrikanischer Büffel, Bison und Wisent.
Leider müssen wir uns auf die domestizierten Hausrinder des Genus *Bos*, die eigentlichen Rinder, beschränken sowie auf deren noch wild lebende Geschwister; beispielsweise auf Banteng, Gaur, Kou-prey und Yak, die teilweise zu den Untergattungen *Bibos* und *Poephagus* gezählt werden.

DIVERSIFIZIERUNG UND HYBRIDISIERUNG

Vor 10 – 20 Millionen Jahren haben sich die Spezies der Bovinae aus dem *Eotragus* herausgebildet. Im Pliozän – vor 5,3 – 2,6 Millionen Jahren – entwickelten sich Vorfahren der Rinder, die diesen schon ähnelten: *Simatherium*, *Pelorovis* und *Leptobos*. Diese Urahnen diversifizierten sich im Evolutionsprozess weiter zu den heutigen Arten des Genus *Bos*. Diese Wildrinder sind sozusagen Geschwister der längst ausgestorbenen Vorfahren der europäischen und afrikanischen Rinder sowie der Zebus – des *Bos primigenius*, des Auerochsen, der auch Ur genannt wird.
Im Industal wurde der Ur 2000 v. Chr., in Afrika 400 v. Chr. ausgerottet. In Europa starb der letzte Auerochse im 17. Jahrhundert in einem Reservat in Polen. Wir haben mit Bison, Wisent, Banteng, Yak, Gaur und Kou-prey in gewisser Hinsicht Rinder aus der Zeit der Auerochsen. Diese Tiere sind Kulturgut, vor allem die, die noch in ihrem wilden Status leben können.
Sogenannte Hybridisierungen waren ein üblicher Prozess bei der Evolution der Bovinae. Etwa zwischen Banteng und Kou-prey könnte es in einer früheren Form zu Kreuzungen gekommen sein.
Yaks und Bisons können molekulargenetisch als Schwestergruppe angesehen werden. Morphologisch weisen beide Arten zwei Besonderheiten auf: Der vordere Oberkiefer berührt nicht das Nasenbein, und sie weisen einen Brustwirbel mehr und einen Lendenwirbel weniger auf als andere Bovinae. Es wird angenommen, dass sich das Yak und der Bison vor der letzten Eiszeit in zwei Untergruppen aufgespaltet haben.

Diese Tiere, die wir hier vorstellen, sind gewissermaßen Relikte aus einer Zeit, die für uns und auch für die Wissenschaft hinter einem Schleier verborgen ist und bleibt. Manchmal tauchen Funde auf, die zu ganz neuen Erkenntnissen führen. Der Wissensstand ist somit nur ein vorläufiger, aber es leben noch Tiere aus dieser Zeit unter uns, und von diesen handeln die nächsten Porträts.

Wildes Yak

BOS MUTUS

Tibetisches Plateau, China

Das Wort „Yak" leitet sich aus der tibetischen Bezeichnung für Stier ab. Die domestizierte Form und die Kühe werden anders bezeichnet. Yaks sind mit allen Arten der Gattung *Bos* hybridisierbar. Die männlichen Nachkommen sind dabei unfruchtbar, die weiblichen jedoch fortpflanzungsfähig.

Im Sommer leben die Yaks auf 4 200 bis 6 100 Meter Seehöhe. Sie sind auf dem ganzen Qinghai-Tibet-Plateau und in den angrenzenden Gebirgen verbreitet.

Wir trafen im Yeniugou-Tal auf die wilden Yaks. Das Tal ist ein Eldorado für eine Vielzahl größerer Säugetiere. Wahrscheinlich sind es die vielen unterschiedlichen Lebensräume mit üppigen schneegespeisten Weiden, die die Tiere in dieser Abgeschiedenheit ernähren. Noch bis zu 1 700 wilde Yaks leben hier, vielleicht handelt es sich um die größte Dichte weltweit. Es sind Federgräser *Stipa*, Schuppenseggen *Kobresia* und Seggen *Carex spp.*, sowie noch ein gehöriger Reichtum an Kräutern, die die Yaks und die vielen anderen Säugetiere vorfinden. Die wilden Yaks teilen die Weiden mit Blauschafen, atemberaubenden Argali, Kiang oder Tibet-Wildeseln und Tibetgazellen. Aber der herrlich aussehende Tschiru scheint luxuriösen Kleidungsstücken zum Opfer gefallen zu sein. Allein für einen Schal werden bis zu fünf Tschiru getötet. Und ja, auch in der traditionellen chinesischen Medizin werden seinen atemberaubenden Hörnern Wunderdinge nachgesagt: Müden Männern soll das Tschiru-Horn wieder aufhelfen! Wölfe, Braunbären, Luchse und Tibetfüchse durchziehen noch das Yeniugou-Tal auf der Jagd nach Altaiwieseln, Himalaya-Murmeltieren, Woll- und Pfeifhasen.

In diesen Höhen gibt es alpines Grasland sowie Hochgebirgs- und Kältewüstensteppen. Yaks wandern im Sommer von Süd nach Nord auf höhere Lagen im Umkreis von 50 Kilometer, was in diesen Extremlagen naturgemäß sehr viel ist.

Yaks haben einen großen, kompakten Körperbau, kleine Ohren und kurze, kräftige Beine, am Bauch und an den Seiten lange, bis zur Erde reichende Behaarung zur Isolierung in kalten Nächten. Die Tiere haben ein üppiges Unterfell und große, sichelförmige Hörner, die an der Spitze leicht nach innen gedreht sind.

Die Durchschnittstemperaturen in ihrem Lebensraum bewegen sich zwischen 0 und 6 °C, mit Extremen bis zu −40 °C. Die Tiere grasen vor allem am Vormittag und am späten Nachmittag.

Yaks bilden Großherden mit bis zu 200 Tieren. In der Nacht drängt sich die Herde zusammen und nimmt ihre Kälber zum Wärmen in die Mitte. Die im Rivalitätskampf unterlegenen Stiere leben als Einzelgänger.

Die domestizierten Yaks sind große Revier- und Futterkonkurrenten. Sie beschränken den Lebensraum der wilden Yaks stark. Yaks sind misstrauisch, unglaublich wachsam und aufmerksam. Selbst wenn sie nicht zu sehen sind, entsteht dieses Gefühl, als beobachteten sie einen. Im Wild Yak Valley, auf ca. 4 000–5 000 Meter Seehöhe im Kunlun Shan im Norden des alten Tibets, finden wir sie bei ihrer Winterwanderung. Sich ihnen zu nähern ist unmöglich – näher als 200 Meter kommt auch unsere Fotografin Ramona nicht heran.

Yaks sind wilde Tiere, die bei jeder Bedrohung auf Angriff gehen. Vor diesen Angriffen fürchtet sich jeder, auch wenn er noch so vertraut mit ihnen ist.

Yak – ein stolzes, wildes und unvorstellbar widerstandsfähiges Tier für Lebensräume, die von extremen Klima- und Wetterbedingungen gekennzeichnet sind und den Menschen das Leben verunmöglichen. Ein Tier, das den Lebensraum weit abseits der Menschen gesucht und gefunden hat.

Anzahl der Tiere:
20 000 – 40 000
Körpergröße:
1,60 – 2,05 m
Abstammung:
Vermutlich nach der letzten Eiszeit ins Qinghai-Tibet-Plateau eingewandert; wilde Form des Hausyaks
Nächste Verwandte:
Hausyak; Hybridformen mit Zebus
Wesen:
Leben in großen Sozialverbänden; alte, im Rivalitätskampf unterlegene Stiere sind einzelgängerisch
Besonderheit: Meistert tiefste Temperaturen und höchste Höhen
Verbreitung:
Qinghai-Tibet-Plateau (4 000 – 5 500 m) und angrenzende Gebirge

Hausyak

BOS MUTUS GRUNNIENS
Trashigang, Bhutan & Arkhangai, Mongolei

Wann Menschen begannen, wilde Yaks zu domestizieren, wissen wir nicht – wahrscheinlich, als sie das historische Tibet-Plateau besiedelten. Die domestizierten Yaks sind zwar kleiner als die urwüchsigen, wilden Yaks, aber immer noch imposante Tiere mit einem kräftigen Körperbau, kleinen Ohren wie die wilden und kurzen kräftigen Beinen mit großen abgerundeten Hufen. Die Fellfarbe ist variabler als die der wilden Yaks. Es gibt weiße, goldbraune, hellbraune und braune bis bläulich-schwarze Tiere.

Yaks sind äußerst genügsam und ausgesprochen zäh. Bei extremen Klimaereignissen, wie etwa heftigen Schneestürmen, können sie mehrere Tage auf Futter verzichten. Hausyaks haben das Vermögen, auch bei einer geschlossenen Schneedecke Gras zu finden. Sie scharren sich dazu Futterstellen frei.

Hausyaks sind sehr eigensinnige Tiere, und sie können sich beispielsweise auch gut gegen Wölfe wehren. Menschen brauchen Geduld, viel Geduld, um das Zutrauen der Hausyaks zu gewinnen. Yaks sind die Lastenträger im Himalaya; ohne Yaks wäre diese extreme Bergregion nur sehr schwer zu erschließen gewesen. Sie werden auch als Reittiere verwendet und sie geben die Milch, die verbuttert wird und für die Menschen am Himalaya als Fettlieferant dient. Und der Dung der Yaks ist nicht nur ein taugliches Brennmaterial in der baumlosen Region, sondern er ist auch als Bau- und Isoliermaterial nützlich.

Hausyaks gibt es in Tibet, China, Indien, Nepal, Bhutan und traditionell in den Weiten der Mongolei. Der Lebensraum der Yaks zählt zu den unwirtlichsten Regionen, in denen Menschen wohnen. Beim Erleben des Miteinanders zwischen Hausyaks und ihren Haltern wird das symbiotische Verhältnis zwischen Tier und Mensch augenfällig. Hausyaks sind die Lebensversicherung von Menschen im größten und wildesten Berggebiet der Welt.

Anzahl der Tiere: Ca. 13 Millionen | **Körpergröße:** 1,50 – 1,80 m | **Abstammung:** Domestizierte Form des wilden Yaks; Domestikationszeitpunkt ungeklärt; wahrscheinlich ist eine Domestikation auf dem Qinghai-Tibet-Plateau zur Zeit der ersten menschlichen Besiedelung | **Nächste Verwandte:** Wildes Yak; an den Rändern des Verbreitungsgebiets Hybridformen – namens Zomo – mit Zebus oder taurinen Rindern wie etwa Goleng | **Wesen:** Genügsam und zäh; eigensinnig und wehrhaft | **Besonderheit:** Erschließt eine unermessliche Gebirgsregion für den Menschen | **Verbreitung:** Qinghai-Tibet-Plateau (4 000 – 5 500 m) und angrenzende Gebirge – Himalaya, Karakorum, Nan Shan und Hindukusch – sowie Mongolei; im Hochgebirge bis über 6 000 m |

Gaur

BOS GAURUS
Chitwan-Nationalpark, Nepal

Ein Gaur-Bulle kann eine Kopf-Rumpf-Länge von 3,3 Meter, eine Körperhöhe von 2 Meter und das beachtliche Gewicht von über 1 Tonne erreichen. Die Kühe sind zwar immer noch imposant, aber doch um einiges kleiner; sie wiegen ca. 600 bis 800 Kilogramm. Gaur wirken überaus muskulös, vor allem die Stiere mit ihrem Muskelkamm, der sie noch mächtiger erscheinen lässt. Es sind unglaublich gewaltige Tiere, und doch sind sie so scheu wie Rehe. Ganz vorsichtig bewegen sie sich im Unterholz des südlichen Nepals im Chitwan-Nationalpark. Es gleicht einem Wunder, sie zu sehen.

Gaur haben ein kurzes, fast glattes Fell, das braun mit Farbabstufungen zwischen Rotbraun und Schwarz ist. Die Beine sind vom Knie abwärts fast weiß. So sehen Gaur wie Ungetüme in Strümpfen aus. Zwei Merkmale sind augenfällig: der eigenartige Schweif von 70 bis 100 Zentimeter Länge und die Halswamme. Ihre gebogenen, halbmondförmigen Hörner haben eine Länge von ca. 90 Zentimeter.

Vom Gaur gibt es zwei Unterarten: den *Bos gaurus gaurus* im Norden Indiens und Nepals sowie den *Bos gaurus laosiensis,* von dem in Südostasien noch kleine, sehr gefährdete Restbestände leben.

Gaur leben in dichten Wäldern; offenes Land meiden sie instinktiv. In der Dämmerung der Morgen- und Abendstunden kommen sie zum Fressen auf Lichtungen und an Waldränder. Ihren Lebensraum teilen sie mit Tigern, Leoparden und der Königskobra, die alle auch Jagd auf sie machen oder ihnen gefährlich werden können.

Gaur baden gerne, daher leben sie auch in der Nähe von Gewässern. Diese Nähe benötigen sie aber nicht nur zur Erquickung, sondern auch aufgrund ihres hohen Wasserverbrauchs. Gaur fressen Gras, Laub, Kräuter und Früchte. Diese Rinder bevorzugen hügeliges Gelände, bis auf 1 800 Meter Seehöhe wandern sie hinauf. Unsere Gaur nahmen wir in Nepal auf, hier bewegen sie sich nur im Vorgebirge und niemals in den Höhenlagen des Himalayas. Die menschlichen Siedlungsgebiete breiten sich immer tiefer in ihrem Land aus, deshalb haben die einst tagaktiven Tiere auf nachtaktiv umgestellt.

Eine Gaur-Herde hat um die zehn Tiere, manchmal schließen sich auch mehrere Gruppen zusammen. Eine Herde besteht aus Kühen, Kälbern und einem Stier. Stiere sind nicht sehr beständig und wechseln öfter ihre Herde, was zu heftigen Kämpfen zwischen den männlichen Tieren führen kann. Es gilt das Prinzip: eine Herde, ein Stier. Bei den Stieren können Kämpfe auch durch Imponiergehabe entschieden werden. In diesen Fällen zeigen sie sich gegenseitig ihre gewaltigen Schulterpartien.

Gaur sind aufgrund der Bejagung durch Menschen und in ihre Region eingeschleppter Rinderseuchen, wie beispielsweise Rinderpest oder Maul- und Klauenseuche, äußerst gefährdet.

Diese Tiere beeindrucken uns sehr, und das sowohl durch ihre fantastische Größe als auch durch ihre Wildheit. Gaur sind ein Erbe aus dem Unbewussten des Paläolithikums – und als solches begegnen sie uns auch: als lebendige Monumente aus einer weit vor uns liegenden Zeit.

Anzahl der Tiere: 13 000 – 30 000 | **Körpergröße:** 1,45 – 1,97 m | **Abstammung:** Entstehung der Art im heutigen Verbreitungsgebiet; domestizierte Form ist das Mithun *(Bos gaurus frontalis,* auch Bamen oder Gayal genannt) | **Nächste Verwandte:** Mithun (Domestikationsform) | **Wesen:** Tagsüber träge, Aktivität vorwiegend in den Abend- und Morgenstunden; kampflustige und aggressive Stiere, die häufig aneinandergeraten und sich mit hohen Brunftschreien die Kühe streitig machen | **Besonderheit:** Wildes Erbe Südostasiens | **Verbreitung:** Zwei Unterarten: *Bos gaurus gaurus* in Südasien: Indien, Nepal und möglicherweise Bangladesch; *Bos gaurus laosiensis* in Südostasien: Myanmar, Laos, Vietnam, Kambodscha, Thailand, Malaysia und mutmaßlich südliches China (nur kleine, gefährdete Restbestände) |

Anzahl der Tiere: 200 000 | **Körpergröße:** 1,40 – 1,80 m | **Abstammung:** Domestizierte Form des Gaur *(Bos gaurus);* Hybridisierungen mit anderen Rindern (Zebus) | **Nächste Verwandte:** Wilder Gaur (13 000 – 30 000 Individuen); durch Hybridisierung Einfluss auf Zebus wie das bhutanesische Nublang | **Wesen:** Stiere temperamentvoll und kampflustig, häufig kaum gezähmt; Kühe ruhiger, zur Kreuzung geeignet | **Besonderheit:** Opfertier zwischen Wildheit und Domestikation | **Verbreitung:** Hügel und Vorgebirge des östlichen Himalayas in den nordost-indischen Provinzen (v. a. Assam) und angrenzenden Gebieten in Bhutan, Myanmar und Nepal bis 800 m Seehöhe |

Mithun

BOS GAURUS FRONTALIS
Samdrup Jongkhar, Bhutan

Mithun stammen vom Gaur ab, sie sind deren domestizierte Form. Obwohl sie deutlich kleiner sind, sind es beeindruckende Tiere. Der Gesamteindruck weicht nicht sehr von dem des Gaur ab.
Gehalten werden Mithun in den Hügeln und dem Vorgebirge des östlichen Himalayas, im südlichen, steil in den Dschungel abfallenden Bhutan und in der nordöstlichen Provinz Assam, bis hin zum nördlichen Myanmar und dem westlichen Nepal.
In der Region Assam wird der Mithun ausschließlich als Opfertier gehalten. Bei Hochzeiten und Geburten, aber auch bei schweren Krankheiten wird ein Mithun in einer Zeremonie geopfert. Dadurch fand eine unbeabsichtigte Zucht auf kleine Körpergröße statt, da hauptsächlich große Stiere geschlachtet werden. Es sind animistische Stämme, die diese Rituale ausüben. Unter den Mithun gibt es gewaltige weiße Stiere, die für besondere Opfer eingesetzt werden. Priester bestimmen die Größe der Opfer, die die Götter zu besänftigen versuchen. In der Provinz Nagaland hängen bei den Dorfeingängen häufig blutverschmierte Mithunschädel, um die bösen Geister vom Dorf fernzuhalten.

In Bhutan, wo wir die Mithun fanden, leben friedliche Buddhisten, die keinem Tier ein Härchen krümmen. Mithun selbst sind kampfbereite Tiere, die wild gehalten werden und nur abends aus der Wildnis des Dschungels zurückkommen. Diese Rinder sind neugierig und furchtlos, miteinander aber gehen sie fast zärtlich um.
Es wird vermutet, dass der Gaur schon vor 6 000 Jahren im Industal domestiziert worden ist. Regional werden Mithun auch Gayal oder Bamen genannt. Bei den Mithun kann die ganze Spannbreite des Verhältnisses zwischen Mensch und Tier nachvollzogen werden. Sie reicht von der echten Wildheit des Gaur bis zum domestizierten Mithun, mit allen Abstufungen von Zähmung und Verwilderung. Mit manchen Mithun-Herden wird saisonal transhumant auf den Sommerweiden gewandert, die die Yaks als Winterweide nutzen.

Mithun sind Rinder, die einen durch ihre Art und ihr Aussehen sofort einnehmen. Die nie gesehene Zartheit zwischen Muttertier und Kalb lässt einen ein Leben lang nicht mehr los.

Banteng

BOS JAVANICUS
Ostjava, Indonesien

5 000 Tiere gibt es noch von diesen großartigen – und auch von ihrem Körperbau sehr stattlichen – Wildrindern. Bei der Begegnung mit einem Banteng wird der Wunsch des Zürcher Zoologen Conrad Keller sofort nachvollziehbar: Natürlich müssen die Schweizer Rinder von so einem Prachtexemplar abstammen, so sein Traum. Ich habe jedes Verständnis für diesen Traum. Doch bis in die Schweiz schaffte es der Banteng trotz all seiner Pracht nicht, auch seine Abkömmlinge kamen nicht so weit. In Südostasien hingegen verbreitete er sich ganz tüchtig.
Und auch um ein Banteng scheint es sich bei einem der ältesten bekannten figurativen Kunstwerke der Menschheit zu handeln. Die Malerei in einer Karsthöhle Borneos wird auf 40 000 bis 52 000 Jahre geschätzt.
Dem regionalen Verbreitungsgebiet geschuldet, gibt es drei Unterarten, die sich auch in ihrem Aussehen ähneln:

– *Bos javanicus birmanicus,* die Festlandart mit kleinen Populationen, die weit voneinander entfernt isoliert sind,
– *Bos javanicus javanicus,* das auf Java und Bali vorkommt, sowie
– *Bos javanicus lowi,* eine kleine versprengte Population in den Naturschutzgebieten Borneos.

Von der domestizierten Form des Banteng, den verwilderten Bali-Rindern, gibt es noch etwa 6 000 Tiere in Nordaustralien. Sie ähneln ihrer Wildform genetisch sehr.
Der Lebensraum der Banteng ist so vielfältig wie ihre regionale Verbreitung. Er reicht von trockenen Wäldern im Tiefland bis zum tropischen Wald mit dichtem Unterholz. Wir fanden sie im Alas Purwo National Park, was „der Wald, in dem alles entsprang" bedeutet. Und so verwundert es nicht, dass

der javanischen Legende nach genau am Ort des Nationalparks, also hier, wo alles entsprang, die Erde sich als Erstes aus dem Ozean erhob. Den Nationalpark bilden ausgedehnte Mangrovenbestände, Savannen und Monsunwälder. Am Rand der Savanne sind Wälder mit vielerlei Ficusarten, Kirschmyrten, Katappen- und Stinkbäumen.

Bei Banteng sind sowohl saisonale als auch tageszeitliche Wanderbewegungen zu Lichtungen durchaus üblich, um zu grasen. In der Trockenzeit wandern sie zum offenen, sumpfigen Grasland. Sie fressen Gras, Laubblätter, Kräuter, Buschwerk, Zweige und Früchte.

Banteng sind scheue Tiere, die wir fast als nachtaktiv bezeichnen können. Viele ihrer Bedürfnisse – darunter Fressen, Trinken und die Pflege ihrer sozialen Kontakte – befriedigen sie in der Nacht. Da sie wild leben, müssen sie sich an die jeweiligen Gegebenheiten anpassen. Banteng leben in Gruppen zu etwa 30 Tieren. Die Herden werden von der Leitkuh geführt, ausgewachsene Stiere stoßen nur zur Paarungszeit hinzu. Die Herden sind bei Banteng keine stabilen Sozialverbände. Bantengkühe wechseln des Öfteren die Herde, der sie zugehören.

Der Lebensraum der auf Java lebenden Banteng ist durch den übergroßen Bevölkerungsdruck sehr gefährdet. Die größte Gefahr sind einerseits die illegalen Holzfäller, die gerade in diesen Regionen überaus aktiv sind, sowie andererseits die von Nutztieren eingeschleppten Krankheitserreger.

Banteng sind eine vom Aussterben äußerst bedrohte Spezies. Nach dem Auerochsen könnte mit ihnen ein weiterer Vorfahre des Hausrindes aussterben.

Als sei dies der Unerfreulichkeiten nicht genug, sind zudem auch noch Wilderer hinter den Herden her, denn den Hörnern der Banteng werden Wunderheilkräfte nachgesagt. In der traditionellen chinesischen Medizin werden bis heute verschiedene Präparate aus Banteng hergestellt.

Banteng haben, wie ihre domestizierte Form, die Bali-Rinder, eine seidige Behaarung. Bei Männchen ist sie dunkel, bei Weibchen rot- bis gelbbraun – eine unglaublich anziehende, warme Farbe. Beide Geschlechter haben eine weiße Zeichnung am Hinterteil und an den Beinen.

Es würde sich für uns lohnen, die Banteng-Bestände zu bewahren. Schöne, fremde Tiere, die von einer Zeit vor Hunderttausenden Jahren oder gar noch mehr zeugen.

Anzahl der Tiere:
Ca. 5 000
Körpergröße:
1,20 – 1,90 m, die Unterart *javanicus* gilt als die größte, *lowi* als die kleinste
Abstammung:
Entstehung der Art vermutlich in Südostasien selbst
Nächste Verwandte:
Bali-Rind (Domestikationsform)
Wesen:
Vor allem in der Dämmerung und nachts aktiv; große Herden aus Kühen und Kälbern; abgesonderte Jungstiergruppen und einzelgängerische Altstiere, die nur zur Paarungszeit zu den Kühen stoßen
Besonderheit:
Vom Aussterben bedroht; nach dem Ur könnte mit dem Banteng der nächste Vorfahre von Hausrindern verschwinden
Verbreitung:
In Südostasien und auf dem malaiischen Archipel; heute aus dem historischen Verbreitungsgebiet in kleine Nischen zurückgedrängt

Bali-Rind

BOS JAVANICUS DOMESTICUS
Bali, Indonesien

Als ich das erste Bali-Rind sah, ist mir das Herz fast stehen geblieben. Es stand im Reisfeld, war unglaublich schön und fein von Statur, misstrauisch Fremden gegenüber. Die dunklen, tiefen Augen haben sich mir sehr eingeprägt.
Bali-Rinder erscheinen mir wie Tiere aus einer fernen Welt. All das, was mir an den europäischen Rindern vertraut war, half nicht weiter. Vor mir stand ein Rind, und doch war es ein ganz anderes Tier, mit behutsamen, geschmeidigen Bewegungen, die sich dann unvermutet in einem Temperamentsausbruch fortsetzten.
Das Wort Vieh kommt mir beim Bestaunen der Bali-Rinder nicht in den Sinn. Bali-Rinder haben eine kurze, seidige Behaarung, ganz sanft habe ich in ihrem Fell mit der Hand von vorne nach hinten und wieder zurück gestrichen. Dieses Fell, diese seidenen Haare sind uns unvertraut. Trotz ihrer Sanftheit sind die Tiere muskulös, vor allem ihre Hinterhand.
Die Menschen auf Bali verwenden ihr Rind auch, um die Reisfelder zu bestellen. Bali-Rinder sind arbeitsam und bei guter, pfleglicher Behandlung durchaus anhängliche Tiere.
Domestiziert wurde der Banteng wahrscheinlich um 5000 v. Chr. auf Java. Das Bali-Rind hat seine Schönheit vom Banteng geerbt und bewahrt; es sieht ihm optisch sehr ähnlich, ist aber um einiges kleiner.
Das Wildrind ist im Bali-Rind noch gut erhalten. Dies bringt den Vorteil einer hohen Krankheitsresistenz und guten Fertilität mit sich. Mit kargem Futter und extremen Klimabedingungen kommen Bali-Rinder bestens zurande.
Die Mehrheit der Bevölkerung auf Bali ist hinduistisch, daher wird das Bali-Rind auf der Insel als heilig verehrt. In der kleinbäuerlichen Landwirtschaft ist das Bali-Rind als Arbeitstier lebensnotwendig, da es leicht und wendig ist. Lebensnotwendig für den Anbau und die Ernte des autochthonen Bali-Reises, der sich in seiner Qualität und im Preis massiv von den meisten Reissorten abhebt.

Das Bali-Rind: ein edles, geschmeidiges und zauberhaftes Tier.

Anzahl der Tiere: Ca. 1,5 Millionen | **Körpergröße:** 1,40 – 1,65 m | **Abstammung:** Domestikationsform des stark gefährdeten Banteng; 5 000 Exemplare mit möglichen historischen Einkreuzungen anderer Rinder; Domestikation wahrscheinlich auf Java, möglicherweise schon ca. 5000 v. Chr.; Zebus erreichen erst vor ca. 1 000 Jahren Indonesien; Verbreitung auch auf Inseln, auf denen ursprünglich keine Banteng vorgekommen sind | **Nächste Verwandte:** Wildes Banteng; Hybridformen, wie z. B. Madura | **Wesen:** Temperamentvoll und Fremden gegenüber misstrauisch, bei guter Behandlung arbeitsam und häufig anhänglich | **Besonderheit:** Die Adaption des Wildrindes bleibt auch domestiziert erhalten | **Verbreitung:** Java, Bali und andere indonesische Inseln sowie Malaysia, Philippinen und Australien auf einer Seehöhe bis 300 m |

Madura

BOS PRIMIGENIUS INDICUS, X BOS JAVANICUS

Madura, Indonesien

Madura ist eine Insel nördlich der Hauptinsel Java und mit dieser durch eine Brücke verbunden. Auf Madura gibt es keine natürlichen Lebensräume mehr, bis in den letzten Winkel hinein ist sie von Menschenhand durchdrungen.

Die gleichnamigen Madura sind legendäre Rinder. Andere Tiere mögen kämpfen – Madura-Stiere aber werden für Rennen verwendet. Diese Sportart wird *Karapan* genannt. Dabei werden zwei Stiere an eine Art Karren gespannt; sie haben eine ca. 130 Meter lange Strecke zu laufen, während der Wagenlenker sie heftig anfeuert. *Karapan* hat eine lange Tradition, die bis ins 13. Jahrhundert zurückgeht. Für die Kühe gibt es *Sonok*, die traditionelle Kuhausstellung, die von gesellschaftlicher Bedeutung und für die Erhaltung der traditionellen Rasse mitverantwortlich ist.

Madura sind einer historischen Kreuzung entsprungen, die vor ca. 1 500 Jahren stattfand. Das Bali-Rind war der Ursprung, in den Ongole eingekreuzt wurden. Auf diese historische Einkreuzung folgten lange Inzuchten, und so sind Madura eine durch und durch homogene Rasse. Heute ist diese Rasse durch Einkreuzungen von europäischen Fleischrinderrassen sehr gefährdet.

Madura sind an das karge Leben sehr gut angepasst. Sie sind genügsame, sehr zutrauliche, unbefangene Tiere, mit denen es leichtfällt, in Kontakt zu treten. Und das Wichtigste für die Stiere bei den Rennen ist: Madura sind äußert leichtfüßig.

Madura zu halten ist für das Sozialprestige förderlich. Der Besitz solcher Tiere verleiht einem Mann Bedeutung und gesellschaftliche Anerkennung. Die Rinder selbst werden eher kleinbäuerlich gehalten.

Auf der Insel Madura befindet sich das bedeutendste Salzvorkommen Indonesiens. Deshalb werden Madura-Rinder auch von Menschen gehalten, die in den Salinen arbeiten. Die Kleinbauern haben oft gar keinen eigenen Grund mehr und lassen ihre Rinder an den Böschungen am Rande der Salinen grasen.

Anzahl der Tiere: Ca. 900 000 | **Körpergröße:** 1,00 – 1,25 m | **Abstammung:** Ausgangspopulation sind Bali-Rinder, in die vermutlich v. a. Zebus des Ongole-Typs eingekreuzt werden, wobei bei der maternalen Komponente Bali-Kühe überwiegen; darauffolgende Inzucht sorgt für relativ homogene Rasse | **Nächste Verwandte:** Bali-Rind; Zebus (vermutlich Ongole) | **Wesen:** Genügsam und zutraulich; leichtfüßig | **Besonderheit:** Rennstiere am Rand der Saline | **Verbreitung:** Meist kleinbäuerliche Haltung auf der indonesischen Insel Madura zwischen Meeresniveau und 300 m Seehöhe sowie weiteren kleinen vorgelagerten Inseln |

Kou-prey

BOS SAUVELI

Mögliches Verbreitungsgebiet in Nord- und Nordostkambodscha

Wir wissen nicht, ob es die Kou-prey noch gibt, ob diese geheimnisvollen Tiere noch existieren. Kou-prey sind oder waren eine ganz eigene Art von Rindern, die ihre gesonderte Herkunft hat. Es gibt keine näheren Verwandtschaften, nur Spekulationen darüber, dass sie sich womöglich mit Banteng oder Gaur gekreuzt haben. Das sind jedoch nichts als Mutmaßungen, da das rätselhafte Tier verschwunden ist.

Die wissenschaftliche Untersuchung der Kou-prey begann um etwa 1937, und zwar mit der Beschreibung der Rinder. In den 40er-Jahren des vorigen Jahrhunderts kamen einige wenige Exemplare in den Zoo nach Paris. Zu bestaunen waren sie jedoch nicht allzu lange, denn in Gefangenschaft überlebten die Tiere nicht.

Kou-prey wurden stark gewildert, denn das Horn dieser Rinder war und ist ein Statussymbol. In den Verbreitungsgebieten der Kou-prey, in zwei Dschungelregionen Kambodschas, wüteten Kriege, Bürgerkriege und Genozide, sodass der Urwald teilweise immer noch vermint ist. Heute sind Wilderer und viele illegale Holzschläger unterwegs, die nicht nur die vielleicht noch existierenden Kou-prey-Populationen bedrängen, sondern auch das Land und die Bevölkerung Kambodschas.

Die letzte belegte Sichtung eines Kou-prey war im Jahr 1988. Wir konnten keine neue hinzufügen, denn auch wir fanden kein einziges Tier. Mit der Situation vor Ort konfrontiert aber hoffen wir, falls es noch Herden gibt: Sie mögen im dichten, geschlossenen Tieflandwald nicht mehr gesichtet werden, denn sie würden augenblicklich, bevor Erhaltungsmaßnahmen ergriffen werden könnten, von Banditen bejagt. Die Trophäe der Kou-prey verspricht Reichtum und das ist oder wäre ihr Todesurteil.

Anzahl der Tiere: Unbekannt, möglicherweise ausgestorben | **Körpergröße:** 1,70 – 1,90 m | **Abstammung:** Der Kou-prey ist eine eigene Art in der Familie der Rinder; vermutlich war er in größeren Teilen Südostasiens verbreitet | **Nächste Verwandte:** Keine näheren Verwandtschaften, möglicherweise Hybridisierung mit Festland-Banteng und/oder Gaur | **Wesen:** Herden werden meist von einer Leitkuh geführt, junge Stiere bilden oft kleine Gruppen; ausgewachsene Stiere leben teilweise einzelgängerisch und stoßen nur zur Paarungszeit zu Herden | **Besonderheit:** Seit über 30 Jahren verschwundenes, rätselhaftes Wildrind aus Südostasien | **Verbreitung:** Der ideale Lebensraum ist wahrscheinlich eine Mischung aus dichtem und lichtem geschlossenem Tieflandwald mit grasbewachsenen Lichtungen, Tümpeln und Salzleckstellen; das historische Verbreitungsgebiet erstreckt sich über Nordostkambodscha und nahe Grenzgebiete in Thailand, Laos und Vietnam und ist im Lauf der Zeit auf zwei kleine mögliche Verbreitungsgebiete geschrumpft; auch wenn dieses Habitat im historischen Verbreitungsgebiet stark zurückgegangen ist, gäbe es noch mögliche Lebensräume für eine kleine Population |

Vom Verschwinden

Wir versuchten, sie aufzuspüren – die Kou-prey, die rätselhaften Rinder des kambodschanischen Dschungels –, obwohl sie seit 1988 von niemandem mehr gesichtet wurden. Die Weltnaturschutzunion IUCN nennt sogar das Jahr 1970 als letzte Sichtung. Aber ein Kuhbuch ohne Kou-prey wollte ich nicht.

HOFFNUNG UND SEHNSUCHT

Wir nahmen Kontakt mit der FAO, der Wildlife Conservation Society und der Regierung in Phnom Penh auf. Ja, vielleicht gibt es sie noch, hieß es. Wir stellten mit Einheimischen und Ortskundigen eine Gruppe zusammen und gingen im Regenwald der Provinz Mondulkiri auf die Suche. Keine Spuren – nichts, was auf die Rinder hindeuten könnte, war zu sehen. Unser Unternehmen war gänzlich erfolglos. Ich versuchte noch zwei Monate lang, einen Haudegen zu engagieren, der die Suche nochmals aufnehmen sollte. Die Minen, die in den vielen Kriegen, Bürgerkriegen und Genoziden im Urwald vergessen worden waren, hielten jeden ab. Im Buch gibt es also keine Fotografien von Kou-prey. Sind die Kou-prey verschwunden?
Und was ist mit Verschwinden gemeint? Verliefen sich die Tiere in der Unübersichtlichkeit des Dschungels, oder tauchten sie im Dunkel des Urwaldes unter? Wohin führt ein Verschwinden? Sind Kou-prey noch da, nur für uns nicht mehr sichtbar? Ihre Abwesenheit ruft in mir eine zehrende Sehnsucht nach ihnen hervor. Sie noch einmal zu sehen, und sei es nur für einen Moment, war mein Sinnen. Verschwinden Lebewesen, bleibt noch Hoffnung in uns, und sie wird zur Sucht, das Verschwundene doch noch aufzuspüren. Denn gerade im Dschungel ist das Sichtbare immer umschlossen und wird so zum Unsichtbaren.

WERKE DER HYBRIS

Was den möglichen Lebensraum der Kou-prey betrifft, kommen erschwerend noch die Gier der Wilderer und der unglaubliche Verwüstungswahn der Holzdiebe dazu. Die Holzdiebe verwandeln den Inbegriff des Lebendigen – den Regenwald, den Ort der größtmöglichen biologischen Vielfalt – in einen hingeworfenen Müllhaufen, einen verödeten Landstrich. Das Verschwinden der Kou-prey kündigte sich schon durch die unwiederbringlich zerstörte Landschaft an. So entschwand uns nach und nach die Gewissheit, die Tiere doch noch zu finden. Orte des Verschwindens sind keine Orte der Wertschätzung, es sind vielmehr Orte des Versiegens, der Verödung und des Siechtums. Ein Ort wie viele auf unserer Erde und ein Ort, der überall sein könnte. Überall wird irreversibel in die Natur eingegriffen, selbst vor den letzten Biotopen, den Orten der Lebendigkeit, wird nicht haltgemacht.

Die treibende Dynamik dieses Tuns ist die merkantile Sucht, unsere Hybris, ein Akt des unerträglichen Realitätsverlustes: Wir Menschen üben uns darin, es noch auszuhalten, doch die Natur hält unserem Druck nicht mehr stand, sie verschwindet wie unsere Kou-prey. Wir reißen etwas mit Gewalt aus dem natürlichen Sein, aus seiner natürlichen Lebenswelt. Wir überwältigen das Lebendige, das unsere Rettung ist, wir verwüsten und vernichten. Wir scheuen nicht, unser eigen Geld zu vernichten, unsere Wirtschaftskraft, die Demokratie, das Soziale, die Fürsorge, die Verantwortung für uns selbst und die anderen, für das Andere, das uns anvertraut wurde.
Wir brauchen nichts mehr von „da draußen“; wir produzieren alles selbst. Die Verarmung der Welt ereignet sich im Verschwinden des Lebendigen, der Natur, der

menschlichen Zuneigung und Wärme, des Mitgefühls, des Gefühls für den Anderen und das Andere, das in unsere Hand gegeben wurde.
Tiere, Pflanzen, die Bewohner der Ozeane verschwinden nach und nach. Die wild lebenden Arten haben Nöte, im eigenen Lebensraum für ihr Leben zu sorgen; für Vermehrung, Aufzucht der Jungen, genügend Nahrung zu finden. Wir beschränken sie überall – auf den freien Wiesen, in ihren Wäldern, in der Steppe, auf dem Eis, in der Luft, im Süßwasser. Nirgendwo lassen wir ihnen Raum für ihr Leben. Wir jagen, töten, verbauen, nutzen, brennen ab, verschmutzen, vergiften, trocknen aus. Und trotzdem sehen wir ihr ohnmächtig zu, der Auflösung der Natur! Auch Wissen, Können, Erfahrung, Handwerk, Sprachen, Ethnien und Religionen verschwinden. Die Universalität von Mensch und Natur steht zur Disposition. Wir opfern das, was uns im Wege steht, und beseitigen das, was nicht als unseres, als existenziell zu uns gehörig erkannt wird. Wir lösen langsam, aber beständig die Schöpfung auf – all das, was uns anvertraut worden ist.

9 000 bis 138 000 Arten löschen wir jährlich aus. Die dokumentierte Ausrottung stellt nur einen Bruchteil dar, denn häufig sterben Arten aus, bevor wir sie beschreiben konnten.

Pflanzen
153 Pflanzenarten sind seit 1962 vernichtet worden. Aktuell sind 12 505 im gefährdeten Zustand.
(Quelle: IUCN 2017)

Kulturpflanzen
Seit 1900 gingen 75 Prozent aller Kulturpflanzen verloren.
(Quelle: FAO)

Tiere
782 Tierarten wurden seit 1962 ausgerottet, davon 83 Säugetierarten.

Aktuell sind 13 257 Tierarten als gefährdet eingestuft, davon allein 1 204 Säugetierarten.

Wirbeltierpopulationen haben zwischen 1970 und 2012 um 58 Prozent abgenommen, die menschliche Bevölkerung hat sich hingegen verdoppelt.
(Quelle: IUCN 2017, WWF 2016)

Nutztiere
Jedes Jahr sterben etwa 7 Nutztierrassen aus.

Von den 8 774 bei der FAO registrierten Nutztieren sind 647 bereits ausgestorben.
(Quelle: FAO)

Rinderrassen
Bei der FAO sind 1 408 Rassen verzeichnet, 184 gelten als ausgestorben.

490 Rinderrassen gelten als gefährdet.
(Quelle: FAO)

Agrarböden
Weltweit gehen jährlich bis zu 30 Millionen Tonnen Boden verloren. Der Agrarflächenverlust durch Versteppung, Verwüstung, Versiegelung etc. betrug zwischen 1960 und 2008 35 Prozent der gesamten Ackerfläche.
(Quelle: IASS, UNCCD)

Landnutzung
Die Landnutzung hat sich im 20. Jahrhundert stark verändert. Der Flächenanteil, der von Naturlandschaften eingenommen wird, hat sich von rund 70 auf 46 Prozent verringert.

Landwirtschaftlich genutzte Flächen erhöhten sich anteilsmäßig von rund 27 auf 47 Prozent. Urbane und verbaute Flächen haben sich mehr als verdoppelt.

Pestizide
Der weitverbreitete Einsatz von Herbiziden führt zur Verarmung bei Wildpflanzen. 1970 fanden sich auf einem Acker noch rund 25 verschiedene Wildpflanzen, heute ist es durchschnittlich noch eine.

Mit jeder Pflanzenart verschwinden 10 bis 12 Tierarten, da ihnen die Nahrungsgrundlage entzogen wird.

Vom Geschäft der Auslöschung
In Deutschland wurden 2016 insgesamt 99 625 Tonnen Pestizid-Produkte verkauft.

Der weltweite Pestizid-Umsatz belief sich im Jahr 2010 auf 38 Milliarden US-Dollar.

Hinzu kommen die äußerste Gefährdung der Biodiversität, die gewaltigen Veränderungen in der Landnutzung und die Klimaveränderung – Menschen, die es ganz genau nehmen, sprechen von der von uns verursachten Erderhitzung, die mit heftigen Wetterextremen einhergehen wird –, weiters die Stickstoffbelastung der Böden, Gewässer und Küstengebiete durch Kunstdünger, Fäkalien und Pestizide. Neophyten – gebietsfremde neue Pflanzenarten – breiten sich aus, und wir wissen nicht, wie sich das auswirken wird. Und zu guter Letzt muss auch die Erhöhung der CO_2-Konzentration in der Atmosphäre genannt werden – zu den Hauptemittenten zählt die Landwirtschaft. Manches verschwindet. Manches bekommen wir, ob wir es wollen oder nicht.

Verlust, auch der fremde Verlust, der Verlust der anderen, ist immer auch ein eigener Verlust.

9

Zebus

Regionen

1	**Gujarat** (Indien)
2	**Haryana** (Indien)
3	**Karnataka** (Indien)
4	**Tamil Nadu** (Indien)
5	**Kerala** (Indien)
6	**Assam** (Indien)
7	**Haa** (Bhutan)
8	**Achham** (Nepal)
9	**Nghệ An** (Vietnam)
10	**Ha Giang** (Vietnam)

Gir

BOS PRIMIGENIUS INDICUS
Gujarat, Indien

Der Gir teilt sein Habitat mit dem äußerst gefährdeten indischen Löwen, dem *Panthera leo persica.* Es sind die einzigen Löwen ihrer Art, die noch in Freiheit sind – knapp 400 Exemplare gibt es noch. Auf 0 bis 800 Meter im subtropischen Monsunwald leben die Girs, ihr Weidegebiet ist gezeichnet durch frische Löwenspuren.

Girs haben eine hohe Hitze- und Trockenheitstoleranz und sind ein Segen, ein richtiger Glücksbringer für die Menschen, die ihnen begegnen. Nach einer Legende hält das tägliche Berühren der Stirn eines Girs alle Krankheiten von den Menschen fern.

Das ist das eine Glück. Das andere ist, dass Girs eine hohe Milchleistung haben und wie alle autochthonen asiatischen Kühe ausschließlich A2-Milch geben.

Bereits in den heiligen Schriften des Hinduismus werden Girs beschrieben. Die Hörner der Girs gelten als die schönsten aller Kuhhörner. Der Durchmesser der Hörner ist über die ganze Länge gleich und endet mit einem abgerundeten Spitz. Die ganze Form der Hörner drückt Schönheit aus. Die außergewöhnlichen Hörner in Verbindung mit den wachen, wissenden Augen schaffen unweigerlich eine spannungsvolle Beziehungsatmosphäre. Girs drücken in so einem Moment all das aus, was die Menschen bedenken sollten, bevor sie sich ihnen nähern, aber doch nie begreifen werden können: was das wahre Leben ausmacht.

Anzahl der Tiere: Reinrassig noch um die 3 000 | **Körpergröße:** Stier: Ø 1,35 m | Kuh: Ø 1,30 m | **Abstammung:** Aus den Zentren der Indus-Kultur, im Gebiet, in dem der Ur domestiziert worden ist; eine der wichtigsten Zebu-Rassen Indiens | **Nächste Verwandte:** Tharparkar, Red Sindhi und Sahiwal, Rassen in Nord- und Südamerika (z. B. Brahman, Girolando) | **Wesen:** Sehr gutmütig mit stark ausgeprägtem Sozialverhalten; Milchleistung wird nur wenig von Hitze beeinflusst | **Besonderheit:** Glücksbringer und Milchspender | **Verbreitung:** Indien, Bundesstaat Gujarat sowie in den Grenzgebieten Maharashtra und Rajasthan |

Kankrej

BOS PRIMIGENIUS INDICUS

Gujarat, Indien

Balabai Rhababai ist ein nomadisch lebender Bauer vom Rande der Wüste Tharr. Er zieht mit seiner Familie und den silbergrauen, wachsamen Rindern ins nördliche Gujarat, denn in den langen Trockenzeiten gibt es dort noch Weiden für die Herde und Wasser. Zwischen den stolzen Kühen weiden rostrote Kälber. Die Farbe ihrer Jugend bildet einen herrlichen Kontrast. Kankrej gilt als die indische Rasse, die dem Ur phänotypisch am nächsten ist. Manche vermuten, dass das arttypische Zebu-Merkmal, der Buckel, einer Mutation und der darauffolgenden gezielten Selektion geschuldet sei. Denn der Buckel mache nur bei Haustieren Sinn als Ansatz für ein Joch. So wäre die phänotypische Nähe der Kankrej zum *Bos primigenius namadicus* nach der Domestizierung doch entschieden verändert worden. Bei Wildtieren oder dem Ur bringt der Buckel keinen Vorteil, weder für die Thermoregulation noch als Nährstoffspeicher. Beide Vermutungen konnten nicht verifiziert werden.

Kankrej zu halten, macht Balabai Rhababai stolz. Von seinem Vater erbte er zwei Rinder, heute hat er eine stattliche Herde.

Kankrej sind wie alle Zebus hitze- und trockenheitstolerant, aber sie verfügen noch über eine weitere Besonderheit: Sie haben hohe Resistenzen gegen Krankheiten. Das macht sie so wertvoll. Weltweit werden sie daher in tropischen Gebieten in der Kreuzungszucht eingesetzt.

Kankrej sind traditionelle Arbeitstiere. In den letzten Jahren werden sie auf vermehrte Milchleistung gezüchtet.

In Gujarat gibt es an die Tempel angegliederte Gaushalas, in denen die alten, nicht mehr als Nutztiere gehaltenen Tiere ihr Ausgedinge haben.

Anzahl der Tiere: Ca. 12 Millionen | **Körpergröße:** Stier: Ø 1,48 m | Kuh: Ø 1,36 m | **Abstammung:** In dieser Region wurden die ersten indischen Auerochsen domestiziert | **Nächste Verwandte:** Tharparkar, Export v. a. nach Nord- und Südamerika zur Fleischnutzung (in Brasilien als Guzerat bekannt, in den USA zu Brahman hybridisiert) | **Wesen:** Resistent gegen bestimmte Krankheiten, wie z. B. Zeckenfieber; anpassungsfähig an extreme Hitze und Dürre | **Besonderheit:** Gute Gesundheit aus der Wüste Tharr | **Verbreitung:** Indien, im historischen Zentrum der Indus-Kultur; in direkter Nachbarschaft zu den Salzsümpfen von Kutch und der Wüste Tharr bis in die Region Gujarat |

Hariana

BOS PRIMIGENIUS INDICUS

Haryana, Indien

Wie die Sonne sind die Hariana Gottheiten. Sie sind dem Wohl des Menschen zugetan. Bei der Berührung des Rückens eines Harianas wird die Energie der Sonne unmittelbar an uns weitergegeben.
In der ayurvedischen Heilkunde werden vor allem aus dem destillierten Urin der Hariana Heilmittel hergestellt. Heilmittel, die wahre Wunder bewirken.
Hariana sind äußerst hitzetolerant. Bis zu 50 °C ertragen sie.
Sie sind klassische Arbeitstiere, werden aber auch zur Milcherzeugung gehalten. Ihre Milch ist gelb wie die Sonne.
Weideflächen finden die Hariana nur nach dem Monsun. Ihr Stammgebiet liegt auf 200–600 Meter Seehöhe.
Wer Hariana hält, hat einen direkten Draht zur Wahrheit. Werden Lügen in der Gegenwart von Hariana erzählt, geraten die Kühe außer Rand und Band.

Anzahl der Tiere: Über 10 Millionen | **Körpergröße:** Stier: Ø 1,43 m | Kuh: Ø 1,34 m | **Abstammung:** Stammzuchtgebiet liegt im historischen Einflussgebiet der Indus-Kultur | **Nächste Verwandte:** Tharparkar | **Wesen:** Selbst für Zebus außergewöhnliche Hitzetoleranz; gehorsam und zugstark | **Besonderheit:** Sonnenkühe für den Acker | **Verbreitung:** Indien, Bundesstaaten Haryana und Punjab sowie Einkreuzungen in ganz Nordindien |

Amrit Mahal

BOS PRIMIGENIUS INDICUS

Karnataka, Indien

Glitzernd steht das neue Haus in der südindischen Mittagssonne. Noch war es keines Menschen Wohnstätte. Bevor die zukünftigen Bewohner es ausräuchern und mit Blütenwasser besprengen, tritt als Erstes eine weiße, königliche Amrit-Mahal-Kuh über die Schwelle, um im Inneren gemolken zu werden. Erst nach dieser Zeremonie ist das Haus geweiht, und die Bewohner und Gäste dürfen es betreten.

Seit der Zeit des Vijayanagar-Reiches gelten die Amrit Mahal als königliche Tiere. Für das Militär waren sie Lastentiere in unwegsamem Gelände, für die Bauern sind sie Arbeitstiere. Milch geben sie nur wenig, aber dieses Wenige ist etwas Besonderes.

Amrit Mahal leben zumeist frei auf den besonders artenreichen Weiden in ca. 900 Meter Seehöhe in der Landschaft des Amrit Mahal Kaval, eines savannenartigen Graslandes mit leichtem Baumbewuchs. Ihr Dung ist das Kapital der Bauern, denn er belebt die Böden ihrer Äcker, gibt diesen Kraft und sorgt für Humus. Die Kuh macht die Bauern unabhängig. Eine Amrit Mahal zu halten, ist eine besondere soziale Auszeichnung, die der Staat mit finanziellen Förderungen unterstützt, um so die indigene Rasse zu erhalten.

Dennoch wird ihr Lebensraum durch das Aufforsten der wunderbaren Weiden mit Palmen immer mehr eingeschränkt. Palmöl zählt leider mehr als Kuhdung.

Amrit Mahal sind wilde und unglaublich mutige Tiere. Als Herde nehmen sie es allemal mit wilden Tigern auf. So ist es selbstverständlich, dass Amrit Mahal die Namen von Göttern tragen. Überleben sie ihre Angriffslust, werden die Tiere 25 Jahre alt. Am Ende ihrer Zeit begräbt sie der Bauer und betet an ihrem Grab für den Frieden ihrer Seele.

Anzahl der Tiere: Wenige Tausend | **Körpergröße:** 1,20 – 1,40 m | **Abstammung:** Von Hallikar, Hagalvadi und Chitradurga | **Nächste Verwandte:** Hallikar, Kangayam | **Wesen:** Mutig und kampfeslustig Feinden gegenüber; ausdauernde Läufer, auch in unwegsamem Gelände | **Besonderheit:** Waffenträger für den König, Fruchtbarmacher fürs Volk | **Verbreitung:** Indien, Bundesstaat Karnataka, Provinz Mysore |

Kangayam

BOS PRIMIGENIUS INDICUS
Tamil Nadu, Indien

Die Stärke der Kangayam ist sprichwörtlich im Süden Indiens: Wagen von 2 500 Kilogramm ziehen sie. Für die Bauern sind sie Arbeitstiere. Verlässlich, genügsam, angepasst an das Klima mit langen Trockenzeiten zwischen einem Herbst- und einem Frühjahrsmonsun.
Es braucht die Kraft und die Beständigkeit der Kangayam, um die kargen, ausgetrockneten Böden bearbeiten zu können. Nur mit ihnen vermögen viele kleine Bauern in Südindien ihre Äcker zu bestellen. In der großen Dürre beschmieren die Bauern die Hörner der Kangayam mit Schlamm, um die Kühe zu kühlen. Denn südindische Bauern verfügen noch Kenntnisse darüber, wozu Rinder Hörner haben. Der Schlamm trocknet dann Ocker bis Orange auf, was den Tieren einen magischen Habitus gibt.
Auch mit Kangayam weihen die Menschen im Süden Indiens ihre Häuser ein – siehe Amrit Mahal. Die Tiere werden bunt aufgeschminkt und dann über die Schwelle des zu weihenden Hauses geführt. Mit den Kühen werden alle Götter ins Haus und Segen für seine Bewohner gebracht.

Anzahl der Tiere: Weniger als 10 000 | **Körpergröße:** Großer Typus: 1,25 – 1,45 m | Kleiner Typus: 1,15 – 1,30 m | **Abstammung:** Hervorgegangen aus einer historischen Kreuzung von Mysore-Zebu und Ongole | **Nächste Verwandte:** Jallikattu-Kampfstiere | **Wesen:** Genügsam und geduldig | **Besonderheit:** Schlammkur für die Feldarbeit | **Verbreitung:** Indien, Bundesstaat Tamil Nadu auf ca. 300 m Seehöhe |

Vechur

BOS PRIMIGENIUS INDICUS
Kerala, Indien

In unserer Zeit gab es keinen Platz mehr für die Vechur. Sie gehören zu den kleinsten Rinderrassen. Das Wissen um ihren besonderen Wert ging verloren – und somit beinahe die ganze Rasse. Bis eine resolute Universitätsprofessorin von Trichur, die die jungen Menschen berufsmäßig in den Fortschritt einführen sollte, auf die Suche nach den letzten Vechur ging. Sosama Ype ist der Name der Retterin, einer bewundernswerten, weitsichtigen Frau. Zusammen mit ihren Studenten durchforstete sie den ganzen Distrikt und fand noch wenige versprengte Tiere. Mit diesen begann sie ein universitäres Aufzuchtprogramm.

Inzwischen ist die Nachfrage nach der Vechur wieder groß. Ihre Milch hat eine außergewöhnliche Proteinstruktur, die die Milch für die ayurvedische Medizin so wertvoll, ja unverzichtbar macht. Über 2 Liter Milch gibt eine Kuh am Tag. Dies ist im Verhältnis zur Körpergröße und dem Futterbedarf bemerkenswert. Traditionell wurden Vechur im Nassfeld-Reisanbau eingesetzt und für ihre Leichtigkeit geschätzt. Vechur fressen bevorzugt Reisstroh.

Das Stammgebiet ist eine entlegene Gegend, eine isolierte Region, die während des Monsuns nur mit Booten erreicht werden kann. Dichte Mangrovenwälder charakterisieren die Landschaft.

Einen Augenschlag vor der endgültigen Auslöschung wurde die Qualität der Rasse erkannt. Inzwischen gibt es einen weltweiten Markt. Von überall werden Vechur nachgefragt, zum einen wegen ihrer erstaunlichen Leistungsfähigkeit und zum anderen, weil sie den Ruf genießen, eine besondere, heilwirksame Milch zu geben. Wir danken der wunderbaren Professorin Sosama Ype für ihren Mut, Unpopuläres zu tun, für ihre Kraft und Weitsicht.

Anzahl der Tiere: Um die 200 | **Körpergröße:** Stier: 0,83 – 1,05 m | Kuh: 0,80 – 0,91 m | **Abstammung:** Geografische Isolation aufgrund von entlegener Lage, die in der Monsunsaison nur per Boot erreichbar ist | **Nächste Verwandte:** Kasaragod im nördlichen Kerala | **Wesen:** Futtergenügsam und für seine Größe sehr leistungsstark | **Besonderheit:** Renaissance der kleinen Kuh | **Verbreitung:** Indien, Bundesstaat Kerala im Kottayam-Distrikt, Dorf Vechoor, auf Seehöhe |

Jaba

BOS PRIMIGENIUS INDICUS

Assam, Indien

Die ursprünglich dichten Wälder sind durch Brandrodungen stark dezimiert worden. Heute prägen Ackerflächen die Landschaft der Heimat der Jaba im Grenzgebiet von Bhutan und der indischen Provinz Assam.

Diese Tiere vermitteln den Eindruck von kleinen Erwachsenen. Sie strahlen aber auch eine gewisse Zerbrechlichkeit aus, denn das Skelett scheint durch ihr rehartiges Fell.

Doch diese Empfindung liegt nur an unserem europäisch geschulten Auge. Jaba werden nämlich als Arbeitstiere beim Pflügen des Nassreisfeldes eingesetzt. Sie sind unglaublich genügsam, arbeiten fleißig und geben eine reichhaltige Milch.

Fragil anmutend, wirken Jaba scheu und neugierig zur gleichen Zeit. Mit wunderbar warmen Augen betrachten sie die Menschen. Und jeder Mensch, der sie als Gruppe auf der Weide erblickt, spürt den Zauber, der von ihnen ausgeht. Sie wirken wie Boten aus einer verwunschenen Zeit.

Anzahl der Tiere: Ca. 100 000 | **Körpergröße:** 0,74 – 0,90 m | **Abstammung:** Zebus leben seit 3500 v. Chr. in der Region | **Nächste Verwandte:** Nublang und nepalesische Hügelrinder | **Wesen:** Trotz ihrer schmächtigen, fragilen Erscheinung leistungsfähig | **Besonderheit:** Genügsame Arbeiter mit einem geheimnisvollen Zauber | **Verbreitung:** Südliche Ausläufer des Himalayas, Brahmaputra-Ebene in Südbhutan |

Die Geschwister, mit denen die Götter sind

Im Sanskrit heißt die Kuh *aghnya:* die Unantastbare, die nicht zu Tötende. In den Veden wird die Kuh als Göttin *Prithivi,* die Verkörperung der Erde, angesprochen; hier ist die Kuh das Symboltier der Erdmutter. Die Kuh war schon zur vedischen Zeit ein Sinnbild der Nahrungsspenderin. Im Hinduismus wird sie göttlich verehrt. Die Kuh bewirkt rituelle Reinheit. Ihre Verehrung ist Ausdruck des quietistischen indischen Fühlens. Unter ihrem Einfluss entwickelten sich die Ideen des *Ahimsa,* der Nicht-Verletzung, und des *Adroha*, des Wohlwollens. Zebus sind die Kühe aus den heiligen Schriften, und die Verehrung der „Unantastbaren" hält bis heute an.

URSPRUNG DER BEBUCKELTEN RINDER

Die poetische Sicht ist den Zebus zu verdanken. Diese immer beeindruckenden Rinder mit ihrem schlanken und hochbeinigen Wuchs, mit der schmalen Schädelform und den oft großen Hängeohren bringen uns unwillentlich zum Lächeln. Vielleicht liegt es aber vor allem am Buckel, denn Zebus haben alle einen Buckel, der diese Tiere für uns exotisch erscheinen lässt. Der Name Zebu kommt vielleicht aus dem Tibetischen, denn die Tibeter nennen den Buckel *Ceba*.
Vor 335 000 bis 600 000 Jahren scheinen sich zwei unterschiedliche Vorformen voneinander abgespaltet zu haben: *Bos primigenius primigenius,* der Vorfahre der taurinen Rinder, und *Bos primigenius namadicus,* der Vorgänger der Zebus. Über den genauen Ort der Trennung wissen wir nichts. Die Auerochsen, die nach Südosten zogen, wurden womöglich von den schon dort ansässigen Wasserbüffeln in die arideren Gegenden abgedrängt. So konnte sich bereits der Ur an Hitze und trockene Landstriche anpassen. Um 6500 v. Chr., etwa 2 000 Jahre später als der *Bos primigenius primigenius,* wurde der *Bos primigenius namadicus* domestiziert.
Es gab Tiere mit unterschiedlichen Buckeln (Verweis 1). Halsbucklige, die einen muskulösen Buckel haben, stellen vielleicht die Ausgangsform der Zebus dar.
Die Domestizierung der Halsbuckelzebus fand am Rande der persischen Salzwüste und der angrenzenden Steppengebiete statt. Die Heimat der Brustbuckelrinder liegt vermutlich am Rande der Helmond-, der Lut- und der Großen Salzwüste.
Das ist die eine Theorie. Nach einer anderen fand die Domestizierung in der alten Indus-Kultur statt. Diese Kultur zählt zu den ältesten Hochkulturen der Menschheitsgeschichte und ist noch kaum erforscht.
Da die heutigen indicinen Gruppen eine wesentlich höhere genetische Diversität haben als unsere taurinen Rinder (Verweis 2), wird angenommen, dass es zwei – räumlich oder zeitlich – getrennte Ereignisse der Domestikation gibt.

Der genetische Eintrag sowohl männlicher als auch weiblicher wilder Auerochsen ist wesentlich höher als bei unseren taurinen Rindern. Die Population hat keine so drastische Flaschenhalssituation durchgemacht wie die taurinen Rinder.

Einige Wissenschaftler sind der Meinung, der Buckel der Zebus sei innerhalb der Domestizierung bewusst selektiert worden. Die Vorstellung aber, dass der Zebubuckel einem Kamelhöcker gleich eine Ansammlung von Vorratsfett sei, kann getrost verworfen werden. Der Zebubuckel besteht nämlich aus einem Rhomboidmuskel und ist nahezu ohne Funktion.

WERT DER ZEBUS FÜR FRÜHE HOCHKULTUREN

Die ersten Hinweise auf Zebus finden wir auf Rollsiegeln der Mohenjo-Daro-Kultur, die bei Ausgrabungen zutage gefördert wurden und taurine Rinder und Zebus abbilden. In der Mitte des dritten Jahrtausends finden sich die ersten Spuren der Zebus in Mesopotamien. Von Mesopotamien kamen die Zebus 1550 bis 1070 v. Chr. ins Neue Reich Ägyptens, und um diese Zeit ist hier auch die erste bildliche Darstellung belegt. Zur gleichen Zeit verbreiteten sich Zebus auf der Arabischen Halbinsel. So fanden Zebus ihre Stellung, Anerkennung und Verbreitung in den meisten Hochkulturen der Menschheit.

Was machte Zebus so beliebt? Zebus sind unglaublich genügsam, sowohl ihr Futter als auch ihre Haltung betreffend. Um die Zeit der ersten Hochkulturen stiegen die Temperaturen an, und Haustiere mussten Hitze und Trockenheit gewachsen sein. Die hohe Hitzetoleranz der Zebus beruht auf ihrem guten Regulationsmechanismus. Die an allen Stellen bewegliche Haut, die ein spezielles Sekret absondert, wehrt zudem schädliche Insekten ab. Zebus haben auch heute noch eine hohe Resistenz gegen Krankheiten. Die einzige Schwäche dieser Tiere gegenüber taurinen Rindern ist, dass sie sich schlechter an kalte Klimazonen anpassen können.

VERBREITUNG IN DEN SUBTROPEN UND TROPEN

Die weitere Verbreitung der Zebus vom Industal nach Osten und Süden, die ca. 2000 v. Chr. stattfand, löste wahrscheinlich die Invasion der Indo-Arier aus. Die ursprüngliche Bevölkerung der Indus-Kultur wanderte mit den Zebus Richtung Gangestal ab.

Nach China gelangten Zebus um 1000 v. Chr. Sie vermengten sich dort mit den taurinen Rindern, die China vom Norden her erreichten. Auch mit den indigenen Banteng und Gayal gab es Kreuzungen.

Indonesien erreichten die Zebus ebenfalls um etwa 1000 v. Chr.; dort gab es Vermischungen mit den lokalen domestizierten Banteng. Bis heute weist die indonesische Zebupopulation mitochondriale DNA von Banteng auf.

Seit dem 19. Jahrhundert sind Zebus weltweit verbreitet, insbesondere in tropischen und subtropischen Regionen.

WIDERSTANDSFÄHIG UND SEGENSREICH

Zebus sind meist sehr anfällig für Trypanosomiasis-Befall. Diese als Schlafkrankheit bezeichnete Erkrankung gibt es nur in tropischen Gebieten, und sie wird von der Tsetsefliege übertragen. Manche taurinen Rinder haben eine vererbbare Resistenz gegen sie entwickelt. Werden diese Rinder mit Zebus gekreuzt, so kann es auch bei den Nachkommen zur Trypanosomiasis-Resistenz kommen. Da Zebus von derselben Rinderart wie taurine Rinder abstammen, sind beide miteinander kreuzbar.

Es ist zwar nur eine Vermutung, aber eine Vermutung mit einer gewissen Stichhaltigkeit, dass der Buckel der Zebus auf eine noch unbekannte Weise zur Hitze- und Trockenheitstoleranz der Tiere beiträgt. Denn vielleicht sind die Buckel doch nicht ganz funktionslos. Zebus können selbst Temperaturen von über 50 °C überleben, und genauso gedeihen sie noch während monatelanger Trockenheits- und Dürreperioden. In solchen Extremsituationen geben sie überdies noch Milch und bringen Junge auf die Welt.

Zebus sind zwischen 0,80 und 1,50 Meter groß, kleiner also als ihre taurinen Verwandten. Sie haben eine ausgeprägte Wamme, die ihnen Charme verleiht. Diese Tiere sind für viele Regionen ein großer Segen, und wo sie sich verbreitet haben, bringen sie ihre Götter mit. Götter sowie Zebus sind zum Heil der Menschen.

Verweis 1: Der Halsbuckel ist ein nach vorne ausgerichteter Buckel, der weniger stark ausgeprägt ist.
Der Schulterbuckel hingegen ist hoch thorakal, am stärksten ausgebildet und im Bereich des Nackens angesetzt. Er ist nach hinten hin ansteigend. Der Gir ist das Zebu mit dem größten Buckel.

Verweis 2: Y-chromosomale Haplogruppen sind zahlreich, und es gibt zwei mtDNA-Haplotypen, deren Aufspaltung wahrscheinlich vor der Domestikation erfolgte.

Nublang / Siri

BOS PRIMIGENIUS INDICUS
Haa, Bhutan

Die Stiere heißen Nublang, die Kühe werden Thrabum genannt. Der Name der Rasse selbst ist Siri.
Das klingt vielleicht kompliziert. Wirklich kompliziert allerdings war die Reise unserer Fotografin. Um zu den reinrassigen Nublang zu gelangen, war ein zweitägiger Marsch im Dschungel zwischen 1 400 und 4 100 Höhenmetern nötig. Genauer: ein Zweitagesmarsch im heftigsten Monsunregen, mit Blutegeln als ständige Begleiter. Unglaubliche Strapazen für ein Göttinengeschenk.
Vor grauer Zeit nahm Tshomoen, eine lokale Göttin vom See Nub Tshonapata, Unterschlupf bei einem Bauern. Als Dank für die erhaltene Gastfreundschaft versprach sie ihm einen Stier. Tage später war er da, der Nublang, und mit ihm wurden die lokalen Kühe gedeckt.
Heute beschenken die Kühe ihre Bauern mit 2 bis 5 Liter Milch am Tag. Durch spontane Fermentation werden aus dieser Milch Butter und Käse hergestellt. Außerdem werden mit den Nublang die Terrassenäcker gepflügt, auf denen die Bauern Erdäpfel und Buchweizen anbauen.
Nublang leben frei im Dschungel, wo sie sich von Eichenblättern, Maulbeergewächsen und Gras ernähren. Die Tiere sind optimal an ihren Lebensraum angepasst – sowohl in ihrem Verhalten als auch in ihren Bedürfnissen. Am Abend kommen sie selbstständig, ohne gerufen oder angelockt werden zu müssen, aus dem Dschungel wieder zu den Bauern, wo sie gemolken werden.

Die Menschen, wie die Rinder, wirken in dieser Abgeschiedenheit zufrieden und ausgeglichen. Durch die außerordentlich gute Adaption an die wechselnden Umweltbedingungen haben Nublang einen hohen Wert als Genreserve, um im uns bevorstehenden Klimawandel bestehen zu können.

Anzahl der Tiere: 50 000, sehr fragil; indischen Separatistengruppen fielen viele Nublang zum Opfer | **Körpergröße:** Ø 1,10 m | **Abstammung:** Zebus kommen ab etwa 3500 v. Chr. in die Region; Nublang ist die traditionelle Rinderrasse Bhutans | **Nächste Verwandte:** Jaba-Zebus in Südbhutan und Indien, nepalesische Hügelrinder | **Wesen:** Gute Anpassung an verschiedene Klimazonen, guter Futterverwerter und hohe Krankheitsresistenz | **Besonderheit:** Ein Geschenk für Bhutan und die ganze Welt | **Verbreitung:** In ganz Bhutan, v.a. auf 1 000 – 2 500 m Seehöhe |

Anzahl der Tiere: Weniger als 500 | **Körpergröße:** Stier: Ø 0,97 m | Kuh: Ø 0,88 m | **Abstammung:** Seit 3000 v. Chr. kommen Zebus in dieser Region vor; die isolierte Haltung führte zur Verzwergung | **Nächste Verwandte:** Indische Zebus | **Wesen:** Zugewandter, freundlicher Charakter, dabei zäh und an trockene, hoch gelegene und entbehrungsreiche Landschaft angepasst | **Besonderheit:** Dem Himmel näher als der Welt | **Verbreitung:** Im Westen von Nepal, Provinz Achham auf ca. 1 000 – 3 000 m Seehöhe |

Achhami

BOS PRIMIGENIUS INDICUS
Achham, Nepal

Dem Gott Shiva und der Göttin Lakshmi, der Göttin des Reichtums und des Kuhdungs, sind die Kühe hier im Westen von Nepal geweiht.
Wird die Kuh fürsorglich gehegt und gepflegt, wird dadurch die Göttin Lakshmi geehrt. Dem Gott Shiva zu Ehren wird eine Schale Milch, Blut oder Urin der Kühe im Tempel dargebracht.
Doch der Fortschritt brachte auch hierher, in diese abgelegene Region, die Mär von Effizienz, von leistungsfähigen Kühen. So verschwanden langsam die Achhami-Rinder.
Diese Tiere haben ein freundliches, zugewandtes Wesen. Mit den Stieren oder Ochsen bestellen die Bauern die schmalen Terrassen. Die Kühe haben eine sehr gehaltvolle Milch, von der sie 1,5 Liter am Tag geben.
Neun-Fäuste-Kühe nennen sie die Bauern hier. Denn neun Fäuste sind sie groß, von der Schulter bis zum Huf.
Wir fanden die Achhami in einem kleinen Aschram. Gerade rechtzeitig zur Geburt eines Kalbes kamen wir. Die Sternenkonstellation am Tag seiner Geburt bestimmt den Namen eines Kalbes. In ihrer Freizeit spielen die jungen Mönche mit den Achhami Fangen. Diese fröhliche, unbeschwerte Atmosphäre lässt uns für einen Moment vergessen, dass diese Tiere äußerst bedroht sind.

Werden die Achhami überleben? Werden ihnen die Götter und die Menschen gnädig sein?

Bò U đầu Rìu und Bò Vàng

BOS PRIMIGENIUS INDICUS

Nghệ An, Vietnam

Charakteristisch für die Region Nghệ An sind heiße, trockene Sommer und bitterkalte Winter mit viel Niederschlag. Da braucht es Rinder, die sich an die Umweltbedingungen gut anpassen können.

1000 v. Chr. kamen die ersten Zebus nach Zentralvietnam. Durch natürliche Selektion konnten sie sich an das lokale Ökosystem anpassen. In den Gegenden dieser Region lebt auch das letzte Waldrind, das Saola *(Pseudoryx nghetinhensis)*, das 1993 entdeckt wurde. Über dieses Rind aber wollen wir schweigen, um es nicht noch mehr zu gefährden.

Kommen wir also zum Bò U đầu Rìu. Die Tiere sind vital und sehr genügsam, neugierig und Fremden gegenüber abwehrend. Sie haben eine prächtige Wamme und eine einheitlich rotgelbe Fellfärbung mit einem dunklen Buckel. Sie besitzen einen sichelförmigen Höcker. Das *U* in der Rassenbezeichnung steht für Joch, *Rìu* für Sichel.

Bò Vàng sind eng mit den Bò U đầu Rìu verwandt und leben in derselben Region. Bò Vàng heißt „gelbe Kuh", denn ihr Fell hat einen warmen, gelbbräunlichen Farbton. Beide Rinderrassen sind wunderbare Zug- und Lasttiere. Die Bò U đầu Rìu sind meist kräftiger und größer. Sie fristen ein sehr karges Leben, nicht anders als die Menschen in dieser Gegend, die es schaffen, trotz aller Widrigkeiten warmherzig, großzügig und gastfreundlich zu sein.

Anzahl der Tiere: Je 20 000 – 40 000 | **Körpergröße:** 1,10 – 1,20 m | **Abstammung:** Zebus kommen etwa 1000 v. Chr. in die Region | **Nächste Verwandte:** Bò H'Mông | **Wesen:** Leichtkalbig, futtergenügsam, krankheitsresistent und anpassungsfähig; temperamentvoll gegenüber Fremden, gutmütig gegenüber ihren Besitzern | **Besonderheit:** Verlässliche Arbeiter im Reisanbau und Fleischversorger mit charakteristischem Sichelbuckel | **Verbreitung:** Region Nghệ An in Zentralvietnam zwischen Meeresniveau und 300 m Seehöhe |

Bò H'Mông

BOS PRIMIGENIUS INDICUS X TAURUS
Ha Giang, Vietnam

Die H'Mông sind ein rätselhaftes Volk. Ihre Sprache ist Sinotibetisch, aber vielleicht ist sie eine ganz eigene, deren Wurzeln im Dunkeln liegen. Auf ihrer Wanderung vom hohen Norden oder den Steppen Zentralasiens in den Norden Vietnams brachten sie ihre taurinen Rinder turano-mongolischen Ursprungs mit, die im Laufe der Zeit mit den in Südostasien verbreiteten Zebus gekreuzt wurden.

Sie brachten aber nicht nur ihre Rinder mit, sondern auch ihre Religion: eine spezifische Form des Schamanismus, der in Verbindung steht mit animistischen Traditionen der zentralasiatischen Steppenvölker, aber auch mit dem der Yi in Ebian. Stirbt der Vater der Familie, muss jeder verheiratete Sohn einen Ochsen schlachten. Die Seelen der geopferten Ochsen begleiten die Menschenseele in das Land der Finsternis. Bei der Zeremonie wird das Fleisch von allen Angehörigen gemeinsam gegessen.

Nach traditionellem Glauben wird die unsterbliche Seele nach dem Tod eines Menschen in einem neuen Körper wiedergeboren. Das Begräbnisfestmahl dient als Hilfestellung für die Seelenwanderung und soll verhindern, dass die bösen Geister die Seelen bei der Wanderung negativ beeinflussen. 13 Tage dauert das Fest, bis die Reinkarnation abgeschlossen ist.

Die Seelen der Rinder als Begleiter und Beschützer der Menschenseele auf ihrer Reise durch die Dunkelheit. Eine wunderbare Vorstellung.

Anzahl der Tiere: Unbekannt, es steht nicht gut um diese Rasse | **Körpergröße:** 1,10 – 1,20 m | **Abstammung:** Von taurinem und indicinem Rind | **Nächste Verwandte:** Bò Vàng und Bò U đầu Riù, südchinesische Zebus | **Wesen:** Sehr futtergenügsam und zäh; temperamentvoll, gegenüber ihren Besitzern gutmütig | **Besonderheit:** Reichtum und Kulturgut des Volkes der H'Mông | **Verbreitung:** Vietnam: Provinz Hà Giang ab 1 000 m Seehöhe; aber auch in China, Kambodscha, Laos |

Entzücken und Schaudern

Prächtig, mit Girlanden und Blumen geschmückt, tritt in Indien als Erstes die heilige Kuh über die Schwelle des Hauses. Die Schwelle ist der Übergang zwischen dem Guten und dem Bösen. Mit der Kuh ziehen alle Götter und deren Wohlwollen und Segen ins neue Heim ein. Die Kuh gilt als Göttin, gleichzeitig manifestiert sich in ihr die Erde. Sie, die Nahrungsspendende; ein Himmel, der mit vier Beinen auf der Erde steht und von all dem Profanen des menschlichen Tuns abgesondert ist.

DIE KUH, REPRÄSENTANTIN DES HEILIGEN, DES GÖTTLICHEN

Viele Religionen, viele Völker sahen in der Kuh ein gottgeweihtes, der Göttlichkeit eigenes Geschöpf. Im Hinduismus, in vielen schamanischen Gesellschaften, bei den Animisten, in den Hochkulturen des Zwischenstromlandes, im alten Ägypten, in der kanaanäischen Hochkultur, im Mithras-Kult und in den Glaubenssystemen der Griechen und der Römer – überall hatten Kühe und Stiere eine besondere Bedeutung. In vielen afrikanischen Kulturen wird die Verehrung noch heute gelebt.

Auch im Hinduismus ist die archaische Heiligkeit der Kuh noch lebendig. Nandi, Abkömmling der Urkuh Surabhi, repräsentiert das ewige kosmische Gesetz. Diese Kuhgottheit Nandi, auch Reittier Shivas, spendet Regen und kümmert sich um das Wachstum der Pflanzen. Ganz nahe ist hier die Kuh als Ernährerin der Menschen. Das Berühren einer Kuh reinigt die Menschen von schwerer Schuld. Berührt ein Sterbender einen Kuhschweif, wird die mühsame Wanderung von einem Körper in einen anderen abgekürzt.

In frühen Kulturen galt der Stier als Repräsentant der ungebrochenen Stärke der Wildheit, der Natur, der Fruchtbarkeit und der Potenz. Und diese Assoziationen verwandelten den Stier in ein symbolisches Tier, in eine Schöpfergottheit. So schuf bei den Sumerern die höchste Gottheit Enlil, der Stiergott, mit der Muttergottheit Ninlil, die kuhgestaltig auftritt, die Welt. Und der Himmelsstier, den Gilgamesch mit seinem Freund Enkidu tötete, grast seither im Land, in dem die Sonne aufgeht. Er ziert nun das nächtliche Firmament als Sternbild; der Stier, eine Himmelskonstellation.

In der nordischen Mythenwelt ist die Urgöttin Audhumla zugleich die Urkuh, die Milchreiche. Im alten Ägypten galt Neith, eine Göttin in Kuhgestalt, als die Schreckliche, sie war aber auch die Schöpfergöttin und die Muttergöttin. In den keltischen Volkssagen wird von Kühen mit dem magischen Vermögen der unerschöpflichen Milchgabe erzählt, was Leben ermöglicht und so lange anhält, wie mit der Milch sorgsam umgegangen wird.

Götter werden in vielen Kulturen von Stier und Kuh repräsentiert. Götter trugen Hörnerkronen. Stiere – wie der Apis-Stier – wurden für Repräsentanten der höchsten Gottheit gehalten und bildeten deren „erhabene Seele“ auf Erden.

GEHEIMNIS DES LEBENS

Die Mondgottheiten wurden von den vorderasiatischen Hochkulturen bis zur römischen Mondgöttin Luna oft mit Rinderhörnern dargestellt. Selene, die griechische Mondgöttin, wird in einem Wagen von zwei weißen Kühen gezogen. Die Vorstellung vom Mondgott als Stier, dessen Hörner die Mondsichel abbildeten, gab es schon in den Kulturen, die den Auerochsen domestizierten. Diese sahen in der Sichelgestalt des Mondes eine den Hörnern des Ures ähnliche Form. So erlebten die Menschen im Neolithikum die Nähe von Mondgott und Auerochsen. Das überragende Licht der Sonne, die Hitze und Dürre bringt, stand – so vermuteten die Herren im 19. Jahrhundert – für das männliche Prinzip, während das sanfte Licht des Mondes, das mit Werden und Vergehen, mit Tau und Regen, der Fruchtbarkeit, der Frühjahrsvegetation in Zusammenhang gebracht wurde, das Weibliche darstellte. Die Fruchtbarkeit der Frauen und die Schwangerschaften wurden vom geheimnisvollen Mond bestimmt.

All die Mythen und Erzählungen kreisen um die Domestizierung der Rinder. Im 19. Jahrhundert entwickelte sich die Ansicht, die Rinder seien für Opferzwecke domestiziert worden, um sie den Vegetationsgottheiten darzubieten. Zweifelsohne bedurfte es einer starken Motivation, um die wilden, kräftigen und wendigen Tiere einzufangen und zu bändigen. Milch wurde lange nicht genutzt, und auch später war die erste gewonnene Milch den Menschen verwehrt, sie war heilige Milch, den Göttern zum Opfer bestimmt, der sumerischen Muttergöttin Ninhursang zuallererst. Durch Jagd konnte reichlich Fleisch zur Verfügung gestellt werden. Unter diesen Umständen zu domestizieren, wäre zu viel der Mühe gewesen. Dass der kultische Zweck ausschlaggebend war, klingt schlüssig.

VOM HEILIGEN ZUM OPFERTIER

Rinder waren im Neolithikum der Menschen höchstes Gut. Sie brachten den frühen Kulturen Wohlstand in bis dahin unbekanntem Ausmaß. Aber zugleich entstand in den ersten Hochkulturen eine bedeutende Abhängigkeit vom Rind. Es bildete sich eine Mensch-Tier-Beziehung heraus, von der es heute vielleicht noch bei den Schamanen des Nordens oder den afrikanischen nilotischen Ethnien zage Rudimente gibt. Diese Verbundenheit schuf eine kulturelle und religiöse Bezugs- und Symbolebene.

Die Rinder machten ihre Halter unabhängig vom Zufall des Findens und Jagens und waren das Fundament der beginnenden Sesshaftigkeit im Neolithikum. Mit dem Ackerbau begann jedoch auch die Sorge um die Fruchtbarkeit der Böden. Die scheinbare Launenhaftigkeit der Natur ließ die Menschen nach Möglichkeiten suchen, die Naturabläufe zu beeinflussen. Dies wurde möglich dank der Fähigkeit der Rinder, den Boden durch Beweiden nicht auszuzehren, sondern im Gegenteil fruchtbarer zu machen. Auf der symbolischen Ebene stand der Stier für die Beherrschung der Naturkräfte, die Kuh für die Leben spendende Fruchtbarkeit.

Die Rinder waren für die damaligen Menschen die Brücke zum Überweltlichen. So war es bei der Heiligung des Rindes nicht allzu weit vom seligen Entzücken zum ehrfürchtigen Erschaudern beim Opfern der Rinder. Die Tiere waren ja der Gottheit zu eigen, zuvorderst dem Mondgott, dem Gott der Vegetation, der für das Werden und Vergehen, für Gedeihen und Sterben steht. Die Vegetationsgottheit sorgte Jahr für Jahr für den Neubeginn des Werdens.

Diese Gottheiten sind oft in einen Rhythmus von Sterben und Widerauferstehung eingebunden. Sie müssen in die Totenwelt hinabsteigen, um ihr im Jahreskreislauf wieder zu entsteigen. Sie bilden den Zyklus der Natur ab. Ihnen galt es, Ehrfurcht und Opfer darzubieten, um sie gnädig, wohlgesonnen und unterstützend zu stimmen, sodass die Ackerfrüchte gedeihen mögen.

So war es wichtig, dem Mondgott durch Opferung der Rinder wieder Kraft zukommen zu lassen, bevor er schwach wurde und seine Kraft auf die Vegetation und die Ackerfrüchte nachließ. Der Mondgottheit zu Ehren, die Fruchtbarkeit schenkte, gab es festliche Umzüge, bei denen ihr Idol, die Kuhhorngestalt, mitzog und Teil der Zeremonie war.

DIE OPFERUNG – EIN HEILIGER AKT

Opfer dienten der Stärkung der Gottheiten und wurden dargebracht, um ihre Herzen zu erfreuen und ihre Zuwendung zu erreichen. In den frühen Ackerbaukulturen Mesopotamiens fanden die ersten Opferrituale für Vegetationsgottheiten statt. Es wurde versucht, die Unberechenbarkeit der Götter der Vegetation zu beein-

flussen. Die Macht der Priester nahm zu, dadurch stieg die Bedeutung von heiligen Handlungen. Die Opfertiere wurden gewaschen, geschmückt und in einem zeremoniellen Zug zum Opferort geleitet. Die Opferung wurde in einer heiligen, rituellen Handlung, in einer sakralen Dramatisierung vollzogen und damit die Kommunikation mit den Gottheiten aufgenommen. Die wichtigsten Bestandteile des Opfers waren das Blut als Sitz des Lebens und die Fette, die mit wohlriechenden Substanzen vermischt worden sind. Der aufsteigende Rauch erfreute die Götter. Als Kumbari die Welt zerstören wollte, mahnten ihn die Mitgötter; denn was wäre das Sein ohne all die wohlriechenden Opfer.
Das Dargebrachte musste kultisch rein sein. Das Opfertier musste lebend zur Opferstätte geführt werden, gejagte Tiere kamen daher als Opfertiere nicht in Betracht. Schwarze Tiere waren später den chthonischen Mächten geweiht, die hellen den himmlischen. Später wurde auch Blut auf die Ackerflächen gegossen, um den Vegetationsgöttern das Ihrige zu geben und sie für die Kulturen der Äcker wohlgesonnen zu stimmen.

DIE HEILIGEN RINDER DES HELIOS

Bei einem Opferritual geht es nicht nur um Mensch und Gottheit. Die Beziehung zum Opfer und die seelische Übereinstimmung mit dem Opfer, das Gabe und Medium ist, ist ebenfalls von großer Wichtigkeit.
Von einem Bruch in dieser Beziehung berichtet Homer: Die Rinder des Sonnengottes Helios lebten nur zu dessen immerwährender Freude. Sie waren zwar aus Fleisch und Blut, doch sie waren unsterblich und über die Lasten der Arbeit und die Nutzung als Opfertiere erhaben. Als Odysseus mit seinen Gefährten auf der Insel der heiligen Rinder Rast machte und ihre Vorräte zur Neige gingen, stieg die Lust seiner Gefährten auf eine Hekatombe, die gleichzeitige Opferung einer Vielzahl von Rindern. Sich jedem Gebot, jedem Rat und der ausdrücklichen Anweisung Odysseus' selbst widersetzend, schlachteten sie schließlich die heiligen Rinder. Homer erzählt weiter, dass die Kumpanen keine Gerste zum Bestreuen der Opfer hatten und stattdessen Eichenblätter zu nehmen versuchten. Auch hatten sie keinen Wein zur Libation (Trankopfer = Flüssigkeit, die über das Opfer gegossen wird), weshalb sie ihn durch Wasser ersetzten. Dies allein war Opfermisshandlung genug. Und nun durchbrachen sie das Verbot des Sonnengottes Helios, das besagte, dass seine Rinder nie eine Opfergabe sein dürfen. Odysseus' Gefährten brachen ein Tabu, opferten die Tiere und die Fleischstücke, roh oder über dem Feuer, begannen fürchterlich zu jammern und schreien.
Die Unsterblichkeit der Rinder forderte ihren Preis. Odysseus' Gefährten überlebten die Freveltat nicht. Es war ihre letzte Tat auf Erden; sie waren auf ewig dem Totenreich geweiht.

PRÄCHTIGE WEISSE STIERE, DIE OPFER DER KELTEN

Bei den Kelten galt die Seele als unsterblich, sie leuchtete nach einer bestimmten Zeit in einem anderen Körper wieder auf. Kelten brachten ihren Göttern in Kultstätten Tier-, aber auch Menschenopfer dar, wobei die rituellen Handlungen von ihren Priestern, den Druiden, ausgeführt wurden. In Britannien war die Opferstätte idealerweise inmitten eines Eichenhains. Es wurden große weiße Rinder geopfert. Die Opfergaben konnten der Besänftigung der Götter dienen oder den Druiden dazu verhelfen, die Zukunft zu deuten. Hierzu stieg der Druide im langen weißen Leinengewand vor der Opferung eines weißen Stieres auf einen Eichenbaum und schnitt mit einer goldenen Sichel einen Mistelzweig ab, der auf das Opfer schwebte.
Ein anderer Zugang war, dass sich der König rituell mit einer Muttergöttin vermählte, um die Fruchtbarkeit des Bodens zu gewährleisten.
Viele Jahrtausende lang wurden Rinder geopfert, um der Götter Sinn zu besänftigen oder sie wohlgesonnen zu stimmen. Viele Jahrtausende lang waren Rinderopfer das Verbindungsglied zwischen Mensch und Gott und dienten der sakralen Kommunikation zwischen ihnen. Das Rind wurde vielleicht zum ersten heiligen Tier der Menschheitsgeschichte. Das dem Menschen Wertvollste, das, was für ihn von größter Bedeutung war, war als sakrale Opfergabe gedacht. Haustiere und die Rinder, mit denen die Menschen lebten, waren auch ihre Seelentiere. Sie schafften mit den Göttern eine Beziehung. Ihr Blut war magisch besetzt, und die Opferung eines Rindes war ein Akt der Selbsthingabe. Im Jenseits werden sich dereinst Opfernder und Opfer im Einssein wiederfinden.

10

Taurine Rassen in Asien, Turano-Mongolische

Regionen

1	**Dornod** (Mongolei)
2	**Qinghai** (China)
3	**Sichuan** (China)
4	**Mustang** (Nepal)
5	**Trashigang** (Bhutan)
6	**Insel Kuchinoshima** (Japan)
7	**Jakutien** (Russland)

Über den Menschen hinaus

In den unendlichen Weiten des eurasischen Steppengürtels war der Ur zu Hause – das war sein Stammgebiet. Vom Schwarzen Meer über Zentralasien bis nach Ostasien zieht sich die Steppe. Und drei tierische Gefährten des Menschen haben hier ihre Heimat: der Wolf, das Pferd und der Ur.

Ein Kerngebiet dieser Steppe ist das Tiefland von Turan, das sich vom Kaspischen Meer bis ans Hissargebirge zieht und vom Kopet-Dag-Gebirge bis in den Norden zur Kasachischen Schwelle. Diese Landschaft gilt als die Urheimat aller Turkvölker. Als pastoralistische Gesellschaft lebten sie in der unendlichen Steppe und zogen mit ihren Herden dem Futterangebot hinterher. Die zentralasiatischen Steppen und Halbwüsten werden seit Menschengedenken von pastoralistischen Nomaden genutzt, die mit ihren Rindern, Kamelen, Pferden, Yaks und Kleinwiederkäuern die Grasflächen der Steppen nutzten.

Die altaische Sprachfamilie war das Band, das die unterschiedlichen Völker zusammenhielt: die Turksprache der Turkvölker, das Mongolische und die tungusische Sprache. In ihrer langen Geschichte bildeten die Altaisch sprechenden Völker kriegerische Großreiche, die vom Kaspischen Meer bis zum Gelben Meer reichten. Die Xiongnu breiteten sich von Südsibirien bis an die Grenze des tibetischen Plateaus aus. Nebst den nomadischen gab es zumindest um den Baikalsee Siedlungen von sesshaften Bevölkerungen, die Landwirtschaft betrieben. Um das Jahr 0 unserer Zeitrechnung zerfiel das Reich der Xiongnu. Am Beginn des 13. Jahrhunderts entstand ein neues Reich: das Mongolische Reich, das die nomadischen Völker der zentralasiatischen Steppengebiete vereinte und zu einem Großreich formte. Dschingis Khan und sein Nachfolger schufen sich ein Weltreich. Unter Kublai Khan eroberten sie das tibetische Reich, und in viele eroberte Gebiete brachten sie ihre Rinder mit.

Es ist schwer zu glauben, dass im Stammgebiet des Ures keine eigene Domestikation stattfand. Die turanomongolischen Rinder weisen einen genetischen Unterschied in der mtDNA auf (T4-Gruppe), den es bei den europäischen Rinderrassen nicht gibt. Ob es sich dabei um einen zwingenden Hinweis auf eine eigene Domestikation oder lediglich um eine Genmutation handelt, wissen wir nicht. Vielleicht ist es auf eine Auerochsen-Introgression zurückzuführen. Falls es tatsächlich keine eigene Domestikation in den unendlichen Steppen Zentralasiens gab, werden die Rinder vom Fruchtbaren Halbmond über den Kaukasus oder über das Iranische Hochland ins Land gekommen sein.

Heute sind die turano-mongolischen Rinder nur noch in geografischen oder klimatischen Nischen anzutreffen. Im 20. Jahrhundert wurden sie mit Zebus gekreuzt, und vom Westen drängten Hochleistungsrinder in die Steppen.

Im 16. Jahrhundert brachten Mongolen unter der Herrschaft Gushri Khans ihre taurinen Rinder ins Qaidam-Becken, wo wir die Tiere heute noch bewundern können. Bis in die heutige Zeit werden die Qaidam-Rinder noch pastoralistisch gehalten. Die Spuren der mongolischen Eroberer können wir auch im Königreich Mustang in Nepal nachverfolgen. Die Lulu sind das turano-mongolische Erbe. Lulu sind höchst ungewöhnliche Rinder, die in den kargsten Gebieten ihre Bauern ernähren. Auch in den bhutanischen Goleng fließt das Blut der turano-mongolischen Rinder. Die Jakuten, ein Turkvolk, wurden im Mongolischen Reich von ihrem Stammgebiet der Baikal-Region nach Jakutien gedrängt und mit ihnen eines der großartigsten Rinder, die Sacha Ynaga. Das Siedlungsgebiet der Jakuten und somit auch das der fantastischen Sacha Ynaga reichte bis nördlich des Polarkreises. Im 18. Jahrhundert drängte man die Jakuten, Alaska zu kolonisieren. Es gab einige Versuche, und die Menschen nahmen ihre Rinder, die Sacha Ynaga, mit sich. So gelangten turano-mongolische Rinder auch in die Neue Welt.

Seltsamerweise ist der eurasische Steppengürtel bis auf die kriegerischen Reiterreiche immer Peripherie geblieben – obwohl in der Mitte gelegen. Offensichtlich ist die Steppe nichts, um darauf auf Dauer etwas zu errichten. Sie ist dem Nomadentum, dem Pastoralismus gewidmet; dem Wandel, dem Unsteten. Die Natur wurde über Jahrtausende nur extensiv genutzt.

Und das, obwohl die Eurasische Steppe fast ein Superkontinent ist. Vom 55. bis zum 40. nördlichen Breitengrad dehnt er sich aus, und vom 28. bis zum 125. östlicher Länge. Den nördlichen Rand säumen in Europa Mischwald, in Asien Taiga und Tundra. Im Norden ist es eine überwiegend fließende Begrenzung und Landschaft, die immer wieder von Steppenformen durchsetzt ist. Im Südwesten bilden maritime Ökosysteme die Grenze. Weiter nach Osten sind es Wüsten, wie die Karakum oder die Gobi, oder gewaltige Gebirgszüge, wie der Kaukasus, der Altai oder der Tian Shan, die die Steppen eingrenzen.

Flusssysteme und Seen – Donau, Dnjepr, Don, Ural, Amudarja, Irtysch, Amur und Aralsee, Balchaschsee und Baikalsee – beeinflussen den Wasserhaushalt der Steppe. In den Steppen Zentralasiens beträgt die Niederschlagsmenge etwa 350 bis 450 Millimeter im Jahr. Es gibt ganz unterschiedliche Steppenformen. Eine davon sind die Waldsteppen zwischen Mischwald und Taiga mit Stieleichen, Hängebirken, Zitterpappeln und der Sibirischen Lärche. Die Steppe hat in diesem Bereich einen wiesenartigen Charakter. Es gibt auch den Typus der Langgrassteppen. In diesen dominieren unterschiedliche Süßgräser, aber auch Kräuter vieler Art, Korbblütler und wilde Leguminosen. Die Gräser werden 50 bis 80 Zentimeter hoch. Der typische Boden ist durch Humusakkumulation entstandene Schwarzerde, das Tschernosem. Aber auch Kurzrasensteppen gibt es: Trockensteppen und Federgrassteppen begrenzt von Auwäldern entlang der Flüsse, deren Abhänge meist mit Wildapfel- und Wacholderarten verbuscht sind. Die letzten Übergänge bilden die Wüstensteppen mit einem lückenhaften Bewuchs. Die Pflanzen stehen unter Dürre- und Salzstress. In trockenen Jahren gleichen diese Steppen vegetationslosen Wüstengebieten.

Was alle Steppenformen eint, ist dieser eine besondere Moment, in dem die Steppen zum Märchenland werden: wenn alles, so weit das Auge reicht, blau oder rot oder gelb oder weiß oder violett ist. Blüte über Blüte in allen erdenklichen Schattierungen. Die Steppe wird zum Meer, ja, zum Blütenmeer. *Iris oncocyclus, Iris halophila, Iris bucharica, Iris lactea, Iris albomarginata* oder *Iris sibirica.* So nennen wir den Zauber, den unvorstellbaren Zauber der zentralasiatischen Steppe. Aus diesen unendlichen Weiten, aus diesem unbeschreiblichen Zauberland, aus den unvorstellbaren Härten des Winters in der Steppe kommen sie, die großartigen turano-mongolischen Rinder.

Mit ihnen konnten Menschen in kaum bewältigbaren Regionen überleben. Was heißt überleben – ein Leben finden! Die Rinder halfen den Menschen, Gemeinschaft zu bilden. Sie nähren sie an den kargsten Orten, wie in den Höhen Mustangs und im Norden Jakutiens. Die Rinder haben auch eine religiöse, mystische Funktion. Sie sind für die Menschen der Region, die oft dem Tengrismus – einer besonderen Form des Schamanismus – anhängen, die Brücke zur höheren Welt. Tieropfer werden dargebracht, um den Himmelsgott, den Gott des weiten blauen Himmels, zu ehren. Das vergossene Blut des Tieropfers nährt den Weltenbaum, auf dass die Welt noch lange bestehe und die turano-mongolischen Rinder auf ewig in den Steppen weiden mögen.

Mongolian Native

BOS PRIMIGENIUS TAURUS
Dornod, Mongolei

Als ich beschloss, dieses Buch zu machen, besuchte ich die Ernährungs- und Landwirtschaftsorganisation der Vereinten Nationen, die FAO, in Rom, die ein unglaubliches Wissen über indigene Tiere weltweit hat. Eine Angestellte erzählte mir von den Mongolian Native; von Rindern, die über das Jahr hinweg Temperaturschwankungen von bis zu 100 °C nicht nur aushalten, sondern dabei noch aktiv sind, die Bauern ernähren, Milch geben und Nachwuchs auf die Welt bringen. Diese Rinder werden für unser Überleben von außerordentlicher Wichtigkeit sein, wenn sich der Klimawandel so entwickelt, wie befürchtet wird. Unsere Hochleistungskühe werden dann nur noch in temperierten Ställen überleben können.

In der Tat sind indigene Rassen den geografischen Gegebenheiten und dem lokalen Klima optimal angepasst. Sie sind für die Region von hoher kultureller Bedeutung und ökonomisch von großem Wert. In naher Zukunft werden wir ohne sie kein Auskommen mehr haben.

In den unvorstellbaren mongolischen Weiten lebt die Familie des bäuerlichen Nomaden Boldsaihan. Sie zieht mit ihren Jurten dem weidenden Vieh nach. Mongolian Native sind eine uralte Rasse – eine Rasse von Gelassenheit und stiller Überlegenheit. Die unendlichen Weiten der Mongolei sind ihr Lebensraum und an das harsche Klima haben sie sich gut angepasst.

Zentralasien erreichten taurine Rinder 3000 v. Chr. Eine separate Domesti-

kation des Ures in diesem Gebiet wurde immer wieder vermutet, kann aber nicht nachgewiesen werden.
Um das Jahr 2000 v. Chr. begann sich das Klima in dieser Region abzukühlen. Da unter diesen Umständen der Ackerbau nicht mehr möglich war, wurden die Bauern zu nomadischen Viehzüchtern. Mongolian Native stammen vielleicht aus dieser Zeit – zumindest lassen sie uns dies erahnen.
Die Nomaden fertigen Butter und Buttermilch aus der Milch der Mongolian Native. Im Sommer heuen die Bauern, um im furchtbaren Winter genügend Futter zu haben.

Das Leben als nomadischer Bauer ist von der Tradition bestimmt, und auch die heutigen Menschen erleben wir zufrieden und durchaus glücklich. Besucht Boldsaihan die Stadt oder das benachbarte chinesische Ausland, verbirgt er sein Bauersein, er gibt sich als Tänzer aus, was ihm ehrenhafter erscheint. Aber Boldsaihan verfügt tatsächlich über eine Tanzausbildung, Nomaden sind vielfältige Menschen und die Tanzausbildung leitet ihn auch, wenn er sich unter seiner Herde bewegt.

Anzahl der Tiere: In der Mongolei ca. 2 Millionen | **Körpergröße:** Stier: 1,15 – 1,35 m (in der Mongolei Ø 1,21 m) | Kuh: 1,05 – 1,20 m (in der Mongolei Ø 1,11 m) | **Abstammung:** Taurine Rinder erreichen die Gegend von Zentralasien her kommend etwa 3000 v. Chr.; teilweise Hybridisierung mit Yaks | **Nächste Verwandte:** Kasachisches Weißkopfrind und weitere turano-mongolische Rassen wie das jakutische Rind; entfernte Verwandtschaft mit Steppenrindern (podolische Gruppe) wird angenommen | **Wesen:** Extrem widerstands- und anpassungsfähig, futtergenügsam; aufgrund harscher Bedingungen saisonale Abkalbungen | **Besonderheit:** Findet ein Auskommen auch dort, wo fast kein Gras mehr wächst | **Verbreitung:** Wüsten- und Steppengebiete von Nordchina (Innere Mongolei) bis ins Altaigebirge, vorwiegend auf Seehöhen zwischen 1 000 und 1 500 m |

Caidamu

BOS PRIMIGENIUS TAURUS
Qinghai, China

Von Zentralasien her kommend, erreichten taurine Rinder diese Gegend um das 3. Jahrtausend v. Chr. Das Qaidambecken in der Provinz Qinghai liegt auf einer Seehöhe zwischen 2 600 und 3 000 Meter.
Die Region ist eine Halbwüste, durchsetzt mit Salzseen, und am Horizont zeichnen sich die weißen, schneebehangenen Berge des tibetischen Plateaus ab. Südlich der Straße sind malerische Sanddünen.
Es ist eine karge Gegend, in der die Caidamu leben, kaum etwas zu fressen sieht man. Hie und da ragt ein Tamariskenstrauch meterhoch in die Landschaft, manchmal findet sich zähes Schilfgras. Die Rinder haben ein dichtes, sehr struppiges Fell, mit dem sie der Kälte gut trotzen können.
Kaum ein Land pflegt seine indigenen Tierbestände derart gewissenhaft wie China. Und kaum ein Staat hat den Wert indigener Tiere für die Zukunft so erkannt wie China. Die Halter dieser Tiere leben in der nahe gelegenen Stadt und überantworten ihre Tiere fremden Arbeitern. Die Eigentümer bekommen jährlich 100 000 Yuan an Subvention für die Haltung und Pflege der Caidamu. Zum Vergleich: Das durchschnittliche Jahreseinkommen in China beträgt 50 000 Yuan.
Wir hatten leider den Eindruck, dass niemand so recht etwas mit diesen Tieren anzufangen weiß und sie ihren Besitzern einzig der finanziellen Zuwendung dienen. Früher waren Caidamu die begabtesten Zugtiere – das können wir noch an der großrahmigen, kräftigen und widerstandsfähigen Körperform erkennen. Caidamu zählten zu den besten Zugtieren Chinas, doch dieser Nutzen hat gänzlich an Bedeutung verloren.

Anzahl der Tiere: Wenige Zehntausend | **Körpergröße:** Stier: Ø 1,15 m | Kuh: Ø 1,09 m | **Abstammung:** Von Zentralasien kommend, erreichen taurine Rinder die Gegend etwa 3000 v. Chr.; zudem mongolischer Einfluss ab dem 16. Jahrhundert | **Nächste Verwandte:** Mongolian Native | **Wesen:** Anspruchslos, starke Konstitution, futtergenügsam und widerstandsfähig | **Besonderheit:** Wo die Weide in eine Salzwüste übergeht, findet diese Kuh noch ihr Auskommen | **Verbreitung:** Qaidambecken in der Provinz Qinghai |

Ebian Spotted

BOS PRIMIGENIUS TAURUS X INDICUS
Sichuan, China

Die Stadt Ebian liegt auf ca. 1 000 Meter Seehöhe, die Häuser der Bauern um einiges höher. Ebian befindet sich in der Provinz Sichuan, in einem Berggebiet mit tief eingeschnittenen Tälern und Terrassen, auf denen Ackerbau betrieben wird.
Ebian Spotted werden ausschließlich vom Yi-Volk gehalten. Die Tiere leben halbwild in Herden und folgen, wie die wilden Yaks, im Verlauf des Jahres einem bestimmten Wanderzyklus. Diese Rinder sind so unvorstellbar geländegängig, dass die Montafoner vor Neid erblassen müssten.
Das Yi-Volk feiert zwei große Feste, bei denen Tiere geopfert werden, und auch die Ebian Spotted werden unter anderem zu Opferzwecken gehalten. Eines dieser Feste dient dem Erntedank im September, das andere findet im November statt, in dem der Jahreswechsel begangen wird.

Ebian Spotted haben ein wunderschönes gesprenkeltes Fell. Sie sind sehr futtergenügsam und unglaublich behände im steilen Gelände. Diese Tiere sind die Lebensgrundlage des Yi-Volkes, das im tibetisch-chinesischen Grenzgebiet lebt. Die Yi, die die Urahnen der Tibeter sein sollen, opfern bei ihren Feiern ein Schwein, ein Huhn, ein Pferd und einen Ochsen auf einem glatten, dreieckigen, schwarzen Stein. Dieser Stein symbolisiert den heiligen Berg Somero, den außerhalb von Zeit und Ort gelegenen Wohnsitz des göttlichen Geistes. Die Kulthandlung nimmt der Bimo, der schamanische Priester, vor.
Etwas von diesem scheuen, in sich ruhenden Volk vermitteln auch die Ebian Spotted. Wenn sie mit ihren Jungen umgehen, geht eine innige, intime Atmosphäre von ihnen aus, geradezu eine liebevoll-behutsame.

Anzahl der Tiere:
Ca. 5 000
Körpergröße:
1,10 – 1,35 m
Abstammung:
Taurine Rinder kommen etwa 3000 v. Chr. in die Region, Zebus etwa 2 000 Jahre später
Nächste Verwandte:
Mongolian Native, Menggu und andere turano-mongolische Rassen; Zebus wie Sanjian
Wesen:
Sehr berggängig, futtergenügsam
Besonderheit:
Lebensgrundlage und Opfertier des Yi-Volkes
Verbreitung:
Ebian in der Provinz Sichuan und umliegende, saisonal genutzte Bergweiden auf 800 – 3 000 m Seehöhe

Lulu

BOS PRIMIGENIUS TAURUS X INDICUS

Mustang, Nepal

Mustang, das ehemalige Königreich auf über 3 000 Meter Seehöhe im Norden Nepals, ist die Heimat der Lulu. Der Kali Gandaki – der Schwarze Fluss – und die Gebirgszüge des Annapurna-Massivs prägen die Landschaft, dazwischen liegt eine Kaltwüste des Himalayas. Das Gebiet gehört zu den trockensten in Nepal. Die Wintermonate sind lang und hart.

In dieser unwirtlichen Landschaft leben die Lulu, und sie sind unvorstellbar genügsam. Die Tiere sind klein und zart und wenn der Begriff zäh je eine Bedeutung hat, dann bei den Lulu. Ihre Heimat ist eine unbehagliche Landschaft mit einem ungemütlichen Klima. Hier leben sie, geben 1 bis 2 Liter Milch am Tag, bringen ihre Jungen auf die Welt und haben sich unglaublich an die Bedingungen angepasst. Ja, Lulu sind unvorstellbar genügsam. Ihre fetthaltige Milch ist eine Kostbarkeit für die wenigen Menschen, die hier noch ganzjährig leben. Aus der Milch wird auch Ghee gefertigt, eine besondere Art von Butterschmalz. Durchreisenden Pilgern, die zum Shiva-Tempel unterwegs sind, ist das Ghee heilig. Für sie sind Lulu ein Symbol des Gottes Shiva, und so ist die Darbietung des Ghee eine besondere Ehre.

Lhakpa Gurung, die Tierhalterin unserer Lulu, lebt in einem regionstypischen zweistöckigen Steinhaus mit Flachdach. Auf dem Flachdach trocknet sie Weidenblätter, die sie unten am Fluss sammelt, als Futtervorrat für die langen Wintermonate.

Niemand weiß, wie lange die Familie von Lhakpa Gurung schon Lulu hält, aber für das Überleben hier oben sind diese Tiere unverzichtbar. Gehen im Winter die Linsen aus, fehlen die nötigen Proteine zum Überleben – doch mit Joghurt aus der Lulu-Kuhmilch, das sie unter den Reis mischen, sind sie gut aufgehoben.

Wie auch andere Rinder in extremen Bergregionen, geben Lulu eine besondere, lebensbewahrende Milch. Um das Überleben dieser so wichtigen Rinder zu sichern, übersiedelten Fachleute einmal einige Tiere in eine wirtlichere Gegend mit sattem Gras. Doch unter diesen Bedingungen starb bald die ganze Herde. Niemand vermochte den Grund festzustellen. Die Menschen im Mustang aber sagten, dass Lulus nur bei ihnen leben könnten; in dieser verwegenen, harten Landschaft.

Stirbt ein Lulu, tragen die Bauern das Tier in die Nähe des Flussbettes, wo der Kadaver von Geiern gefressen wird. So lebt die Seele der Lulu weiter und der Kreislauf des Lebens wird nicht unterbrochen.

Anzahl der Tiere: Vielleicht 5 000 | **Körpergröße:** 0,74 – 0,90 m | **Abstammung:** Taurine Herkunft, wahrscheinlich von Tibet aus eingewandert; gemeinsame Vorfahren mit Goleng; Einkreuzungen von Zebus sind wahrscheinlich | **Nächste Verwandte:** Goleng | **Wesen:** Anpassung an geringen Sauerstoffgehalt; zäh; geringer Futterbedarf und generelle Anspruchslosigkeit | **Besonderheit:** Butter für die Götter am Dach der Welt | **Verbreitung:** Nepal, Provinz Mustang |

Goleng

BOS PRIMIGENIUS TAURUS

Trashigang, Bhutan

Dieses wunderlich kleine Rind ist das einzige autochthone taurine Rind Bhutans, eines Königreiches hoch in den Bergen des Himalayas, das bis in die Tiefe Indiens reicht. Ein Königreich, das sich um das Glück seiner Bevölkerung kümmert.

Goleng leben mit den Bauern nomadisch auf 1 700 bis 3 500 Meter Seehöhe. Diese Tiere sind genügsam, und ihr Anblick sorgt jedes Mal für Freude. Sie haben ein langes, flauschiges Fell, das sie gut gegen die Kälte schützt. Die Farbe des Fells reicht von Schwarz über Schwarz mit weißen Flecken bis hin zu Braun. Goleng sind gelassene, ruhige Tiere, die ihrer Leitkuh blind vertrauen. Auch Fremden gegenüber sind sie nicht scheu. Besondere Bedeutung hat die Hybridisierung mit Yaks. Die vorteilhaften Eigenschaften beider Tiere ergänzen sich gegenseitig: die reichhaltige Milch der Goleng mit der Kraft und Belastbarkeit der Yaks. Goleng tragen zum Glück und zum Lebensgefühl der Menschen in Bhutan viel bei. Deshalb hat die Regierung ein Programm ins Leben gerufen, das den Reinzuchtbestand der Goleng bewahren soll.

Anzahl der Tiere: Wenige Tausend | **Körpergröße:** 1,00 – 1,10 m | **Abstammung:** Taurine Herkunft, wahrscheinlich von Tibet aus eingewandert | **Nächste Verwandte:** Gemeinsame Vorfahren mit Lulu | **Wesen:** Anspruchslos; oft einzeln gehalten, mit enger Bindung an Menschen | **Besonderheit:** Machen eine ansonsten verlorene Nische auf ungewöhnliche Weise nutzbar | **Verbreitung:** Nördliches Bhutan und angrenzende Gebiete in Tibet, auf einer Seehöhe zwischen 1 700 und 3 500 m |

Kuchinoshima

BOS PRIMIGENIUS TAURUS
Insel Kuchinoshima, Japan

Kuchinoshima gelten in manchen Büchern als wilde Rinderrasse Japans. Wir zählen sie nicht dazu. Sie stammen von japanischen Rinderrassen ab, die mit verfolgten Minderheiten auf die Insel gekommen sind und dort verzwergten und verwilderten. Seit 1918 sind sie als Wildherde dokumentiert. Kuchinoshima haben einen hohen Wert als Genreserve, da sie von europäischen taurinen Rindern unbeeinflusst sind. Der Eigentümer der Rinder ist der japanische Staat, der sie auch schützt.

Als wir die Suche nach den im Dschungel verwilderten Rindern begannen, wurden wir gewarnt, dass es Tage, ja Wochen dauern kann, bis wir welche entdecken. Doch kaum sind wir angekommen und ins Land gefahren, kamen sie wie zur Begrüßung auf die Straße. Und so plötzlich, wie sie auftauchten, verschwanden sie sogleich wieder im bergigen Dickicht des Dschungels. Flink und behände, fast gämsenartig, bewegen sie sich zwischen den Felsen.

Ihr Fell ist braun oder schwarz, manchmal mit hellen oder schwarzen und weißen Flecken am Bauch. Die Hörner sind nach oben gerichtet.

Kuchinoshima sind ein Relikt aus der japanischen Vormoderne. Ein Relikt, das die Seele erfreut, sobald einem das Glück widerfährt, eines der Tiere zu erblicken.

Anzahl der Tiere: Ca. 100 | **Körpergröße:** Ø 1,12 m | **Abstammung:** Stammt vermutlich von alten japanischen Rinderrassen ab | **Nächste Verwandte:** Japanese Black/Wagyu, das allerdings im Gegensatz zum Kuchinoshima durch Einkreuzungen europäischer Rassen beeinflusst ist | **Wesen:** Menschen gegenüber vorsichtig, aber nicht misstrauisch; hervorragende Kletterer | **Besonderheit:** Ein wildlebendes Relikt aus der japanischen Vormoderne | **Verbreitung:** In Staatsbesitz auf einer abgezäunten Hälfte der Insel Kuchinoshima im Tokara-Archipel bis zu einer Seehöhe von 500 m sowie vereinzelt auf Nachbarinseln |

Sacha Ynaga

BOS PRIMIGENIUS TAURUS
Jakutien, Russland

Sacha Ynaga. Jeder, der sie erblickt, ist gefesselt von ihren unglaublichen Augen voller Kraft und Vitalität. Es sind gelassene und wachsame, ausdrucksstarke und wunderschöne, lebendige Augen. Ein schwarzer Streifen, der sich um die Augen legt, verstärkt all diese Eindrücke.

Die Geschichte und die Aufgaben der jakutischen Rinder sind unglaublich. Jakutien im Nordosten Sibiriens hat Winter bis zu −68 °C und Sommer bis zu +38 °C. In diesem extremen Lebensraum geben die Sacha Ynaga Milch und bringen ihre Jungen auf die Welt. Dichte Behaarung, auch am Euter, und kompakter Körperbau verringern den Energieverlust. Temperaturunterschiede bis 100 °C können im Laufe des Jahres auftreten. Jakutien ist das Land des Permafrostes, in dem das Überleben durch die Lebensgemeinschaft von Mensch und Sacha Ynaga, die sich so einzigartig an die harten Bedingungen anpassten, ermöglicht wird.

Von und durch Jakutien zogen die Menschen über die Beringstraße, die vor 15 000 Jahren Amerika besiedelten.

Jakutien ist ein unglaubliches Land – ein Land der Verheißung! Die Menschen erzählen von ihrem sagenhaften Ahnen Ellej, dem sein Vater vor seinem Tod die Zukunft verhieß: „Im fernen Nordosten wirst Du ein wunderbares Land vorfinden, in dem die Menschen Vieh züchten. In diesem Land wirst Du Deine Nachkommenschaft vermehren.“ Der legendäre Ahne Ellej folgte dem Rat seines Vaters und führte seinen Stamm in das Gebiet des Flusses Lena. – So der Gründungsmythos.

Die Vorfahren der heutigen Bevölkerung siedelten am Baikalsee. Doch die Expansion des Mongolischen Reiches drängte die als Nomaden Lebenden nach Norden, in das heutige Jakutien, wo sie mit den lokalen Nomaden verschmolzen und das Volk der Sacha begründeten. Ihre Rinder stammen vom Fruchtbaren Halbmond und sind tauriner Herkunft.

Die Sacha leben in Symbiose mit ihren Rindern unter einem Dach. Den Fußboden bilden feste Holzbohlen und die Wände sind mit Dung der Rinder isoliert. Von Mitte Mai bis Mitte September ermöglicht die Vegetation, dass die Rinder auf den Weiden sind. Während dieser Zeit ziehen die Sacha mit ihnen halbnomadisch umher. Das ist für die Sacha, für die einzelnen Menschen und für das Volk als Ganzes von einer großen emotionalen Bedeutung.

Von Mitte September bis Mitte Mai leben die Rinder im Stall. Am Vormittag werden sie aus den Ställen getrieben, um in den umliegenden Flüssen und Seen Wasser zu trinken. Um in den harten Wintern, in der klirrenden, tiefgefrorenen Umgebung Wasserlöcher ausfindig zu machen, haben die Sacha Ynaga ein hoch entwickeltes Sensorium, einen ausgeprägten Spürsinn.

Die warme Jahreszeit steht aber nicht nur für das Weiden der Rinder, sondern sie ist auch die Zeit der Heuernte, einer überlebenswichtigen Aufgabe: der Vorsorge für das Winterfutter. Daher hat die Fähigkeit, zu heuen, einen hohen sozialen Stellenwert. Traktoren verursachen im Permafrostboden Flurschäden, deswegen sind sie unbrauchbar. Das Heuen ist eine harte gemeinschaftliche Handarbeit. Die nomadische Nutzung der Weiden im Sommer und die Einbringung des Heus waren in der gesamten Geschichte Jakutiens fundamental wichtig für die Organisation der Ansiedelungen und für den Zusammenhalt der Menschen.

Über das Jahr geben die Kühe etwa 1 000 Liter Milch; eine außerordentlich reichhaltige Milch mit etwa 5 Prozent Fett. Die Sacha verwenden diese Milch roh – also nicht erhitzt, pasteurisiert oder homogenisiert – und lassen sie auch ansäuern. Die Milch der Sacha Ynaga ist für die Menschen ein hochwertiges Lebensmittel, aber auch ein Heilmittel, und nicht zuletzt die Voraussetzung für eine autonome Lebensform im Nordosten Sibiriens.

Selbstverständlich fanden tüchtige Leute, dass leistungsfähige Rinder nach Jakutien müssten. Doch die konnten von dem, was in Jakutien wächst, nicht leben.

Die Menschen mussten Eisenbahnen und Flugzeuge für den Futtertransport organisieren, um den Tieren das Leben in Jakutien zu ermöglichen. Doch bald erkannten die Funktionäre in der fortschrittssüchtigen Sowjetunion den Wert der Sacha Ynaga für die Region und für die darin lebenden Menschen. Nach dem gescheiterten Experiment mit den Hochleistungskühen begann der Staat, die Sacha Ynaga zu fördern. Doch das ist lange her, und das heutige Russland hat dafür kein Geld mehr.

Sacha Ynaga sind herausragend angepasst an das harte, unwirtliche Klima und selbst unter diesen extremen Bedingungen sind sie leistungsfähig und vor allem sehr, sehr widerstandsfähig.

Diese Rinder haben ein weiches, kuscheliges Fell, das unterschiedlich gezeichnet ist und eine optimale Wärmeisolierung für die Tiere bietet. Sacha Ynaga sind unglaublich genügsam und robust. Im Sommer fressen sie sich auf den Weiden Kraft an für die unvorstellbar harten Winter.

Sacha Ynaga sind die bedeutende Genreserve für den Klimawandel. Diese Rinder sind ein Kulturgut, das auch für uns noch von großem Wert sein kann. Sowohl für die Kultur als auch für das Gemeinwesen der Dörfer in Jakutien ist die Haltung der Sacha Ynaga der Schlüsselfaktor schlechthin. Die Rinder sind Schutz vor der Verarmung der Menschen, so wie sie Schutz sind vor Entsiedelung und der Abwanderung aus den außergewöhnlichen Lebensräumen, die sich die Menschen in Gemeinschaft mit den Tieren geschaffen haben.

Die Sacha haben aus ihrer Herkunft und Tradition heraus eine enge Verbindung zum Schamanismus. Ihrer Überzeugung nach sind ihnen die Rinder von ihren Ahnen geschenkt worden. Für die Sacha haben ihre Kühe eine wunderbare Seele. Kühe fühlen, leiden und vermissen. Ist jemand gegangen, weinen sie. Und ihr Glücklichsein drücken die Kühe mit starken Emotionen aus. Da Sacha mit ihren Kühen von den Ahnen beschenkt wurden, achten sie auf die gute Beziehung zu allen Geistern der Ahnen. Der Geist der Kühe, des Kuhstalls ist *hoton ichchite,* und ihm ist besondere Aufmerksamkeit zu schenken. Er ist für die Gesundheit und das Wohlbefinden der Kühe verantwortlich – und damit für das Überleben der Sippe.

Zitierte Literatur: Granberg, Leo; Soini, Katriina And Kantanen, Juha (Ed.): Sakha Ynaga – Cattle of the Yakuts, Annales Academiæ Scientiarium Fennicæ, Finnish Academy of Science and Letters, Helsinki, 2009

Anzahl der Tiere:
Ca. 1 200–1 500
Körpergröße:
Stier: Ø 1,21 m
Kuh: Ø 1,11 m
Abstammung:
Turano-mongolische Rasse, die von taurinen Rindern der Domestikation im Fruchtbaren Halbmond abstammt; nach Migrationen über Zentralasien vermutlich mit dem Turkvolk der Jakuten aus der Gegend des Baikalsees in das heutige Jakutien gelangt
Nächste Verwandte:
Einziger überlebender Vertreter des sibirischen Zweiges, große genetische Distanz selbst zu anderen turano-mongolischen Rindern; entfernte Verwandtschaft mit Steppenrindern wird vermutet
Wesen:
An extremes Klima und sehr kurze Vegetationsperiode angepasst; ruhig, mit engem Verhältnis zu ihren Haltern
Besonderheit:
Isolation im Permafrost – von unschätzbarem Wert
Verbreitung:
Im Eveno-Bytantay-Distrikt in Jakutien auf einer Seehöhe zwischen 500 und 1 000 m; in Erhaltungszuchtbetrieben in der Nähe der Hauptstadt Jakutsk

11

Podolische Rinder

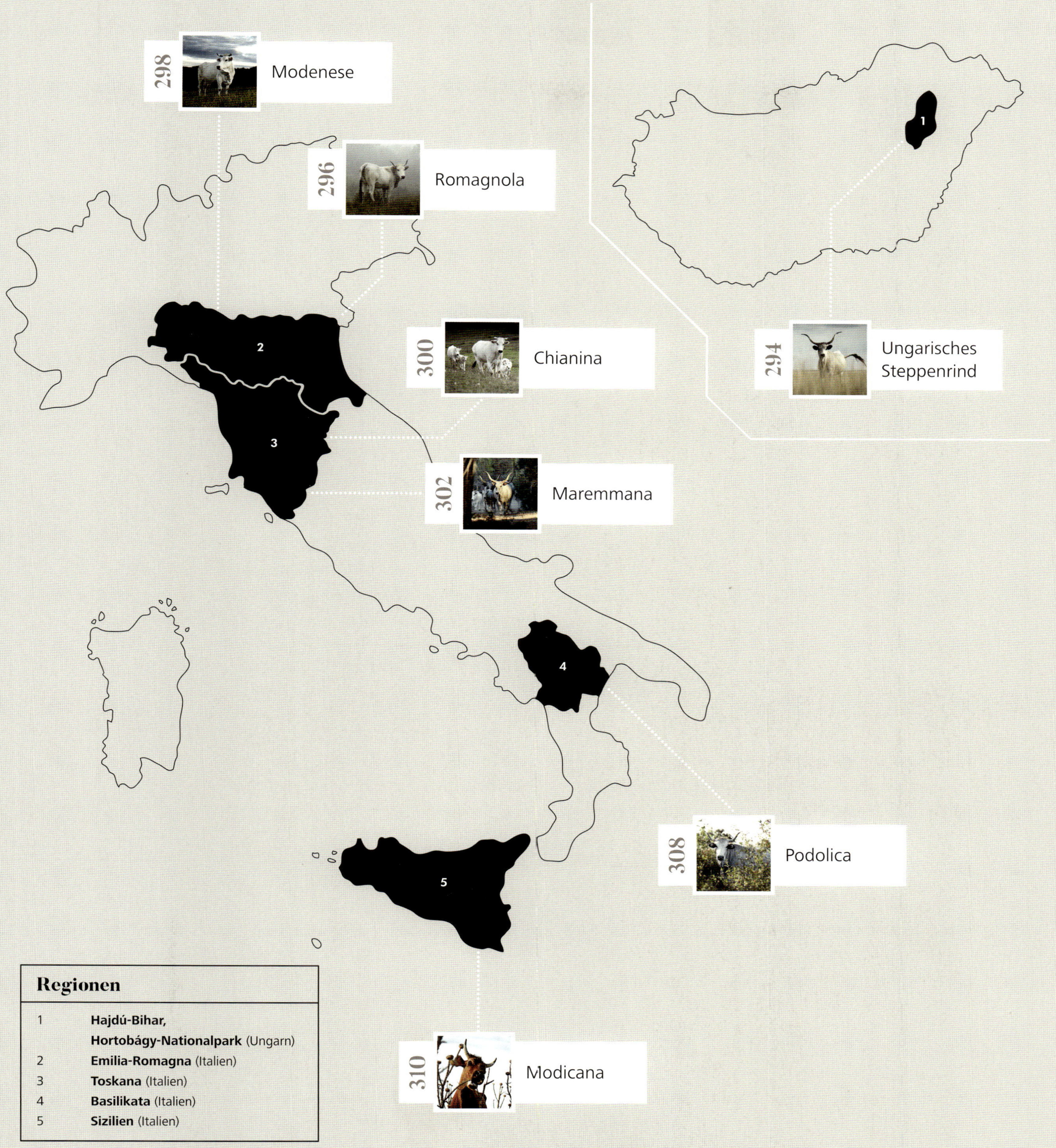
298
Modenese
296
Romagnola
300
Chianina
302
Maremmana
294
Ungarisches Steppenrind
308
Podolica
310
Modicana
1
2
3
4
5
Regionen
1 Hajdú-Bihar, Hortobágy-Nationalpark (Ungarn)
2 Emilia-Romagna (Italien)
3 Toskana (Italien)
4 Basilikata (Italien)
5 Sizilien (Italien)

Auf dem Oxenweg

DIE PODOLISCHEN RINDER

Bei der Erkundung der Herkunft podolischer Rinder müssen wir einen Bogen schlagen von Aristoteles über die Römer und weiter bis zu Dschingis Khan, bevor wir zur Gegenwart gelangen.

NAMENSHERKUNFT IN OSTEUROPA

Podolien ist eine ehemalige Region, die die heutige Südwestukraine, Moldawien und Ostrumänien bis in die Walachei umfasste. Dieser Region, die eine Ausdehnung über 800 000 Quadratkilometer hatte, verdankt diese Rindergruppe ihren Überbegriff.
Alle podolischen Rassen verbindet eine starke äußerliche Ähnlichkeit. Zu den podolischen Rindern zählen Gruppen aus Italien und Istrien, aber auch die Steppenrinder aus dem Osten Europas. Die Verbindung zu Italien ergab sich im späten Mittelalter, und zwar über den intensiven Viehtrieb aus dem Osten, der unter anderem eben auch nach Italien führte.

DIE STIERE DES EPIRUS

Lassen Sie uns bei Aristoteles beginnen; das ist der älteste Strang. In der hellenistischen Epoche wurden Rinder als Opfer- und Zugtiere, aber auch für die Milchproduktion gehalten. Aristoteles beschreibt das saftige Grasland von Epirus, das berühmt war für die Rinderherden und die Milch. Skelettfunde in dieser Region aus der Zeit von 800 – 700 v. Chr. erzählen uns die Geschichte von großen, sehr großen Rindern.
In der Antike gehörten Teile des heutigen Italiens zu Griechenland. Was die Vielfältigkeit der Landschaft und die klimatischen Bedingungen betrifft, war diese Region für die Rinderhaltung besser geeignet. So nannten die antiken Griechen Italien das „Land der Rinder". Daher ist es nicht erstaunlich, dass das Wort Italien aus dem griechischen Wortstamm für Stier abgeleitet ist.
Die Griechen brachten die prächtigen und mächtigen Epirus-Rinder auf ihren Handelswegen nach Lukanien, einer historischen Landschaft im Süden Italiens. Diese Rinder gelten als Vorfahren der herrlichen Rinder der Römer, deren Körperbau dies auch gleich verrät. Da die römischen Rinder so stattlich waren, gab es auch Hypothesen, die besagten, dass diese direkt aus den wilden Auerochsen domestiziert worden sind. Hier bewegen wir uns jedoch bereits im Land der erträumten Theorien.

HOCHGESCHÄTZTE RÖMISCHE RINDER

Die Rinderhaltung hatte auch bei den Römern einen sehr hohen Stellenwert. Tötete jemand ohne zwingenden Grund einen Zugochsen, musste er mit der Todesstrafe rechnen, so schwerwiegend war das Verbrechen. Die Römer widmeten der Rinderzucht eine hohe Aufmerksamkeit, und sie professionalisierten sie. Allerdings nutzten sie die Tiere kaum zur Milchproduktion, was zu hoher Laktoseintoleranz in den südlichen Ländern Europas führte.
Auch Kunst und Wissenschaft befassten sich mit den wertvollen Tieren. So wurden in der Dichtung der Römer die regionalen Rinderrassen beschrieben und die einzelnen Variationen nach Farbe und Aussehen unterschieden und geschildert. Die römischen Dichter Varro und Columella widmeten den Rindern der Römer poetische Zeilen und beschrieben die unterschiedlichen Rassen der römischen Provinzen. Selbstverständlich fanden sie die größten Rinder mit den schönsten Hörnern in Lukanien.

UNSICHERES OSTGOTISCHES ERBE

Die Römer brachten ihr Rindvieh bis zum Limes. Nach dem Zusammenbruch des Römischen Reiches verschwanden die Tiere jedoch wieder aus den Gebie-

ten nördlich der Alpen, da sie für diese Landschaften sowohl in der Haltung als auch das Futter betreffend zu anspruchsvoll waren. Die kleineren brachyceren Typen waren an die Umweltbedingungen der nördlichen Provinzen besser angepasst.
Auch die Ostgoten, die sich im Hügelland rund um Ancona und in den Marken niederließen, beflügeln die Fantasien. Einige Forscher nahmen an, dass die grau-weißen Rinder von den Ostgoten aus dem Osten mitgebracht worden sind. Damit wären diese Tiere die Vorfahren der Podolica und der Marchigiana. Leider gibt es für diese Vorstellung keine gesicherten Erkenntnisse.

Nach dem Zerfall des Römischen Reiches wurden die Rinder generell wieder kleiner, da bei der Zucht der Rinder die Führung und die Vorgaben der stolzen, ehrgeizigen Römer fehlten. Damit einhergehend wurden auch die Haltungsbedingungen ungünstiger. Nur die Chianina, die in Lukanien gezüchtet wurden und direkte Nachfahren der römischen Rinder sind, behielten ihre beachtliche Größe und Schönheit.

DIE ENTSTEHUNG DES UNGARISCHEN OXENWEGES

Nach dem Wüten des „Schwarzen Todes" gab es einen großen Zuzug von Menschen in die Städte. Doch die stadtnahe Landwirtschaft konnte die schnell gewachsenen Metropolen nicht ernähren.

Die Lust auf Fleisch, die in entsprechenden berüchtigten Gelagen ihren Ausdruck fand, war riesengroß. Dazu kamen noch Großereignisse wie der Augsburger Reichstag oder die Landshuter Fürstenhochzeit, die die Nachfrage nach Fleisch enorm steigerten. Im Osten war der Preis für Schlachtvieh gering, während im Westen Europas durch die große Nachfrage sehr gute Preise gezahlt wurden. In der Ungarischen Tiefebene und im Karpatenbecken gab es jedoch große Weideflächen und stattliche Rinderherden. Aus diesen beiden Gegebenheiten heraus – hoher Preis im Westen, große Herden und Möglichkeiten im Osten – entwickelte sich eine Agrarwirtschaft mit Rinderaufzucht im Osten und darauffolgenden Viehtrieben nach Westen zu den Viehmärkten in den rasch anwachsenden Städten.

AUSDAUER, KRAFT UND MÄCHTIGE HÖRNER

Jährlich wurden bis zu 200 000 Tiere in Gruppen von etwa 100 Rindern nach Mitteleuropa getrieben. Das bedurfte eines hoch qualifizierten Organisations- und Logistiknetzes. Fast 400 Jahre hielt dieser Versorgungsweg. Bei den Rindern handelte es sich ausschließlich um das ungarische Steppenrind, ohne dessen Robustheit und Zähheit es keinen Oxenweg gegeben hätte.
Die ungarischen Steppenrinder sind ausdauernd, widerstandsfähig und anspruchslos. Unglaubliche Tiere! „Wer kein ungrischer Ochs ist, komm mir nicht zu nah!", meint Götz von Berlichingen bei Goethe. Was die Kraft betraf, konnte sich nur ein ungarisches Steppenrind mit ihm messen.
Auf ihren muskulösen Beinen legten die Rinder Routen von 1 500 Kilometern ohne Erschöpfungssymptome zurück. Sie erholten sich sehr schnell und legten bei Ruhephasen leicht wieder Gewicht zu. Die Tiere wogen etwa 500 Kilogramm und waren drei bis fünf Jahre alt; die meisten waren Ochsen. Das Fleisch der Ochsen war äußerst beliebt; es war ein mageres, dunkelrotes, fast wildartiges Fleisch mit einer feinen Maserung und einem sehr niedrigen Wassergehalt, das Metzger so sehr schätzten. Einige Exemplare wurden als Arbeits- und Zugtiere in Mitteleuropa verwendet und Tiere, die zeugungsfähig waren, hinterließen ihre Spuren in den unterschiedlichsten Rassen Mitteleuropas und vor allem Italiens.

Durch den Oxenweg wurde nicht nur die mitteleuropäische Bevölkerung ernährt, es wurden auch heimische Rinderrassen vitalisiert. Wohlstand wurde geschaffen und der Horizont der Menschen erweiterte sich durch den Kontakt mit unterschiedlichen Kulturen. Die Mitteleuropäer waren von den großen Hörnern beeindruckt. Die ungarischen Hirten hatten in ihrer Sprache 25 verschiedene Bezeichnungen für die unterschiedlichen Hörnerformen.

OCHSENGRIESS UND HAJDUKEN

Der wichtigste Umschlagplatz war der Wiener Ochsengrieß im Bereich des heutigen Heumarktes. Die Ungargasse hat ihren Namen wahrscheinlich von den dort einquartierten Viehtreibern und Händlern. Die Triebe nach Süddeutschland erfolgten meist über Wien.

In Ungarn wurden die Tiere querfeldein getrieben, ab Győr gab es mit Stangen ausgesteckte Triebwege. Generell galt, dass Routen mit den Territorialherren abgesprochen und Wasser und Futter auf den Wegen organisiert werden mussten. Vor dem Verkauf wurden die Rinder noch in sogenannten Mastzonen gemästet. Der Seewinkel im Burgenland, in dem es bis heute noch ungarische Steppenrinder gibt, war eine dieser wichtigen Mastzonen. Die Endpunkte des Viehtriebes in Deutschland waren Nürnberg und Augsburg, aber die Tiere gelangten sogar bis nach Köln, Frankfurt und Straßburg. Getrieben wurden sie von Ochsenkapitänen, die als Hajduken bezeichnet wurden. Das Wort stammt vom ungarischen *hajtó* ab, das Ochsentreiber bedeutet, oder vom türkischen *haydut,* gleichbedeutend mit Haudegen. Jetzt weiß ich endlich, auf welche Wurzeln die Bezeichnung „Haudegen" zurückgeht. Die Beschäftigung mit Rindern legt laufend kleine Schätze frei.

PODOLISCHE RINDER IN ITALIEN

Zwischen dem 14. und dem 18. Jahrhundert wurden große Herden grauer Steppenrinder aus dem Osten Ungarns nach Italien getrieben. Unter ihnen befanden sich auch Stiere, die zugunfähig waren. Wir gehen davon aus, dass es zu Kreuzungen zwischen podolischen Stieren aus dem Osten Ungarns und heimischen, italienischen Rassen kam. Das erklärt die deutliche Ähnlichkeit der Rinderrassen Zentral- und Süditaliens mit den Rassen Ostungarns. DNA-Untersuchungen unterstreichen diese Annahme.

Die podolischen Rinder brachten die Schönheit der verloren gegangenen epirotischen und ehemaligen römischen Rinder wieder nach Italien zurück.

Die in den 1970er-Jahren ausgestorbene Rinderrasse Pugliese del Veneto und das Istrische Rind, das ebenfalls auf den Inseln der Kvarnerbucht gehalten wurde, gelten als Bindeglieder zwischen den podolischen Rassen des Balkans und jenen Italiens. Die podolischen Tiere Italiens sind größer und haben stark ausgebildete Muskeln, die Hörner aber sind bei einigen Rassen kleiner. Allerdings werden die Kälber, wie bei allen podolischen Rindern des Ostens, mit einer fahlen bis rötlichen Färbung geboren, die über einen Zeitraum von fünf Monaten auf Grau bis Weiß wechselt. Geografisch sind Istrisches Rind und Podolica sehr weit voneinander entfernt, doch genetisch sind sie sich sehr nahe.

URSPRUNG DES ZEBU-EINFLUSSES

Es gibt noch eine weitere Nähe, und zwar die von Dschingis Khan. Podolische Rinder tragen genetische Spuren von Zebus. Bei den Eroberungszügen der Mongolen kamen militärische Tross-Zebus mit – zumindest kann ihre Spur bis zum Kaspischen Meer nachverfolgt werden. Vom Kaspischen Meer aus könnten Zebus später bis in die podolische Ebene der Ukraine vorgedrungen sein.

Und wie immer bei den podolischen Rindern, gibt es für die genetischen Spuren von Zebus noch eine weitere Erklärung. Im Römischen Reich hatten die Besiegten Tribut an die Sieger zu entrichten. Bei so einem siegreichen Kriegszug in Nordafrika wählten die Unterworfenen Zebus als Tribut. So kamen Zebus nach Rom, wo sie ihre Spuren in den großartigen römischen Rindern hinterließen. Die Wissenschaft spricht in diesem Fall von einer introgressiven Hybridisierung. Diese beschreibt die Vermischung der Gene nach einem Aufeinandertreffen von Arten oder, in diesem Fall, Rassen, die sich genetisch wie auch geografisch vor langer Zeit voneinander abgespaltet hatten.
Ob die machtvollen Kriegszüge Dschingis Khans Spuren in den podolischen Rindern hinterließen oder ob dafür die überlegenen Kriegszüge der Römer sorgten, wird nicht mehr zu klären sein. In unseren Träumen verbinden wir uns leichter mit Dschingis Khan als mit einem Tribut. Der Stolz ist stärker als die Demütigung.

VERBREITUNG IM KARPATENBECKEN

Die grauen Steppenrinder Podoliens wurden wahrscheinlich im 12. bis 14. Jahrhundert aus den lokalen Tieren selektiert. Im 14. Jahrhundert stießen sie nach Ungarn vor, wo sie sich zu einzigartigen Typen entwickelten. Für das ungarische Lebensgefühl ist es heute noch wichtig, die Theorie zu hegen, nach der unter der Herrschaft der Árpáden-Dynastie wild lebende Auerochsen in den Karpaten domestiziert wurden und diese Tiere der Ausgang der herrschaftlichen ungarischen Steppenrinder sind.

Für diese Variante sprechen Aufzeichnungen, in denen nicht nur von der Jagd nach Auerochsen, sondern auch von der nach Auerochsenkälbern berichtet wird – und Kälber können leichter domestiziert werden. Im 14. Jahrhundert gab es die goldene Zeit der Steppenrinder im Karpatenbecken. Doch die Zeit des Aufschwungs der Steppenrinder war zugleich die Zeit ihrer Qualen. In den Städten der Habsburger Monarchie, aber auch Süddeutschlands und Italiens gab es wie erwähnt einen äußerst großen Hunger nach Fleisch. So kam es zu Viehtrieben aus der Ungarischen Tiefebene nach Wien, Nürnberg, Venedig und Straßburg. Das Karpatenbecken bürgte für die Versorgungssicherheit, und die Viehtriebe aus Ungarn dauerten fast bis in das 18. Jahrhundert hinein an.

Die zähen, starken Tiere wurden in den Empfängerländern als Zug- und Arbeitstiere in den Ackerbaugebieten sehr geschätzt. Und sie beeinflussten die lokalen Rassen, wie das österreichische Blondvieh, die Murnau-Werdenfelser und vor allem die podolischen Rassen Italiens.

Reicht die Entwicklung einer Rinderrasse vom Kaspischen Meer bis nach Nordafrika, ist es nicht verwunderlich, dass es Raum gibt für die schönsten, abenteuerlichsten und wildesten Spekulationen. Wie wir sehen konnten, hängt die Entstehung einer Rasse ganz unmittelbar mit unserer Kulturgeschichte, unseren Katastrophen und Hoffnungen zusammen.

Ungarisches Steppenrind

BOS PRIMIGENIUS TAURUS

Hajdú-Bihar, Hortobágy-Nationalpark, Ungarn

Majestätisch, stolz und eindrucksvoll erscheinen diese Rinder. Sie bringen einen zum Staunen und Bewundern.

Graurinder sind die urtümlichsten Typen der podolischen Rinder. Große Herden werden sehr extensiv auf riesigen Weideflächen gehalten. Sie sind genügsam, robust und sehr stark und wurden daher in der Zeit, als es noch keine Traktoren gab, auch als Zugtiere hochgeschätzt. Diese Tiere haben ein schönes, grau schattiertes Fell, das bis ins Stahlschwarz reichen kann, einen ausgeprägten Widerrist und eine mächtige, beeindruckende Behornung bis 80 Zentimeter Länge, die wohl auch züchterisch gewollt und bearbeitet wurde. Ihre Kälber haben bis zum fünften Monat ein rötliches Fell. Der Körper des Steppenrindes ist vorne besser entwickelt als das Hinterteil. „Vorne ein Löwe, hinten ein Hund", sagt ein Sprichwort. Diese Körperform zeigt sich auch bei den ursprünglichen Rindern, was die Theorie der direkten Abstammung der Ungarischen Steppenrinder vom Auerochsen zu untermauern scheint.

Wir fanden unsere Rinder im Nationalpark Hortobágy in der Puszta. Hier hat jedes Steppenrind 2 Hektar Weide zur Verfügung. Diese Tiere kommen mit unterschiedlichen Klimata wunderbar zurecht und das zeigt sich auch in der Puszta, wo sie heiße Sommer und bitterkalte Winter erleben. Ihre Schönheit und Erhabenheit, ihr Stolz und ihr Mut haben mich immer wieder angezogen und vor allem ihre unglaublichen Hörner, die uns erahnen lassen, wie die Ursprünge der Rinder einmal waren.

Anzahl der Tiere: In Ungarn heute ca. 6 000 Zuchttiere | **Körpergröße:** Stier: 1,40 – 1,55 m | Kuh: 1,35 – 1,45 m | **Abstammung:** Das Graurind geht wahrscheinlich aus der Kreuzung von Landschlägen im Karpatenbecken im 12. – 14. Jahrhundert hervor; gilt als urtümlicher Typ des podolischen Rindes; möglich ist eine Zebu-Introgression | **Nächste Verwandte:** Ukrainisches und Serbisches Graurind (lange Zeit gemeinsame Zuchtgeschichte); italienische podolische Rinder (v a. Podolica, Maremmana, Romagnola) | **Wesen:** Wild und feurig, aber auch gutmütig; anspruchslos, robust, ausdauernd, langlebig und krankheitsresistent | **Besonderheit:** Majestätisches Rind der Ungarischen Puszta | **Verbreitung:** Ungarische Puszta, auf einer Seehöhe zwischen 50 und 115 m |

Romagnola

BOS PRIMIGENIUS TAURUS
Emilia-Romagna, Italien

Eine Wehmut geht von den Romagnola aus, wie auch vom Wetter. Schon Ende des Sommers wirken die Apenninen wie im November. Nebel und Regen, Schlamm und Düsternis.
Die Weiden der Romagnola sind auf 1 000 Meter Seehöhe und haben ein Ausmaß von 200 Hektar für 200 Rinder. Die Weideflächen werden von uralten Buchenbeständen, Eichen, Nussbäumen, Kastanien und verschiedenen Arten wilder Rosen unterbrochen. Eine verwunschene Landschaft mit schönen, wehmütigen Rindern.
Nach alten Geschichten sind die Vorfahren der Romagnola mit den Goten aus dem Osten, vielleicht von der Krim, während der Völkerwanderung nach Italien gekommen.
Es gibt zwei Arten von Romagnola: die Romagnola Gentile und die Romagnola di Montagna, die wir abbildeten.
Die Tiere haben einen sehr kräftigen Körperbau mit kurzem Kopf und breiter Stirn und tragen weiß bis dunkelgrau schattiertes Fell mit schwarzen Zeichnungen. Die Kälber sind die ersten fünf Monate rötlich-gelb.
Romagnola sind sehr fleißige, arbeitsame Tiere. Sie sind gutmütig bis anhänglich und sehr anspruchslos. Diese Rinder gehören fest zum Leben der Menschen, die sie halten, und über ihre Anhänglichkeit werden viele Geschichten erzählt. Tiere, die hergegeben, veräußert worden sind, liefen viele, viele Kilometer wieder zu ihrem ursprünglichen Bauern zurück. Sie ließen sich dabei weder von Zäunen noch anderen Hindernissen aufhalten.

Romagnola haben ihre Beziehungen zu den Menschen ein ganzes Leben lang.

Anzahl der Tiere: In Italien ca. 20 000 | **Körpergröße:** Stier: Ø 1,55 m | Kuh: Ø 1,45 m | **Abstammung:** Entstehung wahrscheinlich im späten Mittelalter, aus Kreuzungen von Ungarischen Steppenrindern mit lokalen weißen Rindern (Chianina-Typus) | **Nächste Verwandte:** Ungarisches Steppenrind, Chianina; Modenese ist eine milchbetontere Rasse, die teils von Romagnola abstammt; Marchigiana ist eine Kreuzung aus Romagnola, Chianina und Pugliese (Podolica-Schlag) | **Wesen:** Arbeitsam und gutmütig, anpassungsfähig und anspruchslos | **Besonderheit:** Arbeitstier aus der Puszta für die Po-Ebene | **Verbreitung:** Po-Ebene der Emilia-Romagna sowie angrenzendes Apennin |

Modenese

BOS PRIMIGENIUS TAURUS
Emilia-Romagna, Italien

Nur noch wenige gibt es von diesen herrlichen Rindern – und noch weniger von den Modenese Bianca mit Hörnern. Sie wurden nach dem Zweiten Weltkrieg von Holstein-Kühen und Brown Swiss in ihrem Stammgebiet nach und nach verdrängt.

Zur Blütezeit der Modenese war es fast ausschließlich ihre Milch, mit der der Parmigiano Reggiano erzeugt worden ist. Das ist lange her. Heute ist diese milchbetonte Rasse vor allem beliebt unter Kennern, für die Tradition Bedeutung hat und die noch den richtigen Parmigiano Reggiano produzieren. Modenese sind deshalb vor allem Kühe der Biobauern der Region und der Halter, die von Slow Food unterstützt werden. Es sind Tiere mit großen Traditionen.

Im südlichen Hügelland Modenas fanden wir unsere Schönheiten. Ihr Besitzer Sandro erzeugt mit einigen anderen Modenese-Haltern den unvergleichlichen Parmigiano; 100 Laibe im Jahr. Und da der richtige Parmigiano aus euterwarmer Rohmilch gemacht wird, wird den Modenese keine Silage gefüttert, sondern nur Heu. Sonst ernähren sie sich vom Gras auf der Weide. Denn die Qualität des besonderen Käses verlangt nach einer besonderen Milchqualität und die kommt durch eine besondere Haltung der Rinder zustande sowie eine kuhgerechte Fütterung.

Anzahl der Tiere: Wenige Tausend | **Körpergröße:** Stier: Ø 1,55 m | Kuh: Ø 1,45 m | **Abstammung:** Aus der Kreuzung von Romagnola und Reggiana (Podolica-Schlag) im 19. Jahrhundert entstanden | **Nächste Verwandte:** Podolica und Romagnola | **Wesen:** Widerstandsfähig mit guter Futterverwertung | **Besonderheit:** Eine Kuh für den Parmigiano | **Verbreitung:** Provinz Modena (Emilia-Romagna), mit Verbreitungsgebiet am Südrand der Po-Ebene (ca. 34 m Seehöhe) sowie im angrenzenden Apennin (bis auf ca. 800 m Seehöhe) |

Chianina

BOS PRIMIGENIUS TAURUS
Toskana, Italien

In den Chianina walten einerseits die Rinder des Graslandes von Epirus, der Griechen göttliche Tiere, die schon Aristoteles beschrieb, und andererseits die Rinder Lukaniens, jene mächtigen Rinder der Römer und wilde Steppentiere des europäischen Ostens.
Mit ihren wunderbaren langen Beinen sind die Chianina wahrscheinlich die größten taurinen Rinder der Welt. Erst in ihrem vierten Lebensjahr sind die Tiere ausgewachsen. Unter ihrem weißen, porzellanartig anmutenden Haarkleid ist ihre Haut dunkel pigmentiert; so dunkel wie ihr Flotzmaul, der Schweif und die Partie rund um die Augen. Die Kälber sind rötlich-gelb, was typisch sowohl für den Ur war als auch für die gesamte podolische Gruppe ist.
Das Stammzuchtgebiet der Chianina liegt in der Toskana – und das, obwohl sie tropentauglich sind. In früheren Zeiten wurden sie auch in feuchtwarmen Sumpfgebieten im Oberlauf des Chiana als Arbeitstiere eingesetzt.
Bei diesen herrlichen Tieren, die den heiligen Opfertieren der Römer ähnlich sind, fand nach Angaben von Genetikern auf der mütterlichen Seite eine Introgression von wild lebenden Auerochsen in eine domestizierte Herde statt.
Chianina leben auf den Weiden von Trequanda. Nähern wir uns der Herde, kommt uns als Erstes der furchteinflößende Stier entgegen. Der ist nämlich von klein auf regelmäßig gekrault und gestreichelt worden, und kaum sieht er jemanden, will er endlich wieder Zuwendung. Ist er den ganzen Tag auf der Weide, springt er um 19 Uhr über die Abzäunung und läuft zum Haus des Hüters, um sich seiner Zuwendung zu versichern.

Ich sage es ja immer: Stiere sind sehr, sehr sensible Wesen und ohne Zärtlichkeit lohnt sich ihr Leben nicht.

Anzahl der Tiere: Ca. 40 000 | **Körpergröße:** Stier: 1,60 – 1,80 m (Rekordstier: 2,05 m) | Kuh: 1,50 – 1,70 m | **Abstammung:** Stammt zu einem geringen Anteil von Auerochsenkühen der Apenninhalbinsel ab; genetisch lässt sich diese sogenannte maternale Introgression noch nachweisen; Ähnlichkeiten bestehen mit den großen römischen Rindern, die ihrerseits auf die griechischen Epirus-Stiere zurückgehen | **Nächste Verwandte:** Marchigiana | **Wesen:** Hitzetolerant, spätreif, zugkräftig | **Besonderheit:** Ähnlichkeit mit römischen Arbeits- und Opfertieren | **Verbreitung:** Toskana, Umbrien und Marken (v. a. auf Seehöhen zwischen 300 und 600 m); der namensgebende Fluss Chiana in der Toskana und in Umbrien ist ein Zufluss des Tiber |

Maremmana

BOS PRIMIGENIUS TAURUS

Toskana, Italien

Als ich vor Jahren im Naturschutzgebiet Parco Regionale della Maremma in der wilden Macchia unvermutet einigen jungen, kräftigen Maremmana-Stieren gegenüberstand, rutschte mir mein Herz in die Hose und die Knie wurden butterweich.

Rindererfahren wie ich war, dachte ich, mir sei jede Furcht vor Rindern unbekannt. Doch bei der Gruppe von jungen Stieren – jeder um die 2 Meter hoch, mit kräftigen, großen Hörnern – plötzlich so nah vor mir stehend, überkam mich eine heftige Angst. Sie schauten mich an, sie maßen mich mit ihren Augen; ich war erstarrt und sie blieben in völliger Ruhe. Langsam zog ich mich zurück, und sie weideten unbeeindruckt weiter.

Es gibt zahlreiche Legenden über die Herkunft der Maremmanas, denn auf Gottes Erdboden gibt es keine beeindruckenderen Rinder und keine, die dem Auerochsen näher sind. Naturgemäß ist jedem, der den Tieren begegnet, ganz klar: Sie stammen direkt vom Ur ab, ohne Umwege, in direkter Linie. Maremmanas sind riesige, wilde, robuste, wunderschöne Tiere. Herrschaftlich und stolz bewegen sie sich.

Beim Zusammenbruch des Römischen Reiches sollen sie die Barbaren direkt aus den endlosen Steppen des Ostens mit ihren Heerscharen mitgetrieben haben. So weit eine Legende.

Die Kälber sind bis zu ihrem zweiten oder dritten Monat braun. Erst dann nehmen sie die Farbe ihrer Mütter, ein silbernes leuchtendes Grau, an. Die Stiere sind etwas dunkler und haben manchmal schwarze Flecken auf ihrem mächtigen Körper. Die langen lyraförmig geschwungenen Hörner sind bei den Kühen öfters beeindruckender und ausladender als bei den Stieren. Um die 1 000 Kilogramm wiegen ausgewachsene Maremmanas. Im Parco Regionale della Maremma leben sie fast wild. Züchterisch eingegriffen wird nur, um Inzucht zu vermeiden. Betreut wird die Erhaltungszucht von berittenen Hirten, den *butteri*. Will der *buttero* zur Zucht eingreifen, zieht er frisches Heu hinter sich her, und diesem Leckerbissen folgen alle Rinder auf das Gefügigste. Denn ihre Nahrung suchen sie ganzjährig in der verwilderten, kargen Macchia.

Eine Art Sukkulente, wilder Klee, Strandhafer, Sonnenblumen, Salzgras, wilder Mohn und alles, was die Macchia sonst noch bietet, ist ihr tägliches Futter. Wer etwas Glück hat, kann einen großen weißen Reiher – *Bubulcus ibis* – auf den Kühen stehend sehen, der Ungeziefer von ihrem Rücken abpickt. Das sind Momente des Außergewöhnlichen: diese herrlichen, wilden Maremmanas und ein auf ihnen weilender weißer Reiher. Die *butteri* nennen die Reiher *Airone guardabuoi* – Reiher, der die Ochsen bewacht.

Maremmana sind sehr anspruchslos und fantastische Grundfutterverwerter. Robuste, 365 Tage im Jahr im Freien lebende Rinder, die krankheitsresistent, wild und stark, schön und beeindruckend sind. Wegen ihrer unbändigen Kraft wurden sie früher in den Sumpfgebieten als Arbeitstiere eingesetzt. Heute ist ihr Bestand sehr gefährdet. Das Wilde ist in ihnen noch stark und unmittelbar am Leben und zu spüren. Wer hat schon den Mut, diese edlen Rinder zu halten? Eine unglaubliche Leidenschaft für die Maremmana und Beständigkeit müsste ein Halter unbedingt mitbringen.

Vielleicht, so hoffen wir alle, gibt es noch eine Zukunft für die Schönsten aller Schönen, die Maremmana. Gesegnet ist, wer sie erlebt hat!

Anzahl der Tiere: Ca. 25 000

Körpergröße:

Stier: 1,50 – 1,70 m

Kuh: 1,40 – 1,60 m

Abstammung: Morphologische und genetische Ähnlichkeit mit dem ungarischen Steppenrind; vor allem die Variante *Maremmana primitivo* gilt als dem Auerochsen besonders ähnlich

Nächste Verwandte: Ungarisches Steppenrind; Podolica

Wesen: An karge Sumpfgebiete und Macchien adaptiert; Ochsen und auch Kühe sind willige und zugfähige Arbeitstiere

Besonderheit: Majestätische Rinder der „Serengeti der Toskana"

Verbreitung: Maremma, der südliche Küstenstreifen der Toskana, sowie angrenzende Küste in Latium, auf einer Seehöhe von 0 bis 350 m

Podolica

BOS PRIMIGENIUS TAURUS
Basilikata, Italien

Spricht Pepe, der Senn auf der Alm von Renato Potenza, von seinen Podolica, von denen er sich vor Jahren trennte, meint er nur: „Mi sono sbagliato" – Ich habe mich geirrt – und das mit einer unvorstellbaren Trauer.
Als Senn macht Pepe aus der fettreichen Milch der Podolica Provolone, den sie in dieser Region Caciocavallo nennen, und Ricotta. Zusätzlich zum Käsen pflegt er noch ein uraltes Handwerk: Er fertigt hölzerne Halsbänder für die Kühe an und erhält damit eine große Kunst und traditionsreiches Wissen. Die Halsbänder sind hauchdünn, aber ziemlich breit. Immer wieder weicht Pepe das Holz im Wasser ein, bis es biegsam genug ist, um ganz vorsichtig zu dünnen Streifen geschnitzt zu werden. Holzbänder, die dann die so wunderbaren Podolica zieren auf dieser Alm im Süden Italiens.

Der Podolica sind ganz ursprüngliche podolische Merkmale eigen. Früher zog sich das Gebiet der Podolica von Istrien entlang der Adriaküste bis in den Süden. Von diesem Lebensraum blieben später nur zwei Inseln: das Gebiet der Istrischen Rinder, der nächsten Verwandten, und das Gebiet in den Bergen des Südens von Italien, also Abruzzen, Basilikata und Kalabrien. Die Podolica können mit Hitze und Dürre gut umgehen. An karge Weiden sind sie gewöhnt. Während sie früher Arbeitstiere waren, werden sie heute für ihre fettreiche, charaktervolle Milch geschätzt.

Anzahl der Tiere: Ca. 100 000, davon rund 10 % im Herdbuch erfasst | **Körpergröße:** Stier: Ø 1,42 m | Kuh: Ø 1,36 m | **Abstammung:** Geht möglicherweise auf Ungarische Graurinder zurück, die nach Venedig getrieben wurden und sich von dort entlang der Adria verbreiteten | **Nächste Verwandte:** Istrisches Rind, Maremmana, Ungarisches Steppenrind | **Wesen:** Gute Anpassungsfähigkeit an verschiedene Umweltbedingungen, futtergenügsam | **Besonderheit:** Adriatische Arbeitskuh mit Ahnen in der Steppe | **Verbreitung:** Inlandgebiete der südlichen italienischen Halbinsel |

Modicana

BOS PRIMIGENIUS TAURUS

Sizilien, Italien

Das Stammgebiet der Modicana liegt im Osten Siziliens, in der Provinz Ragusa, auf etwa 500 Meter Seehöhe. Tiere, in denen sich die Geschichte Siziliens widerspiegelt. Ein Vieh zwischen den Normannen und Nordafrika. Die Grundherkunft der Modicana ist podolisch, schon früh wurden jedoch taurine maurische Rinder eingekreuzt. Als die Normannen nach Sizilien kamen, brachten sie ihre Tiere mit, und so wird erzählt, dass sich in den Modicana auch normannische Angler-Rinder wiederfinden sollen. – Rinderzucht ist einfach immer wieder eine Angelegenheit von Weltbürgern!

Durch die Verwandtschaft zu den Rindern der Mauren gibt es auch eine Beziehung zu spanischen Rindern wie Pajuna und Lidia. Und um das Beziehungsgeflecht komplett zu machen, auch zu französischen Rassen wie Aubrac und Tarentaise.

Modicana sind von einer stattlichen Erscheinung. Sie haben einen kräftigen Körperbau mit einer ausgeprägten Wamme und tragen rot- bis dunkelbraunes Fell. Sie sind sehr anspruchslos, können gut mit Hitze umgehen und auch dürre Sommer überstehen sie mühelos.

Modicana gehören zu den sehr gefährdeten Rassen. Wir fanden sie in der Umgebung von Ragusa beim Schloss Donnafugata. Im Spätsommer gleicht hier die Natur einer Steppe kurz vor dem Übergang zur Wüste. Mannshohe Disteln wachsen hier, und die Kühe fressen auch diese, genauso wie die Früchte uralter Karobbäume. Immer wieder erleben wir, wie genügsam Rinder sein können.

Anzahl der Tiere: Ca. 4 700 – damit als gefährdet eingestuft | **Körpergröße:** Stier: Ø 1,40 m | Kuh: Ø 1,35 m | **Abstammung:** Podolischer Grundbestand, der nachweislich auch von nordafrikanischen und möglicherweise auch normannischen Rindern beeinflusst wurde | **Nächste Verwandte:** Podolica; über nordafrikanische Rinder besteht ein entferntes Verwandtschaftsverhältnis zu spanischen und möglicherweise auch zu französischen Rassen | **Wesen:** Anspruchslos und hitzetolerant im heißen, dürren Sommer | **Besonderheit:** Typisch sizilianisch: zwischen Normannen und Nordafrika | **Verbreitung:** Östliches Sizilien; auf Sardinien gibt es die verwandten Sardo-Modicana |

Das Erwachen der Menschen

Schon vor 35 000 Jahren bemalten die Menschen Felsen und Höhlen und bildeten den Ur ab: Prähistorische Fundstätten gibt es in der Dordogne, in Lot, Gironde, Gard, Ardèche, in den Pyrenäen, in Bizkaia, Santander, Asturien und in Burgos, aber auch im gesamten heutigen Sahara-Gebiet, in Nubien, Darfur sowie in Çatal Höyük und Aşıklı Höyük in Anatolien.

In der berühmten Höhle von Lascaux gibt es vier schwarze Auerochsen im „Saal der Stiere". Die Tiere sind auf eindrucksvolle Art in ihrer Bewegung abgebildet, einer der Stiere ist 5 Meter lang. In der Sahara wurden domestizierte Rinder vor über 6 000 Jahren gezeichnet. Diese Zeichnungen gehören zu den ältesten Rinderdarstellungen.

DARSTELLUNGEN VON KÜHEN

Die Schöpfungsmythologien der Hochkulturen sind von göttlichen Kühen und Stieren geprägt. Die Entstehung der Schrift hat mit dem Stierhorn ihren Anfang genommen. In der Indus-Kultur – die Schrift dieser Zivilisation können wir bis heute nicht deuten – wurden auf ungefähr 5 000 Jahre alten Siegeln Abbildungen gefunden, die das Rind vor einem Gestell stehend darstellten, das als Weihrauchspender oder als Pflanzengabe interpretiert wird.
In den Höhlen von Gilf el-Kebir, Wadi Hamra, Wadi Sora, Messak Mellet und Messak Settafet in der einst grünen Sahara wurden Felszeichnungen gefunden, die vielleicht schon vor 7 000 Jahren entstanden sind. Es gibt Felszeichnungen in Çatal Höyük von domestizierten Rindern, die aus der Zeit um 6000 v. Chr. stammen. Im Tassili-Gebirge gibt es eine Vielzahl an Rinderabbildungen; hier stand die Darstellung der Hörner im Mittelpunkt. Melkszenen sind viel jüngeren Ursprungs.

Der keltische Kessel von Gundestrup aus der Eisenzeit, vermutlich ca. 250 v. Chr. zeigt einen gehörnten Gott, Stiere und deren Opferung. Er wird als „Kessel der Wiedergeburt" interpretiert.

DIE KUH IN DER MYTHOLOGIE

Die Verherrlichung der Kuh und des Stieres war grenzenlos. Als Kuh erschienen die höchsten Göttinnen – die, die Leben schenkten. Die Kuh war in allen frühen Kulturen ein heiliges Tier: in Mesopotamien, in den vorderasiatischen Kulturen, bei den Griechen und den Römern. In Ägypten gab es die Göttin Hathor in Kuhgestalt, in der Edda kommt die Kuh als Göttermutter vor. Den Himmel betrachteten die frühen Kulturen als große, unaufhörlich Milch spendende Kuh. So wurde der heilige Stier Indra mit Soma oder Ambrosia genährt, das nichts anderes ist als des Himmels Milch. Der Frühling und die Morgenröte waren Milch spendende Kühe, wie der Tau des Morgens die Milch der Himmelskuh war.

Die Frühgeschichte ist voll mit Kuh- und Stiermythen. Die Mythen der längst untergegangenen Zeit wirken heute noch nach, wie im Stierkampf in Spanien.

Wie gesagt, stehen am Anfang der Kunstgeschichte das Tierbild, die Rinder und ihre wilden Vorgänger.

Als erste Zeugnisse der Kunst finden sie sich im Paläolithikum in den Tassili-Höhlen Afrikas, in der anatolischen Hochkultur um Çatal Höyük, im Industal (Mohenjo-Daro, Harappa), in Mesopotamien, dem alten Persien und Ägypten. Wie Zeichen aus dem Nichts erscheint uns der Reigen voll wilder Tiere in Lascaux. Die Felszeichnungen sind Bildwerke aus Zauber und Magie und haben eine unglaublich suggestive Kraft. Im Alten Testament gibt es Brandopfer, Heils- und Schlachtopfer sowie den Tanz um das Goldene Kalb. Homer, Hesoid, Vergil und Ovid erzählen von Rindern, Kühen und Stieren in mannigfaltiger Gestalt.

DIE GEBURT EUROPAS

Ovid:
Jupiter bot als Stier
der Tyrischen Jungfrau den Rücken,
Wies auf der Stirne dazu
trügerisch Hörner noch auf.
Sie hielt fest sich im Haar
mit der Rechten, ihr Kleid hielt die Linke,
Neuen Liebreiz verlieh ihr
ihre zagende Angst.
[...]
Als dann das Ufer erreicht
stand vor ihr, ohne die Hörner,
Jupiter – aus einem Stier
wieder verwandelt zum Gott!
[...]
Jupiters voll, und nach dir [...]
heißt nun ein Drittel der Welt!

(Übertragung von Wolfgang Gerlach, zitiert nach Michael Salewski und Heiner Timmermann in „Europa und seine Dimensionen im Wandel")

Giovanni Boccaccio:
Zur Höh' erhobenen Auges sah ich bald
den großen Jupiter verwandeln sich
In einen noch nicht wilden Stiers Gestalt, [...]
Erlaubte Europa, ihn zu reiten,
Auf die Erfüllung seines Werkes erpicht[...]
Mit seiner heiß begehrten, süßen Beute
Über das wogende Meer und dessen Weiten[...]
Doch dann umarmte er sie mit Begehren,
und das dabei empfundene Verlangen
Schien süß sich in Erfüllung zu verkehren.
Mit dem Stier begann's, Europa und Zeus verband' es.

(Übersetzung von „De Europa Cretensium regina" in: De claris mulieribus *aus „Mythos Europa" von Almut-Barbara Renger)*

MYTHOLOGISCHER REIGEN

Hermes stahl als Kleinkind 50 Rinder von Apoll. Er verwischte listig seine Spuren und besänftigte den Gott mit dem Spiel seiner Lyra. Hesiod erzählt von der Arbeit mit den Rindern auf den Äckern, und Vergil war der Herold des pastoralen Lebens.

Aus der neuassyrischen Zeit gibt es unterschiedlichste Bildmotive. Eines zeigt einen Angriff eines Löwen auf eine kalbende Kuh, der vom Menschen abgewehrt wird, als Sinnbild der Obhut des Menschen für die Rinder. Kultische Geräte waren mit Mischwesen aus Rind und Mensch verziert, das Tier als Mittler zwischen Mensch und Gott, und später auch als Zeichen, dass die Stärke des Stieres auf den Menschen übergeht. Die magische Vereinigung des Königs mit der Mondgöttin, der Göttin der Vegetation, konnte nur über das Medium Stier erfolgen.

Ein Stier stand auch im Mittelpunkt der Mithrasmysterien, denen vor allem junge Männer anhingen. Der Mithraismus war in den letzten Jahrhunderten des Römischen Reiches die primäre Religion der römischen Armee. Mithras ist eine römische Göttergestalt und Personifizierung der Sonne, die auf den persischen Gott Mithra zurückgeht. In der Mythologie tötete er einen Stier, damit neues Leben entstehen konnte. Er vollbrachte einen Akt der Verwandlung, der der Wiedergeburt des Lebens den Weg bereitete.

In der indischen Mythologie war die Kuh das Symbol für die große Mutter, die als Erhalterin von Himmel und Erde den endlosen Raum repräsentierte. Die Göttin war die Quelle der nahrhaften Milch, die Quelle des Lebens im Universum. Die göttliche Ordnung entstand aus dem Chaos, wie die Butter aus der Milch.

RITUALE DER VERGANGENHEIT UND DER GEGENWART

Die Kelten waren eine Rindergesellschaft. Bei der Inthronisation des irischen Hochkönigs zu Tara gab es das Ritual des Stierschlafs. Dabei wurde ein weißer Stier geopfert. Der Druide nahm etwas Blut und Fleisch des Tieres zu sich, wickelte sich in die Stierhaut und schlief darin ein. In seinen Träumen wurde ihm geweissagt, ob sie den Richtigen zum König erwählt hatten. Die Erschließung der Alpenhochtäler wäre ohne Rinder nicht möglich gewesen. In den Alpen gibt es auch heute noch viele Bräuche, die auf die Wichtigkeit der Rinder hinweisen: den Umzug der gehörnten Perchten, der das Austreiben des Winters symbolisiert, oder das Fest des Almabtriebs, bei dem die geschmückten und aufgeputzten Rinder von der Alm ins Winterquartier getrieben werden. Durch das ganze Jahr ist das Rind im Volksbrauch präsent.

In der Kunstgeschichte ist das Rind das Symbol für Fruchtbarkeit und Stärke, für Demut, aber auch für die Begierde, die Trägheit des Herzens, für die endlose Fähigkeit der Geduld und für die Bereitschaft zur Arbeit.

Die Kultur der nilotischen Ethnien faszinierte über die letzten 100 Jahre alle Forscher, die sich mit ihr beschäftigten. Bei dieser Kultur dreht sich der gesamte Alltag um Rinder. Sie sind das Medium für die sozialen und religiösen Beziehungen. Diese Völker haben für Rinder eine genuine Begeisterung. In gegenseitiger Abhängigkeit entwickelte sich die afrikanische Rinderkultur, die es zu einer unglaublichen kulturellen Blüte brachte. Langsam wird sie durch den Einfluss westlicher Lebensart zerstört. Hirtenkulturen sind patrilinear; Männer besitzen die Rinder, und Entscheidungen trifft, wer die größte Herde hat. Männer- und Frauenarbeit ist oft streng getrennt. Und die Männer haben von sich das Bild vom „wahren Hirten" – eine Identität, die Frauen ausschließt.
Heute sind Rinder in der öffentlichen Wahrnehmung zur Karikatur verkommen. In Schillers „Wilhelm Tell" heißt es noch:
„Ihr seid nicht klug! Ein unvernüft'ges Vieh [...]"
Und die Antwort lautet:
„Ist bald gesagt. Das Tier hat auch Vernunft, [...]"

RINDER IN DER KUNST

Kein anderer Künstler hat die Innigkeit, das Symbiotische der Beziehung zwischen Mensch und Tier so eindrucksvoll dargestellt wie Jean-François Millet. „Das Milchmädchen" („La Laitière") ist das Inbild der schenkenden Kuh; die Milch der Kuh wird zur Gabe. „Frau weidet ihre Kuh" („Femme faisant paître sa vache") zeigt die Übereinkunft von Mensch und Tier auf übersteigerte Art und Weise – die beiden werden förmlich eins und das Getümmel der Welt bleibt ganz draußen.

Das wunderbarste Bild ist „Die Geburt eines Kalbes" („La Naissance du Veau"). Auf diesem sehen wir zwei kleine Mädchen, an der Stalltür wartend, während zwei Männer das schon neugierig schauende, geborgene Neugeborene auf einer mit Stroh bedeckten Trage nach Hause tragen. In ihrer Begleitung ist die Kuh, das Kalb schleckend, und links von der Kuh ist die Bäuerin, umsichtig waltend. Die beiden tragenden Männer sind ganz in sich, in ihrer Aufgabe versunken, dienend. Das Bild vermittelt Harmonie, Innigkeit, Vorsicht und Fürsorge. Eine Symbiose von Mensch und Tier, wie ich es in meinen Kindertagen durchaus erlebte. Eine tief empfundene Zusammengehörigkeit.

EINE POETIN DER NATUR

In der Gegenwart kann diese Entrücktheit und zugleich erregende Präsenz der Kuh nur Anselm Kiefer darstellen. In seinem Werkzyklus „Europa", der zwischen 1994 und 2010 entstanden ist, gibt es auffordernde, wachrüttelnde, verzauberte Kuhbilder. Er zeigt Kühe auf Stoppelfeldern, im offen dargestellten Magen liegt Stroh. Oder wir sehen auf den Sternenhimmel durch; die Kuh wird zum Kosmos, wie im frühen ägyptischen Weltbild, das den Himmel als unendliche, Nahrung spendende Kuh sah. Anselm Kiefer spricht von der Kuh als metabolisches Tier, das die Pflanzen, die kosmischen Boten, in Nahrungsmittel verwandelt; die Pflanze ist hier Sinnbild des Kosmos, wo sich, wie Robert Fludd es formulierte, das unendlich Kleine im unendlich Großen des Kosmos wiederholt.

Fludd schreibt von der Weltseele, der kosmischen Jungfrau. Durch den goldenen Glanz ihres Herzens werden die Fixsterne und Planeten erleuchtet, sozusagen zu Seelen, Lebewesen und Schönheiten gewandelt. Ihre Einflüsse werden von oben nach unten bis zu dem Zentrum – Erde – weitergegeben. Kühe berauschen sich an Pflanzen, trunken vor Hingabe, so Anselm Kiefer.

Alexander Kluge nennt die Kuh im Gespräch mit Anselm Kiefer „Eine Poetin der Natur". In Anselm Kiefers Kuhbildern begegnen uns Transformation und befreiende Lust; die Lust des Seins und Werdens. Kiefer meint, eine zerbrechliche Pflanze, ein Kuhbauch, der Gras verdaut, wirke nur dann wirklich, wenn auch die Bewegung der übrigen Dinge bis zu den Sternen hinauf wahrgenommen wird. Kiefers Kühe faszinieren und fesseln. Seine „Europa"-Kühe haben Kraft und Weisheit und halten zusammen, was zusammengehört: das Chthonische und das Himmlische. An den Kühen erkennen wir das unsere Mühsal Übersteigende des Lebens.

Seit Zehntausenden von Jahren setzen sich Menschen in ihrer Kreativität mit den Auerochsen und später mit unseren Kühen und Stieren auseinander. Kühe tragen einen Teil des Geheimnisses, das das Leben ist, in sich – wortlos in sich – und gerade darum ziehen sie uns immer wieder in ihren Bann, in ihre beseelte Kreatürlichkeit.

12

Massif central, Pyrenäen

Regionen

1	**Bretagne** (Frankreich)
2	**Pays de la Loire** (Frankreich)
3	**Nouvelle Aquitaine** (Frankreich)
4	**Auvergne-Rhône-Alpes** (Frankreich)
5	**Navarra** (Spanien)
6	**Kantabrien** (Spanien)
7	**Asturien** (Spanien)

Bretonne Pie Noir

BOS PRIMIGENIUS TAURUS

Bretagne, Frankreich

Bretonen, wahre Bretonen halten Bretonne Pie Noir, so sagt es uns Monsieur Bourvellec, bei dem wir dieses herrliche Vieh finden. Selbstverständlich tragen auch alle seine Kühe bretonische Namen. Im Süden der Halbinsel, am Golfe du Morbihan leben die bretonischen Rinder mit bretonischen Menschen auf bretonischem Boden – und das Ganze völlig weltoffen, ohne einen Anflug von Chauvinismus. Und das nicht nur, weil die Bretonen weltmännisch sind, sondern vielleicht auch deshalb, weil die Bretonne Pie Noir für europäische Rinderrassen unglaublich klein sind.

Diese Rinder stammen von den Keltenrindern walisischer Einwanderer ab, die sich ab dem 5. Jahrhundert hier niederließen, sowie von skandinavischen Rindern, die mit den Normannen kamen.

Bretonne Pie Noir haben sehr schöne, leierförmige Hörner. Sie sind anspruchslos und werden oft auf steinigen Weiden gehalten. Aus ihrer Milch fertigt die Kooperative, in der Monsieur Bourvellec Mitglied ist, einen großartigen Käse. Dieser Käse ist auch das Tor der Liebe für die Bretonne Pie Noir. Wunderbare Tiere, stark in ihrer Region verwurzelt. Ein Tier der Heimat, ein Sinnbild der wechselhaften Geschichte der Bretagne.

Anzahl der Tiere: Ca. 7 000, davon ca. 800 im Herdbuch erfasst | **Körpergröße:** Stier: Ø 1,23 m | Kuh: Ø 1,17 m | **Abstammung:** Die Rasse basiert auf unterschiedlichen Rindertypen wie Keltenrindern, Normannenrindern, niederländischen Rindern und Kanalrassen; im 19. Jahrhundert nur noch wenig Beeinflussung von außen; im 20. Jahrhundert Verdrängung durch produktivere Rassen, ab 1976 Erhaltungsprogramme | **Nächste Verwandte:** Ähnlichkeiten und nachgewiesene oder vermutete Verwandtschaftsverhältnisse u. a. mit Devon, Kerry, Normande, Guernsey, Jersey, Holstein-Friesian | **Wesen:** Adaptiert an traditionelle, kleinbäuerliche Landwirtschaft der Bretagne, anspruchslos, gute Futterverwertung | **Besonderheit:** Sinnbild für die wechselhafte Geschichte der Bretagne | **Verbreitung:** Bretagne, v. a. in den Départements Finistère und Morbihan zwischen Meeresniveau und 300 m Seehöhe |

Maraîchine

BOS PRIMIGENIUS TAURUS

Pays de la Loire, Frankreich

Das Gesicht der Maraîchine ist das Erste, das einem auffällt. Ein wunderschönes, beseeltes Gesicht mit Augen voller Wärme und mit tollen Hörnern.

Maraîchine sind Kühe der Maraises an der französischen Westküste, der Vendée. Maraises sind Kulturlandschaften, in denen Salz gewonnen wird – und das seit mehr als 1 000 Jahren. In diesem von Menschen gestalteten Gebiet entstand ein beeindruckendes Ökosystem, das gleichzeitig ein Schutzgebiet für Brutstätten verschiedenster Vogelarten ist. Zwischen den unterschiedlichen Tümpeln, Seen, kleinen Flüssen und Hunderttausenden von Vögeln leben die Maraîchine.

Vor einigen Jahren schien das Schicksal dieser Rinder besiegelt. Sie standen vor dem Aus, doch das Engagement Einzelner rettete die Maraîchine vor dem endgültigen Aussterben. Heute gibt es eine Erhaltungszucht für diese Rinder, die sich so großartig an das Marschgebiet angepasst haben. Es versteht sich von selbst, dass es in diesem Schutzgebiet keine Intensivhaltung gibt.

Diese den Menschen verbundenen Tiere schließen alle sofort ins Herz. Schön sind sie, mit dem gelb- bis rotbraunen Fell und den ausladenden Hörnern, die Maraîchine. Ihre Erscheinung ist elegant und die Atmosphäre, die sie umgibt, nimmt einen gefangen.

Maraîchine, die Kuh der atlantischen Salzwiesen, der Marais, einer Sumpf- und Marschregion an der Atlantikküste. Von dort ist auch die Butter *beurre Charentes-Poitou,* die aus der reichhaltigen und ganz besonderen Milch der Maraîchine gefertigt wird.

Anzahl der Tiere: Ca. 1 500 | **Körpergröße:** Stier: Ø 1,45 m | Kuh: Ø 1,40 m | **Abstammung:** Maraîchine, Parthenaise, Nantaise und Aubrac sollen eine gemeinsame Ausgangspopulation *(rameau brun,* Brachyceros-Rinder) haben | **Nächste Verwandte:** Parthenaise, Nantaise, Aubrac | **Wesen:** Eigenwillig, aber zutraulich; gute Adaption an feuchtes Schwemmland, teils Salzwiesen; mit Krankheits- und Parasitenresistenz; Langlebigkeit und leichte Abkalbung | **Besonderheit:** Die Kuh der atlantischen Salzwiesen | **Verbreitung:** Von Poldern geschütztes Marschland sowie Salzwiesen des atlantischen Küstenstreifens zwischen den Mündungen von Loire und Gironde auf Meeresniveau |

Bazadaise

BOS PRIMIGENIUS TAURUS
Nouvelle Aquitaine, Frankreich

Bazadaise besitzen eine ausgeprägte Fähigkeit, sich geografischen und klimatischen Bedingungen anzupassen. An den Ausläufern der Pyrenäen, wo wir sie finden, gibt es sowohl zwischen den Jahreszeiten als auch im Verlauf der einzelnen Jahreszeiten große Temperaturunterschiede.
Bazadaise sind gutmütige Tiere mit einer gewissen Eigensinnigkeit, die sie besonders sympathisch macht. Sie stammen von den alten Pyrénées-Rassen ab. Bei der Geburt sind die Jungtiere hellbraun bis hellgrau. Später, etwa um den fünften Monat, bekommen sie eine grau schattierte Fellfärbung. Um die Augen haben sie eine helle Schattierung, die die Bazadaise so anziehend macht, während die Hörner von ihrer Wehrhaftigkeit zeugen.

Dank ihrer kräftigen Beine, ihres Temperaments und ihrer Trittsicherheit finden sie sich in steilen Berghängen, aber auch in engen Weinbergen zurecht. Sie sind muskulös, ohne dabei ihre Wendigkeit zu verlieren. Als Arbeitstiere waren sie daher beim Anbau des Bordeaux in der gesamten Weinbauregion überaus geschätzt. Heute kommt nur noch der Mist dieser Kühe in die Weinberge – den schätzen die Winzer immer noch.

Bazadaise sind Rinder mit einer starken eigenen Persönlichkeit, mit ausgeprägten Fähigkeiten.

Anzahl der Tiere: Weltweit ca. 12 000 | **Körpergröße:** Stier: 1,35 – 1,40 m | Kuh: 1,25 – 1,30 m | **Abstammung:** Geht wahrscheinlich einerseits auf die rötlich-blonden Rassen der Pyrenäen, wie z. B. Blonde des Pyrénées, zurück; Einfluss genommen hat wohl auch das seinerseits mutmaßlich podolisch beeinflusste Gasconne | **Nächste Verwandte:** Blonde d'Aquitaine und Gasconne | **Wesen:** Gutmütig, dabei aber eigensinnig; außergewöhnliche Adaptation an verschiedene Umweltbedingungen und gute Raufutterverwertung | **Besonderheit:** Eine Kuh für den Weinberg und höchste Höhen | **Verbreitung:** Ursprung in der Gironde (Dorf Bazas), heute Verbreitung bis in die Pyrenäen, auf bis zu 2 400 m Seehöhe; europaweit und in Australien als kleines, spezialisiertes Fleischrind für schwierige Lagen |

Ferrandaise

BOS PRIMIGENIUS TAURUS
Auvergne-Rhône-Alpes, Frankreich

Nirgendwo habe ich so eine Leidenschaft der Menschen für Kühe erlebt wie in Frankreich. Viehausstellungen werden gestürmt, und es ist immer wieder großartig, die unübertroffene Begeisterung von Besuchern zu erleben. Franzosen lieben ihr Vieh, ihre autochthonen Viecher. Und in der Auvergne ist die Beziehung zum Rind fast existenziell.

Die Ferrandaise waren einmal die Rasse der Region, die Kühe des Zentralmassivs. Oft herrschen im Zentralmassiv harsche Umweltbedingungen, mit denen sich die robusten Ferrandaise allerdings gut zurechtzufinden vermögen. Sie sind genügsam, was ihr Futter betrifft. Die Tiere haben ein rotbraunes, weiß geschecktes Fell mit einem weißen Dreieck auf der Stirn, wie der Apis-Stier aus dem alten Ägypten. Weit ausladende Hörner schmücken die Ferrandaise. Sie sind Kühe mit einer Milch für exzellenten Käse. Für einen ultimativen Saint-Nectaire oder Fourme de Rochefort benötigt es zuallererst die Milch dieser herrlichen Kühe, die draußen in der beeindruckenden Landschaft des Zentralmassivs gehalten werden müssen. Leider verschwindet das Wissen, dass ein herausragender Käse nebst der Umwelt auch die Milch einer besonderen Kuhrasse benötigt. Ferrandaise sind ganz vortreffliche Kühe und ich hoffe, es gelingt, sie zu bewahren.

Anzahl der Tiere: Ca. 1 500 Zuchtkühe und 50 Stiere | **Körpergröße:** Stier: Ø 1,44 m | Kuh: Ø 1,38 m | **Abstammung:** Die Rasse soll durch historische Einkreuzung von Montbéliard und Vogesenrind in die Rasse Salers entstanden sein | **Nächste Verwandte:** Salers, Montbéliard und Vogesenrind; möglicher Einfluss auch von Aubrac und Limousin | **Wesen:** Gutmütig, robust, futtergenügsam und langlebig mit guter Fruchtbarkeit | **Besonderheit:** Besondere Kühe für besonderen Käse | **Verbreitung:** Zwei Zuchtgebiete im Département Puy-de-Dôme (nördliche Auvergne): westliche Vulkanregion Chaînes des Puys bis 1 400 m und Umland von Ambert bis 1 300 m Seehöhe |

Peripherie und Zentrum

Die Rinderrassen des Massif central, der Pyrenäen und der Atlantikküste

Jede einzelne dieser Rinderrassen ist für sich etwas ganz Außergewöhnliches. Suchen wir nach Gemeinsamkeiten dieser erstaunlichen Rinder, so finden wir die starke, auch heute noch lebendige Verbundenheit mit der Natur, in der sie leben, und das Wissen der Bauern, dass sie ganz besondere Tiere ihr Eigen nennen.

Begegnen wir den Aubrac auf ihren weiten Weiden auf einem Hochplateau von ca. 1 000 Höhenmetern – eine raue, leicht gewellte Hochebene, die dünn besiedelt ist –, erscheinen uns die Rinder wie aus der Gegend herausgewachsen zu sein. Sie sind nicht nur Teil der Landschaft, sie wirken wie aus ihr entstanden. Das erleben wir bei den Salers, den Pirenaica, den Betizu und jeder hier vorgestellten Rinderrasse.

Ist das Gelände, in dem sie leben, noch so rau, herausfordernd und wild: Sie bewegen sich wie selbstverständlich, als wäre es ihre gute Stube, ihre Umgebung. Hervorragende Geländegängigkeit nennen wir das. Die Rinderrassen, über die wir jetzt sprechen, sind allesamt gesunde, fitte Rinder. Sie haben eine hohe Fruchtbarkeit, und alle verbindet miteinander ihre hervorragende Grundfutterverwertung. Ihre Leistungen – Zunahmen, Milch, Zugkraft – basieren meist auf dem Grundfutter. Die Bauern dieser Rinderrassen verbindet eine tief sitzende Leidenschaft für ihre Tiere. Von Generation zu Generation werden sie weitergegeben: die Tradition und die Leidenschaft für die Region und ihre Rinderrassen. Einzigartiges haftet ihnen an, all den Salers, Aubrac, Monchinas …

Noch etwas, das als unsichtbares Band die folgenden Rinderrassen zusammenhält, ist die Nische, in der sie leben und in der ihre Besonderheiten entstanden sind. Oft sind es Gegenden, die etwas im Abseits gelegen sind, fast immer dünn besiedelt, und so bilden sie natürliche wie auch konstruierte Nischen, wodurch sich eine besondere Rassenvielfalt entwickelte, die auch heute noch besteht.

Die Rinder haben die Aufgabe, die Weiden offen zu halten, Leistungen in den Weingärten zu erbringen und zur Kultur beizutragen. Nicht zuletzt führten die kulinarische Tradition und ein außergewöhnliches Qualitätsbewusstsein für besondere Lebensmittel in den Regionen zum Erhalt der Rinderrassen.

Die Ausdifferenzierungen von Rassen sind eindrucksvolle Beispiele, wie Gruppen von Menschen Nischen konstruiert haben, um ihren Bedürfnissen gerecht zu werden.

Gerade Nutztierrassen differenzieren sich in Nischen deutlich aus. Diese kann eine Insel sein – Jersey –, es können abgelegene Gebirgstäler sein – Eringer, Hinterwälder – oder periphere Lagen abseits von Ballungszentren, wie bei den folgenden Rinderrassen. Es kann aber auch einseitige Nutzung mit einer geschlossenen Zucht wie bei den Schwarzbunten sein, sowie auch die Isolation mit kleinen Populationszahlen, wie im Fall von Chillingham.

Und in unserem Fall wurde die Ausbildung der Rinderrassen dadurch begünstigt, dass in den angeführten Regionen die Viehzucht vorherrschend ist. Historisch war Rinderhaltung immer eine Nutzungsform in Gegenden, in denen die Böden meist aus klimatischen Gründen nicht urbar gemacht werden konnten, in denen Ackerbau gar nicht oder nur sehr eingeschränkt möglich war. Und selbstverständlich geht die Entwicklung lokaler Rassen Hand in Hand mit kulturellen Prozessen. Wir erzählen von den stolzesten Bauern, den außergewöhnlichsten Kühen und den verwunschensten Gegenden.

Salers

BOS PRIMIGENIUS TAURUS
Auvergne-Rhône-Alpes, Frankreich

Ein Göttergeschenk, die Salers. Trifft die Sonne auf ihr Fell, bekommt es einem Feuerzauber gleich eine satte rote Färbung. An glühende Lava erinnern die Tiere sonnenbeschienen. So soll es auch sein im Land der Vulkane. Die Landschaft ist hügelig, wenig bewaldet, von Vulkanen gestaltet, geformt.

Einer Legende nach saßen vor 4 Millionen Jahren, als der im Durchmesser 60 Kilometer messende Vulkan der Gegend, der Cantal, noch aktiv war, der Herr und Petrus auf einer Wolke. Beide waren gerührt von der glühenden Lava, die der Cantal ausstieß. Doch Petrus war betrübt über das baldige Erlöschen des Zaubers, den die Lava in ihm auslöste. Von der Trauer des Petrus betroffen, entschied der Herr, aus den Aschehalden grüne, saftige Wiesen und aus den roten Feuerbällen Rinder der gleichen Farbe zu erschaffen, die an den Abhängen der Vulkane weiden würden.

Und so ist es nun: Kaum bringt die Sonne ihr Lockenfell zum Erstrahlen, leuchtet es lavagleich auf, als ewige Erinnerung an Gottes Entscheid. Die Salers, ein Gottesgeschenk.

Die Bauern wissen es zu würdigen. In der Tat wirken die Salers auf uns wie Lebewesen aus einer anderen Zeit. Sehen wir ihnen in die Augen und fangen ihren Blick ein, drücken sie uraltes Wissen aus. Zugleich haben die Salers etwas aufregend Gegenwärtiges an sich, eine atemberaubende Präsenz.

Von den vielen Rinderrassen, dir wir fotografierten, waren sie die einzigen, die vom ersten Moment an genau wussten, wie sie sich vor der Kamera anstellen müssen. Kein Bauer gab ihnen Befehle oder Anweisungen. Nach getaner Arbeit zogen sie als Herde über die Hügel davon, geleitet von innen.

Seit der Römerzeit gibt es Zeugnisse über die lavarot leuchtenden Tiere. Salers hält man nicht einfach wie Rinder. Salers und Bauern bilden eine jahrhundertealte Schicksalsgemeinschaft, eine Kulturgemeinschaft. Der Bauer, bei dem wir unsere Fotografien machten, zeigte uns einen fünf Meter langen Stammbaum, in dem die Geschichte seiner Familie und die ihrer Salers-Kühe zurück bis ins 14. Jahrhundert fein säuberlich verzeichnet war.

Neben ihrer Weisheit, ihrem Charakter und ihrer außerordentlichen Erscheinung haben die Salers noch eine Besonderheit. Sie lassen sich nicht einfach in den Stall treiben und melken. Sie leben auf den von Gott geschenkten Weiden als Herde – Stiere, Kühe, Jungvieh und Kälber –, und auf den Weiden werden sie auch gemolken, zumindest im althergebrachten *système traditionnel.*

Zuerst werden Kühe und Kälber in Koppeln getrennt, dann wird der Name der Kuh laut ausgerufen – in unserem Fall Suzanna. Vernimmt das zur Kuh gehörende Kalb den Namen seiner Mutter, horcht es auf und drängt zum Koppelausgang. Das erste Drittel der Milch gehört dem Kalb, die letzten zwei Drittel werden für Käse gemolken. Ist das Kalb nicht bei der Mutter, gibt die Kuh keine Milch. Manchmal hält die Kuh auch die letzte Milch noch für das Kalb zurück. Während des ganzen Melkvorganges herrscht eine unglaubliche Stille. Kein Plärren, kein Muhen, keine Hektik, keine Aufregung. Nur Ruhe, zuwendende Ruhe.
Dieser Melkvorgang geschieht während der ganzen Laktationszeit. Eine unglaubliche Symbiose von Kuh, Kalb und der merkantilen Bedürfnisse der Bauern. Die Milch hat einen hohen Protein- und Fettgehalt. Aus dieser Milch wird ein außerordentlicher Salers-Käse gefertigt. Aber Achtung: Nur der Käse namens *Salers Tradition AOP* ist auch ein echter traditioneller Käse aus Salers-Rohmilch gefertigt, wie ich es beschrieb.
Die Bauern, die mit den Salers leben, halten ihre Kühe selbstverständlich für die intelligentesten Tiere auf Gottes Erdboden. Salers sind sehr genügsam und gute Futterverwerter, Kraftfutter benötigen sie nicht. Beziehen sie eine neue Koppel, gehen sie sie ab und halten Ausschau nach den Ausgängen, noch bevor sie fressen. Erst wenn ihnen die Topografie bekannt ist, beginnen sie zu weiden. Die Salers-Kühe sind mit hell klingenden Glocken ausgestattet. Von Weitem begrüßt uns der Glockenklang. Aber wenn ein Familienmitglied des Bauern stirbt, tragen die Salers während der einjährigen Trauerzeit keine Glocken. So tief geht die Verbindung zwischen Rind und Mensch. Als Fremder war es nicht möglich, mit den Rindern zu sprechen, denn sie hören nur auf das *Patois,* einen dem Katalanischen ähnlichen Dialekt ihrer Bauern.

Wie gesagt, Salers und Bauern bilden eine Kulturgemeinschaft, die sich der industrialisierten Landwirtschaft entgegenstellt. Hoffentlich noch lange!

Anzahl der Tiere: Über 215 000, davon ca. 2 900 Milchkühe, die im *système traditionnel* gemolken werden | **Körpergröße:** Stier: Ø 1,54 m | Kuh: Ø 1,44 m | **Abstammung:** Gehen möglicherweise auf Rinder zurück, die von der Iberischen Halbinsel eingewandert sind und mit Keltenrindern gekreuzt wurden; schon zur Zeit der römischen Eroberung werden die roten Kühe in der Region beschrieben | **Nächste Verwandte:** Aubrac und Ferrandaise | **Wesen:** Mütterlich ruhig, mit ausgesprochen enger Bindung zu Kalb und Bauer | **Besonderheit:** *Système traditionnel,* in dem erst das Kalb gesäugt und dann die Kuh gemolken wird | **Verbreitung:** In ganz Frankreich mit Schwerpunkt in den Départements Cantal und Puy de Dôme auf 500 – 1 600 m Seehöhe |

Aubrac

BOS PRIMIGENIUS TAURUS
Auvergne-Rhône-Alpes, Frankreich

Beim Concours des Animaux, der in Paris im Rahmen des Salon International de l'Agriculture stattfindet und auf dem autochthone Nutztiere vorgestellt werden, traf ich zum ersten Mal auf die Aubrac. In einer Halle, in der ein unglaubliches Durcheinander herrschte: Viele Besucher waren anwesend, darunter Minister mit ihrer Entourage, es gab ein Getümmel, Lärm und Aufregung. Die ausgestellten Tiere waren ziemlich nervös, und die Aussteller, die mit Föhn, Sprays, Gelen und Cremen das Vieh bearbeiteten, um den Gesamteindruck noch zu steigern, waren ebenso aufgeregt. Eine Atmosphäre wie in einem Durchhaus. Und plötzlich, „tack, tack, tack", erschien ein blinder junger Mann mit seinem Stock inmitten des Tumults. Er blieb bei den sehr unruhigen Aubrac stehen, berührte eine Kuh ganz vorsichtig und fuhr mit der Hand die Umrisse des Kopfes zart ab. Er tastete sich vor zu den Augen, zum Maul und dann hinauf zu den Hörnern. Mit zwei Fingern tastete er vom Hornansatz bis zum Ende der Hörner. Und die Kuh, die zuvor äußerst aufgeregt war, wurde inmitten der Hektik ganz ruhig und still und ließ ihn gewähren. Es schien, die beiden sprachen lautlos miteinander. Ich war wie gebannt von diesem Ereignis. Seitdem ist die Aubrac in meine Seele eingeschrieben.

Aubrac sind Rinder mit einer fantastischen Ausstrahlung. Sie haben umwerfende Augen, die einem ein Leben lang unvergesslich bleiben.
Diese Tiere stammen – zumindest, wenn es nach meinen Wünschen geht – vom keltischen Kurzhornrind ab. Ihre Abstammung muss einfach etwas Ungewöhnliches sein.
Sie haben einen schönen, bemuskelten Körperbau, ein gelb- bis rotbraunes Fell und Hörner wie im Märchen: hell und ausladend mit schwarzen Spitzen. Diese Kühe sind Prinzessinnen. Sie sind eigenwillig und durchaus wehrhaft, aber sie sind gutmütig und haben einen ausgeprägten Mutterinstinkt. Zudem haben sie ein fesselndes Gemüt und eine tolle Ausstrahlung. Kurz: Sie sind zum Verlieben.

Finden Sie einen Laguiole aus der Milch der Aubrac, gehören Sie zu den ganz Glücklichen!

Anzahl der Tiere:
Ca. 340 000, davon
30 000 im Herdbuch erfasst

Körpergröße:
Stier: 1,35 – 1,40 m
Kuh: 1,25 – 1,30 m

Abstammung:
Herkunft möglicherweise von keltischen Kurzhornrindern – Keltenrind

Nächste Verwandte:
Parthenaise, Nantaise und Maraîchine, die auf gemeinsamen Rindertyp zurückgehen sollen; auch Tarentaise gelten als Verwandte

Wesen:
Eigenwillig und wehrhaft, aber gutmütig; mit guten Mutterinstinkten ausgestattet; robust, krankheitsresistent, langlebig und leichtkalbig

Besonderheit:
Eine Kuh vom Hochplateau mit vielen Beziehungen

Verbreitung:
Aubrac-Hochebene im südlichen Zentralmassiv auf rund 1 200 m Seehöhe und andere Gegenden der Auvergne

Béarnaise

BOS PRIMIGENIUS TAURUS

Nouvelle Aquitaine, Frankreich

248 nur noch, 248 Béarnaise soll es geben. Ein Desaster, eine Schande!

Verwunschen treten sie aus dem Nebel, weit oben in den Bergen der Pyrenäen, wie Boten des untergegangenen Reiches Aquitanien, der Heimat der Troubadoure. Ihre weiten, leierförmigen Hörner gemahnen noch mehr an diese vergangenen Helden der Liebe.
Die Tiere haben ein gelb- bis rotbraunes Fell mit dunklen Schattierungen am Kopf. Sie sind lebhaft, robust und berggängig. Leicht und behände bewegen sie sich in den steilsten Abhängen der Pyrenäen. Die Nähe zum Atlantischen Ozean macht Béarn besonders niederschlagsreich, auch damit kommen diese robusten Rinder gut zurecht. Das Wappen der Region zeigt zwei rote Kühe mit blauen Glocken und ist schon auf mittelalterlichen Münzen abgebildet.

Béarnaise sind äußerst bedroht, doch als Wappentier haben sie Bestand. Es würde sich lohnen, auch die Tiere zu bewahren.

Anzahl der Tiere:
Unter 300
Körpergröße:
Stier: Ø 1,28 m
Kuh: Ø 1,22 m
Abstammung:
Sehr eng verwandt mit Pirenaica, die wie sie auf Betizu zurückgehen sollen und mit denen sie ein zusammenhängendes Zuchtgebiet bilden; gilt als einzig bestehender Schlag der Blonde des Pyrénées, die ansonsten in der Rasse Blonde d'Aquitaine aufgegangen ist
Nächste Verwandte:
Betizu und Pirenaica
Wesen:
Lebhaft, aber weniger scheu als ihre halbwilden Verwandten (Betizu); robust, berggängig und agil, damit hervorragend für Beweidung im Berggebiet geeignet
Besonderheit:
Stark bedrohtes Wappentier aus den Atlantischen Pyrenäen
Verbreitung:
Béarn in den nordwestlichen Pyrenäen, auf einer Seehöhe zwischen 500 und 1 600 m

Betizu

BOS PRIMIGENIUS TAURUS
Navarra, Spanien

Die baskischen Betizu seien die letzten wilden Rinder Europas, sagen die Menschen im Baskenland. Wir befürchten, dass Betizu eine verwilderte Rasse ist, die wahrscheinlich vom alpinen Kurzhornrind abstammt. Doch das macht die Betizu nicht weniger besonders und schmälert nicht ihre Großartigkeit. Seit Jahrhunderten werden die Tiere nicht mehr richtig selektiert, so ist der urtümlich-rustikale Typ erhalten geblieben.
Ihr Lebensraum sind die Höhen der Pyrenäen. Es gibt Herden, die überhaupt keinen menschlichen Kontakt haben und das ganze Jahr in der Busch- und Waldlandschaft ihr Auskommen finden.
Betizu haben ein gelblich-rotes, kurzes, aber sehr dichtes Fell mit hellen Stellen am Flotzmaul, an den Augen, den Beinen und dem Schweif. Ihre Hörner sind dünn und lyraförmig. Sie sind klein und schlank, denn sie werden in freier Wildbahn von keinem Kraftfutter verdorben. Natürlich bewegen sie sich wie selbstverständlich im steilsten Gelände.

Leider gibt es auch von diesen außerordentlichen Tieren nicht mehr viele. Scheu und vorsichtig, fast schon misstrauisch begegnen sie uns. Es sind wunderbare Tiere, die in der Provinz Navarra den Status „gefährdetes Rind" haben. Der Betizu-Stier ist auch das Tier, das in der baskischen Mythologie in Höhlen haust und Feuer sprüht – hoffentlich auch noch lange in die Zukunft hinein.

Anzahl der Tiere: Ca. 400, davon 250 in Spanien und 150 in Frankreich | **Körpergröße:** Stier: Ø 1,20 m | Kuh: Ø 1,15 m | **Abstammung:** Im Gegensatz zu anderen verwilderten Rassen (Parkrinder, Camargue) wird keine direkte Abstammung vom Ur vorgeschlagen; Abstammung von domestizierten Rindern unstrittig; Herkunftszusammenhang mit alpinem Kurzhornrind wird vermutet | **Nächste Verwandte:** Pirenaica geht auf Betizu zurück; über Pirenaica Verwandtschaft mit Monchina | **Wesen:** Lebhaft und sprichwörtlich scheu; der Name Betizu bedeutet „scheue Kuh" auf Baskisch; hervorragende Adaptation an magere und raue Weideverhältnisse | **Besonderheit:** Halbverwilderte, scheue Höhenkuh der Pyrenäen | **Verbreitung:** Westliche Pyrenäen, Regionen des Baskenlandes (Frankreich: Pyrénées-Atlantiques; Spanien: Gipuzkoa und Navarra) auf 700 – 2 000 m Seehöhe |

Pirenaica

BOS PRIMIGENIUS TAURUS
Navarra, Spanien

Pirenaica werden im östlichen Baskenland von 0 bis 1 900 Meter Seehöhe gehalten, vom Atlantik bis in die steilsten Berge der Pyrenäen. In dieser Gegend regnet es sehr viel, daher müssen die Rinder, die auf den Weiden und im Wald gehalten werden, von robuster Gesundheit und sehr genügsam sein.
Pirenaica haben eine kräftige Statur und ein lebhaftes Temperament. Trotz ihrer Wildheit sind sie durchaus zutraulich. Sie haben ein gelb- bis rotbraunes Fell, teils eine dunkle Schattierung am Kopf und leierförmige Hörner.
Vom Atlantik steigt ihre Weide hoch. Zwischen Maronen, Haselnuss, Eberesche und Steineichen bewegen sich die Tiere, bis sie dann in die moosigen Buchenwälder der höheren Regionen kommen. Im Winter, wenn es durchaus auch Schnee gibt, kommen sie wieder aus den Pyrenäen herunter an den Atlantik. Wie die meisten Rinder, leben die Pirenaica das ganze Jahr über auf der Weide.
Mit neugierigem Blick, aber durchaus wachsam begegnen uns die Pirenaica zwischen den vermoosten Buchenwäldern. Aufmerksam, aber interessiert halten sie uns auf Distanz.

Pirenaica sind prächtige, vitale Tiere.

Anzahl der Tiere: 40 000 | **Körpergröße:** Stier: Ø 1,35 m | Kuh: Ø 1,30 m | **Abstammung:** Geht auf Bestände von Betizu zurück, die stärker züchterisch bearbeitet und als Dreinutzungstiere gehalten wurden; teilweise durch Einkreuzung von Blonde d'Aquitaine zu kräftigeren Fleischrindern gezüchtet | **Nächste Verwandte:** Betizu, auf die die Rasse wohl zurückgeht; Béarnaise jenseits der Pyrenäen | **Wesen:** Lebhaft, dabei zutraulich; ausgezeichnete Robustheit und gute Anpassung an Höhenlagen | **Besonderheit:** Eine Kuh für alle Höhenlagen der Pyrenäen | **Verbreitung:** V. a. östliches Baskenland, auf einer Seehöhe zwischen 0 und 1 900 m |

Casta Navarra

BOS PRIMIGENIUS TAURUS

Navarra, Spanien

Im Norden Spaniens leben die Casta Navarra auf dicht bewaldeten Hügeln zwischen Steineichen, Oliven, Wacholder, Thymian und Lavendel. Eine idyllische Landschaft, eine idyllische Begegnung mit den Tieren.

Casta Navarra werden seit vielen Jahrhunderten für den Kampf gezüchtet und selektiert. Wir erleben diese Rinder in ihren Reaktionen und ihrem Verhalten als Wildtiere. Sie sind wachsam, aufmerksam und nicht an Menschen gewöhnt. Nähert sich jemand einem dieser Tiere, geht das Rind oder oft gleich die ganze Herde in den Angriff. Scheu sind sie zu jeder Zeit; bereit, ihre Kälber zu verteidigen und sich sofort wieder in den Wald zurückzuziehen.

Casta Navarra ist einer der alten Schläge, aus denen die Raza de Lidia hervorgegangen ist. Heute werden sie als Kampfrinder in der Arena nicht mehr eingesetzt, denn sie sind zu flink, zu schnell und viel zu direkt. Agile Rinder mit starken Muskeln. Mit einem Wort, sie sind zu gefährlich! Dadurch verlieren sie ihren Nutzen und nur noch wenige Liebhaber halten die Rasse, die daher stark vom Aussterben bedroht ist.

Im Sommer werden sie extensiv in den Bergen gehalten, den Winter verbringen sie unten in den südlichen Flusstälern Navarras.

Es sind schöne Rinder, die ein Teil der beeindruckenden Idylle der Landschaft sind, die durch sie erst lebendig und rätselhaft wild wirkt.

Anzahl der Tiere: Ca. 1 200 | **Körpergröße:** Stier: Ø 1,20 m | Kuh: Ø 1,15 m | **Abstammung:** Die Rasse geht auf Rinder der Pyrenäen zurück; eine der Kampfrinderschläge, die zur Zucht der Raza de Lidia Verwendung gefunden haben | **Nächste Verwandte:** Rinder des Baskenlandes wie Pirenaica und Betizu | **Wesen:** Kämpferisch und temperamentvoll; futtergenügsam und robust; gut bemuskelt, aber leichter, schneller und agiler als andere Kampfrinderschläge; ausladende, große Hörner | **Besonderheit:** Leichter und agiler Kampfrinderschlag Nordostspaniens | **Verbreitung:** Region Navarra in Nordostspanien |

Monchina

BOS PRIMIGENIUS TAURUS

Kantabrien, Spanien

Ganz nahe kommt man den Monchina nicht. Diese verwilderten Rinder sind sehr auf der Hut, weshalb uns auch eine Fotografie ganz aus der Nähe nicht gelang und wir nur uns misstrauisch beäugende Herdenbilder zeigen.

In den Wäldern am Rande des kantabrischen Gebirges bleiben sie das ganze Jahr über draußen. Sie sind daher sehr robust und anspruchslos. Sie leben zwischen Pinienwäldern und – leider – immer häufiger auch Eukalyptusbeständen. Zäune kennen sie keine, es ist schwer, mit ihnen umzugehen. Ihr Reich ist die Freiheit in den Wäldern des westlichen Baskenlandes und des angrenzenden Kantabriens.

Monchina sind robust und sehr anspruchslos. Die Kühe sind hellrot bis dunkelbraun, manchmal gestromt. Die Stiere haben ein kastanienbraunes bis schwarzes Fell. Das Flotzmaul der Monchina ist hell und ihre Hörner sind sehr ausladend. Die meisten Tiere tragen ein Brandzeichen, um sie ihrem Besitzer zuordnen zu können.

Wegen ihres wilden Temperaments werden sie bei Volksfesten der Region bei den Pruebas de Arrastre eingesetzt, bei denen sie schwere Felsbrocken ziehen. Die Ochsen, die die Brocken, die meist zwischen 1 500 und 4 000 Kilogramm wiegen, am weitesten in der vorgegebenen Zeit ziehen können, sind die Gewinner. Leider sind auch die temperamentvollen Monchina sehr, sehr bedroht in ihrem Bestand.

Anzahl der Tiere: Knapp über 1 000 | **Körpergröße:** Stier: Ø 1,20 m | Kuh: Ø 1,15 m | **Abstammung:** Hervorgegangen möglicherweise aus Kreuzungen von Tudanca, Pirenaica und anderen lokalen Rassen des España Verde, der regenreichen Gebiete Nordspaniens; wenig züchterische Bearbeitung, heute durch Verdrängung vom Aussterben bedroht | **Nächste Verwandte:** Tudanca und Pirenaica, über Letztere Verwandtschaft zu Betizu, die Monchina bezüglich der Haltungsbedingungen ähneln | **Wesen:** Sehr temperamentvoll und schwer im Umgang; für ganzjährigen Weidegang geeignet; robust und anspruchslos | **Besonderheit:** Temperamentvolle, halbverwilderte Kuh des kantabrischen Baskenlandes | **Verbreitung:** Westliches Baskenland und angrenzendes Kantabrien, auf einer Seehöhe zwischen 500 und 1 200 m

Asturiana de la Montaña

BOS PRIMIGENIUS TAURUS
Asturien, Spanien

Von Mai bis Oktober/November weiden die Asturiana de la Montaña in den Bergen um die Picos de Europa. Das Winterquartier haben sie am Golf von Biskaya.
Wir trafen die Tiere noch auf der Winterweide, direkt am Meer. Vom ersten Moment an faszinieren einen diese herrlichen Rinder, die zart wirken, aber sehr robust sind. Das Aussehen der Asturiana mit ihrem rotbraunen Fell und dem leicht eingefallenen Rücken ist typisch für den kantabrischen Stamm, der hier Tronco Cantábrico genannt wird. Asturiana de la Montaña gelten als letzter Vertreter dieses uralten autochthonen Rinderschlages. Ihren Ursprung haben sie in den alpinen Kurzhornrindern, die mit den Westgoten nach Asturien gekommen sein sollen. Ob das stimmt, ist ungewiss.
Asturiana de la Montaña sind ausgesprochen lebhafte Tiere, die eine gewisse Eleganz ausstrahlen. Die Augen von Kühen sind immer etwas Besonderes, aber die Augen dieser Tiere haben es wirklich in sich. Ein dunkler Streifen um die Augen und die oft hakenförmigen Hörner verstärken diesen Eindruck noch mehr.
Früher, bevor die Hochleistungskühe aus dem Norden geholt wurden, war Asturiana de la Montaña eine gute Milchrasse. Aus ihrer Milch wurde der einst berühmte Queso Casín gemacht, eine Spezialität der Region.

Asturiana berühren das Herz und sind einem ganz schnell nahe.

Anzahl der Tiere: Unter 20 000 | **Körpergröße:** Stier: 1,40 – 1,45 m | Kuh: 1,25 – 1,30 m | **Abstammung:** Geht vermutlich auf alpine Kurzhornrinder zurück | **Nächste Verwandte:** Asturiana de los Valles, mit denen sie das Verbreitungsgebiet teilen, die aber größer sind; herkunftsgeschichtlich besteht Verwandtschaft mit den Rassen des Baskenlandes (Monchina, Pirenaica, Betizu) | **Wesen:** Lebhafte, elegante Erscheinung; berggängig und anpassungsfähig; gute Grundfutterverwertung | **Besonderheit:** Eleganz und Vielfalt zwischen den Picos de Europa und dem Golf von Biskaya | **Verbreitung:** Zwischen dem Golf von Biskaya und den Kantabrischen Kordilleren in Asturien bis auf 2 000 m Seehöhe |

13

Razas rústicas

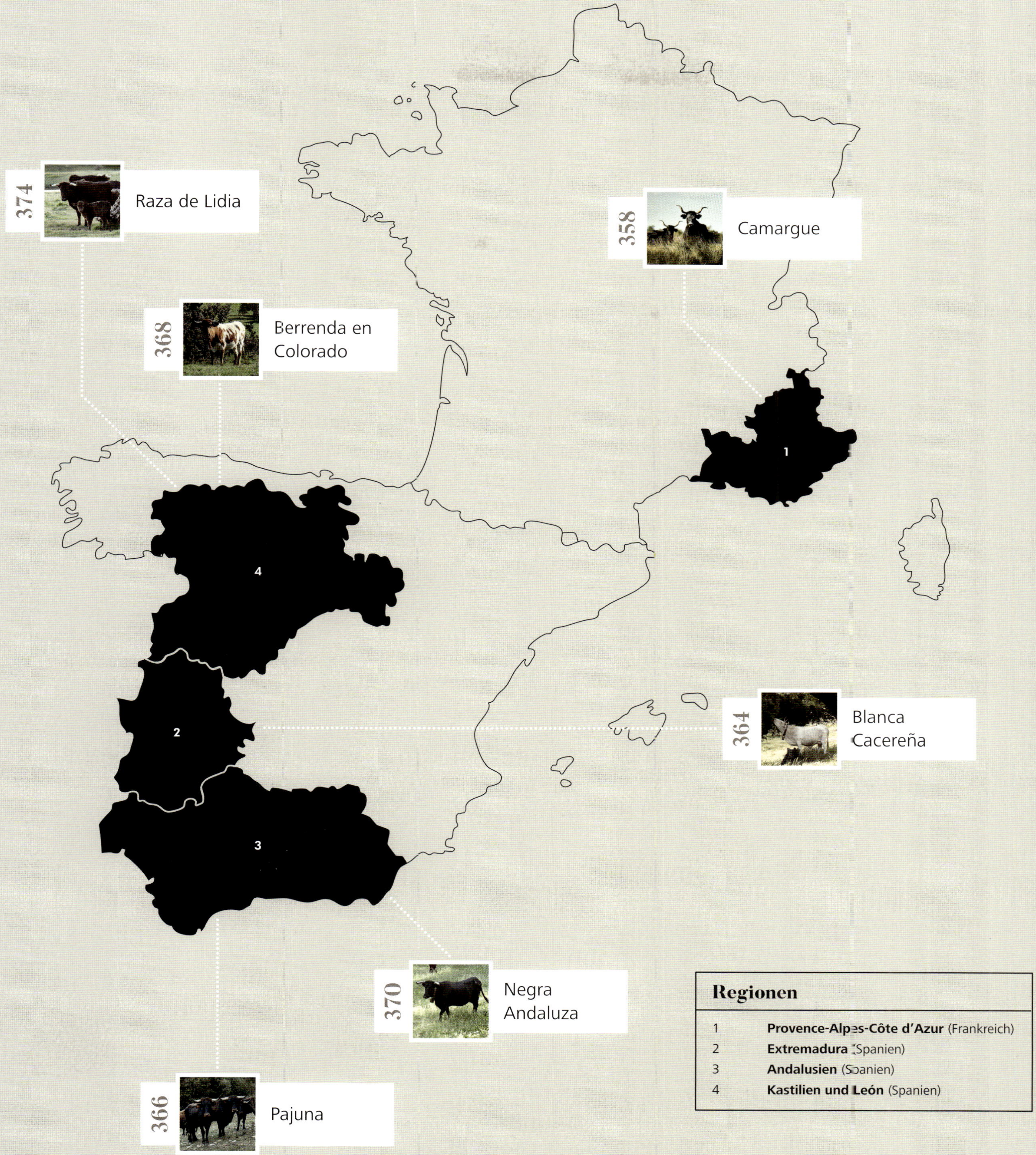
374
Raza de Lidia
368
Berrenda en Colorado
358
Camargue
1
4
2
3
364
Blanca Cacereña
370
Negra Andaluza
366
Pajuna
Regionen
1 Provence-Alpes-Côte d'Azur (Frankreich)
2 Extremadura (Spanien)
3 Andalusien (Spanien)
4 Kastilien und León (Spanien)

Von der Bewahrung der Wildheit und alten Kulturen

Viele Stränge führen zur Außerordentlichkeit der Rinder im Süden Spaniens. In der griechischen Mythologie spiegelt sich die Herkunft der spanischen Rinder wider. Zwölf von Pythia, dem Orakel von Delphi, ihm aufgetragene Taten musste Herakles als Sühne für die Ermordung seiner Frau und seiner Kinder vollbringen. Die zehnte war der Raub der wunderbarsten Rinder, die je auf dieser Erde lebten: die Rinder des Geryon. Schön waren sie, die Rinder des Riesen Geryon, rot wie die Abendsonne leuchteten sie. Herakles, mit seinem Heer von Libyen kommend, setzte an der Meerenge von Gibraltar die beiden Heraklessäulen und zog dann nach Iberien, um Geryons berühmte Rinder zu rauben. Dabei erschlug er zuerst den zweiköpfigen Hirtenhund, dann den Riesenhirten, der dem Hund zu Hilfe geeilt war. Geryon, dreifachen Leibes, erledigte Herakles im Kampf mit tödlichem Pfeile. Bei den Römern wurde aus Herakles Herkules, ein Gott der Hirten und Beschützer der Heilquellen.
Auf Geryons Rinder, diese heiligen Kühe, gehen die Rinder Althispaniens zurück, denn Herakles schenkte die Herde – oder vielleicht auch nur Teile davon – einem tartessischen Kleinkönig. Diese Wunderrinder sind der Grundstock und die Wurzel der Rinder der Dehesas.
So weit der Mythos, der den herrlichen Tieren bis heute anhaftet.
Die Rinder waren Opfertiere zur Besänftigung der Götter. Sie hatten im Volksglauben Althispaniens apotropäische – dämonenaustreibende – Funktionen, waren Teil verschiedener Fruchtbarkeitsrituale und standen in verschiedenen Spielen und Darstellungen in Zusammenhang mit dem Sonnenkult und der Mondgottheit. Es kann mit Fug und Recht gesagt werden, dass der Rinderkult Althispaniens der Verbindungsherstellung zu den Gottheiten diente, um Vorteile für die dem Kult dienenden Menschen zu erreichen. So fassten die Menschen die Rinder als Schatzgefäße geheimnisvoller Kräfte auf. Bis in die christlichen Feste hinein reichte ihre Verehrung. Dem St.-Markus-Stier wurden die Hörner mit Girlanden, Blumen, Lichtern und Brot geschmückt. In der Prozession wurde der Markusstier von den Frauen gefeiert und liebkost. Bis ins 2. Jahrtausend v. Chr. führen die Vorstellungen von den magischen Wirkkräften zurück, vielleicht aber auch weiter. Die alten Hochzeitsstierkämpfe und deren ritueller Gehalt waren nie eine bäuerliche Nachahmung der Stierkämpfe, denn sie sollen schlichtweg älter sein: Dokumente führen sie bis ins 11. Jahrhundert zurück. Durch die Berührung des Stieres im Hochzeitskampf sollten besondere Eigenschaften wie Fruchtbarkeit, Potenz, Kraft und Vitalität übermittelt werden. Der moderne Stierkampf hingegen hat seine Wurzeln in den Ritterstierkämpfen. Das alte Ritual des volkstümlichen Hochzeitsstierkampfes ging dabei weitgehend verloren.
Die alten *ludi taurini* waren in der Tradition und der Sphäre des Religiösen und Magischen. Das ist der mythologische Strang der Bedeutung der Rinder Iberiens. Der andere: Die Iberische Halbinsel bildete ein Kerngebiet des Auerochsen. Vielleicht gab es im Inneren Iberiens sogar eine eigene Rinderdomestikation – zumindest träumen dürfen wir davon.
Die Wissenschaft meint hingegen, dass sich die Rinder wahrscheinlich vom Gebiet des Fruchtbaren Halbmondes kommend entlang der Mittelmeerküste ausbreiteten. Es gibt Hinweise darauf, dass bereits im 6. Jahrtausend v. Chr. die ersten domestizierten Rinder in Spaniens landwirtschaftlichen Küstengebieten waren. Von diesem Zeitpunkt an wurden in Spanien durchgehend Rinder gehalten. In allen beeindruckenden Kulturen – der Glockenbecherkultur, der El-Argar-Kultur, der phönizischen Kultur und selbstverständlich auch bei den ligurischen und keltischen Stämmen – hatten

Kühe, Stiere und Ochsen ihren Platz. Als Arbeitstiere oder Lebensmittelspender, als Tiere für magische Handlungen oder Brücke zu den Gottheiten.
Aus der keltiberischen Zeit stammen mächtige Stierskulpturen. Auf die Vettonen, einen keltiberischen Stamm, gehen möglicherweise die Anfänge der immer noch atemberaubenden Kulturlandschaft der Dehesas zurück. Dieser Kulturraum in Südwestspanien hat sich vor allem in Kastilien und León, der Extremadura und Andalusien entwickelt.
Dehesa: Eine unbeschreiblich schöne, vielseitige, vielgestaltige Landschaft. Es ist ein Rückzugsgebiet für viele Vogelarten und ein Brutgebiet für gefährdete Tierarten, wie z. B. Kaiseradler und Mönchsgeier, mit einer ungewöhnlich hohen Vielfalt von Pflanzenarten. Eine der artenreichsten Vegetationsgesellschaften ist die Parklandschaft im Südwesten Spaniens. Dehesas wurden langsam durch menschliche Eingriffe geschaffen, wobei sich die natürliche Abfolge von Pflanzen, Weiden, offenen Landschaftselementen und leichtem Wald, von intensiv genützten und ungenützten Landschaftsbereichen in organischer Abfolge und mit Übergängen gestalten. Ursprünglich ein mediterraner Hartlaubwald mit Stein- und Korkeichen, wurde es über die Jahrhunderte als Weide für Schweine, Schafe und Rinder genutzt, außerdem verwendeten Köhler die Bäume des Waldes für ihr Handwerk. Alle miteinander schufen sie die halboffenen Eichenhaine. Schafe und Ziegen werden in den Dehesas nur im Winter gehalten, im Sommer ziehen sie transhumant in die kantabrischen Berge. Die Weiden der Dehesas werden traditionell als Allmende bewirtschaftet; sie bleiben so Gemeinbesitz, und die einzelnen Viehhalter haben Weiderechte. Aber auch Flächen für den Acker- und Gartenbau weisen die Dehesas auf, sogar Weinbau kommt vereinzelt vor.
Vielfalt, Vielfältigkeit ist das, was die Dehesas auszeichnet, und die Menschen dieser großartigen Landschaft gehen behutsam mit dem Erbe ihrer Ahnen um. In diesem Landschaftszauber hat die Raza de Lidia ihre Heimat. Fast ohne menschlichen Kontakt wachsen die Tiere hier auf. Aber auch andere autochthone Rinderrassen wie Morucho, Berrenda, Blanca Cacereña und Retinta sind in den Dehesas zu Hause.
Das Credo „Leistung über Leistung" frisst sich schön langsam auch in diese Gegend. Sowohl die traditionelle Schweinehaltung als auch die alten Rinderrassen sind dadurch bedroht, wie auch die gesamte Landschaft mit ihren unterschiedlichen Ökosystemen. Noch kann die Dehesa eine grüne Barriere bilden gegen die drohende Ausbreitung der Wüste.
Die immergrüne Steineiche bildet manchmal auf mehrstämmigem Fundament ovale geschlossene Kronen aus. Das sieht fantastisch aus, fast märchenhaft, und es bietet einen idealen Unterschlupf für vielerlei Spezies. Bis zu 500 Jahre alt werden die wunderbaren Baumkathedralen.
Die Korkeiche kann asymmetrische Kronen bilden, die sich in verschiedene kugelförmige Nebenkronen gliedern. Nebst diesen beiden prächtigen Bäumen bilden noch Eschen, Birken, Pinien, Hagedorn, Kreuzdorn und der westliche Erdbeerbaum die leichten, offenen Wälder der Dehesas. Und die Weidefläche ist ein Paradies aus Süßgras. Steifes Raigras, Trespen, Straußgräser, Knäuelgräser, Federschwingel, Mäusegerste und noch einiges mehr bilden die Futtergrundlage fürs Vieh.
Für viele unserer Zugvögel – Singdrossel, Weißstorch, Girlitz, Heidelerche – ist die Dehesa das Winterquartier. Die typischen Standvögel der Dehesas sind Blauelster, Eichelhäher, der bei uns sehr gefährdete Wiedehopf, Bienenfresser und Steinkauz. Und in den immergrünen Dehesas weiden sie ganzjährig, die prächtigen Rinder, oft unter Aufsicht von berittenen Hirten. Das uralte System der Viehhaltung, das ihren Ursprung in der sehr wechselhaften Geschichte Spaniens hatte und eines der Elemente der Reconquista bei der Eroberung Amerikas war, erinnert uns heute an Ranching-Systeme. Ein gewaltiger Bogen spannt sich über die Rinderhaltung Spaniens: von der mythologischen Zeit Herakles und den Rindern des Geryon zur Eroberung Amerikas, bei der die Rinder Spaniens eine tragende Kraft waren, bis ins Zauberland der Dehesas, geschaffen lange vor unserer Zeitrechnung.
Gelingt es Ihnen einmal, den Blick einer Negra Andaluza einzufangen, erahnen Sie die Geschichte und die Zusammenhänge von Herakles, Geryons Rindern, den magischen Ritualen und der Eroberung Amerikas.
All das hat mit den Rindern der Dehesas zu tun, und sie tragen das alles in sich, bis zum heutigen Tag: die wissenden Rinder der Dehesas.

Camargue

BOS PRIMIGENIUS TAURUS
Provence-Alpes-Côte d'Azur, Frankreich

Schilf, Tamarisken, Ried- und Schlickgräser, ganze Landschaftsabschnitte rot gefärbt vom Queller. Hier im Rhône-Delta im Süden Frankreichs muss die Flora mit den salzigen Böden und dem Brackwasser zurechtkommen. Rundherum versuchen die unterschiedlichsten Vogelarten – 1 247 gibt es hier –, sich gegenseitig zu übertönen. Wir beobachten Watvögel aller Art, Rohrweihen, die über dem Schilf jagen, eine schier endlose Anzahl an Enten und Gänsen, Kuhreiher, Purpurreiher, Blauracken, Eisvögel, die zauberhaften Blaukehlchen im Gestrüpp. Wir hören die Rufe der vielfärbig-prächtigen Bienenfresser, die in Erdhügeln nisten, und am lautesten die Drosselrohrsänger und Seidensänger. Und hoch am Himmel kreisen die unterschiedlichsten Falkenarten, unter anderem der seltene Würgfalke, aber auch Geier, wie der gefährdete Mönchsgeier, und atemberaubende Herrlichkeit ausstrahlende Kaiseradler und Steppenadler. Ja, die Camargue ist ein Paradies, ein üppiges Paradies.

In der Etappe sichten wir eine große Flamingokolonie, doch wir sind auf der Suche nach den Camargue-Rindern. Ohne *Manadier* wäre es schwer, die wild lebenden Rinder zu finden. Auf ca. 300 Hektar leben 250 Rinder, angeführt vom Leitochsen, der misstrauisch, wach, auf der Hut vor Menschen ist.

Seit der römischen, gallischen Antike lebte diese Art der Rinder in dem Landstrich. Ob ihrer Wildheit liegt die Annahme nahe, dass sie vom Auerochsen direkt abstammen. Immer wenn eine Rinderrasse besonders wild und ungezähmt erscheint, tauchen diese Ideen der direkten Urabstammung auf. Die Herkunft von den südspanischen Rindern wird wohl eher der Wahrheit entsprechen. Und sie könnten das Verbindungsglied zum Walser Vieh sein, das auch stets kampfwillig ist.

Der Weg der Walser Rinder führte von Nordafrika über Ägypten und Spanien, das Rhônetal hoch bis ins Wallis. So weit die Herkunftsspekulationen, und auf dieser Route könnten die Camargue-Rinder ein Glied sein. Ganz sicher wurden spanische Kampfstiere in die Camargue-Rinder eingekreuzt.

Die Camargue-Rinder haben einen länglichen Körperbau, mit einer sehr ausgeprägten Vorderpartie, einen schmalen, aber kräftigen Kopf mit hochgeschwungenen Hörnern, die manchmal ins Lyraförmige gestaltet sind. Das Fell ist schwarz, fast ins Bläuliche changierend, buschig, große Ohren haben die Tiere und ganz wache Augen, in denen sich ihre Wildheit, aber auch das Neugierige und Verspielte widerspiegelt.

In allem, was die Camargue-Rinder darstellen, erscheinen sie uns in der Welt der Rinder Solitäre zu sein. Solitäre ihrer Herkunft oder ihrer Haltung wegen? Manches von ihrem Ursprung liegt im Dunkeln, aber ihre Haltung kennen wir. Sie werden nur für die *Course camarguaise* gehalten und um dafür tauglich zu sein, in ihrer Wildheit bestärkt. Unberechenbar, kühn, aggressiv den Menschen gegenüber – das ist das Zuchtziel. Alle Tiere werden Stiere genannt, weibliche und männliche. Nur das Leittier, traditionell ist es ein Ochse, ist etwas domestiziert. Er gilt als intelligenter als die Stiere und als einziges Tier der Herde trägt er eine Glocke. Die Stiere werden auf Aggressivität und Schnelligkeit selektiert. Der *Manadier* und seine Helfer, *Gardians,* beobachten die Rinder auf dem Camargue-Pferd reitend.

Die Rinder und die weißen Pferde der Camargue wachsen oft zusammen auf, um sich aneinander zu gewöhnen, denn in der *Course camarguaise* treffen sie wieder aufeinander. Bei diesem Fest nähern sich die *Gardians* des *Manadier* reitend dem Leitochsen, rufen seinen Namen und traktieren ihn mit einem Eisendreizack, der auf einem langen Stab angebracht ist. So erkennen der Leitochse und die Stiere den Menschen als Feind und sie fliehen vor ihm. Zusätzlich stärkt es das äußerst aggressive Verhalten, sobald die Situation ausweglos scheint und sie in Bedrängnis geraten. Hier stoßen wir auf eine uns befremdende, uralte autochthone Kultur. Sie macht das Fotografieren der Rinder schwer wie nie. Sobald sie unserer gewahr werden, fliehen sie blitzschnell, bleiben nach einer kurzen Strecke stehen, drehen sich zu uns um und fixieren uns nochmals mit ihren leuchtenden, tiefschwarzen Augen, bevor sie im Unterholz verschwinden. Wir stellen ihnen weiter nach, aber schon die kleinste Bewegung bringt sie in Unruhe. Sofort flüchten sie wieder und jagen durch Wasserlachen, das Schilf, den Schlick und trockene Salzsteppen.

Inmitten dieser uralten Weidegründe zu sein, in dieser ständigen Spannung, die von den widerstandswilligen Rindern, aber auch von den wilden Pferden der Camargue ausgeht, umgeben von der aufregendsten exotischen Flora, der unglaublichen Vogelvielfalt und ihrem ohrenbetäubenden Gezwitscher, dem unbeschreiblichen Blau des Himmels, dem permanenten Rauschen des Windes und des Wassers, vermittelt uns eine sakrale Feierlichkeit, die sich in aller Wildheit über das Rhône-Delta und in uns ausbreitet.

Zur Feier der *Course camarguaise* werden die Rinder gehalten – wild geboren, wild gemacht, traktiert. Und bestehen sie den Kampf in der Arena,

Anzahl der Tiere: Ca. 20 000 | **Körpergröße:** Stier: Ø 1,30 m | Kuh: Ø 1,20 m | **Abstammung:** Sehr wahrscheinlich ist eine Herkunft von südspanischen Rindern; in ähnlicher Form schon in der gallisch-römischen Antike in der Region beschrieben; Camargue-Rinder könnten ein Verbindungsglied auf dem spekulativen Verbreitungsweg des Walser Viehs von Afrika in die Alpen sein | **Nächste Verwandte:** Isolierte Rasse; mögliche Verwandtschaft mit südspanischen Rassen; Heckrinder (Auerochsen-Rückzüchtungen), die teilweise mit Camargue gezüchtet wurden | **Wesen:** Wild und verspielt, dabei zugleich aufmerksam und wachsam gegenüber Fremden | **Besonderheit:** Zucht und Haltung auf Wildheit für den unblutigen Stierkampf *Course camarguaise* | **Verbreitung:** Camargue, in der Schwemmlandebene des Rhône-Deltas knapp über Seehöhe; kleine Herden im ganzen Gebiet der Provence |

indem sie den Kämpfern verunmöglichen, sich ihnen zu nähern, so machen sie den *Manadier* reich, schenken ihm Ehre und Bewunderung. Die Stiere können es nach ihrem Ableben sogar zu einem eigenen Denkmal bringen.
Die *Course camarguaise* ist ein spielerischer Stierkampf. Seit dem 19. Jahrhundert werden keine Stiere mehr getötet. Auf den Hörnern werden Trophäen, Bänder, Wimpel, Borsten oder Quasten befestigt, die der Athlet, der *Raseteur,* abnehmen muss. Ein Durchgang dauert 15 Minuten. Gelingt es den *Raseteurs* nicht, dem Stier etwas zu entwenden, geht der Stier als Sieger vom Platz. Doch die Stiere haben nicht nur die Geschicklichkeit der *Raseteurs* gegen sich, sondern auch die *Tourneurs,* die die Aufmerksamkeit der Stiere auf sich lenken, um den *Raseteurs* die Annäherung an die Stiere zu erleichtern.
Nur um in diesem Kampf zu bestehen, werden die kleinwüchsigen, wilden und unberechenbaren Rinder gezüchtet. Zuerst werden die Stiere eskortiert, von je zwei Reitern auf weißen Camargue-Pferden durch die Stadt bis zur Arena getrieben. Dort werden sie ganz eng zusammengepfercht in einem Geviert gehalten, bis sie in die Arena gelassen werden. Durch die vorausgehende Tortur ist das Gemüt der Rinder bereits aufgeheizt und wild, sodass ein beeindruckender Wettkampf garantiert ist.
Selbstverständlich liegt über der *Course camarguaise* eine unglaubliche Spannung, die Tiere und Menschen gleichermaßen erfasst, aber auch eine Festlichkeit des Außerordentlichen. Es findet etwas statt, das Menschen und Stiere aufs Äußerste erregt. Die *Course camarguaise* ist eine Art Ventil für Menschen, um ihren verborgenen, verleugneten Regungen nachzugehen, ein Spiel, um Gefühlen Raum zu geben, sich zu entladen im Ritus eines Festes. Schönheit und animalische Wildheit befreien die Menschen aus ihrer Langeweile. Valenzen, die höchste Lustgefühle hervorrufen, stellen sich ein. Die *Course camarguaise* ist ein Geschehen, in dem das Spiel, das Leben gefeiert wird.
Oh ja, selbstverständlich ist es eine Form der Tierquälerei. Sagen wir eine humanere – aber es ist Tierquälerei. Im Rausch der *Course camarguaise* entsteht eine Verbindung von Mensch und Tier, von Wildheit und Spiel, von Unberechenbarkeit und Ritus, von Ehre und Niederlage, von Entgrenztem und Form, doch es ist nie der freie Wille der Stiere, nie das Naturgemäße der Stiere – immer ist es der Lust und dem Trieb der Menschen geschuldet. Und das, obwohl die Camargue-Stiere das emblematische, symbolhafte Tier der Freiheit und Unabhängigkeit Südfrankreichs und der okzitanischen Sprache, der Sprache der Troubadoure, sind. Sie sind ein Teil der Kultur des Südens Frankreichs.

Blanca Cacereña

BOS PRIMIGENIUS TAURUS

Extremadura, Spanien

Nur noch 500 Tiere soll es von dieser beeindruckenden Rasse geben. Sie haben ein schönes weißes Fell und weit ausladende Hörner. Obwohl die Rinder so groß sind, sehen sie wegen ihres rosa Flotzmauls putzig aus. Wie es sich für eine alte Rasse gehört, sind sie sehr futtergenügsam. Früher wurden sie als Arbeitstiere gehalten, heute überleben sie nur noch dank weniger Enthusiasten in der extensiven Erhaltungszucht.

In den Eichenhainen der Extremadura sorgen die Rinder für ein magisch wirkendes Landschaftsbild. Ein Bild wie aus der Romantik, das Schalmeienklang erwarten lässt.

Dieses romantische Szenario verleitet zum Spekulieren: Woher kommt dieses weiße Fell, das sich in Spanien sonst nirgendwo findet? Die Geister von römischen Opferrindern, Jupiter geweiht, und Steppenrindern der Goten aus der Völkerwanderungszeit werden herbeifabuliert.

Belassen wir es dabei: Cacereña sind einfach sehr schöne Rinder, stolz und etwas distanziert.

Anzahl der Tiere: Ca. 500 | **Körpergröße:** Stier: 1,30 – 1,35 m | Kuh: 1,25 – 1,30 m | **Abstammung:** Wie bei allen spanischen Rassen gemischten Ursprungs, wird bei Blanca Cacereña teilweise ein podolischer Einschlag vermutet, der von römischen oder westgotischen Einkreuzungen herrühren soll; die weiße Farbe führt zu verschiedenen Spekulationen zur Abstammung | **Nächste Verwandte:** Morucha Salmantina | **Wesen:** Sehr futtergenügsam | **Besonderheit:** Weißes Rind in den Eichenhainen der Extremadura | **Verbreitung:** Cáceres, nördliche Extremadura auf ca. 450 m Seehöhe |

Pajuna

BOS PRIMIGENIUS TAURUS
Andalusien, Spanien

Pajuna kommen in zwei Farben vor: in einem fast schwarzen Dunkelbraun und einem satten Kastanienbraun. Diese Farben und die einzigartigen Hörner, die am Hornansatz weiß und an den Spitzen schwarz sind, machen die traumhafte Schönheit der Tiere aus. Pajuna sind Bergtiere. Graziös bewegen sie sich über Fels.
Diese Rasse ist dem Auerochsen am nächsten. Daher, wann immer jemand den im 17. Jahrhundert ausgestorbenen Auerochsen rückzuzüchten versucht, sind die Pajuna mit dabei. Ihrer Urtümlichkeit verdankt die Rasse auch ihren Namen, der im andalusischen Dialekt auch leicht abwertend „Hinterwäldler" bedeuten kann.
Die Tiere haben einen schönen, muskulösen Körperbau, einen breiten Kopf und ausladende Hörner. Über den Rücken verläuft häufig ein heller Aalstrich wie beim Ur. Pajuna sind sehr temperamentvoll und passen sich ausgezeichnet an die lokalen Bedingungen an.

Von dieser wertvollen Rasse gibt es nur noch wenige Tiere. Es lohnt sich, sie zu bewahren, denn wir werden sie noch brauchen.

Anzahl der Tiere: Unter 1 000 | **Körpergröße:** Stier: 1,50 – 1,65 m | Kuh: 1,30 – 1,50 m | **Abstammung:** Wie bei allen spanischen Rassen vielfältigen Ursprungs ist der nordafrikanische Einschlag bei der Pajuna besonders deutlich; gilt als die spanische Rasse, die dem Auerochsen am ähnlichsten sieht; ab den 1980er-Jahren rapider Rückgang der Bestände, heute Erhaltungszuchtprogramm | **Nächste Verwandte:** Murciana | **Wesen:** Geländegängig, anpassungsfähig und robust; temperamentvoll | **Besonderheit:** Urtümliches Rind der andalusischen Sierras | **Verbreitung:** Ostandalusische Sierras bis auf 2 500 m Seehöhe |

Berrenda en Colorado

BOS PRIMIGENIUS TAURUS

Kastilien und León, Spanien

Umgeben von uralten Steineichen, hier Encinas genannt, weiden die Berrenda von Miguel Zabayos. Warm blickende Augen, die Fremde neugierig und wach fixieren.

Berrenda zählen zu den ältesten Rassen Spaniens; in ihrem Stammbaum finden sich Rinder, die in der neolithischen Periode einwanderten. Später kamen noch Rinder, die von Nordafrika migrierten, dazu.

Unter anderem aus den Berrenda gingen die Criollo-Rinder Amerikas hervor. Mit diesen wunderbaren Rindern wurde also die Viehhaltung Amerikas begründet, und das ist eine Begebenheit, die stolz macht. Von diesem Stolz ist auch heute noch viel zu spüren.

Berrenda haben einen langen Rumpf und lange Beine. Die Vorderhand ist stark betont, während die Tiere hinten eher schwach sind. Die tollen Hörner sind weit ausladend.

Diese Rinder sind gutmütig und intelligent, und sie lernen sehr schnell. Da sie zudem Kraft und Ausdauer haben und sehr zugstark sind, sind sie beliebte Arbeitstiere.

Die Ochsen der Berrenda sind Begleittiere für den Transport der Toros de Lidia und werden gemeinsam mit diesen in die Stierkampfarena getrieben. Ihre ruhige Art wirkt besänftigend auf die temperamentvollen Stiere, die ihre Anwesenheit sehr schätzen. Auf dem letzten Weg geben die Berrenda en Colorado den Kampfstieren Geleit.

Anzahl der Tiere: Ca. 5 000 | **Körpergröße:** Stier: Ø 1,43 m | Kuh: Ø 1,38 m | **Abstammung:** Steht der „Westeuropa-Gruppe" nahe; eine der ältesten dokumentierten andalusischen Rassen | **Nächste Verwandte:** Berrenda en Negro, Retinta sowie amerikanische Criollo-Rinder, die Vorfahren von u. a. Texas Longhorn | **Wesen:** Sehr gutmütig und lernfähig; zugstark, ausdauernd und arbeitsam | **Besonderheit:** Gutmütiger Arbeiter und Begleiter der spanischen Kampfrinder, der Toros de Lidia | **Verbreitung:** Zwei wichtige Zuchtinseln: Sierra Morena bis 1 000 m Seehöhe und Campo de Gibraltar knapp über Meeresniveau |

Negra Andaluza

BOS PRIMIGENIUS TAURUS

Andalusien, Spanien

Die erhabene Schönheit Andalusiens!

Obwohl sie inmitten von Kork- und Steineichen ganzjährig auf der Weide leben, sind sie äußerst zutraulich und beziehungsfreudig zu Menschen. Unseren Bauern gehorchen sie aufs Wort.
Im nördlichen Andalusien finden wir diese ausgesprochen schönen und freundlichen Rinder. In ihnen walten viele Rassen, darunter iberische Keltenrinder und nordafrikanische Schläge. Bläulich-schwarz schimmert ihr glattes Fell. Mit ihrem kompakten Körperbau und den wunderbar ausladenden Hörnern ähneln sie der Raza de Lidia, können dabei aber so handzahm sein, dass das Bild eines Kampfstieres sofort verblasst.

Negra Andaluza sind in ihrem Bestand sehr gefährdet. Nur über eine Erhaltungszucht kann diese prächtige Rasse noch für die Zukunft bewahrt werden.

Anzahl der Tiere: Reinrassig ca. 1 500 | **Körpergröße:** Stier: Ø 1,40 m | Kuh: Ø 1,35 m | **Abstammung:** Mutmaßlich vielfältige Herkunftsgeschichte, beeinflusst von u. a. iberischen Rindern, Keltenrindern und nordafrikanischen Schlägen; die Rasse ist heute von Verdrängung durch produktivere Rassen gefährdet und unterliegt einem Erhaltungszuchtprogramm | **Nächste Verwandte:** Serrana Negra, Avileña Negra Ibérica | **Wesen:** Menschen gegenüber ruhig und zutraulich; genügsam und anpassungsfähig | **Besonderheit:** Selten gewordene, erhabene Schönheit Andalusiens | **Verbreitung:** Nördliches Andalusien, v. a. Sierra Morena und Tal des Guadalquivir, bis auf 1 000 m Seehöhe |

Raza de Lidia

BOS PRIMIGENIUS TAURUS
Kastilien und León, Spanien

Alle Rinder sind etwas Besonderes. Jedes einzelne Rind hat seinen speziellen Charakter, jede Rinderherde ihr spezifisches Verhalten. Aber diese Rinder sind schon etwas ganz Eigenes, die Raza de Lidia schlechthin. Ihren Ursprung findet diese Rasse in den Pyrenäenrindern, in den neolithischen, den nordafrikanischen und vielleicht sogar in den podolischen Rindern, die mit den Westgoten hierher kamen. Ganz sicher aber sind diese Tiere Abkömmlinge der altägyptischen Apis-Stiere, die vom Himmel gesegnet sind. Der Kampf, die Corrida ist ihre Bestimmung.

Lidia haben einen kräftigen Körper mit einer starken Vorhand und weit ausholenden Hörnern. Sie haben ein überbordendes Temperament und einen unbedingten Willen, überall und sofort anzugreifen. Es sind äußerst robuste Tiere und, wie es sich für vom Himmel Gesegnete gehört, auch sehr krankheitsresistent.

Sie werden extensiv auf den großen, artenreichen Weiden und Eichenhainen gehalten. Es wird sehr darauf geachtet, dass die Tiere wenig Kontakt zu Menschen haben, um ja kein Vertrauen oder gar eine Beziehung zu Menschen entstehen zu lassen. Denn ihre Bestimmung ist der Kampf – der Kampf zwischen Mensch und Tier, zwischen Mensch und Natur. Der Stier steht dabei für die gesamte nichtmenschliche Natur. Der Stierkampf ist ein Opferritual, eine feierliche Vollstreckung, um die Einheit wiederherzustellen im Angesicht des Todes auf dem heiligen Ort der Arena. Der Stier wird bezwungen, um die segensreichen Gaben der Kuh zu gewinnen.

Der Stierkampf, das Leiden, der Tod gemahnen uns an Königin Dido, die sowohl die Äußerungen als auch die Eingeweide des Stieres als Orakel, als Wille der Götter, als Spur der Vorhersehung verstand.

Stierkämpfe: Weltkulturerbe oder gemeine Tierquälerei?

Anzahl der Tiere:
120 000
Körpergröße:
Stier: 1,25 – 1,30 m
Kuh: 1,15 – 1,20 m
Abstammung:
Hervorgegangen aus Rindern verschiedener Herkunft; Rindern von frühen neolithischen Migrationen aus Westeuropa und Nordafrika, maurischen Rindern, pyrenäischen und kantabrischen Rindern; möglicherweise podolischen Rindern
Nächste Verwandte:
Südspanische Rassen wie Pajuna, Negra Andaluza, Casta Navarra sowie verwandte portugiesische Schläge von Kampfrindern
Wesen:
Extrem temperamentvoll und angriffslustig; sehr robust, krankheitsresistent und anpassungsfähig, gute Grundfutterverwertung
Besonderheit:
Alte spanische Kampfrasse
Verbreitung:
In ganz Spanien mit Schwerpunkt Kastilien, Extremadura und Andalusien sowie in kleinen Beständen in anderen Ländern bis auf ca. 2 000 m Seehöhe

14

In eine neue Welt

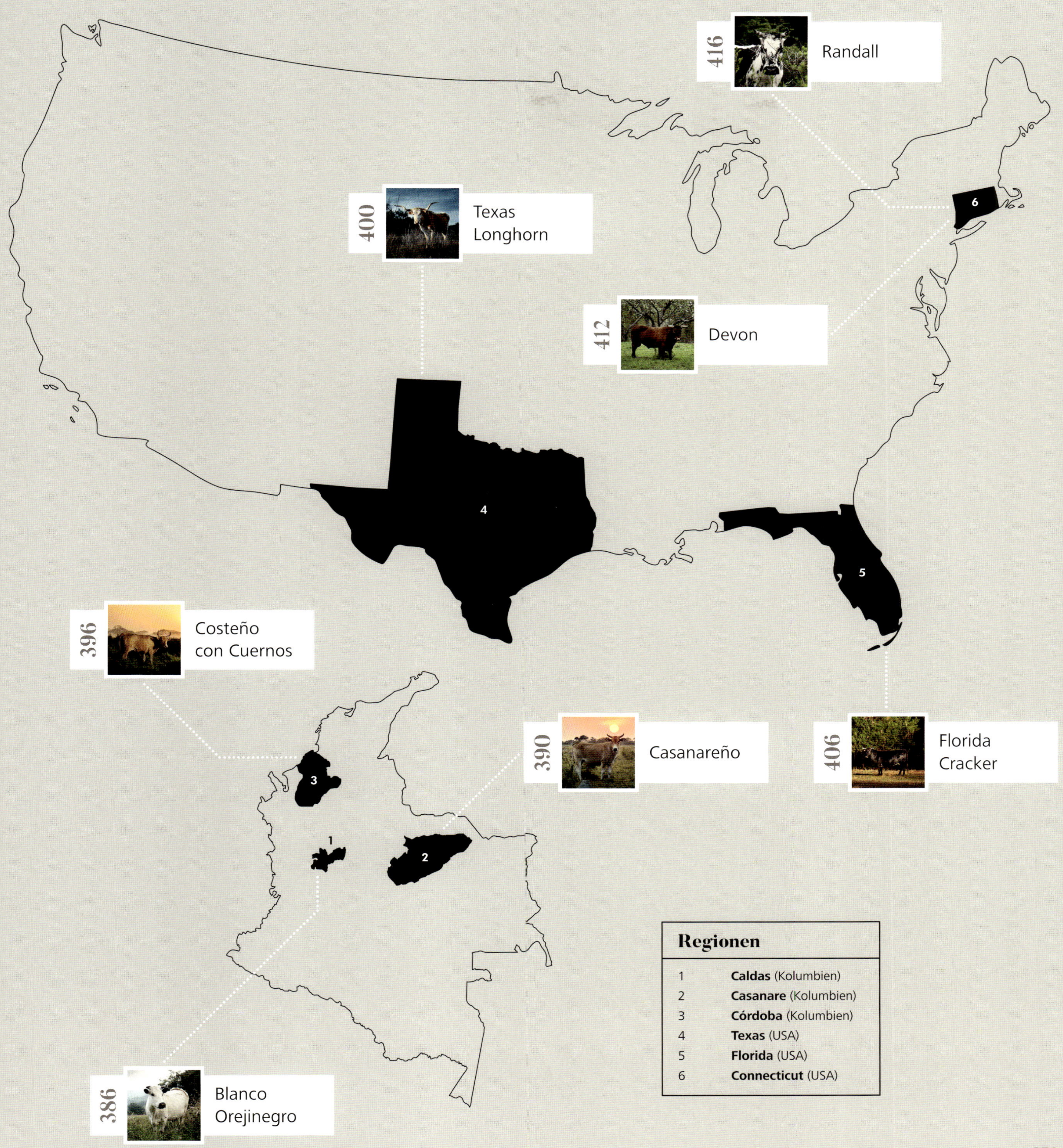
416 Randall
400 Texas Longhorn
412 Devon
396 Costeño con Cuernos
390 Casanareño
406 Florida Cracker
386 Blanco Orejinegro
6
4
5
3
1
2
Regionen
1 Caldas (Kolumbien)
2 Casanare (Kolumbien)
3 Córdoba (Kolumbien)
4 Texas (USA)
5 Florida (USA)
6 Connecticut (USA)

Amerika – Die Kühe Europas erobern einen Doppelkontinent

Um 1000 n. Chr. stießen die Wikinger aus Grönland kommend auf Amerika. Die ersten Europäer bildeten Kolonien in Markland und Vinland in Neufundland und Labrador – und mit sich brachten sie ihre Rinder.

Die norwegischen Kolonisten waren begabte Rinderhalter, deren Herden auf Grönland bedeutend waren. Doch mit den Nordmännern verschwanden auch ihre Kühe aus der Neuen Welt, denn ihre Kolonien waren nicht von Dauer. Eine Episode am Rande nur – viel mehr blieb nicht von ihnen.

Die wilden Vorgänger der Rinder, die Auerochsen, verbreiteten sich von Europas Atlantik bis zur sibirischen Pazifikküste und tief in den Süden, doch über den 60. nördlichen Breitengrad vermochten sie nicht vorzudringen. So konnten sie Beringia – im Gegensatz zu vielen Tieren, die über diese Landbrücke nach Amerika kamen – nicht nutzen. Erst mit den Spaniern trafen wieder Rinder in der Neuen Welt ein, und dieses Mal blieben sie.

Die Rinderhaltung war im zu Ende gehenden Mittelalter ein fundamentaler Teil der spanischen Landwirtschaft, und hier vor allem in den im Zuge der *Reconquista* wiedereroberten Gebieten Kastilien, Andalusien und der Extremadura. In diesen dünn besiedelten, kargen, bergigen Flächen wurden riesige Rinderherden gehalten, meist von berittenen Hirten beaufsichtigt.

Schon die zweite spanische Expedition 1493, die immer noch die Suche des Seeweges nach Indien zum Ziel hatte, brachte die ersten Rinder zur Kolonie Santo Domingo auf Hispaniola. Die 17 Schiffe, die unter dem Kommando von Christoph Kolumbus standen, wurden in Cádiz beladen. Später, auf den kanarischen Inseln, kamen Kühe und Stiere hinzu. Zur Stabilisierung ihrer Eroberungen und ihrer Kolonien waren die Rinder den Kolonisten wichtig. Die Tiere gaben ihnen eine gewisse Unabhängigkeit: Sie versorgten sie mit Milch, Fleisch, Talg und Häuten, und sie schenkten den Eroberern nicht zuletzt auch eine Stimmung der Normalität.

Bis 1512 brachte eine spanische Karavelle nach der anderen auch Rinder mit nach Amerika. Die Tiere passten sich hervorragend an. Die Herden prosperierten in der Neuen Welt, sodass ab 1512 der Nachschub an Rindern aus Europa nicht mehr notwendig war. Die Bücher der Casa de Contratación, die ab 1529 einsehbar sind, enthalten kaum noch Rinder als Fracht. Eine Ausnahme fanden wir: 1552 wurden zum Aufbau einer Kampfzucht in Mexiko, damals Neuspanien, je zwölf Kühe und Rinder aus Navarra verschifft.

Der Grundstock der Criollos sind jene Rinder, die in den ersten zwei, drei Jahrzehnten der Eroberung nach Amerika gebracht worden sind. *Criollo* bezeichnet Individuen mit europäischen Wurzeln, die in der Neuen Welt geboren wurden. Der Ursprung der Criollos liegt in Nordwestspanien und in Südspanien.
1402 eroberte der Normanne Jean de Béthencourt für Kastilien die Kanarischen Inseln. Auf diesem Weg kamen Rinder aus Asturien und Galicien auf die Kanaren, die entfernt zu jener Familie gehörten, zu der auch die Rinderrasse Asturiana gezählt wurde. Spanische Eroberungen gingen scheinbar immer mit Rindertransfer einher.
Eine der Schiffsrouten in die Neue Welt führte über die kanarischen Inseln. Dort wurden Proviant und Rinder geladen, und das bildete den Weg der Rinder Nordwestspaniens in die Neue Welt. Die andere Route hatte ihren Zentralhafen in Cádiz. Dort wurden die Rinder aus Andalusien und der Extremadura nach Amerika verladen. Das sind die Vorfahren der heutigen Rassen Retinta, Berrenda, Pajuna und Blanca Cacereña.
In den spanischen Kolonien Hispaniola, Kuba und Jamaika wurden Rinder gehalten. 1510 kamen die ersten Rinder ins heutige Panama. Die Kälber fielen den Jaguaren zum Opfer, die Spanier wurden von den Ureinwohnern heftig bedrängt und mussten 1517 die Kolonie Santa María la Antigua del Darién aufgeben. Etwas westlicher, in der Nähe des heutigen Panamakanals, entstand 1520 eine weitere Kolonie. Sie wurde mit Rindern aus Jamaika und Hispaniola belebt. Kaum zehn Jahre später war der Rinderbestand in Panama so groß und lebendig, dass Francisco Pizarro auf seinen Eroberungszügen vom heutigen Panama aus über die Pazifikküste ins Inkareich ganze Rinderherden mitführen konnte.
1530 wurde die Darién-Gegend – heute das Grenzgebiet zwischen Panama und Kolumbien – wieder kolonisiert und diese Rinder, die bei der Eroberung mitgebracht wurden, bilden den Ursprung der heutigen Costeños con Cuernos. Um einiges östlicher, bei der heutigen venezolanischen Küste, kamen zwischen 1524 und 1534 Rinder von Hispaniola in die neu gegründete Kolonie. Mit den Nachkömmlingen dieser Herden wurden die Llanos, die Orinoco-Überflutungsebene, im 16. Jahrhundert besiedelt. In den Llanos wurden Jesuiten-Missionen gegründet, die viel zur Herdenförderung beitrugen. Um 1625 gründeten Jesuiten Haciendas zur Rinderhaltung in den Regionen Meta und Casanare, beide in Kolumbien gelegen. Die zahlreichen Rinderbestände der Missionen sind die Vorfahren der Rasse Casanareño. 1767 wurden die Jesuiten in Spanien verboten und die Haciendas in Kolumbien aufgelöst. Aber das eigentliche Ziel, der Traum der Eroberer war das Gold der Inkas.
Sebastián de Belalcázar, ein Mitstreiter Pizarros, stieß 1534 von der heutigen ecuadorianischen Pazifikküste aus über das Hochland von Quito in das Cauca-Tal vor. Über San Miguel des heutigen Peru und Guayaquil des heutigen Ecuador wurden Rinderherden entlang der Kordilleren in das Cauca-Tal gebracht. Die Rinder konnten schier endlose Distanzen zurücklegen – sie blieben gesund und vermehrten sich gut. Aus diesen damals mitgeführten Herden entstanden die Blanco Orejinegro, die mit ihrer fast unerschöpflichen Leistung auf den Feldern, aber auch mit ihrer Milchleistung, beim Aufbau der kolumbianischen Landwirtschaft und später auch bei der Errichtung von Kaffeeplantagen eine tragende Säule bildeten.
Wieder einmal dürfen wir lernen: Ohne die Bereitschaft und die Beständigkeit der Rinder, für die Menschen unvorstellbare Leistungen zu vollbringen, wäre das Menschengeschick ein anderes gewesen.
Nach Mexiko, das damals noch Neuspanien genannt wurde, kamen die ersten Rinder 1521, und zwar in die Kolonie bei Tampico. Diese Rinder stammten aus Hispaniola und Kuba. In Neuspanien fanden die Eroberer Bedingungen für die Rinderhaltung vor, die sie sehr an ihre spanische Heimat erinnerten. Ab 1529 wurde in Neuspanien ein Verzeichnis von Brandzeichen geführt. Das erste aufgeführte Symbol, bestehend aus drei Kreuzen, bezeugte das Eigentum des Konquistadoren Hernán Cortés. Auf dem Hochplateau Mexikos fühlten sich die Rinder äußerst wohl. Die Herden wuchsen kräftig an.
In Mexiko wurden im frühen 18. Jahrhundert Missionen gegründet, die große Rinderherden hielten. Zwischen Nueces River und Rio Grande lag das Kernland der Rinderzucht, aus dem sich verwilderte Rinder in weite Teile des heutigen Texas ausbreiteten.

Zum Ende des 18. und am Beginn des 19. Jahrhunderts stießen immer mehr Siedler aus dem Osten kommend nach Texas vor. Sowohl die spanischen Kolonisten als auch die spätere mexikanische Regierung wiesen Siedlern Land zu, wenn sie sich verpflichteten, Rinder zu halten. 1845 wurde Texas zum 28. Bundesstaat der USA. In dieser Zeit kamen American-Native-Rinder nordeuropäischer Herkunft als Zugtiere oder Milchkühe nach Texas.

Doch diese Tiere wurden, im Gegensatz zu den Criollos, menschennah auf Farmen und in Ställen gehalten. Die aus New Mexico und Mexiko nach Norden drängenden Criollos lebten halbwild auf den weiten, offenen Flächen, mit sehr wenig Kontakt zu Menschen. Sie wurden von den Siedlern *Spanish cattle* genannt, aber die großartige und beeindruckende Behornung der Tiere ließ sie bald zu Texas Longhorns werden. Zu den spanischen Rinderhaltermethoden gehörte es, Rinder über große Strecken zu treiben. Das war den Texas Longhorns etwas naturgemäß Angeborenes. So eigneten sich die Criollos hervorragend für die langen Triebe in die Städte New Orleans und St. Louis, und ab 1840 wurden die Texas Longhorns über den Shawnee Trail bis nach Kansas City getrieben. Ab 1849 führten die Texas Longhorn Trails sogar bis nach Chicago und New York.

Im Amerikanischen Bürgerkrieg kamen diese gewaltigen Trails, die in die Nordstaaten führten, zum Erliegen. Innerhalb der Südstaaten gab es sie länger, vor allem für die Versorgung der Konföderiertenarmee. Der Ausbau des Eisenbahnnetzes, die Errichtung von Kopfbahnhöfen, die Einführung von Waggons mit Natureiskühlung ab 1877, all das machte nach dem Bürgerkrieg die *long drive* nicht mehr nötig. Eine beeindruckende Kultur fand ihr Ende. Arbeitsteilung, Industrialisierung, die Perfektionierung der Distribution trat an ihre Stelle. Heute sind die Criollos nur noch eine Freude für Idealisten, Träumer und Liebhaber, ihre Haltung ist eine Erinnerung an die Geschichte ihres Landes. Auch die Criollos waren Helden und Pioniere – in einer Zeit des Aufbruchs, in einer Zeit, in der Neues entstand, in der das Unvorstellbare Gestalt annahm: Amerika!

Die Criollos Kolumbiens

In ganz unterschiedlichen Vegetationen werden in Kolumbien Criollos gehalten. Von der Pazifik- und der Karibikküste bis hoch hinauf auf 3 000 Meter oder gar noch höher finden sich Criollos, die Nachkommen der Rinder, die mit den spanischen Eroberern ins Land kamen. Zum Teil verwilderten die Tiere und passten sich hervorragend an das Klima, die Vegetation und die für sie herausfordernde Fauna an. Gerade die Criollos sind Genies der Anpassung.

In der Regel werden Criollos in Kolumbien von *Vaqueros*, berittenen Hirten, gehütet, die pfeifend mit ihren Herden kommunizieren. Ihr Umgang mit den Herden erschien uns fast tänzerisch. Wir sahen beim Herdentreiben keine Stöcke und keine Gewalt. Wir erlebten Locken und verführerisches Führen. Da die Kühe ganz sich selbst überlassen bleiben und die Herausforderung, Kälber großzuziehen besonders groß ist durch die Bedrohungen der Fauna, bekommen die Criollos in Kolumbien erst um ihren 35. Lebensmonat ihr erstes Kalb. Die Kühe gebären im Stehen, um bei einem Angriff handlungsfähig zu bleiben. Um keine Feinde wie wilde Tiere auf sich und das neugeborene Kalb aufmerksam zu machen, fressen sie gleich nach der Geburt die Plazenta auf. Da es keine gestalterische Zucht gibt, sondern die Zucht durch natürliche Auslese passiert, bleiben die Kälber relativ klein. So muss die Kuh für ihre Nachkommen weniger Energie aufwenden und weniger Milch produzieren. Nicht zuletzt sind die kleinen Tiere im Unterholz viel beweglicher und wendiger.

Das Großartigste aber sind die singenden Stiere. Wir konnten den hohen, lang anhaltenden Laut der Stiere kilometerweit hören. Aber auch dieses Singen ist einer Gefahr geschuldet: Jaguare sollen so in die Flucht geschlagen werden. Das Singen der Stiere wird traditionell in Liedern besungen und macht die Besitzer der Stiere ausgesprochen stolz. Die *Vaqueros* kommunizieren bei ihrer Arbeit mit den Rindern nicht nur mit Pfeifen, sondern sie singen auch alte, traditionelle Lieder. Das versetzt die Herde in Ruhe, in eine Form von Gelassenheit. Ja, die Lieder verbreiten Ruhe unter den Tieren. *Vaqueros* und Herde verschmelzen bei ihrer tänzerisch anmutenden Interaktion in einem idyllischen Miteinander zu einer Einheit.

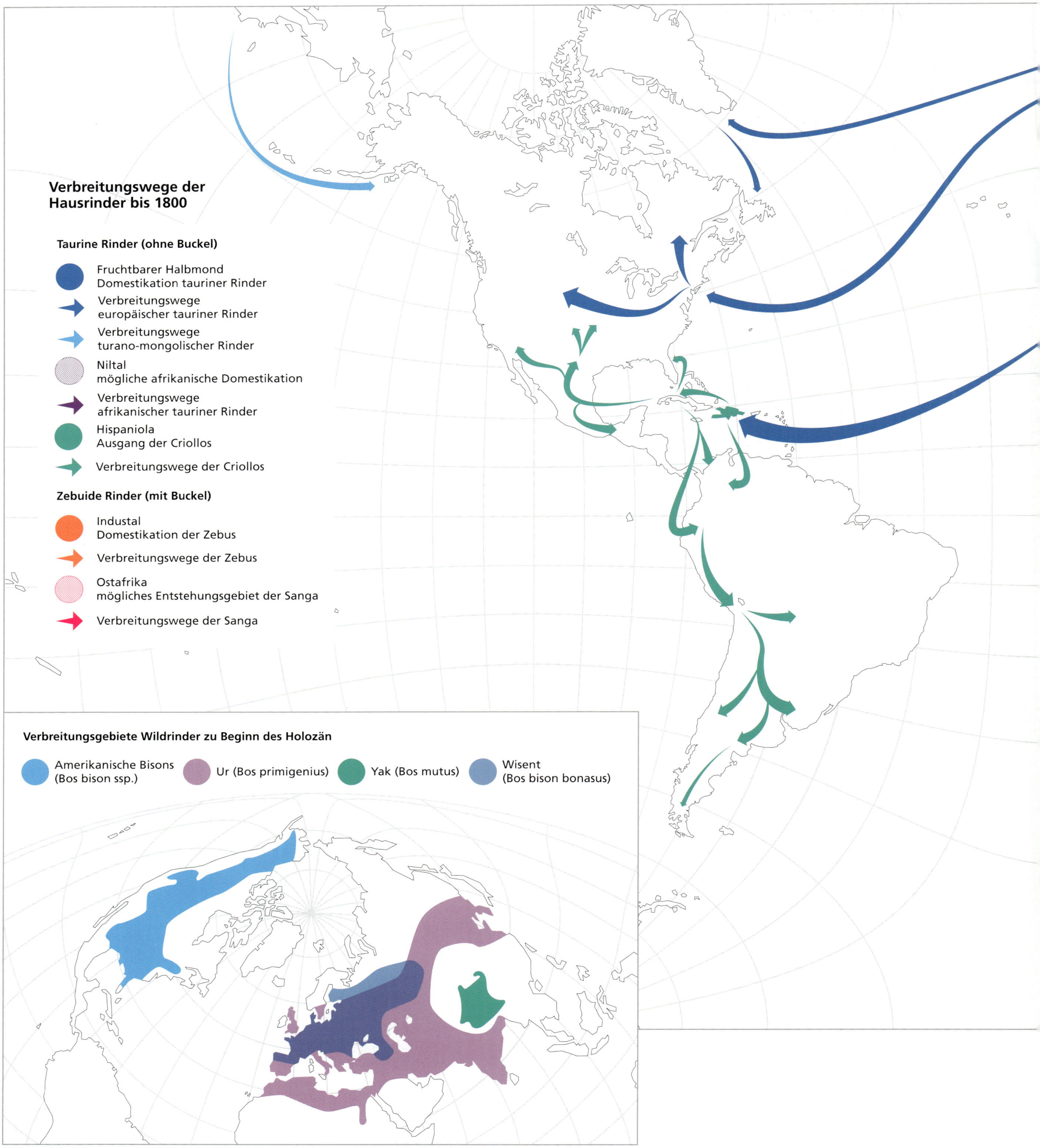

Verbreitungswege der Hausrinder bis 1800
Taurine Rinder (ohne Buckel)
Fruchtbarer Halbmond
Domestikation tauriner Rinder
Verbreitungswege
europäischer tauriner Rinder
Verbreitungswege
turano-mongolischer Rinder
Niltal
mögliche afrikanische Domestikation
Verbreitungswege
afrikanischer tauriner Rinder
Hispaniola
Ausgang der Criollos
Verbreitungswege der Criollos
Zebuide Rinder (mit Buckel)
Industal
Domestikation der Zebus
Verbreitungswege der Zebus
Ostafrika
mögliches Entstehungsgebiet der Sanga
Verbreitungswege der Sanga
Verbreitungsgebiete Wildrinder zu Beginn des Holozän
Amerikanische Bisons
(Bos bison ssp.)
Ur (Bos primigenius)
Yak (Bos mutus)
Wisent
(Bos bison bonasus)

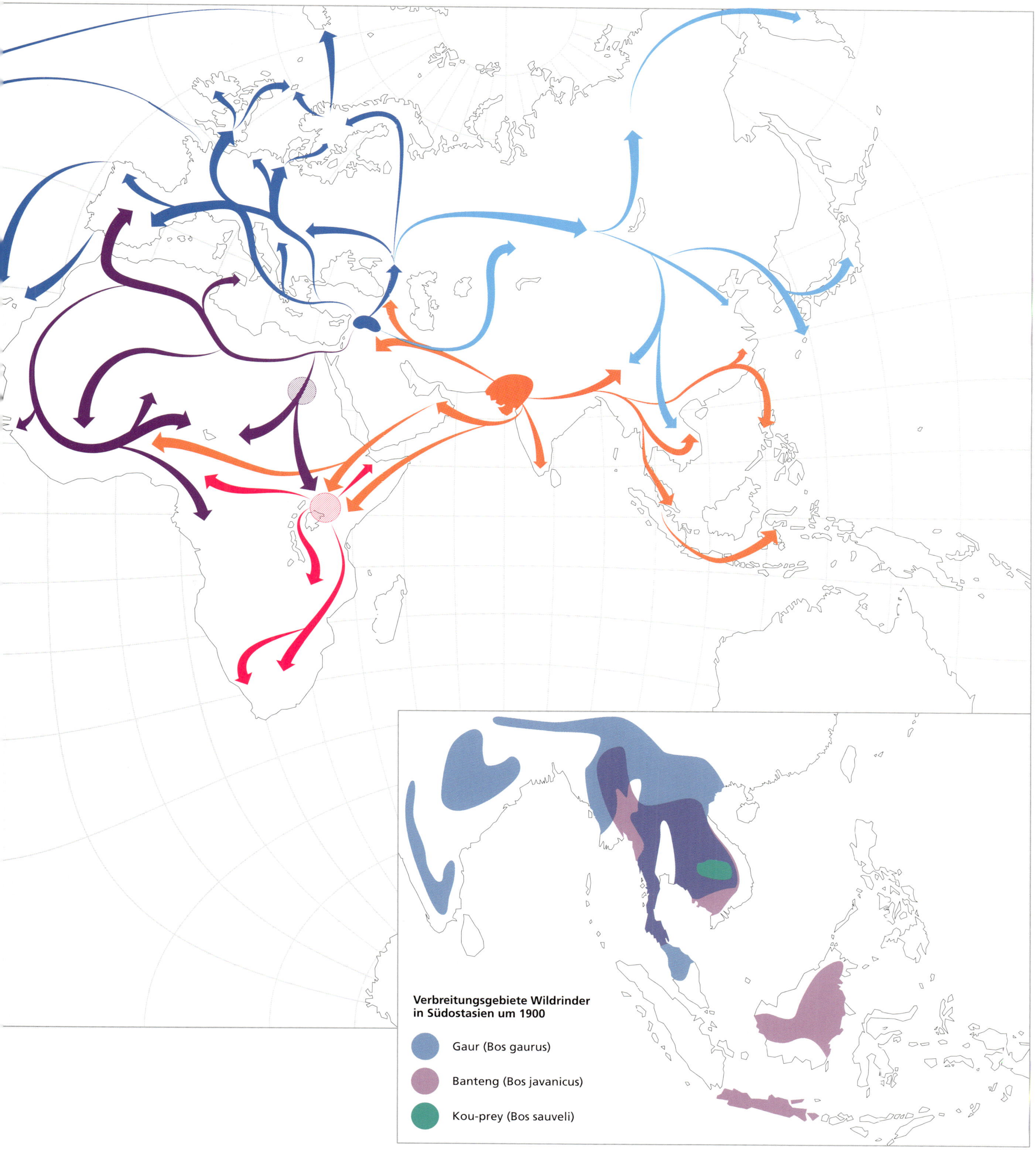
Verbreitungsgebiete Wildrinder in Südostasien um 1900
Gaur (Bos gaurus)
Banteng (Bos javanicus)
Kou-prey (Bos sauveli)

Blanco Orejinegro

BOS PRIMIGENIUS TAURUS
Departamento Caldas, Kolumbien

Wie Wesen aus einer anderen Welt erscheinen uns diese weißen Tiere in den steilen Hängen des Eje Cafetero Kolumbiens. Die Blanco Orejinegro (BON), die wir fanden, weideten auf 2 600 Meter Seehöhe. Die Vegetation auf dieser Höhe war uns von zu Hause vertraut. Rotklee, Löwenzahn, Vergissmeinnicht und Borstgras, mittendrin hoch in den Himmel ragende Eukalyptusbäume, etwas tiefer Quindio-Wachspalmen, die es in den beweideten Hängen schwer haben, neue Schösslinge zu treiben, denn das Vieh frisst ihre süßen Keimlinge. Die Wachspalme ist die höchste Palmenart der Welt. Ihre Palmwedel zieren viele religiöse Feste im Eje Cafetero. Brillenbären lieben die Palmherzen. Die reifen Palmfrüchte sind Delikatessen für Grünhäher, die wunderbare blaue Hauben tragen, und auch die Laucharassaris mit ihren großen langen Schnäbeln picken mit Hingabe die Früchte auf. Es ist außerordentlich beeindruckend, die weißen Kühe mit ihren tiefschwarzen Ohren und den schwarzen Flotzmäulern in dieser üppigen Berglandschaft zu sehen. Von den BON-Rindern gibt es kaum noch behornte Tiere. Das Rind mit Horn, das wir fanden, gehörte einer älteren Bäuerin, die BON mit Hörnern als Reminiszenz an das Vieh ihrer Jugend hielt, die damals selbstverständlich alle noch Hörner trugen. Inzwischen werden BON weitgehend auf Hornlosigkeit gezüchtet. Nur die starken Ochsen tragen noch alle ihre Hörner, da diese beim Bespannen gebraucht werden. BON haben einen ausgeprägt kräftigen Körperbau und waren früher für die kleinen Bauern in den Bergen die idealen, weil vielseitigen, Selbstversorgungskühe. Mit ihnen konnten sie die schwersten Arbeiten auf dem Feld verrichten und den Kaffee aus den steilen Abhängen transportieren. Die Tiere waren aber auch Milchkühe und Fleischkühe zugleich.

BON waren und sind ein Geschenk des Himmels. Ob sie direkt vom Himmel kommen oder doch von irdischen Rindern abstammen, bleibt noch zu klären. In der irdischen Linie wird gemunkelt, sie hätten direkte Abstammungsverbindungen zu den mythenumwobenen White Park oder gar zu den norwegischen Sidet Trønderfe und podolischen Rindern, die ihrerseits eine Verbindung zu den sagenumwobenen, prächtigen Epirus-Rindern haben. Eines spricht aus all diesen Behauptungen: Von den Blanco Orejinegro geht ein Zauber aus – kein ätherischer, sondern ein lebenswilliger. Wo immer die Not die Menschen drückte, waren die Tiere bereit zu helfen, zu tragen, zu schleppen, zu ziehen, zu nähren, zu kleiden und zu wärmen.
BON sind treue Begleiter der Menschen. Mit dem spanischen Konquistador Sebastián de Belalcázar sind sie wahrscheinlich über den Isthmus von Panama in dieses Verbreitungsgebiet gelangt. Wie auch die Berrenda, stammt er aus Córdoba und so dürfen wir vermuten, dass Berrenda die Ursprungsrasse der BON ist. Dazu kommt vielleicht noch eine genetische Flaschenhalssituation, der die vorwiegend weißen Rinder geschuldet sein könnten. Auch die Welternährungsorganisation FAO erkannte eine besondere Genetik der Blanco Orejinegro, die die Tiere für Menschen noch besonders wertvoll machen könnte: Sie sind gegen *Dermatobia hominis* resistent. *Nuche,* wie sie in Kolumbien heißt, ist eine Fliegenart, deren Larven sich subkutan entwickeln. Zudem sind BON durch ihre dicke Haut auch vor anderen Parasiten vielerlei Art, so vor Zecken und Moskitos, geschützt.

Die Blanco Orejinegro mit ihrem zarten, menschenfreundlichen Gemüt sind ein Schatz für die Menschheit und ein Segen für zukünftige Generationen.

Anzahl der Tiere:
Ca. 2 500
Körpergröße:
Stier: Ø 1,35 m
Kuh: Ø 1,25 m
Abstammung:
Spanische Criollos, die möglicherweise über den Isthmus von Panama, die Pazifikküste und entlang der Kordilleren von Süden ins heutige Verbreitungsgebiet gekommen sind
Nächste Verwandte:
Ausgestorbene Criollos in Panama; isolierte Stellung innerhalb der kolumbianischen Criollos
Wesen:
Zutraulich, ausdauernd und berggängig
Besonderheit:
Lasttiere und Milchspender für kolumbianische Kleinbauern und traditionelle Cafeteros
Verbreitung:
Zentralkolumbianische Eje Cafetero, im nördlichen Cauca-Tal zwischen der West- und der Zentralkordillere der Anden auf einer Seehöhe von 800–1 800 m

Casanareño

BOS PRIMIGENIUS TAURUS
Departamento Casanare, Kolumbien

Wir befinden uns in den *Llanos* Kolumbiens, die sich östlich von den Ausläufern der Anden bis nach Venezuela ziehen, genauer: in den *Llanos Orientales.* Dies ist ein Landstrich, in dem sich die – vielleicht weltweit – größte Vielfalt an Pflanzen und Tieren befindet. Aus dem schier undurchdringlichen Wald am Rande der Savanne ertönt mit einem Male ein fürchterliches, sich immer mehr anhebendes Geschrei, ein Gebrüll, das für uns völlig befremdlich ist. Aus der Wildnis gellen Schreie aus vielen Kehlen – Revierkämpfe von Brüllaffen, meinen die Einheimischen lakonisch.

Ja, wir waren hier an einem Hotspot der Biodiversität, wo für die Casanareños überall Gefahren lauerten. Jaguare, Pumas, Kojoten, Ozelote, Anakondas – aus jedem Dickicht, jedem Wasserloch könnte höchste Gefahr drohen. Dementsprechend verhalten sich Casanareños auch. Sie halten sich stets im engen Herdenverband. Es gibt kaum ein Tier, das einmal kurz ausbricht, sie bleiben immer nah beieinander. Und wenn ein Angriff geschieht, bilden die Stiere und die stärkeren Kühe einen Ring um die Schwächeren und verteidigen ihre Herde. Nicht selten sahen wir Stiere und Kühe gezeichnet vom Kampf, dessen Spuren noch deutlich erkennbar waren. Casanareños sind immer auf der Hut, wach und aufmerksam äugen sie hin und her und nehmen Witterung auf.

Von ihrer Schönheit, ihrem Ebenmaß, den wunderbaren Augen mit dem gutmütigen Blick, dem glatten Fell und dessen warmen Farben, den lyraförmigen Hörnern, bin ich hingerissen. Casanareños sind nicht nur wunderbare Rinder, sie sind auch Wundertiere – ein Wunder der Anpassung. Von November bis März ist ihr Weidegebiet fast eine Trockensavanne, während es von April bis Oktober ein Überschwemmungsgebiet ist. Die leichten Casanareños vermögen auch noch Futter zu finden, wenn alles 20 Zentimeter unter Wasser steht. Sie suchen leichte, kaum sichtbare Böschungen auf, um an Futter zu kommen. Sie sind ausgesprochen futtergenügsam, äußerst hitzetolerant und sehr fruchtbar. Mit einem Wort: Sie sind die einzigen taurinen Rinder, die unter den Bedingungen der Orinoco-Ebene überleben können. Zu all diesen Vorzügen kommt naturgemäß noch ihre ausgesprochene Resistenz gegen all die Krankheiten, die es in dieser Umgebung zuhauf gibt. Casanareños stammen aus den riesigen Beständen der Jesuitenmission. Allein die Mission in Caribabare führte 16 000 Rinder. 1767 wurde der Orden verboten. Nach der Auflösung der Mission verwilderten viele Herden, manche wurden von Privaten weitergeführt. Doch es ist zu sagen, die Casanareños sind ein fernes Erbe der ehemaligen Jesuitenmissionen.

Ihr Anblick, ihre Anpassung, ihre Schönheit und ihr Überlebenswille versetzen mich in ein aufgeregtes Staunen und in den Zustand einer grenzenlosen Bewunderung.

Anzahl der Tiere:
Ca. 400
Körpergröße:
Stier: Ø 1,30 m
Kuh: Ø 1,25 m
Abstammung:
Spanische Criollos, die über die venezolanische Karibikküste und die Orinoco-Ebene ins Verbreitungsgebiet gekommen sind; in der Region wurde die Rinderhaltung insbesondere durch die Jesuitenmissionen gefördert und ausgebaut
Nächste Verwandte:
Enge Verwandtschaft zu venezolanischen Criollos wie Limonero; nähere Verwandtschaft mit San Martinero, Costeño con Cuernos und Romosinuano
Wesen:
Hitzetolerant, fruchtbar, futtergenügsam, widerstandsfähig und wachsam
Besonderheit:
Jahrhundertelange Extensivhaltung sorgt für perfekte Adaption und Einfügung in ein artenreiches Ökosystem
Verbreitung:
Departamento Casanare in der Region Orinoquía, einer tropischen, saisonalen Überflutungsebene im Einzugsgebiet des Orinoco

Costeño con Cuernos

BOS PRIMIGENIUS TAURUS
Departamento Córdoba, Kolumbien

Wir befinden uns an der karibischen Atlantikküste. Die Ebene, die bis zu den westlichen Ausläufern der Anden reicht, war früher von tropischen Trockenwäldern überzogen. Nun sind sie stark fragmentiert und das am stärksten gefährdete Ökosystem Kolumbiens. Die offenen Flächen sind von der Rinderhaltung geprägt. In der Regenzeit sind die Weiden oft überflutet und auch jetzt noch, bei unserem Besuch während der Trockenzeit, liegt die Luftfeuchtigkeit bei 75 Prozent.

Am frühen Morgen liegt Bodennebel über den Weiden und das Gras ist nass vom Tau. Diese kühlere Zeit, ebenso wie den Abend, nutzen die Costeños con Cuernos zum Weiden. Tagsüber, wenn die Hitze über der Ebene steht, liegen sie unter den weit ausladenden Bäumen beim Widerkäuen. Jetzt am Morgen ist es sehr ruhig, wir vermögen sogar die Kühe beim Grasen und das Zwitschern der Vögel zu hören. Um die 1 400 Arten an Vögeln gibt es hier. Unter der Rinderherde bewegen sich Kuhreiher hin und her. Jedes Mal, wenn die Rinder Insekten aus dem Gras aufscheuchen, versuchen die Reiher, sie zu fressen. Aber auch die kleineren Neuweltfliegenschnäpper mischen sich unter die Kühe in der Erwartung, auffliegende Insekten zu erwischen. Es ist ein schönes Durcheinander von nicht zu dunklen braunen Kühen, dem Weiß und Orangebraun der Kuhreiher und zwischendrin, obenauf die schnellen, flinkeren grau-gelben Schreivögel. Rundherum ist eine tropische Landschaft mit Kolibris, Sittichen, zauberhaften Goldringtangaren und dem Geschrei und Gekrächze der vielfarbigen Aras. Das ist die Welt, in der sich unsere Rinder bewegen mit ihrem kurzen, glatten Fell, das auf uns wie eine Glasur wirkt.

Der Umgang der *Vaqueros*, der berittenen Hirten, mit den Rindern ist ruhig, fast spielerisch. Von der Härte, die manchmal bei Kuhtrieben bei uns zu Hause angewandt wird, sind die *Vaqueros* in ihrer Arbeit weit entfernt. Vielfältiges zu Fressen haben die Costeños con Cuernos, und reichlich. In ihrer Erhabenheit erinnern sie uns an die Pirenaica, und in der Tat sind sie mit ihnen eng verwandt. Sowohl an das heiße als auch an das feuchte Klima der karibischen Atlantikküste sind sie bestens angepasst. Sogar ihre Klauen kommen mit dem morastigen Überflutungsgebiet zurecht.

Ursprünglich waren Costeños con Cuernos wunderbare Dreinutzungsrinder. Heute werden sie nur noch in Erhaltungszuchten gehalten. Doch die Bauern haben noch Erinnerungen an diese großartigen Rinder ihrer Jugend. Einer meinte zu uns, Costeños seien wie Fahrräder – die Tiere sind leicht zu halten und noch leichter zu erhalten. Sie sind sparsam und haben einen guten Einfluss auf die Umwelt. Heute werden sie von Zebus oder Zebu-Kreuzungen verdrängt.

Seit 500 Jahren leben die Costeños hier, doch in unserer Zeit sind sie äußerst gefährdet.

Anzahl der Tiere:
Unter 500 in Reinzucht; ca. 4 000 Kreuzungstiere

Körpergröße:
Stier: Ø 1,35 m
Kuh: Ø 1,28 m

Abstammung:
Gehen auf die spanischen Rinder zurück, die im Golf von Urabá 1510 erstmals aufs südamerikanische Festland gekommen sind; Abstammung vermutlich von nordspanischen Rassen (Rubia Gallega, Pirenaica), die über Galizien auf die Kanaren und schließlich in die Karibik gekommen sind

Nächste Verwandte:
Romosinuano, die eine genetisch hornlose Variante der Costeño darstellen

Wesen:
Extrem hitzetolerant; sowohl an die feuchten als auch die trockenen Bedingungen in verschiedenen Abschnitten der Atlantikküste angepasst

Besonderheit:
Die ersten Rinder Südamerikas mit perfekter Anpassung an tropisches Klima

Verbreitung:
Früher weite Verbreitung entlang der kolumbianischen Atlantikküste mit verschiedenen regional ausgeprägten Schlägen, heute fast nur noch in Erhaltungszucht im Sinú-Tal

Texas Longhorn

BOS PRIMIGENIUS TAURUS
Texas, USA

An Texas Longhorns können wir sehen, was das Verbindende aller Rinder ist: die außerordentliche Anpassungsfähigkeit an das Klima und die äußere Umgebung sowie an Herausforderungen und Aufgaben. Dieses Merkmal machte Rinder unverzichtbar für die menschliche Entwicklung.

In Reinzucht gibt es von Texas Longhorns, von diesen für die Cowboykultur emblematischen Tieren, nur noch wenige. Wäre 1927 nicht noch eine Reinzuchtherde aufgefunden worden, die seit diesem Jahr in einem Schutzgebiet von Wichita Mountains, Oklahoma, als Genreserve der Longhorn-Reinzucht gehalten wird, stünde es um diese beeindruckenden Rinder schlecht, sehr schlecht!

Texas Longhorns haben eine Criollo-Abstammung und gehen auf spanische Rinder zurück, die beginnend im Jahr 1521, also in den ersten Jahrzehnten nach der Entdeckung Amerikas, von den Kolonisten auf das Territorium des heutigen Mexiko gebracht wurden. Wie in Südspanien wurden die Rinder in Mexiko auf weitläufigen Weiden gehalten und nur vereinzelt Selektionseingriffe vorgenommen. Die Rinder wurden mehr oder weniger sich selbst und ihren ausgeprägten Anpassungsfähigkeiten überlassen. Eine gewisse Ähnlichkeit mit den Berrenda fällt uns beim Anblick der Texas Longhorns auf, aber auch eine ausgeprägte Eigenständigkeit. Ihr Fell ist vielfältig, vielfarbig gesprenkelt: Weiß, rot, schwarz und grau gesprenkelte Tiere sehen wir. Aber das Herausragende an Texas Longhorns sind ihre mächtigen und uns unglaublich beeindruckenden Hörner. Da stockte uns kurz der Atem, als wir inmitten der Rinder standen. Die Tiere hingegen waren ganz ruhig und gelassen. Sie beäugten uns kurz, aber mehr Aufmerksamkeit brachten sie uns nicht entgegen. Keine Unruhe, keinerlei Aufregung entstand in der Herde. Nach wenigen Augenblicken näherten sie sich uns neugierig und zutraulich. Die endlos weiten Weiden sind karg und trocken, semiarid bis arid. Nur im Frühjahr sprießt grünes Gras, den Rest des Jahres kommen die Texas Longhorns mit der Natur ganz gut zurecht. Mit Windmühlen pumpen die Rancher Wasser aus den Tiefen für ihre Kühe, denn nur im Frühjahr führen die sonst völlig ausgetrockneten Bachbetten etwas Wasser. Auf den Weiden sind sehr viele Wacholderbäume, die für die Rinder ungenießbar sind, aber beständig einen betörenden Duft verströmen. Neben den Wacholdern ist die Weide von den mächtigen Lebenseichen, den Virginia-Eichen, geprägt. Die immergrünen Eichen haben in der Regel einen kräftigen Baumstamm, aber es gibt sie auch als ausladende Sträucher. Dieser Eichentyp trägt lederartige Blätter, und alle herunterhängenden Äste sind von den Rindern kahl gefressen. Auf den Virginia-Eichen ist *ball moss* – ein sogenannter Epiphyt, der sich nicht parasitär ernährt, sondern von Staub und Kondenswasser, und der selbst Fotosynthese betreibt. Dieses Geflecht wird von Texas Longhorns mit Vorliebe gefressen. Doch die allergrößte Überraschung für uns war, dass die Rinder eine Methode entwickelt hatten, um die mit langen Dornen bestückten Kakteen zu fressen, besser gesagt zu genießen. Ganz vorsichtig reißen sie mit ihren Lippen ein Kakteenstück ab und streifen es mit ihrem Maul auf dem Boden hin und her, sodass die langen Stacheln abbrechen, und dann fressen sie genüsslich, als wäre es für sie eine ausgesuchte Delikatesse. Die kleinen Stacheln der Kakteen können ihren rauen Zungen und Mündern nichts anhaben. Dies ist wieder ein Beispiel für den ausgeprägten Anpassungswillen der Rinder. Mit fast allem kommen sie zurecht – den höchsten Bergen und den kargsten Steppen.

Das Fell der Texas Longhorns liegt eng an ihrem Körper, um sich so in der dornigen Umgebung besser bewegen zu können. Die fantastischen Hörner, die an ihrer Spitze oft schwarz sind, drehen sich im Verlauf ihres Lebens korkenzieherförmig, was dann einen fast bizarren Eindruck macht. Sie haben schlanke lange Beine und eine Bärenkonstitution, die sie befähigte, unvorstellbar weite Strecken zu überwinden, um ab dem beginnenden 19. Jahrhundert die schnell wachsenden Metropolen im Norden zu versorgen. Über Monate wurden sie zu den Schlachtbetrieben in die Städte getrieben. Ab 1867 entstanden Zugstrecken und Bahnhöfe eigens zur Verladung der Rinder zum Transport nach Chicago. Zu diesen führten berühmt-berüchtigte Trails, wie der Chisholm Trail, über die die Tiere in die Rinderstädte Abilene, Ellsworth, Dodge City und Hays – alle in Kansas gelegen – gelangten. Der *long drive* zu diesen Bahnanschlüssen, die die Longhorns zu den Schlachtbänken des Nordens brachten, konnte bis zu drei Monate dauern.

Von 1867 bis 1886 wurden bis zu 9 Millionen Texas-Longhorn-Rinder zu den Kopfbahnhöfen Kansas getrieben und weiter transportiert. Der Wohlstand des Nordens der USA ist zu einem Gutteil auch den Longhorn-Rindern geschuldet, nicht nur der Tüchtigkeit der Menschen. Denn hart arbeitende Menschen benötigen gutes, gesundes Essen, und das schenkten ihnen die

Anzahl der Tiere: Ca. 14 000 | **Körpergröße:** Stier: Ø 1,40 m | Kuh: Ø 1,30 m | **Abstammung:** Gehen auf die spanischen Rinder zurück, die 1521/22 über Kuba und Hispaniola ins heutige Mexiko gebracht wurden; durch extensive Haltung und Verwilderung vorwiegend natürliche Selektion und Anpassung an Trockengebiete | **Nächste Verwandte:** Corriente (mexikanische Criollos); auffallende Ähnlichkeit besteht mit den spanischen Berrenda | **Wesen:** Sehr zäh, ausdauernd, lauffreudig und an trockene Prärie angepasst | **Besonderheit:** Ikonisches Tier der Cowboy-Kultur und damit Symboltier von Texas und der gesamten USA | **Verbreitung:** Südhälfte des Bundesstaates Texas, sowie vereinzelte Herden in anderen Landesteilen und angrenzenden Bundesstaaten |

Texas-Longhorn-Rinder. So wurden Trailtreiber, Cowboys und Texas Longhorns zu ikonischen Figuren des großen Aufbruchs, des ersten Wohlstandes der USA.
Den Ablauf müssen wir uns etwa so vorstellen: Zum Frühlingsbeginn wurden alle auffindbaren Longhorns aus den weitläufigen Arealen der Ranch zusammengetrieben. Alle nicht markierten Tiere wurden gebrandmarkt. Die stärksten Rinder wurden für den Trail ausgewählt, die Stierkälber kastriert und die Rinder auf den *long drive* getrieben. Zu Beginn des Triebs waren die Rinder noch sehr nervös und wollten immer wieder zurück auf die Weide ihrer Ranch, doch mit der Zeit marschierten sie in einem recht hohen Tempo gen Norden. Täglich dreimal wurden die Texas Longhorns auf ihrem Trail geweidet, auf dass sie nicht zu sehr abmagerten. Die größte Gefahr auf ihrem Zug war eine parasitäre Fliegenart, die Hautdassel, die Huftiere befällt. Bei einem Befall konnte es immer wieder zu den gefürchteten Stampeden kommen, bei denen sich die verängstigten Tiere gegenseitig tottrampelten. Eine andere Gefahr waren im Frühjahr die sieben reißenden Flüsse auf dem Weg nach Kansas.
1883 war der Höhepunkt der Texas-Longhorn-Fleischindustrie – und zugleich deren Verfall. Zum einen lag es an der Erfindung des Stacheldrahts und zum anderen an den effektiveren Fleischrassen aus Großbritannien, und da zuvorderst den Hereford-Rindern. Aber der Reihe nach.
1873 wurde der Stacheldraht erfunden. Nach längerem Zögern, etwa ab 1881, sicherten die Rancher in Texas damit die Herden auf ihren Ranches. Während der großen Dürre 1883 umzäunten die Rancher mit den Stacheldrähten die für die Herde überlebenswichtigen Wasserstellen, und so kam es zu berüchtigten *barbed-wire wars,* die den Trail nach Norden sehr negativ beeinflussten. Die harten Winter 1884/85 und 1886/87 führten unter den Texas Longhorns zu ungemeinen Bestandsverlusten. Ob der meterho-

hen Schneedecke fanden die Rinder kein Futter mehr, die Herden versuchten nach Norden auszuweichen, doch sie blieben an den verfluchten schneebedeckten Stacheldrahtzäunen hängen und verendeten elend in großer Zahl. Viele Rancher gingen pleite. Die Versorgung der Schlachtbänke des Nordens konnte nicht mehr aufrechterhalten werden, und die große Ära der Texas Longhorns ging für die amerikanische Bevölkerung zu Ende. Aus Übersee kamen die züchterisch stark verbesserten Rinder für die Fleischversorgung, vor allem der Siegeszug der Hereford-Rinder nahm seinen Anfang. Um 1920 waren die Texas-Longhorn-Rinder fast völlig ausgelöscht.

Von 1521 bis 1800 verbreiteten sich die Texas Longhorns von Mexiko bis nördlich von San Antonio. Das 19. Jahrhundert war eine einzige Erfolgsgeschichte der Texas Longhorns, heute halten nur noch Idealisten und Rinderbegeisterte in Texas und den angrenzenden Bundesstaaten diese unglaublichen Tiere, die eine große Aufgabe hatten für das amerikanische Volk, für die sie bereit waren. Sie legten die wüstesten, gefährlichsten und unglaublich langen Strecken zurück, sie waren bereit, sich ihrem Schicksal, die Menschen zu ernähren, zu fügen.

Heute treffen wir Texas Longhorns manchmal noch auf Weiden, ihre Kälber vor Pumas, Kojoten und Klapperschlangen schützend. Manchmal sind sie auch bei Rodeos zu entdecken, wo sie von Cowboys geritten werden, denn Texas-Longhorn-Rinder sind viel ruhiger und gelassener als das Fluchttier Pferd. Hoffentlich finden sich auch in Zukunft noch Idealisten, die den grandiosen Texas Longhorns das Weiterexistieren ermöglichen. In ehrfurchtvollem Dank den Texas-Longhorn-Rindern!

Florida Cracker

BOS PRIMIGENIUS TAURUS
Florida, USA

Diese wunderbar zarten und in ihrer Erscheinung äußerst eleganten Rinder gehören zu den Criollo-Typen. Von den spanischen Entdeckern Amerikas wurden sie ursprünglich in die Karibik gebracht. 1521 kamen die ersten Criollos von Puerto Rico nach Florida. Zu jener Zeit betrachteten die Kolonisten Florida als weitere karibische Insel. Der erste Eroberungsversuch scheiterte kläglich am Widerstand der lokalen Indianer. Höchstwahrscheinlich verwilderten die Criollos nach dem Abzug der Spanier in Floridas Urwald.

Die erste gesicherte Kolonie mit Criollo-Rindern wurde 1565 in der Gegend von St. Augustine südlich von Jacksonville errichtet. Diese Rinder stammten aus einem Criollo-Bestand in Kuba. Exakt auf diese Rinder lassen sich mit höchster Wahrscheinlichkeit die heutigen Florida Crackers zurückführen. Dazu kommt noch eine weitere Ursprungskolonie, die 1655 in der Nähe von Tallahassee errichtet wurde. Florida bildete einen militärischen Außenposten, zu mehr reichte es noch nicht.

Erst ab 1760 wurde Florida generalstabsmäßig kolonisiert, und zwar durch mutige Pioniere und britische „Schuldknechte" – Strafarbeiter, denen die Bezeichnung Cracker umgehängt wurde. Ganz langsam entwickelte sich eine Art Landwirtschaft mit verwilderten und halb verwilderten Criollos, die sich im tropischen Klima als weit widerstandsfähiger erwiesen als die britischen Rinderrassen. Die Rinderwirtschaft blieb aber eine rein regionale Angelegenheit. Seit dem 20. Jahrhundert werden die Criollos von Zebus und Zebu-Hybriden verdrängt, die eine natürlich erworbene Eignung für die Klimazone Floridas haben. Die wenigen Criollos, die es noch gibt, sind Meister der Anpassung. Die Nacht verbringen sie im Dickicht der Wälder, tagsüber weiden sie auf einer steppenähnlichen Weite, die im Sommer meist unter Wasser steht.

Was alle Florida Crackers miteinander verbindet, sind die auffallend schönen, großen, klaren Augen. Ihre Hörner sind meist leicht nach innen gebogen, um sich so geschickter im Dickicht der Wälder bewegen zu können. Die Felle der Herde sind unglaublich bunt, fast belustigend. Es gibt rein schwarze, weiß gescheckte und bunt gesprenkelte Tiere. Es ist alles dabei, die tollsten Fellzeichnungen sind bei ihnen möglich.

In der Wildnis der Wälder bewegen sie sich behände und geschmeidig. *Wood cows* werden sie, ganz zu Recht, auch genannt. Unter den kathedralähnlichen riesigen Virginia-Eichen, die gespenstisch wild über und über mit Feenhaar, dem spanischen Moos, behangen sind, finden sie sich nicht nur zur Nachtruhe ein, sondern auch wenn die Hitze des Tages ihnen zusetzt. Ziegengleich bewegen sie sich im dichten Wald, klettern den Stamm mit den Vorderläufen hoch, um etwas Essbares von den vielen unterschiedlichen Schlingpflanzen zu ergattern.

Neben den verhangenen Virginia-Eichen bilden noch Wasser-Eichen, Pinien und Sumpfgebiet-Zypressen den dichten Wald. Der Waldboden ist mit Drahtgras in den Lichtungen bewachsen. *Bull thistle,* eine schrecklich kratzige Distelart, gibt es zuhauf, aber auch *old field balsam* ist vorhanden – die Indianer gewinnen aus diesen Pflanzen Beruhigungs- und Schmerzmittel – und *gallberry,* aus deren Blüten Bienen einen wunderbaren Honig produzieren.

Ein einziges Süßgras können die Rinder finden, *maidencane,* und noch diverse Sauergräser, Flechten und viele Arten von Moosen. Aber auch eine große Zahl an Giftpflanzen wächst hier. Wird der Futtervorrat knapp und breitet sich der Hunger unter den Rindern aus, versuchen sich die Tiere immer wieder an den Giftpflanzen und sterben oft qualvoll. Vor allem die Jüngeren unter den Rindern probieren es immer wieder einmal, wird ihre Not zu groß. Erstaunlich, dass Florida Crackers in diesem Umfeld ihr Futter finden.

Florida ist mit jährlich etwa 1 600 Millimeter ein niederschlagsreicher Staat. Der Aufbau der Böden ist oft eine Sandschicht, unter ihr ein humusreicher Horizont, gefolgt von einer stark verdichteten Tonschicht. Das bedingt bei den vielen Regenfällen, die es zwischen Mai und September gibt, dass die ganze Gegend zum Sumpf wird. Wochenlang staut sich Wasser im Wald und auf den Weiden, und das bei Temperaturen bis zu 40 °C. Und doch gibt es auch hier Kühe: die Florida Crackers. Angepasst an das feuchtwarm bis heiße Klima, sind sie hitzetolerant, langlebig, krankheitsresistent und an minderwertiges Futter gewöhnt.

Diese unglaublichen Tiere sind bestens auf den Standort ausgerichtet – Rinder, die es gelernt haben, mit den Gefahren zu leben, immer auf der Hut, immer aufmerksam spähend. In ihrer Umgebung leben Klapperschlangen, die äußerst giftigen Diamantklapperschlangen, und Alligatoren – der, den wir sahen, war etwa 8 Meter lang –, die für die unerfahrenen Jungrinder eine große Gefahr darstellen.

Anzahl der Tiere:
Weniger als 2 000
Körpergröße:
Stier: Ø 1,28 m
Kuh: Ø 1,23 m
Abstammung:
Gehen auf spanische Rinder aus Kuba zurück, die in die 1565 bei St. Augustine gegründete Kolonie gebracht wurden; sogenannte Cracker, britische Schuldknechte und Abenteurer, halten die halb verwilderten Rinder ab dem 18. Jahrhundert unter extensiven Bedingungen
Nächste Verwandte:
Pineywoods, die teilweise als gemeinsame Rasse angesehen werden und weiter westlich entlang des Golfs von Mexiko gehalten werden
Wesen:
Hitzetolerant, langlebig und scheu
Besonderheit:
Ein Beispiel der Adaption an widrige Bedingungen
Verbreitung:
Einzelbetriebe und Naturparks im mittleren und nördlichen Florida

Nicht zu vergessen die hungrigen Wildschweine, die Kälber schlagen können, und die Kojoten. Am letzten Tag unseres Besuches fand unser Begleiter vor Ort in der Nähe der Herde sogar noch frische Pumaspuren. Gefahren ohne Ende sind die Florida Crackers ausgesetzt. Viele Halter geben daher einige Esel zur Herde, da diese großartige Herdenschutztiere sind und bei Gefahr laut ausschlagen.
Florida Crackers kommen seit vielen Jahrhunderten mit den Gefahren zurecht. Mein Respekt vor diesen Rindern wächst und wächst ins Endlose. Sprechen wir von standortangepassten Rindern, haben wir selten eine Vorstellung, worauf sich die Rinder einstellen können. Neben all der Not, den Gefahren, dem Hungern, dem wochenlang stehenden Wasser, den Moskitos und der Hitze gibt es aber auch noch die paradiesische Seite. Erhebt sich am Morgen langsam die Sonne über dem dampfenden Boden, liegen die Kühe noch unter den lebendigen Skulpturen, den Eichen, überzogen vom Feenhaar. Das Gezwitscher der herrlichsten, seltensten Vögel erklingt. Baltimoretrupial und Rosalöffler suchen nach Futter, in den Erdlöchern – die auch Klapperschlangen als Unterstand nützen – brüten Kaninchenkäuze. Die Rufe der Spitzschwanzammer erklingen und auch die des Teufelsturmvogels, während der schneeweiße Gleitaar falkenartig über die große Grünfläche jagt. Aus der Ferne ertönen die Kraniche, der Schreikranich und der Kanadakranich. Zauber und Schrecken haben wir nie so nah aufeinanderfolgend erlebt.
Gott sei Dank halten in dieser Umgebung noch ein paar unerschütterliche Idealisten und Träumer an den Florida Crackers fest. Aber auch der Bundesstaat Florida hält ein paar kleinere Herden, die ihm als lebendige Geschichtsträger dienen.
1521 kamen die ersten Tiere dieser Rasse nach Florida, und immer noch sind sie da. Großartig! In tiefer Verbeugung vor allen, die den Florida Crackers ein Fortleben gewähren.

Devon

BOS PRIMIGENIUS TAURUS
Connecticut, USA

Vom alten Ägypten nach Devon, über den Atlantik nach Neuengland bis zum Pazifik. So könnte ich die Geschichte der Devon-Rinder in einem Satz zusammenfassen. Erick Taylor, bei dem wir eine Herde fotografierten, meinte lakonisch, dass jedem, der Devons hält, schnell bewusst wird, dass diese Tiere aus einer ariden Klimazone kommen müssen. Die rote Fellfärbung, die UV-Licht besonders gut reflektiert, ihre Hitzetoleranz und die großartige Adaptabilität, die ihnen ermöglicht, im kalten schneereichen Winter genauso selbstverständlich zu bestehen, wie in den heißen Sommern. Das bedeutet, die Devon-Rinder haben schon viel erfahren und sich den unterschiedlichsten Herausforderungen anpassen müssen. Beim Betrachten der Herde fällt uns die gelassene Ruhe auf, die sie ausstrahlen, und das Selbstverständnis einer heiligen Kuh.

Wie das? Erick Taylor klärt uns auf. Auf den Wandmalereien des alten Ägyptens aus drei Jahrtausenden ist ganz eindeutig das Exterieur der Devon-Rinder zu erkennen. Wir sind seiner Behauptung nachgegangen und können bestätigen, dass die Übereinstimmung frappant ist. Die Phönizier, die Zinn aus den Minen Cornwalls und Devons gehandelt haben, könnten die Rinder nach Devonshire mitgebracht haben – diesem wunderbar grünen Land im Südwesten Englands, das mit dem mystischen Zauber des Dartmoor, mit vielen und vielfältigen Steinreihen und kreisen sowie beeindruckenden Menhirreihen gesegnet ist.

Die Bezeichnung *Devon* kommt von *Dumnonii* und ist auf einen keltischen Stamm zurückzuführen. In diesem großartigen Landstrich, der die Menschen frei und großzügig machte und ihnen den Mut verlieh, um von Plymouth aus die Neue Welt zu erobern, kreuzten sich die Rinder der Kelten mit den Rindern des alten Ägyptens und vereinigten so in sich die Fähigkeit, sowohl im humiden als auch im ariden Klima zu Hause zu sein. Etwas Besonderes waren die Kühe, im alten Ägypten und auch bei den Kelten. Und dieses Besondere tragen die Devons noch heute mit großer Selbstverständlichkeit in sich.

1623/1624 trafen mit der *Charity* die ersten Devon-Rinder in der Plymouth-Kolonie im heutigen Massachusetts ein. In Neuengland wurden die *Rubies of England*, wie sie ob ihrer schönen sattroten Fellfarbe auch genannt wurden, geschätzt.

Die Devons brachten alle Voraussetzungen mit, die gebraucht wurden, um einen Kontinent zu erobern. Sie waren – und sind immer noch – äußerst anspruchslos, kamen mit Wetterunbill ganz gut zurecht und vor allem, das Allerwichtigste: Sie waren geniale Dreinutzungsrinder. Sie gaben eine hervorragende, gehaltvolle Milch bei genügsamer und guter Futterverwertung, sie hatten ein großartiges Fleisch, und insbesondere die Ochsen waren die besten Zugtiere, die die Menschen sich wünschen konnten und auch brauchten.

Als Zugochsen drangen die Devons bis in den äußersten Westen vor. Sie waren Teil des berühmt-berüchtigten Oregon Trails. Von Neuengland bis zur Pazifikküste verbreitete sich ihr Ruf, verlässliche, intelligente, willige Tiere zu sein. Devons waren immer bereit, das zu tun, was die Menschen von ihnen brauchten. Dort zu helfen, wo die Menschen Hilfe nötig hatten – mit ihrer herausragenden Milch und ihrem Fleisch, um den Hunger der Menschen zu stillen, mit ihrer Zugkraft, um ihnen zu helfen und Neues zu erschließen. Ihre genügsame Vielseitigkeit machte sie unentbehrlich für die Pioniere, die Amerika eroberten. Im 20. Jahrhundert brauchte das Land aber keine Pioniere mehr, und in der Vielseitigkeit sahen die Menschen keinen Nutzen mehr. Spezialisten wollte das Land.

Fleischrassen und Turbokühe bei der Milch waren gefragt. Der Niedergang der Devon-Herden schien unaufhaltsam zu sein. Doch 1978 bildete sich ein Zuchtverband, der gerade die Vielseitigkeit der Devon-Rinder erhalten wollte, die Devons als Dreinutzungsrinder schätzte. Um sich von anderen Interessen abzugrenzen, wurde ein neuer Name für die *Rubies of England* eingeführt. American Milking Devon heißt die Rasse offiziell, was ob ihrer mehrfachen Nutzung jedoch irreführend ist. Daher bevorzugen manche Züchter, die sich der alten Zuchtausrichtung verpflichtet fühlen, den Begriff North Devon.

Devon-Rinder benötigen kein Kraftfutter, sie fressen Heu und Gras und sind nichtsdestotrotz kompakte, fast massige Tiere. Sie erscheinen uns mächtige Rinder zu sein, ganz besonders der Stier – dennoch ist auch er sanftmütig und äußerst gelassen, wie alle anderen Devon-Rinder auch.

Je länger wir inmitten der Rinder verweilen und je mehr wir von ihrem Charakter, ihren Vorzügen, ihrer Intelligenz erfahren, umso mehr wird uns bewusst: Die *Rubies of England*, die heutigen North Devons, sind die verkörperte Perfektion. Sie tragen ein uraltes Erbe in sich und haben sich willig, neugierig, mit Intelligenz, der nötigen Gelassenheit und großem Mut auf das Neue eingestellt und dabei ihre Würde und natürliche Erhabenheit nie verloren. Auf ewig, ihr *Rubies of England*, auf immer der Stolz Amerikas.

Anzahl der Tiere: Ca. 1 500 American Milking Devon; als Fleischrasse weltweit mehrere Hunderttausend | **Körpergröße:** Stier: Ø 1,40 m | Kuh: Ø 1,35 m | **Abstammung:** Mögliche Abstammung aus Kreuzung von Keltenrindern mit nordafrikanischen Rindern, die phönizische Händler gegen Kupfer aus Cornwall eingetauscht haben; im 17. Jahrhundert in der Grafschaft Devon verbreitet; 1623/24 kommen erste Tiere in die Plymouth-Kolonie im heutigen Massachusetts, von wo sie sich in ganz Neuengland verbreiten; im 18. und 19. Jahrhundert Verbreitung entlang der Atlantikküste bis nach Florida und als Zugochsen der Siedler bis nach Kalifornien | **Nächste Verwandte:** Englische Devon | **Wesen:** Ruhig, zugstark und genügsam mit enger Bindung zu ihren Haltern | **Besonderheit:** Alter Dreinutzungstyp für die ersten Kolonisten in Nordamerika | **Verbreitung:** Einzelbetriebe vorwiegend in Neuengland |

Randall

BOS PRIMIGENIUS TAURUS
Connecticut, USA

Die Geschichte der Randalls ist die Geschichte der Passion eines Mannes. Er hielt seine Rinder in völliger Abgeschiedenheit. Mr Everett Randall haben wir den Erhalt der Randall-Rinder zu verdanken. Von 1912 bis 1983 hielt seine Familie eine Herde in Sunderland, Vermont, in Isolation, um sie vor der Auslöschung zu bewahren.
Manche Ursprünge liegen trotz aller genetischer Möglichkeiten immer noch im Dunkeln. Sicherheit haben wir im Wissen, dass die Rinder auf die Tiere zurückgehen, die die Siedler im 17. Jahrhundert aus den Niederlanden, aus England, von den Kanalinseln und aus Skandinavien mitbrachten. Aus diesen Tieren entstand im 18. und 19. Jahrhundert zwischen Massachusetts und Virginia die schwarz gefärbte Landrasse der *Columbia cattle*.
Die herrliche Fellzeichnung der Randalls könnte auf die Fjäll- und Trønderfe-Rinder zurückgehen. Aber auch gewisse Ähnlichkeiten der Randalls mit den ursprünglichen englischen Longhorn- und Gloucestershire-Rindern sind zu erkennen. Die alten Gloucestershire-Rinder waren um 1750 in Südwestengland und Wales sehr verbreitet und widerstandsfähige Zweinutzungsrinder, die Kühe Milchrinder und die Ochsen hervorragende Zugtiere. Die amerikanischen Lineback-Rassen gehen höchstwahrscheinlich auf sie zurück.
Der Ausdruck *Lineback* kommt vom breiten Aalstrich auf dem Rücken, der sich vom Kopf bis zum Schwanz und über den Bauch erstreckt, also richtig um die Körpermitte. Den Aalstrich wiesen schon die Auerochsen auf, wie wir an den Höhlenmalereien von Lascaux sehen können. Im 20. Jahrhundert wurden die meisten amerikanischen Herden mit Holstein-Rindern gekreuzt, und so entstand die Hybridrasse American Lineback.
Nur ganz wenige Herden blieben von den Einkreuzungen verschont: einerseits die Lynch Lineback und andererseits die der Familie Randall. Der Kampf der Randalls um ihre außerordentlichen Rinder und die Erhaltung und Bewahrung der Rasse begann nach dem Tod von Everett Randall aufs Neue.
Seine Witwe suchte Menschen, die das Werk ihres Mannes weiterführten. In Cynthia Creech fand sie eine Frau mit der nötigen Hartnäckigkeit, um nicht zu sagen Sturheit, und einem unerschöpflichen Mut. Der Erhaltung und dem Schutz der Herde ordnete sie fürderhin ihr Leben unter. Sie nahm die Herde zu sich nach Tennessee, aber die Rinder wurden von Tag zu Tag apathischer und schwächer. Ein Tierarzt eröffnete ihr den Grund: In Tennessee war es den Randalls viel zu warm, zu heiß. Kurz entschlossen, ihrer ausgeprägten Leidenschaft für die Tiere entsprechend, verließ sie ihre Heimat und kaufte nur hundert Meilen entfernt von der Randall-Farm ein neues Zuhause. Hier, im rauen hügeligen Vermont, erholten sich die Rinder schnell.

Auf die Frage, wie es der wärmeverwöhnten Frau aus Tennessee im ruppigen Vermont gehe, meinte sie nur: „Schaut euch meine *Girls* an. Sie sind gesund, kommen mit Gras und Heu wunderbar zurecht, bekommen lebensstarke Kälber bis ins hohe Alter. Für das Überleben der Randalls war es die einzige Chance, in dieses Klima zu ziehen. Mir selbst geht die Wärme Tennessees sehr ab." Aber wie gesagt, genauso wie die Familie Randall, ordnete auch sie ihr Leben dem Erhalt der Rinder unter. Das ist ihre ganz persönliche Lebensaufgabe. Das erfordert einen unbeugsamen Willen, Zähigkeit, ein unzweifelhaftes Ziel und die Bereitschaft, alle Schwierigkeiten zu bewältigen und alles dem Wohl der Randall-Rinder unterzuordnen.

Randalls sind fast wilde Rinder. Sie leben bei jeder Witterung im Freien, haben einen starken Herdeninstinkt und erhielten sich die Intelligenz, den Charakter und die Eigenständigkeit eines wild lebenden Rindes. Sie sind äußerst genügsam, haben ein großartiges Weideverhalten und hervorragende Muttereigenschaften. Und äußerst wachsam sind sie: Wachhunden gleich registrieren sie alles, was in ihrer Seh- und Hörweite vor sich geht.

Menschen gegenüber, die ihr Vertrauen und ihre Zutraulichkeit gewonnen haben, sind die Tiere sanftmütig, ja geradezu liebevoll und herzlich. Fremden gegenüber bleibt die Herde distanziert. Randalls lieben es, mit ihrer Herde eng zusammen zu sein, denn sie verfügen über eine starke Herdenidentität. Gelingt es, die Ochsen zu zähmen – was nicht so leicht ist: ein wildes freies Tier an das Ochsengeschirr zu gewöhnen, ist ein hartes Stück Arbeit –, so sind sie ein starkes, äußerst intelligentes Gespann. Sie werden leider weniger für die Arbeit gebraucht als für die populären Ochsengespannrennen.

Das Fell der Randall-Rinder ist weiß und schwarz gesprenkelt, sie haben ein schwarzes Flotzmaul und starke Hörner mit schwarzen Spitzen. Selten zwar, aber neben den schwarz-weiß gesprenkelten gibt es auch rot-braun-weiß gesprenkelte Tiere. Trotz ihres in der Wildnis bewährten Lebens haben sie sanftmütige Augen. Wir fühlen uns von ihnen angezogen, und zugleich haben wir Scheu vor ihnen. Innerhalb der Herde sind die Randalls zueinander und Jungtieren gegenüber sehr zart und zuwendend.

Randalls sind klassische Zweinutzungsrinder, sie repräsentieren heute das Erbe der frühkolonialen Rinder Neuenglands. Mit der Herde von Cynthia Creech, die wir besuchten, gibt es noch insgesamt um die 300 Rinder.

Die Geschichte der Randall-Rinder ist eine von außerordentlich starken Persönlichkeiten und eine von ungewöhnlichen Rindern, die uns an unsere Herkunft erinnern. Das verbindet Mensch und Tier in ihrer Passion, etwas aus der fernen Vergangenheit in die Zukunft zu bringen.

Anzahl der Tiere: Ca. 300 | **Körpergröße:** Stier: Ø 1,43 m | Kuh: Ø 1,38 m | **Abstammung:** Gehen auf verschiedene Landrassen in Neuengland zurück, die im 17. Jahrhundert von Kolonisten aus den Niederlanden, Großbritannien, den Kanalinseln und Skandinavien eingeführt wurden; phänotypische Ähnlichkeiten verweisen auf Abstammung von skandinavischen Fjäll- und Trønderfe-Rindern; im 18. und 19. Jahrhundert sind schwarzgefärbte Linebacks unter dem Namen *Columbia cattle* zwischen Massachusetts und Virginia verbreitet; die Rasse Randall ist, neben Lynch Lineback, eine der beiden alten Landrassen mit Lineback-Musterung, die im 20. Jahrhundert nicht verschwunden ist | **Nächste Verwandte:** Lynch Lineback | **Wesen:** Kräftige Muskeln, zugstark, sehr genügsam und zutraulich | **Besonderheit:** Frühkoloniales Erbe der Ostküste | **Verbreitung:** Ehemals gesamte Ostküste bis Virginia, heute in wenigen Herden in Vermont, New York und Massachusetts

15

Ursprünge der Weltrassen

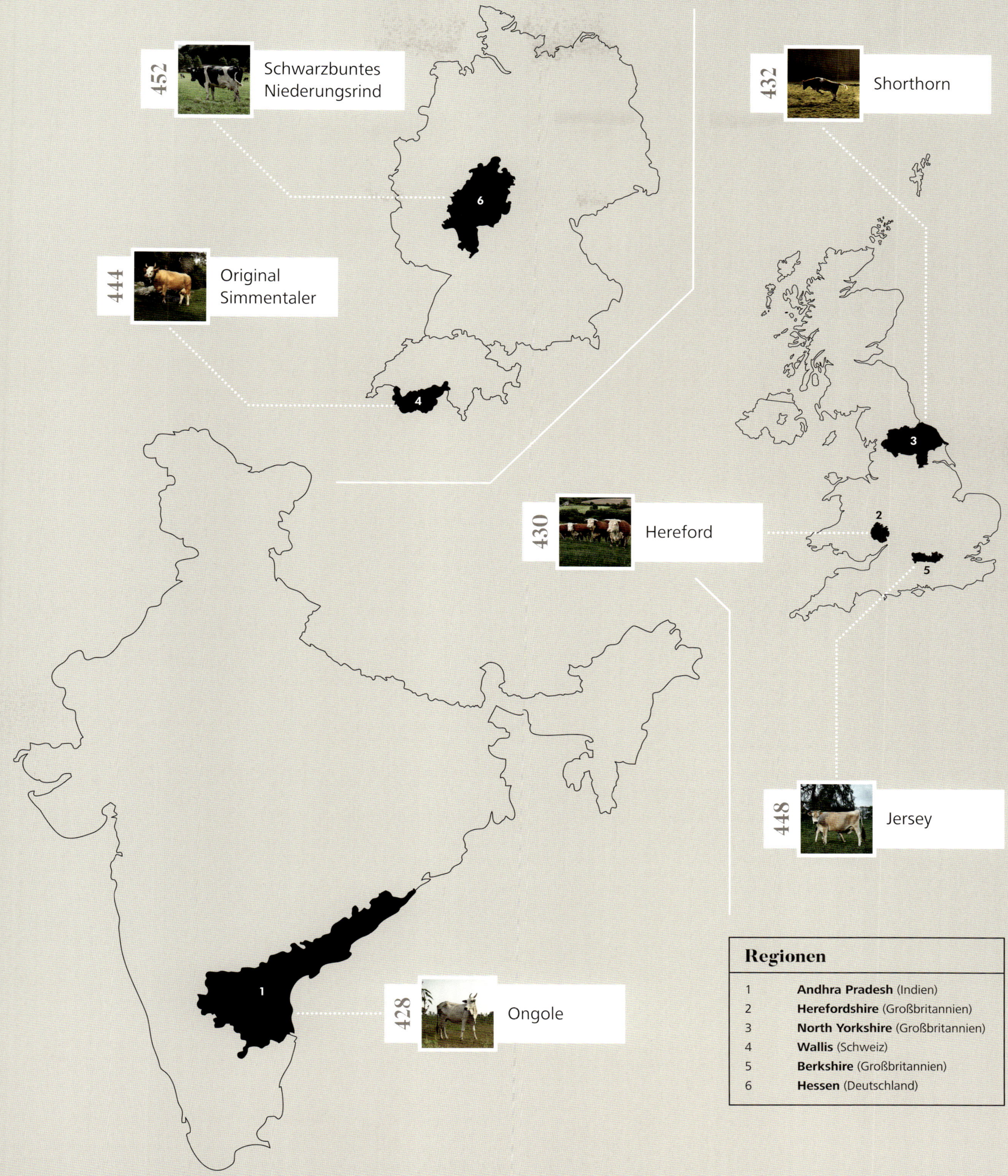

Regionen

1	**Andhra Pradesh** (Indien)
2	**Herefordshire** (Großbritannien)
3	**North Yorkshire** (Großbritannien)
4	**Wallis** (Schweiz)
5	**Berkshire** (Großbritannien)
6	**Hessen** (Deutschland)

Von Rindern der Tierzucht zu Leistungsrassen und lokalen Schönheiten

Kaum wurde aus dem herrlichen, stolzen Ur ein Nutztier, begannen sie schon: die züchterischen Eingriffe.

Die künstliche Selektion begann harmlos. Allein das Verhalten der Rinder war ihr Ziel, und das wurde nach und nach züchterisch verändert. Dabei wurden schreckhafte, aggressive und unberechenbare Tiere ausgesondert. Nachdem der unglaubliche Schritt der Domestikation gelungen war, wollten die Menschen Kontrolle über ihre Tiere gewinnen. Es könnte auch eine koevolutionäre Entwicklung zwischen Mensch und Rind genannt werden, eine von Menschen bewusst herbeigeführte Verhaltensänderung ihrer Rinder. Im Umgang mit den neu gewonnenen Tieren erlernten die Menschen durch Beobachtung, deren Verhalten – das Zusammenleben erschwerend oder erleichternd – zu deuten. Nach diesen gewonnenen Kriterien versuchten die Menschen, die Rinder zu selektieren.

Nebst diesen Eingriffen gab es auch immer eine natürliche Selektion, die durch die zunehmende Verbreitung der Rinder den geografischen und klimatischen Bedingungen geschuldet war. Auf Milch und Fleisch – das also, was wir heute mit der Leistung der Rinder in Verbindung bringen – wurde viele Tausende Jahre kaum selektiert.

Rinder sind großartige Tiere. Sie wurden als vielseitige Helfer im Alltag bäuerlicher Gesellschaften gesehen. Sie verhalfen den Menschen dazu, die unterschiedlichsten Klimazonen auf dieser Erde für sich zu erobern und darin ein Leben zu gestalten. Den Dung der Rinder verwendeten die Menschen als Isolier- oder auch Bau- und Brennmaterial. Der Dung der Rinder machte die Böden dauerhaft fruchtbar. Nicht zuletzt half der Rinder Zugkraft bäuerlichen Familien in vielen Lebenslagen. Rinder prägten darüber hinaus ganze Landschaften; denken Sie an die Almen oder die Dehesas in Spanien. Es war ein langes Miteinander zwischen Mensch und Rind, das oft symbiotisch war. Doch ab dem 19. Jahrhundert begannen die Menschen, das Vieh systematisch zuzurichten. Bis zu diesem Zeitpunkt geschah die Selektion der Tiere ganz nach dem Urteil und dem Blick ihrer Halter und Züchter, und es ging um Körperformen, Fellfarbe oder Behornung.

Systematische Züchtung verlangt nach anderen Kriterien: Dazu werden die Merkmale – meist Leistungsmerkmale wie Jahresmilchmenge, Schlachtkörpergewicht, mögliche Nutzungsdauer des Tiers oder Fruchtbarkeit von Eltern und Nachkommen – erfasst. Nur die Tiere mit den gewünschten Merkmalen werden selektiert, gezielt gepaart und vermehrt.

Gerade in Gebieten, in denen Ackerbau kaum möglich war, wie im Schweizer Voralpenland oder in den norddeutschen und niederländischen Überschwemmungsgebieten, spezialisierten sich die Züchter früh auf die Milch. Das alles war noch eine sehr offene Form der Produktionssteigerung. Die Tiere mussten leicht und leichtgängig bleiben. Die gute Grundfutterverwertung

war wichtig, ebenso die Fruchtbarkeit und die Leichtkalbigkeit. Eine robuste Gesundheit stand ganz oben bei den Anforderungen an die Rinder.
Mit Robert Bakewell, 1725 – 1795, begann ein neues Zeitalter in der Tierzucht. Körpergröße, Fleisch- und Fettansatz gerieten plötzlich in den Mittelpunkt züchterischen Tuns. An Longhorns experimentierte er durch Verwandtenpaarungen zwischen hervorstechenden Einzeltieren. Mit Shorthorns erreichte die Systematisierung, die Zuchtmethodik schlechthin, ihren ersten Höhepunkt.
Nach und nach setzte sich die an den Shorthorns ausgeübte Methodik in allen Weltregionen bei einer Vielzahl von Nutztierrassen durch.
Das Genie der Rinder – das also, was sie für die Menschen jahrtausendelang unverzichtbar gemacht hatte: ihre Multifunktionalität für die bäuerliche Gemeinschaft – blieb dabei auf der Strecke. Ab sofort waren spezifische Hochleistungen in der Tierzucht gefragt. Ein Zuchtbuch wurde eingeführt, die einzelnen Bewertungsmerkmale wurden objektiviert.
So wurden die Shorthorns die erste durchgezüchtete Rinderrasse. Einzelne Zuchtlinien wurden selektiert, um so die ganze Bandbreite der Nutzungsrichtungen herauszubilden. Shorthorns wurden zur ersten Weltrasse. Sie verbreitete sich von England nach Japan und Patagonien, in den USA, in Südafrika und Australien. Aber noch erfolgreicher als diese Rinderrasse war ihre Zuchtmethodik, die auf große Nachfrage stieß. Hohe Milchleistungen, guter Fleischansatz mit einer tollen Fettmarmorierung, Hitzeresistenz und ungebrochener Leistungswille waren die Eigenschaften, die gefordert wurden.
Das Ausmaß des Zuchtfortschritts exemplifiziert sich am Zuwachs der durchschnittlichen Milchmenge amerikanischer Milchkühe. Durch künstliche Besamung ab den 1950er-Jahren wurde es deutlich beschleunigt. Bei dieser Methode werden die Gene eines gewünschten Stieres um die ganze Welt geschickt, um Kühe zu befruchten.
In den 20er-Jahren des vergangenen Jahrhunderts lag die Milchmenge bei 2 000 kg/Jahr, 1960 waren es noch bescheidene 3 000 kg/Jahr, am Ende des Jahrhunderts erreichte sie bereits 8 000 kg/Jahr, und 2017 kletterte sie weiter auf 10 400 kg/Jahr. Die Nutzungsdauer einer Milchkuh liegt in den USA bei 2,5 Laktationen. In dem Maße, wie den Kühen Hochleistung abgefordert wird, reduziert sich die Lebensdauer der Tiere. Rinder, die die Menschen jahrtausendelang durch die Kontinente, durch die Geschichte, durch Schicksalsschläge begleitet haben, werden durch den Erfolg der Zucht zu reinen Produktionsgegenständen.
Kühe können weit mehr als Fleischberge und Milchseen produzieren. Sie sind mit den Menschen eine fast symbiotische Beziehung eingegangen und lernten dabei, das Beziehungshormon Oxytocin zu entwickeln, wie wir Menschen. Treten wir in eine intensive Beziehung mit einem Rind, bildet es, genauso wie wir in Beziehungen, Oxytocin aus. Schon daran erkennen wir, wie nahe wir uns in den vielen Jahrtausenden Partnerschaft gekommen sind. Doch das ist nicht alles.
Rinder haben noch weit mehr Großartiges zu bieten. Kein Rind muss von sich aus dem Menschen Lebensmittel streitig machen. Sie fressen etwas, von dem wir Menschen in der Regel keinen Gebrauch machen: Gras, Blätter, kleine Äste. Ich kann es nicht genug betonen: Rinder sind Genies, von der Schöpfung als unsere gemachten Begleiter, Ernährer, Wärmespender und Bekleider vorgesehen. Sie haben diesen genialen vierteiligen Magen, mit dem sie rohfaserreiche Pflanzen verwerten können und daraus hochwertige Lebensmittel für uns Menschen erzeugen.
Rinder brauchen weder Getreide noch Mais, Soja oder Harnstoffe, weder Propylenglykol noch künstliche Aminosäuren, und sie haben bei richtiger, dem Rind angemessener Fütterung auch keine Ketoseprobleme. Alles oben Angeführte sind unsere Folterwerkzeuge, um den Rindern mehr und mehr abzuzwingen.
Der Magen der Kuh und das Chlorophyll der Pflanze sind die Krone der Schöpfung. Die Pflanze liefert eine Pioniertat der Natur, indem sie mithilfe des Sonnenlichts Energie erzeugt und speichert. Der geniale vierteilige Magen der Kuh erzeugt aus diesen Pflanzen Rohfasern, die wertvollsten Lebensmittel für uns Menschen.
Auch darum wurden Rinder zum Schlüsseltier der Menschheit: Sie gerieten nie in Nahrungskonkurrenz zu den Menschen.
Zellulose ist das wichtigste in den Pflanzen vorkommende Kohlenhydrat. Wir Menschen können die Qualität der Zellulose-β-1,4-Bindung nicht aufspalten.

Für Wiederkäuer hingegen ist das kein Problem. Ganz im Gegenteil, sie können sich fast ausschließlich von faserreichen Pflanzenbestandteilen ernähren. Der Vormagen, der Pansen, bietet Mikroorganismen einen Lebensraum. Diese sind in der Lage, β-1,4-Bindungen aufzulösen. Bis zu 100 Milliarden Bakterien und Protozoen befinden sich in einem Milliliter Pansensaft; so viel, wie es Sterne in der Milchstraße oder Neuronen im menschlichen Gehirn gibt. Bei einem Fassungsvermögen von bis zu 200 Liter Pansensaft sind etwa 10^{16} Mikroorganismen in einem Rindermagen.

Sie sehen: Das Wunder Rind lässt sich sogar auf Zahlen herunterbrechen.

Zwei Drittel der weltweit genutzten Fläche ist Dauergrünland. Das heißt, es sind Flächen, die für unsere Ernährung ohne Nutzen, für Wiederkäuer aber bestens geeignet sind – und somit über Umwege doch uns zugutekommen. Über die Veredelung der Rinder können uns diese Flächen gut ernähren.
Machen wir ein Ende mit dem die Welt zerstörenden Wahnsinn, die Rinder mit Proteinen der menschlichen Ernährung zu Tode zu füttern und Regenwälder auf ewig für die Sojaproduktion zu zerstören. Kein Rind, dessen Genetik wir nicht durcheinandergebracht haben, benötigt diese Proteine! Es ist nur die menschliche Gier, die dieses Wahnsinnswerk am Leben erhält. Bald, sehr bald wird es implodieren. Bei den autochthonen Rinderrassen sind die Selektionskriterien meist an natürliche Umweltbedingungen geknüpft: knappe Futtergrundlage, fordernde klimatische Bedingungen. Anspruchslosigkeit und Robustheit sind die natürlichen Selektionskriterien. Für die hochgezüchteten Rinder aber haben die lokalen Umwelteinflüsse meist an Bedeutung verloren. Sie sind Allerweltstiere. Und die Ertragssteigerungszunahme beim Fleisch und bei der Milchleistung wird über Ackerfrüchte erzielt. Als Mehrnutzungstiere werden sie nicht mehr benötigt. Doch ohne Rückbindung an die alten robusten Rinderrassen wird die Zukunft der Weltrassen eine kurze Erfolgsgeschichte sein. Es gibt keinen Fortschritt, auch keinen züchterischen, ohne die altmodischen lokalen Rinderrassen.

Ongole

BOS PRIMIGENIUS INDICUS
Andhra Pradesh, Indien

Die Glückskühe: Der Bauer, bei dem wir die Ongole fanden, hält sie nur zu seiner Freude, zu seinem Glück. Er nennt sie seine Gotteskühe, die ihm Segen bringen. Mit dem Dung der Kühe verbessert er den Humus seiner Orangenhaine, die ihm naturgemäß wieder Glück bringen.
Und tatsächlich begegneten wir überall auf seinem Hof dem Glück, das ihm seine Kühe bringen.
Die wunderbaren, stolzen Tiere werden mit dem Mythos der rigvedischen Arier verbunden.
Magische Tiere aus einer magischen Zeit, deren Wirkung noch heute spürbar ist, werden ihnen Freiheit und Ungezwungenheit belassen.
Zwischen den sagenumwobenen Flüssen Gundlakamma und Musi, im Überschwemmungsgebiet, sind die Stammweiden der Ongole. Wollten die Bauern mehr als Glück, verwendeten sie die Tiere für schwere Arbeiten. Langsam, aber beständig – um nicht zu sagen: träge – verrichten Ongole die herausforderndsten Arbeiten, und das auch bei hohen Temperaturen.
Der steigende Milchbedarf Asiens verführt die Ongole-Züchter dazu, aus den Arbeitstieren Milchkühe zu machen. Heute sind die Glückskühe in allen tropischen und subtropischen Gebieten wie Indonesien und Brasilien gefragte Kreuzungstiere für die einheimischen Rassen.
Aber nicht nur zur Kreuzungszucht werden Ongole nachgefragt. Ihr überragender Erfolg in Süd- und Mittelamerika bis in den Süden der USA hat Ongole zu einer der bedeutendsten Kuhrassen der Welt werden lassen, zum prägenden Rind der Tropen.
In der Neuen Welt wurden aus Ongole *Nelore,* was auf ihre Herkunft im südindischen Nelore-Distrikt hinweist. 1868 kamen die ersten Ongole nach Bahia in Brasilien. Besonders der aus der Schweiz stammende Züchter Manoel Ubelhart Lemgruber erwarb an der Weiterzucht der Nelore große Meriten. Von den heute 200 Millionen Rindern Brasiliens tragen bis zu 80 Prozent Nelore-Gene in sich.
Am Beginn des Welterfolges der Ongole stand das British Empire. 1850 begannen die Menschen in der indischen Kolonie, mit der in ihrem Mutterland erfolgreich erprobten neuen Zuchtmethode Ongole-Rinder weiterzuzüchten. Die hervorragendsten Ongole-Stiere, die dieser Zucht entstammten, nannten sie „Brahmanen-Stiere" – und exakt mit diesen Prachttieren begann der Erfolg in den tropischen Gebieten.

Freude und Glück ertragen wir schwer, wir brauchen einen Nutzen!

Anzahl der Tiere: Weltweit ca. 40 Millionen | **Körpergröße:** Stier: Ø 1,50 m | Kuh: Ø 1,38 m | **Abstammung:** Geht auf die Zebus zurück, die sich mit den rigvedischen Ariern zwischen 2200 und 1500 v. Chr. nach Südosten ausgebreitet haben | **Nächste Verwandte:** Abstammungsgeschichtlich steht Ongole möglicherweise den Kankrej nahe | **Wesen:** Schwere, jedoch bedächtige Arbeiter | **Besonderheit:** Einst magische Glücksbringer, heute Weltmarke | **Verbreitung:** Indien, Bundesstaat Andhra Pradesh, Hinterland der Stadt Ongole |

Hereford

BOS PRIMIGENIUS TAURUS
Herefordshire, Großbritannien

Ein überaus stattliches Vieh. Wie ein Schrank steht es auf der Weide. Hereford werden weltweit gehalten. Doch wie bei den Original Simmentalern oder dem Schwarzbunten Niederungsrind wird versucht, trotz der Überzüchtung das wahre Traditional Hereford zu erhalten – zumindest in seiner Stammheimat.
Um für die Schiffsfrachter in die Neue Welt passabel zu sein, wurden sie klein, aber unglaublich breit gezüchtet. So hatten sie auf den Schiffen einen festen Stand und brachten zugleich hohe Leistungsbereitschaft mit. Zwar wurden sie für die Ansprüche der Massentierhaltung und Intensivmast optimiert, die Halter der Traditional Hereford versuchen jedoch wieder, ihre ehemalige Robustheit, Langlebigkeit und die hervorragende Weideeigenschaft zurückzuerobern. Inzwischen gibt es wieder wache, neugierige Rinder mit einer guten Herdenfähigkeit. Hereford sind witzige, kräftige Kühe mit einer tollen breiten Stirn.
So weit zu den Traditional Hereford.
Aus ihnen heraus wurde ein überaus erfolgreiches Rind für die Neue Welt gezüchtet. 1840 wurde in Albany, New York, die erste größere Hereford-Herde in der Neuen Welt gegründet. In den ersten Jahren musste sie immer wieder durch Import aus England aufgefrischt werden. Nur so konnte sich die Herde etablieren.
Bei Viehschauen und Versteigerungen in Neuengland wurden die Hereford ausgezeichnet und gefördert, und so verbreitete sich ihr guter Ruf, besondere Rinder zu sein. Schon 1880 waren die Hereford eine der wichtigsten Rinderrassen der USA. Sie hatten einen hervorragenden Fleischansatz, selbst auf der Weide, und waren somit sowohl als Weiderind als auch in den *Feedlot*-Systemen äußerst produktiv. Zudem waren sie frühreif. Mit einem Wort: Hereford hatten alles, was die Menschen damals von einem Rind erwarteten. Dazu kam noch ihre natürliche Robustheit. Ein Rind für ein aufstrebendes Land!

Anzahl der Tiere: Über 5 Millionen Herdbuchtiere weltweit; Traditional Hereford nur um 1 500 Zuchtkühe | **Körpergröße:** Stier: 1,35 – 1,40 m | Kuh: 1,25 – 1,35 m | **Abstammung:** Grundlage ist ein alter lokaler Arbeitstier-Landschlag, vermutlich mit Verbindung zu Welsh Black im benachbarten Wales, die massiv von verschiedenen Einkreuzungen und züchterischen Maßnahmen verändert wurden | **Nächste Verwandte:** Herkunftsgeschichtlich u. a. Welsh Black, White Park, friesische Rotbunte | **Wesen:** Anspruchslos, anpassungsfähig und langlebig | **Besonderheit:** Weltweit verbreitet, doch vom Ursprung entfremdet | **Verbreitung:** Ursprünglich Hereford County im westlichen Mittelengland, unweit der walisischen Grenze auf einer Seehöhe von ca. 70 m |

Shorthorn

BOS PRIMIGENIUS TAURUS

North Yorkshire, Großbritannien

Ihrem Aussehen nach sind Shorthorn-Rinder keine uniforme Rasse. Was sie miteinander verbindet, sind die kurzen, stark geschwungenen Hörner und der kräftige Körperbau. Ihr Fell ist manchmal weiß, aber häufig auch graubraun oder weiß-braun, und auch weiß-grau-braun kommt vor. So vielfältig ihr Fell ist, so eindeutig ist ihr Verhalten. Sie haben einen ausgeprägten Herdeninstinkt, den sie möglicherweise der Epigenetik zu verdanken haben. Ihre lange Geschichte im Nordosten Englands – in wilden, kargen Heidelandschaften – lehrte sie, sich der Angriffe von Wölfen und Bären zu erwehren. Sie lernten, dass sie gegen starke Feinde nur als Herde bestehen können. Und dieses Verhalten prägt und leitet sie bis zum heutigen Tag.

Wir begegnen den Shorthorns im Gebiet des Nationalparks North York Moors. Diese Gegend zählt als Geburtsstätte der Shorthorns. Entwickelt hat sich die Rinderrasse ausgehend von den Celtic-Shorthorn-Rindern. Es stießen Rinder dazu, die die Römer mitbrachten, sowie Rinder der nordischen Eroberer, vor allem die roten Rinder der Dänen. Seit 1580 ist der ausgezeichnete Ruf der Rinder, vor allem der Shorthorns des Grafen von Northumberland, dokumentiert. Diese Vorgänger der heutigen Shorthorns wurden als Teeswater-Rinder berühmt.

Seit dem frühen 18. Jahrhundert gibt es Zuchtaufzeichnungen mit dem Ziel, große Tiere mit einem ausgeprägten Fettansatz hervorzubringen. Denn das Rinderfett war als Lebensmittel und auch als Brennmittel gefragt. Zu den Zuchtzielen zählten aber auch gute Futterverwertung in der Weidehaltung, Milchleistung und hervorragende Muskelausbildung. Die Zuchtmethoden von Robert Bakewell, Held und Pionier aller Züchter, die er bei den Longhorn-Rindern praktizierte, fanden alsbald auch bei den Teeswater-Rindern Verwendung. Zum Beispiel die biblischen Unmöglichkeiten der Inzucht: Vatertier auf Tochter, Muttertier und Sohn. So wurden erwünschte Merkmale und Eigenschaften, die dem Zuchtziel entsprachen, verstärkt. Der Weg dieser Zucht war der von der Beliebigkeit zum Besonderen. Die berühmtesten Stiere wie Favorite, Comet, Durham Ox, Hubback, aber auch die großartige, weithin berühmte weiße Kalbin, waren nach Bakewells Zuchtmethoden gezeugt worden. All diese Stiere finden sich in der Ahnentafel der Shorthorn-Züchter.

Im frühen 19. Jahrhundert züchtete Thomas Bates mit der Kuh Duchess, die das Blut der herausragenden Stiere Hubback und Favorite in sich trug, eine besonders milchbetonte Zweinutzungs-Kuhfamilie. Neben den Fleischrindern gab es ab dieser Zeit auch eine hervorragende Milch von Shorthorn-Kühen.

Blicken wir auf die Geschichte der Shorthorns zurück, so fällt uns auf, dass Shorthorns die idealen Pioniere waren, denn 1822 gründete George Coates das erste Herdbuch mit einer vollständigen Ahnentafel (Pedigree) der Shorthorns. Diese Arbeit diente allen anderen Züchtern der verschiedensten Rinderrassen weltweit als Vorbild.

Im Laufe des 19. Jahrhunderts wurden die Shorthorns zur Weltrasse. Sie lösten die Longhorn-Rinder als wichtigste Rasse in Großbritannien ab und wirkten bei vielen Rassenentstehungen beziehungsweise -weiterentwicklungen weltweit mit. Die Pionierleistung der frühen Anwendung systematischer Zuchtmethoden haben den Shorthorns einen großen Vorteil und Vorsprung verschafft und machten sie in der Zucht mit weniger erprobten Rassen so begehrt. Auch heute werden sie immer wieder eingekreuzt.

Ende des 19. Jahrhunderts verdrängten sie in Nord- und Südamerika die Criollo- und American-Native-Rassen. Vor allem in Argentinien sind Shorthorns mehr und mehr verbreitet. Sie haben aber auch hervorragende Eigenschaften: Sie sind sehr genügsam und widerstandsfähig, weideerfahren und haben eine gute Weidefutterverwertung. Menschen gegenüber sind die Tiere zutraulich, und als Herde stellen sie sich kampfwillig dem gemeinsamen Feind.

Heute gibt es Shorthorns mit den unterschiedlichsten Eigenschaften: Beef Shorthorns vor allem in England und Schottland, Dairy Shorthorns, American Shorthorns. Eingekreuzt sind sie zum Beispiel in Welsh Black als Blue Albion, ins Gelbvieh, in Aubrac-Rinder und viele andere Rassen.

Die Geschichte der Shorthorns ist eine Züchtungsgeschichte – und eine einzige Erfolgsgeschichte.

Auf der Suche nach den indigenen, ursprünglichen Shorthorn-Rindern mit Hörnern – denn Shorthorns ohne Hörner sind Rinder ohne Identität, ohne ihren so gerühmten Charakter – taten wir uns sehr schwer. Aber allem Ärger zum Trotz fanden wir eine hervorragende Herde mit schönen Rindern und einem ausgeprägten Herdeninstinkt, so lebendig, immer in Bewegung. Wir hatten den Eindruck, dass sie sich mit dem berüchtigten *Yorkshire wind* bewegen. Die Rinder waren wachsam und bildeten stets einen Herdenverband. Inmitten von Steinkreisen weideten sie, um sie die Weite

Anzahl der Tiere: Unter 200 Northern Dairy Shorthorn/Dales Shorthorn; weltweit in verschiedenen Zucht- und Nutzungsrichtungen, sowie über 100 Millionen Kreuzungen | **Körpergröße:** Stier: Ø 1,35 m | Kuh: Ø 1,30 m | **Abstammung:** Kleine, kurzhornige Rinder kommen vermutlich mit den Kelten in die Gegend; auch Römer und Dänen bringen Rinder nach Nordostengland; Shorthorn ist eine der ersten Rassen, die systematisch gezüchtet werden; 1822 wird mit dem Coates's Herd Book das erste Herdbuch mit Aufzeichnungen der Abstammungsverhältnisse herausgegeben; die Zuchtmethoden geben Shorthorn Leistungsvorteile gegenüber Landrassen, weshalb diese Rasse im 19. Jahrhundert vielfach in andere Rassen eingekreuzt wird und in Nord- und Südamerika vielfach Criollo- und American-Native-Rassen verdrängt | **Nächste Verwandte:** Über Einkreuzungen weitverzweigte weltweite Verwandtschaften | **Wesen:** Zutraulich, dabei widerstandsfähig und sehr futtereffizient | **Besonderheit:** Erste durchgezüchtete Rasse mit weltweiter Verbreitung | **Verbreitung:** Auf allen Kontinenten außer der Antarktis; Northern Dairy Shorthorn in Einzelbetrieben, vorwiegend im nördlichen Yorkshire |

der Heide, auf den Kämmen der Hügel ein wenig Wald und zwischendurch merkwürdig symmetrische kleine Hügel. Die Hügel, so die Sage, stammen vom Riesen Wade, der während einer Auseinandersetzung mit seiner Frau zornig in die Erde griff und die Handvoll Erde nach seiner Frau warf. Geologen sehen das profaner: Die Pyramiden wurden in der Eiszeit geschaffen, indem Sand- und Kalksteinformation so geschliffen und gestaltet wurden. Auch dieses Wissen vermag es nicht, den Hügeln die Magie zu entziehen.

Wir erlebten eine Geburt auf der Weide. Die Mutterkuh zog sich für dieses Ereignis etwas von der Herde zurück. Nachdem die Mutter das Kalb abgeschleckt hatte, fraß sie instinktiv die Nachgeburt. Epigenetik – erinnern Sie sich noch? Eventuell entwickelte sich dieser Instinkt auch durch die Erfahrung. Die Nachgeburt lockt wilde Tiere wie Wölfe an, daher muss das Muttertier sie auffressen. Nach einer gewissen Zeit bewegte sich die Herde in Richtung Kalb und Mutter, bildete einen Kreis um die beiden und beäugte das Kalb. Ein Rind nach dem anderen trat aus dem Kreis und ging auf

das Kalb zu. Manche Kühe rochen am Kalb und schleckten es ab. Auf uns wirkte die Zeremonie wie ein Aufnahmeritual. Als der Vorgang abgeschlossen war, löste sich der Kreis wieder auf.
Noch taugen die Instinkte, noch wissen die Shorthorns, was zu tun ist, um als Herde zu bestehen und noch können die Rincer uns viel, sehr viel lehren. Noch haben sie uns einiges voraus. Das Wissen der Natur, von dem wir nichts mehr haben, aber manchmal noch ahnen, dass es das Wissen gibt. Die Shorthorns in North York Moors haben dieses Wissen noch.

Vom weißen Gold

Milch ist nicht Milch

Mit meiner Leidenschaft für Kühe geht eine ebenso innige Beziehung zur Milch einher. Knapp nach dem Zweiten Weltkrieg wuchs ich im Mangel auf, die alten Damen bewunderten nichtsdestotrotz meine gesunde Gesichtsfarbe. Sie führten es auf die Kuhmilch vom bäuerlichen Hof des Nachbarn zurück. Seitdem verbinde ich Gesundheit instinktiv mit Milch.

FUTTER, HALTUNG UND MILCHGABE IM EINKLANG

Milch ist nicht Milch – das ist das Erste, was gesagt werden muss. Es muss nämlich ein Unterschied bei der Milchkuhhaltung gemacht werden. Kühe, die 365 Tage im Jahr die gleiche Ration an Futter im goldenen Käfig des Laufstalls verabreicht bekommen, geben eine andere Milch als Kühe, die auf Weiden und im Sommer gar auf der Alm gehalten und nur mit Heu-Rohfaser und Gras gefüttert werden. Das ist eine gänzlich andere Qualität von Milch! Und doch wird beides als Milch angeboten. Ein unhaltbarer Zustand, der alleinig auf Kosten der Bauern in Ungunstlagen, im abschüssigen Gelände oder im Hochgebirge geht.

Um die Hochleistungskühe in den Laufställen zu füttern und sie in ihrer Leistung voranzutreiben, werden riesige Ackerflächen benötigt, die der menschlichen Ernährung entzogen werden. Die Tiere erhalten Futter, auf das ihr vierteiliger Magen, ein Wunderwerk der Natur, nicht ausgerichtet ist und das sie krank macht. Kühe, die mit Getreide, Mais und Soja gefüttert werden und Propylenglykol zur Leistungssteigerung erhalten, dazu noch geschützte Aminosäuren und dergleichen mehr verabreicht bekommen, produzieren simpel erklärt eine völlig andere Milch. Das sagt uns der Verstand.

Vergleichen wir die Lebenszeit der so gehaltenen Kühe mit Kühen, die ihrer Art entsprechend leben dürfen, sehen wir uns augenblicklich mit der Realität konfrontiert. 2,5 Laktationen sind es nur noch für die Kühe im goldenen Käfig mit schöner Aussicht ins grüne Land, für die geschätzten Hochleistungskühe. Die Tiere werden derart gefordert, dass sie nach fünf Jahren am Ende sind. Im Unterschied dazu erreichen beispielsweise Amrit Mahal ein beeindruckendes Alter von 25 Jahren. Als ich aufgewachsen bin, sind die Kühe 15 und manchmal sogar 20 Jahre alt geworden.

Anzeichen genug, um zu erkennen, dass wir auch besser auf die Standorteignung schauen sollten. In Tirol führte Franz Legner im Auftrag des Forschungsinstituts Gumpenstein und des Landwirtschaftsministeriums Untersuchungen zu den Fettsäuremustern der Milch aus unterschiedlichen Haltungen durch. Das Ergebnis ist klar und eindeutig: Milch von Kühen auf Vollweiden und auf Almen beinhaltet weniger gesättigte und mehr ungesättigte Fettsäuren als Milch von Hochleistungskühen. Zudem haben Kühe auf Vollweiden und in Almbetrieben höhere Anteile an der wertvollen konjugierten Linolsäure in ihrer Milch, die der Gesundheit der Menschen äußerst zuträglich ist.

Milch von Kühen zu trinken, die nicht auf der Vollweide oder auf der Alm gehalten werden, ergibt für mich keinen Sinn. Kühe, die vom Frühjahr bis in den Spätherbst draußen auf intakten Weiden sind, sind gesünder und fitter, haben also bessere Gesundheitswerte. Und gesunde Lebensmittel können wir nur von gesunden Tieren erwarten. Kraftfutter in großen Mengen ist für die Gesundheit der Kühe nicht förderlich – und für den Hunger, den noch viele Menschen auf dieser Welt haben, ebenso wenig. Ihr vierteiliger Magen und vor allem der Pansen sind auf Raufutter ausgelegt. Kühe, die mit bloßem Raufutter nicht mehr zu füttern sind, sind das Ergebnis von Qualzucht.

HEILIGE MILCH DER PASTORALISTEN

Seit dem 6. Jahrtausend v. Chr. wird Milch verarbeitet. Zuerst wurde sie gesäuert. Mit der Zeit lernten die Menschen auch frische Milch zu schätzen und entwickelten die Fähigkeit, sie zu verdauen. In den pastoralen Gesellschaften gibt es bis heute einerseits den unmittelbaren Zugang zur Milch und andererseits, wie es ihrer Lebensart entspricht, einen magischen Zugang, dem unterschiedlichste Kulte entspringen. Die Milch hat bei diesen Gesellschaften eine überragende Bedeutung und muss unter allen Umständen vor einer Profanierung geschützt werden. Kühe und ihre Milch sind die Verbindung zu den Ahnen, denen stets auch ein Anteil zugedacht wird. Bei solchen Opfergaben muss die Milch erst von den Stammesführern zeremoniell gekostet und für gut befunden werden.

Diese Volksgruppen verkaufen die Milch nur ungern. Teilweise gibt es ein regelrechtes Verbot, denn mit der Milch muss gut und pfleglich umgegangen werden. Die Hima wie auch die Massai wollen keine Vermischung von Milch mit Fleisch und Gemüse. Selbst bei den Milchgefäßen bestehen klare Vorschriften. Bei den Herero gibt es Milchgefäßrituale und für jede Kuh ein eigenes Behältnis. Für heilige Gelegenheiten und besondere Personen wird wiederum ein spezielles Geschirr verwendet. Milch ist an eigene Gefäße gebunden, die aus einem ganz bestimmten Material sein sowie eine bestimmte Form und Verzierung haben müssen. Die Oromo haben wunderschöne geflochtene Körbe für die Milch. Die Schilluk nehmen Kürbisse. Hima nehmen Holzgefäße und Kalabassen, die Baganda vermeiden unbedingt Metallgeschirr. Fremde Gefäße für die Milch gelten als unstatthaft. Das Reinigen der Behältnisse unterliegt ebenfalls vielen Vorschriften und Tabus. Wasser und Milch dürfen niemals miteinander in Berührung kommen, daher werden die Milchgefäße oft mit dem Urin der Rinder gereinigt. Denn alles, was vom Rind kommt, ist heilig und reinigend. Bei den Oromo ist das Schöpfen von Wasser mit Milchgefäßen untersagt.

Naturgemäß ist bei diesen Völkern die Butter heilig und magisch. Sie wird bei den nilotischen Völkern auch als Pflegemittel und zur Reinigung verwendet. Butter wird als Medizin gesehen. Mithilfe von Butter werden Dämonen aus dem kranken Körper vertrieben. Sprechen die nilotischen Stämme zu ihrem Gott oder ihrem Schutzgeist, werden die heiligen Bäume mit Butter gesalbt. Eine Braut wird in einer Zeremonie mit Butter eingerieben, auf dass sie vor Erkrankungen geschützt werde. Butter ist eine Art magische Salbe.

Die alten Ägypter benutzten für Buttersalbe dasselbe Wort wie für das Schützen vor Gefahr. Auch bei den alten Griechen war die Butter als Heilmittel verwendet worden. Bei ihrer Bezeichnung soll es sich in diesem Fall um ein skythisches Lehnwort gehandelt haben.

Vor Jahren traf ich einen Arzt aus Albanien, der mir erzählte, dass sie zu Hause traditionell mit Milch und Butter geheilt haben. Er war in den Tiroler Bergen unterwegs und erlitt einen Sonnenstich und Verbrennungen. Im Hotel angekommen, kaufte er Milch und tat wie zu Hause, doch die Behandlung blieb ohne Wirkung. Er meinte: „Eure Milch ist tot, sie hat ihre Kraft verloren."

Das denken inzwischen auch andere. Aus meiner Sicht wird es in naher Zukunft neben der oben erwähnten Haltung und Fütterung zwei weitere Themen geben, die die Diskussion um die Milchqualität prägen. Zum einen geht es um unseren Umgang mit der Milch, um die Verarbeitung und Standardisierung. Zum anderen geht es um die Kühe selbst, die, vielleicht durch eine winzige Genmutation ausgelöst, mittlerweile großteils eine Milch geben, die möglicherweise der Gesundheit schaden könnte. Denn wie bereits erwähnt: Milch ist nicht Milch und Kuh ist nicht Kuh.

DER FALSCHE UMGANG MIT DER MILCH

Von der Hochachtung, die die afrikanischen Pastoralisten der Milch als magische, ja beseelte Flüssigkeit entgegenbringen, ist in unserer Gesellschaft nichts mehr zu spüren. Die Milch unserer Kühe wird bei der üblichen intensiven Verarbeitung zu einem reinen, standardisierten Produkt. Sie verliert dabei viele ihrer positiven Eigenschaften.

Die heftige mechanische Bearbeitung beginnt oft schon im Stall, in dem die Kühe teilweise vollautomatisch gemolken werden und die Milch unter Vakuum abgepumpt wird. In der Molkerei werden Mikroorganismen in einer Baktofuge bei hohen Geschwindigkeiten ausgeschleudert. Dabei wird selbstverständlich auch jener Teil der Rohmilchflora entfernt, der der menschlichen Verdauung dienlich ist.

Auch Fettgehalt und -struktur werden mechanisch verändert. Abhängig von Futtergrundlage, Rasse, Laktationsstadium und Milchleistung gibt jede Kuh eine unterschiedlich fette Milch mit spezifischer Zusammensetzung. Diese Unterschiede werden nun mithilfe einer Zentrifuge nivelliert, ein Teil des Fettes wird entzogen. Damit die Fettkügelchen später nicht nach oben steigen können, die Milch also nicht aufrahmt, wird diese zusätzlich homogenisiert. Dabei wird die Milch unter hohem Druck durch eine Düse gespritzt, und die Fettkügelchen werden zerkleinert. Diese neue Struktur der Fettkügelchen liegt vielen Menschen sprichwörtlich schnell im Magen.

Zudem wird die Milch natürlich auch noch pasteurisiert, das heißt über 75 °C oder noch höher erhitzt. Hierbei wird ebenfalls viel davon zerstört, was die Rohmilch auszeichnet: Vitamine und Enzyme, vor allem aber die Proteinstrukturen.

ECHTE WERTSCHÄTZUNG UND DROHENDE GEFAHREN

Die einzige gesunde Alternative zu dieser intensiv bearbeiteten Milch ist die Rohmilch von richtig bäuerlich gehaltenen Kühen, die jeden Tag auf der Weide sind, vom Frühjahr bis in den Herbst hinein. Nährstoffe, Vitamine, Enzyme sowie gesundheitsfördernde Bakterien bleiben damit erhalten. Rohmilch ist allerdings eine sehr heikle und leicht verderbliche Ware. Mit Rohmilch wurde unter anderem Tuberkulose übertragen, daher ist sie eine diffizile Angelegenheit.

Lange bevor sie mit hohem technischem Aufwand haltbar gemacht wurde, hat der Mensch gelernt, Milch zu konservieren. Durch Ansäuern und Verkäsen bleibt die Milch Wochen, Monate und manchmal Jahre genießbar. Es ist kein Geheimnis, dass die besten Käse nur aus Rohmilch gemacht werden – die Milch dafür muss aber von höchster Qualität sein. Daher müsste auch unser Umgang mit und unsere Wertschätzung gegenüber der Milch eine andere werden. Kein totes Standardprodukt ist die richtige Milch, sondern ein wirklich einzigartiges, lebendiges Lebensmittel.

Mit der Problematik der Milchverarbeitung setzte sich der amerikanische Ernährungswissenschaftler und Alternativmediziner Thomas Cowan intensiv auseinander. Er kam zu der Erkenntnis, dass ein nicht unbedeutender Teil der Krankheiten in den USA mit der Behandlung von Rohmilch zu tun haben dürfte. So ist pasteurisierte Milch laut Cowan allergieauslösend, ja das Nahrungsmittel Nummer eins, das Allergien auslösen kann. Auch andere Beschwerden oder Krankheiten wie Blähungen, Osteoporose, Typ-1-Diabetes und viele weitere Zivilisationskrankheiten zählt er auf. Eine Liste von heftigen Behauptungen stellt Cowan auf, die wir hier nicht wiedergeben.

Cowan kam zu der Überzeugung, dass rohe Milch von Kühen, die ausschließlich Gras und Heu fressen, das wertvollste und gesündeste Lebensmittel darstellt. Er glaubt, behandelte Milch habe mehr Krankheiten ausgelöst als jede andere Substanz, mit der Menschen in der Regel in Kontakt kommen. Aber ein Puzzleteil fehlte ihm, um die Wirkung behandelter Milch endgültig zu verstehen. Als er das Vorwort zu Keith Woodfords Buch „Devil in the Milk“ schrieb, sei ihm das fehlende Puzzleteil augenblicklich bewusst geworden: die A1-Variante des Beta-Kaseins.

A1- UND A2-BETA-KASEINE UND IHRE VERBREITUNG

Der wichtigste und wesentlichste Proteinbestandteil der Kuhmilch ist die Gruppe der Kaseine. In dieser findet sich das Beta-Kasein, das bei Kühen im Wesentlichen in zwei Varianten vorkommen kann, die A1 und A2 genannt werden. Die Produktion von Beta-Kasein ist genetisch determiniert, das heißt, dass bei Kühen in den Genen festgelegt ist, welche Variante sie produzieren. Beta-Kasein ist eine Kette von 229 Aminosäuren. Kühe, die dieses Protein in der Milch mit Prolin auf der Position 67 produzieren, wie z. B. die asiatischen und afrikanischen Kühe, werden A2-Kühe genannt und zählen zu den ganz alten Kuhrassen. Auch die Milch anderer Säugetiere sowie die menschliche Muttermilch weisen eine ähnliche Beta-Kasein-Struktur auf.
Vor ca. 5 000 Jahren ereignete sich jedoch bei Kühen eine Mutation, die das Prolin durch Histidin ersetzte. Kühe mit diesem mutierten Beta-Kasein werden A1-Kühe genannt. In Europa sind die A1-Kühe vorherrschend. Gerade die leistungsstarken Milchrassen gehören zu den A1-Kühen. Wegen ihrer Fähigkeit, hohe Milchleistungen zu erbringen, haben sie durch Einkreuzungen großen Einfluss auf das Milchvieh weltweit. Ein Beispiel für solche Kühe sind die Holstein-Friesian, von welchen bereits 70 Prozent die A1-Mutation haben.
Die A1-Kühe dominieren die Milchproduktion. Eine Ausnahme bilden die isolierten Tiere der Ärmelkanal-Inseln wie Jersey sowie die autochthonen französischen und spanischen Milchrassen, die wenig oder gar nicht von den nordeuropäischen Hochleistungskühen beeinflusst wurden. Bei den Walser und anderen Alpenrassen gab es wohl ursprünglich keine A1-Mutation – erst durch Einkreuzungen passierte das Malheur. In Fleischrassen finden sich wohl auch wenige A1-Kühe, denn ihre Milchleistung wurde kaum züchterisch bearbeitet. Alle Rassen, in deren Erbgut die Genmutation nie Eingang gefunden hat, produzieren A2-Milch. Dies sind Zebus, Sanga, die turano-mongolischen Rassen, darüber hinaus alle, die nicht vom Ur abstammen – Bali-Rind, Mithun, Hausyak – sowie die podolischen Rinder, außer sie wurden mit Milchrassen vom Typ A1 gekreuzt. Als wir die Kühe in Indien fotografierten, erzählten uns die Menschen, dass ihre Kühe im Gegensatz zu unseren westlichen Kühen gesunde Milch gäben, und argwöhnten, dass wir hier ihre guten A2-Kühe studieren wollten.

MÖGLICHE SCHÄDIGUNG DURCH VERÄNDERTE PROTEINSTRUKTUR

Der winzige Unterschied in der Proteinstruktur von Prolin (A2) und Histidin (A1) fällt ins Gewicht, sobald Verdauungsenzyme die Kaseine zerlegen. Bei der Zerlegung kann aus der Aminosäurekette des Beta-Kaseins ein Peptid namens Beta-Casomorphin-7 (BCM-7) herausgelöst werden. Dies passiert bei der mutierten Version, d. h. dem A1-Beta-Kasein, wesentlich häufiger, da Histidin BCM-7 schwächer bindet als Prolin.
BCM-7 wirkt unbestrittenermaßen verdauungsstörend. Ob es aus dem Verdauungstrakt ins Blutgefäß- und Nervensystem gelangt und in welchem Ausmaß es dort schadet, ist noch nicht endgültig geklärt. Warum die Wirkungsweise des Proteins BCM-7 so ein Desaster sein soll, erklärt Woodford durch den porösen Darm, den viele Menschen haben. Der Darm vieler Menschen sei ähnlich wie ein Kaffeefilter beschaffen, deshalb könne das Peptid BCM-7 problemlos in die Nervenbahnen eindringen und im Körper Amok laufen. Der Körper produziere auf diese Attacke hin Immunzellen zur Bekämpfung, was zu Entzündungen führen und Symptome von Autoimmunerkrankungen hervorrufen könne. Studien sollen einen Zusammenhang zwischen BCM-7 und Gesundheitsproblemen bei Kindern, die Milchersatzstoffe aus Kuhmilch bekamen, aufzeigen. Es gibt inzwischen viele Hinweise, die BCM-7 als Problemauslöser bei Menschen ausmachen. Woodford spricht von Studien, die seine Behauptung belegen, doch diese Studien wurden weder von der Gesundheitsbehörde der USA noch von der EU anerkannt.

Eine Umstellung auf Kuhherden, die ausschließlich A2-Milch produzieren, wäre machbar. Sie würde allerdings zehn Jahre dauern und hohe Kosten verursachen, denn eine solche Umstellung führt zu weit geringeren Milchleistungen der Kühe. Doch welche Milch erhielten wir erst, gingen wir gleichzeitig auch die anderen Qualitätsprobleme wie falsche Fütterung, Haltung und Milchbearbeitung an?

HÖCHSTE ANSPRÜCHE FÜR DAS GROSSARTIGSTE LEBENSMITTEL

Dass die ursprünglichen Rassen abgehärtet und an das Leben im Freien angepasst sind, ist klar. Mit diesen Kuhrassen können keine Milchleistungspreise erhalten werden. Bei den Kriterien dieser Auszeichnungen fallen sie gnadenlos durch – bei der Qualität der Milch aber haben sie ein gewaltiges Gewicht. Wir Menschen sind die einzigen Lebewesen, die Milch auch nach der Säuglingszeit zu sich nehmen. Das heißt, Milch ist für uns ein Luxus, und entsprechend sollten wir die Ansprüche auch anlegen: die höchsten für die Haltung der Kühe und die kuhtauglichsten für die Kühe. Kraftfutter, Soja, Mais, Silage, Propylenglykol, geschützte Aminosäuren und dergleichen mehr haben in der Futterration nichts verloren.

Milch ist das großartigste Lebensmittel, das es gibt. Es ist Zeit, uns Menschen eine Chance zu geben und mit zukunftsfähiger Produktion zu beginnen. Milchattrappen haben keinen Nutzen. Die Milch, das Original, ist unser aller Segen.

Glossar zur Milch

A1-Milch: A1-Milch enthält auf der Position 67 des Beta-Kaseins Histidin. Diese Variante tritt vor allem bei nordeuropäischen Rassen und Hochleistungskühen für Milch auf.

A2-Milch: A2-Milch enthält auf der Position 67 des Beta-Kaseins Prolin. Diese Variante ist die ursprüngliche Variante und tritt bei alten Kuhrassen vor allem Afrikas und Asiens auf.

Baktofugierung: In einer Baktofuge werden Mikroorganismen mit hoher Geschwindigkeit aus der Milch geschleudert, um die Anzahl der Keime zu reduzieren. Damit wird auch der Großteil der Rohmilchflora zerstört.

BCM-7: Beta-Casomorphin-7 ist ein Peptid aus sieben Aminosäuren (H-Tyr-Pro-Phe-Pro-Gly-Pro-Ile-OH). Es ist ein Bestandteil von Beta-Kasein auf den Positionen 60 bis 66. Wird es bei der Verdauung aus dem Verband des Kaseins ausgelöst, steht es im Verdacht, zu gesundheitlichen Schäden wie Autismus, schizophrenen Störungen, Typ-1-Diabetes, geschädigter Immunantwort, Autoimmunerkrankungen oder Herzkrankheiten zu führen.

Fett: Fett besteht aus Fettsäuren, die entweder gesättigt, einfach ungesättigt oder mehrfach ungesättigt sein können. Für die menschliche Ernährung ist ein hoher Anteil ungesättigter Fettsäuren vorteilhaft, der beim Milchfett durch reine Weidehaltung und Grünfütterung erreicht wird. Eine besondere Bedeutung haben Fettsäuren wie die Linolsäure, die einen essenziellen Nährstoff darstellt, den der Körper nicht selbst bilden, sondern stets aufnehmen muss.

Geschützte Aminosäuren: Geschützte Aminosäuren werden Kühen als Futterzusatz gereicht, um den Milcheiweißgehalt zu erhöhen. „Geschützt" bedeutet in diesem Zusammenhang, dass die Aminosäuren den Pansen mehrheitlich unverändert passieren und im Labmagen/Dünndarm aufgenommen werden können.

Homogenisierung: Bei der Homogenisierung wird die Milch unter hohem Druck durch eine Düse gespritzt, wodurch die Fettkügelchen in der Milch stark verkleinert werden. Die Homogenisierung der Milch ist heute Stand der Technik und wird bei praktisch jeder Trinkmilch angewandt, um das Aufrahmen zu verhindern.

Kasein: Kaseine machen 80 Prozent der Proteine in der Milch aus. Sie binden andere Proteine, Calcium und Phosphat. Es gibt verschiedene Formen von Kasein; zu ihnen zählt das Beta-Kasein. Beta-Kasein ist eine Kette von 229 Aminosäuren, die auf der Position 67 je nach Mutation die Aminosäure Prolin oder Histidin enthält.

Kraftfutter: Kraftfutter ist energie- und proteinreiches, aber rohfaserarmes Futter aus Getreide oder industriell hergestelltes Mischfutter.

Laktation: Als Laktationsdauer wird die Zeit bezeichnet, während der die landwirtschaftlich gehaltene Kuh nach der Geburt des Kalbes bis zum Trockenstellen Milch gibt. Im Durchschnitt beträgt diese bei Milchkühen 300 Tage, wenn kein weiteres Kalb geboren wird.

Milchzusammensetzung: Die genaue Zusammensetzung der Milch hängt von Fütterung, Zucht, Laktationsstadium und Gesundheitszustand des Tieres ab. Bei der typischen Zusammensetzung besteht rohe Kuhmilch zu 87 Prozent aus Wasser, zu 4,9 Prozent aus Kohlenhydraten (v. a. Laktose), zu 3,7 Prozent aus Fetten, zu 3,6 Prozent aus Proteinen (Kasein und Molkeproteine) und zu 0,8 Prozent aus Mineralstoffen und Spurenelementen. Außerdem beinhaltet sie zahlreiche Vitamine und Enzyme sowie Mikroorganismen (Rohmilchflora).

Pasteurisierung: Die Pasteurisierung ist das Erhitzen von Rohmilch zur Abtötung von Mikroorganismen in einem Temperaturbereich von 63 bis 75 °C. Üblich sind heute vor allem Verfahren, bei denen die Milch für 15 bis 30 Sekunden auf 71,7 bis 75 °C erhitzt wird.

Propylenglykol: Ketose (Acetonämie) ist eine Stoffwechselstörung, die gehäuft in der zweiten bis sechsten Laktationswoche bei Hochleistungskühen auftritt, die sich in einer negativen Energiebilanz befinden. Rassen mit hoher Milchmengenleistung (z. B. Holstein-Friesian) erkranken häufiger. Propylenglykol verhindert das Entstehen der Ketonkörper und kann dadurch die Leberbelastung erheblich verringern. Es wird mittlerweile in vielen Milchviehbetrieben als Futterzusatz eingesetzt.

Rohmilchflora: Milch verlässt den gesunden Euter grundsätzlich keimfrei, doch schon an der Zitze können Mikroorganismen in die Milch gelangen. Unter dieser sogenannten Rohmilchflora finden sich Bakterien, die eine ungefährliche und verdauungsfördernde Säuerung bewirken und in traditioneller Milchverarbeitung und Käserei eine Rolle spielen, wie etwa Laktobazillen.

Original Simmentaler

BOS PRIMIGENIUS TAURUS
Wallis, Schweiz

Ein Tal wie aus dem Märchen, mit Häusern so schön wie in den schönsten Träumen: Das Simmental ist eine unglaublich atemberaubende Landschaft und eine Gegend, in der einem vor Glück das Herz stehen bleibt. Doch nicht nur die Gegend ist herrlich, sondern auch das Vieh, das ich auf der Stelle ins Herz schloss. Die Original – noch nie schrieb sich „original" so beschwingt – Simmentaler gehen auf unterschiedliche Schläge des Berner Oberlandes zurück, unter anderem auf den großen Saanenschlag und den leichten Frutigerschlag. Warum das Original immer so betont werden muss: Aus dieser Rasse wurde das Simmental-Fleckvieh entwickelt. Heute wird es von diesen Tieren sicher 50 Millionen geben.

Aber zurück zum Original oder, wie die Schweizer Stiftung ProSpecieRara, die diese Rasse zu erhalten versucht, sagt: Edelweiss-Simmentaler. Die Tiere sind robust und passen sich den unterschiedlichen Klimazonen vorzüglich an. Sie sind unglaublich gutmütig; sie sind mir immer als warme, großherzige Mütter begegnet.

Edelweiss-Simmentaler haben einen gelassenen Charakter und sind beeindruckende Tiere. Ein wenig behäbig wirken sie, dennoch sind sie behände, berggängige Tiere.

Aus den Edelweiss-Simmentalern wurde nicht nur eine Weltrasse entwickelt, sondern aus ihrer Milch entsteht auch Käse für die ganze Welt, darunter Greyerzer, Sbrinz und Emmentaler. Edelweiss-Simmentaler sind großartige Rinder, aber auch Rinder fürs Gemüt.

Eine andere Facette der Simmentaler ist ihr internationaler Erfolg als Rinderrasse. Bereits 1785 sorgten sich die Eidgenossen um ihre Simmentaler und ihren Heimatmarkt. Franzosen, Deutsche und Italiener wollten Simmentaler nach Westen, Norden und Süden treiben. Das nötigte das Schweizer Parlament, den Export der Tiere zu begrenzen. Um 1830 kamen die ersten Simmentaler in die K.-u.-k.-Monarchie, und das war der Beginn ihres großen Siegeszuges. Das Simmentaler Fleckvieh verdrängte sehr schnell die heimischen Rassen wie Bergschecken, heimisches Rotvieh, Blondvieh und auch kleinere alpine Rassen. Das Fleckvieh, das auf die ursprünglichen Simmentaler zurückgeht, ist bis heute die bestimmende Rasse in Österreich. In Frankreich geht die Rinderrasse Montbéliard, in Italien Pezzata Rossa auf die Simmentaler zurück. Die Deutschen brachten ihr Fleckvieh in ihre Kolonien nach Afrika. Dort hält sich die Rinderrasse bis zum heutigen Tag. Aber auch die damalige Sowjetunion importierte Simmentaler, und in den USA entstand eine Hybridrasse namens Simbrah. Simmentaler wurden mit Brahman-Ongole gekreuzt.

Was ist das Besondere an Simmentalern? Diese Rasse ist ein milchbetonter Zweinutzungstyp, in der Mutterkuhhaltung ein idealer Fleischtyp und in der Mast leicht einzukreuzen mit anderen großrahmigen Fleischtypen.

Simmentaler: Ein Rind für alle Fälle. Mein Respekt und meine Hochachtung gehört aber trotz aller großartigen Erfolge den Original Simmentalern, den Edelweiss-Simmentalern.

Anzahl der Tiere:
In der Schweiz
ca. 26 000
Körpergröße:
Stier: 1,50 – 1,58 m
Kuh: 1,38 – 1,42 m
Abstammung:
Geht auf verschiedene Schläge des Berner Oberlandes, wie den großen Saanenschlag und den leichten Frutigerschlag, zurück
Nächste Verwandte:
Weltrasse Simmentaler-Fleckvieh; in Österreich ist Fleckvieh mit rund 75 % Anteil am Gesamtbestand die dominierende Rasse
Wesen:
Gutmütig; Robustheit und Anpassungsfähigkeit an unterschiedliche Klimabedingungen machen die Tiere vielfältig einsetzbar
Besonderheit:
Robuster Urtyp einer Weltrasse
Verbreitung:
Simmental im Berner Oberland auf Seehöhen zwischen 600 und 2 800 m

Jersey

BOS PRIMIGENIUS TAURUS

Berkshire, Großbritannien

Wir waren auf der Suche nach den indigenen Phänotypen von Jerseys. Zuerst suchten wir sie auf den Kanalinseln, doch eine behornte Herde war dort nicht zu finden. Und so weiteten wir die Suche auf England aus. In Waltham Place wurden wir fündig – welch ein Glück, nicht nur wegen der wunderbaren Herde, sondern auch wegen des paradiesischen Ortes. Waltham Place liegt in Berkshire. Die Tiere weiden in einem großartigen, zauberhaften Park, wir wähnten uns im Paradies. Mächtige uralte Eichen, Eschen, Buchen und prächtige, gerade in der Blüte stehende Kastanienbäume umsäumen die Kuhweide. Die tief hängenden, in die Koppel reichenden Äste werden jetzt im Frühjahr Opfer der Jersey-Rinder, die mit erlebbarer Lust die jungen Blätter fressen – und das, obwohl sie auf einer satten Weide stehen.

Waltham Place ist eine Idylle, eine Seelenlandschaft. Eine Mischung aus urwüchsiger Natur, uralten Baumbeständen und zauberhafter Gartenkunst. Eine Komposition aus raffiniertesten Kulturpflanzen und wildesten Zufälligkeiten. All das, was einen englischen Park ausmacht, wird hier zur Prachtblüte gebracht, das Artifizielle neben der Urwüchsigkeit. Wildblumen sind umgeben von ausgesuchten Kulturpflanzen, Totholz ist zu finden inmitten einer Wildnis, Teiche sind zugewuchert mit den wunderbarsten Wasserrosen. Wir sehen Schmetterlingssträuche, Rabatten mit Königskerzen, die unterschiedlichsten Süßgräser wie Federgräser, Pfriemengräser, Weberkarden, wilde und behaarte Karden – die aufregendste Wildblumengemeinschaft, farbenprächtigste Stauden, verschiedenartigste Wolfsmilchgewächse, vielartige Korbblütler, blühende Germer, blaue Chicorée und ein Durcheinander von blühenden Erigeron-Arten. Die Abwechslung von kultivierten und zufälligen, der urwüchsigen Natur entstammenden Pflanzen erzeugt eine gelassene Harmonie, die nicht frei ist vom Bizarren.

Wie gesagt, Waltham Place ist eine Seelenlandschaft, und die Jerseys erleben wir hier als Seelenkühe. Kühe sind Seelentiere, aber hier im Paradies von Waltham Place erleben wir die Gesamtkomposition als sich gegenseitig erfüllende Einheit – das Ungestüme der Natur, die wohlberechneten Eingriffe der Kultivierung und die Gelassenheit der Jerseys.

Alle stolzen Kühe haben ihre Geschichte und die Legende lässt uns wissen, dass die Wikinger auf ihren Plünderzügen 500 Rinder von der Stadt Nantes als Pfand bekamen, um vor deren wildem Rasen ungeschoren zu bleiben. Anschließend zogen die Wikinger auf die Kanalinseln und begründeten mit diesen 500 Tieren die weltumspannende Erfolgsgeschichte der Jersey-Rinder. Seit dem 15. Jahrhundert wird der Kuhtyp Jersey auf den Kanalinseln beschrieben, wo jedoch alle Rinder als Alderney bezeichnet werden. Die besonders reichhaltige Milch der Jersey wird seit dem 18. Jahrhundert beschrieben. Sie hat einen hohen Fettgehalt – bis zu 7 Prozent –, einen sehr hohen Eiweißgehalt und eine satte gelbe Farbe. So avancierten die Jersey-Kühe im 19. Jahrhundert zum Luxusaccessoire des englischen Adels. Sie verfeinerten den in Mode gekommenen Tee, und die Butter aus dieser Milch verwöhnte den Adel und schmeichelte ihm. *The Royal Buttercow* wurden die Tiere – vielleicht etwas spöttisch – genannt.

Jerseys sind ideale Weidekühe. Sie sind mit 120–135 Zentimeter Widerristhöhe eher klein, haben eine sehr gute Futterverwertung und eine effiziente Milchproduktion im Verhältnis zur Körpergröße. In Irland und Neuseeland werden sie ganzjährig auf der Weide gehalten, wie auch im Süden Englands. Gute Milchkühe sollten eine triangelförmige Physiognomie haben, und der Körper der Jerseys verfügt über eine ausgeprägte dreieckige Konformation.

Durch die fünfzig Generationen lange Isolation der Jersey-Kühe kamen sie nicht mit A1-Kühen in Berührung und behielten ihre ursprüngliche A2-Genetik. Ab 1763 durften die normannischen Bauern keine Kühe mehr auf die Kanalinseln bringen, um so die Verbreitung von Krankheiten unter den Rindern zu unterbinden.

Die größten phänotypischen Ähnlichkeiten haben Jerseys mit der Rasse Nantaise, aber sie weisen auch genetische Abstammungsverbindungen zu den podolischen Rindern auf. Im 19. Jahrhundert begann der Siegeszug der Jersey-Rinder über den ganzen Erdkreis. 1850 kamen die ersten Rinder nach Nordamerika, 1880 nach Neuseeland und Australien, 1896 nach Dänemark. Jerseys sind auf der Weide zu Hause, sie sind viel in Bewegung. Die Kühe sind hervorragende, umsorgende Mütter, sie haben einen sehr

ausgeglichen-friedfertigen Charakter und ein feines Gemüt. Stiere hingegen können durchaus etwas aggressiv sein. Sie sind auch, anders als die weiblichen Tiere, durchaus bullig und kräftiger gebaut.
Jerseys haben ein graubraunes bis rötliches Fell, mit etwas dunkleren Schattierungen an der Stirn und den Seiten, oft rötliche Stirnhaare und stark geschwungene Hörner mit schwarz zulaufenden Hornspitzen. Sie haben wunderbare große, dunkle Augen, die auf uns wie eine Quelle der Güte wirken. Von Jersey-Kühen fühlen wir uns unmittelbar magisch angezogen, sie sind neugierige, zutrauliche Tiere und sie erwecken unsere Neugierde. Die Kälber, um die sich die Mütter aufmerksam kümmen, erscheinen uns im Schlosspark wie Rehe. Die wunderbaren Augen, das schwarze Flotzmaul, die unbändige Lebendigkeit – zart und feingliederig kommen sie uns entgegen. Durch die Mulde zwischen ihren Augen erscheint uns ihr Kopf als einprägsames Gesicht.

Es gibt kaum noch behornte Jerseys. Der großartige Waltham Place und die einmalige Herde versetzten uns in eine andere Welt, in ein intaktes harmonisches Sein. Auch so kann das Leben uns begegnen!

Anzahl der Tiere: Weltweit über 10 Millionen | **Körpergröße:** Stier: Ø 1,30 m | Kuh: Ø 1,25 m | **Abstammung:** Seit dem 15. Jahrhundert gibt es Beschreibungen eines ähnlichen Kuhtyps auf der Kanalinsel Jersey, die Rinder stammen wahrscheinlich von der bretonischen und der normannischen Küste; durch Einfuhrverbote ab dem 18. Jahrhundert wird die Zucht auf Jersey für 50 Generationen isoliert; ab dem 19. Jahrhundert werden Jersey-Rinder erst in England, schließlich weltweit populär | **Nächste Verwandte:** Guernsey; Froment du Léon aus der nördlichen Bretagne, die auch einen hohen Milchfettanteil besitzen; Nantaise, das v. a. phänotypisch große Ähnlichkeiten besitzt | **Wesen:** Zutrauliche und neugierige Kühe mit besonders fetter Milch | **Besonderheit:** *Royal Buttercow* mit besonderer Eignung für die Weide | **Verbreitung:** Ursprungsgebiet ist die Kanalinsel Jersey, heute weltweite Verbreitung |

Schwarzbuntes Niederungsrind

BOS PRIMIGENIUS TAURUS
Hessen, Deutschland

Fällt das Wort „schwarzbunt“, schauen viele Menschen instinktiv weg. Die Schwarzbunten, die wie kein anderes Rind für den Leistungswahn in der Milchwirtschaft stehen, aber auch für Kühe, die maximal ausgebeutet werden. Die Schwarzbunte ist die geschundene Kreatur.
Anders das Schwarzbunte Niederungsrind, das Ausgangsrind der Holstein-Friesian. Dieses Rind gehört einer alten Zuchtrichtung an, vergleichbar mit dem Original Simmentaler. Die Urherkunft der Rasse geht zurück auf die Rinder, die auf der historischen Migrationsroute „Fruchtbarer Halbmond – Donau“ nach Mitteleuropa kamen. Eine Introgression von Auerochsen auf diesen Wegen ist durchaus möglich.

Es gibt nur noch 2 700 von ihnen, aber es gibt eine rosige Zukunft für die Schwarzbunten Niederungsrinder. Zwar können sie bei der wahnwitzigen Milchleistung der Holstein-Friesian nicht mithalten, haben aber auch nicht die körperlichen Probleme, die die unheilvolle Zucht mit sich bringt. Im Gegenteil, sie sind langlebig, haben eine unverwüstliche Gesundheit und sind sehr fruchtbar. Somit haben sie alles, um für zukünftige Generationen einen bedeutenden Wert darzustellen.

Anzahl der Tiere: Ca. 2 700 | **Körpergröße:** Stier: 1,50 – 1,62 m | Kuh: 1,30 – 1,40 m | **Abstammung:** Geht vermutlich auf Rinder zurück, die über die Donau-Migrationsroute in das westliche Mitteleuropa gekommen sind; systematische Zucht ab ca. 1830 in den Niederungsgebieten der Niederlande und Norddeutschlands; im 20. Jahrhundert Weiterzucht der verschiedenen Schläge zur weltweit verbreiteten Hochleistungsrasse Holstein-Friesian | **Nächste Verwandte:** Länderspezifische Schwarzbunte auf Basis von Holstein-Friesian auf der ganzen Welt | **Wesen:** Langlebig, fruchtbar und wenig krankheitsanfällig | **Besonderheit:** Vor der Hochleistungskuh: Milch, Gesundheit und Fundament im Einklang | **Verbreitung:** Niederungen Nord- und Ostdeutschlands von Meeresniveau bis auf 150 m Seehöhe |

16

Am Ende des Weges

Expansion war die Währung der Zeit. Die Rinderhaltung im Osten wurde vorangetrieben, doch die im Süden stockte, denn die indigene Bevölkerung leistete erbitterten Widerstand. Noch um 1800 lag die Grenze zu den indigenen Gebieten der Puelche und Tehuelche südlich von Buenos Aires am Río Salado. Diese indigenen Stammesgesellschaften standen stark unter dem kulturellen Einfluss der Mapuche, die den längsten Widerstand gegen die spanischen Konquistadoren leisteten. Es war eine Gesellschaft, die die Jagd liebte und ihr nachging. Nicht allzu lange dauerte es, bis die indigenen Stämme die ersten halb verwilderten Criollos der kolonialen Siedler jagten. Das schaffte böses Blut und Stimmung gegen die Einheimischen, die kein Gesetz und keinen politischen Fürsten oder König kannten. Die Mapuche waren eine Gesellschaft von Gleichen unter Gleichen.
Ganz langsam gelang es den Kolonisten, die indigenen Völker in den Süden zu drängen. Aber der Durchbruch nach Patagonien gelang den Kolonisten erst 1880, nach einer jahrelangen Hetzkampagne gegen die indigenen Kulturen. Der militärische Feldzug in den Süden der Pampas, nach Patagonien bis Feuerland, brachte den von den Siedlern ersehnten Erfolg. Aber es war ein Sieg, in dem es zum Völkermord an den indigenen Stämmen kam.

In die riesigen, nun menschenleer gemachten Regionen drängten Europäer, die in der zweiten Hälfte des 19. Jahrhunderts in mehreren Einwanderungswellen nach Argentinien kamen. Im südlichen Teil Patagoniens wurden hauptsächlich Schafe gehalten. Erst der englische Siedler Sixto Waldy brachte Ende des 19. Jahrhunderts Criollos aus der Region La Pampa an den Lago Argentino. Es waren etwa 80 stattliche Rinder, die er auf seine Hazienda an der Bahía Onelli brachte. Die Tiere kamen über die alten Triebwege der niedergemetzelten Bevölkerung und mit Booten in die sonst unzugängliche neue Heimat. 1937 wurden die Ländereien um den Lago Argentino zum Nationalpark Los Glaciares ernannt. Sixto Waldy musste seine Hazienda aufgeben. Nur die Criollos blieben vor Ort, der durch den gewaltigen Gletscher *Glaciar Spegazzini* und den Lago Argentino völlig von der Außenwelt abgeschnitten ist.

Zu Beginn des 20. Jahrhunderts gab es einen gewaltigen Umbruch in der argentinischen Rinderhaltung. Criollos wurden zur Gänze von europäischen Fleischrassen verdrängt, denn die Dreinutzungsrinder wurden nicht mehr gebraucht. Fleisch war die Devise der Zeit. 1920 waren Criollos in Argentinien ausgelöscht. Nur auf der Halbinsel Avellaneda und der Bahía Onelli gab es noch die Criollos von Sixto Waldy. Beide Orte waren für die Rinderhaltung vollkommen untauglich: heftige und lang andauernde Regenfälle, Kälte, grauenhafte Stürme, eine äußerst karge Vegetation und selbstverständlich weder Ställe noch Unterstände für die Tiere. All diesen Widrigkeiten trotzten die grandiosen Anpassungsgenies. Kaum jemand verirrte sich in die totale Abgeschiedenheit, in der die letzten Criollos noch lebten, und so gerieten sie in Vergessenheit, bevor sie 1988 wiederentdeckt wurden. Und wir sahen sie: eine Criollo-Herde am Rande der Welt. Eine Herde mit einer unbeschreiblichen Widerstandskraft. Heute wird in ihnen eine genetische Reserve gesehen, die uns Menschen in einer schwierigen Zukunft mit Klimaextremen retten könnte, denn diese Tiere haben gelernt, mit dem Undenkbaren zurande zu kommen.

So weit vom einen Rand der Welt, dem 50. Breitengrad südlich. Der andere liegt auf dem 50. Breitengrad nördlich, exakt bei 55°46' im Golf von Alaska, zum Kodiak-Archipel gehörend. Kein Land, keine Insel, nichts außer dem weiten, weiten Meer kann von der Tschirikow-Insel aus gesehen werden.
Hier in der Einsamkeit des Nordpazifiks und wiederum mit seinen wilden Stürmen und heftigen Regenfällen, hier auf dieser baumlosen, menschenleeren Insel leben Rinder, die unser Interesse auf sich zogen. Seggen, wilder Strandroggen, Binsen, Schafgarbe, Schachtelhalme überziehen den sandigen Boden der Insel, nur in den Senken gibt es moorige, tiefere Böden. Einige niedere Büsche, Flechten über Flechten, aber auch invasive Süßgräser wie Wiesenrispe und Raigras, dazu *Tarweed*, Breitwegerich, Sauerampfer, Löwenzahn, Alaska-Lupinen und dicht wachsender Bärenklau bedecken die Insel. Auf den moorigen Standorten finden wir Wollgräser zuhauf, Schwertlilien und immer wieder Schachtelhalme. Zugvögel kreuzen die Insel, aber nur wenige

brüten auf dem sturmgeplagten Archipel. Erdhörnchen hingegen hausen hier seit Jahrtausenden. Die bis zu einem halben Meter großen Tiere halten acht Monate lang Winterschlaf in ihren unterirdischen Burgen.
Seit 5 000 Jahren kommen immer wieder Menschen auf die Insel. Die ersten waren die indigenen Alutiiq, Koniag vom Kodiak-Archipel und wahrscheinlich auch Aleuten. Es gab immer wieder Zeiten, in denen die Insel temporär genutzt wurde. Viele wunderbare Geschichten ranken sich um die Insel, die Reichtum verhieß. Die Mär handelt von Erdhörnchenfellen, Seeottern und von riesigen Mengen an angeschwemmtem Bernstein, der an den Stränden der Tschirikow-Insel lagerte.

Die erste schriftliche Aufzeichnung von der Insel stammt aus dem Jahre 1741, in dem die Schiffe *St. Peter* unter dem Kommando Vitus Berings und *St. Paul* unter dem Alexei Tschirikows bei ihrer Expedition nach nur wenigen Tagen in einen Sturm gerieten. Die Schiffe wurden getrennt und stießen beide unfreiwillig auf das südliche Alaska. Auf der Rückfahrt Anfang August wird die Insel Tschirikow von der *St. Peter* gesichtet und dokumentiert. Ab dem ausgehenden 18. Jahrhundert und im 19. Jahrhundert war die Tschirikow-Insel ein Eldorado für Pelzjäger, die auf der Suche nach schnellem Reichtum waren.
Die ersten Rinder kamen mit Gregori Schelichow, der 1783 die russische Handelsniederlassung gründete, nach Alaska. Die Rinder gehörten zum sibirischen Schlag der Sacha Ynaga und wurden als äußerst zäh und überlebenstüchtig beschrieben. Die Vermutung liegt nahe, dass 1798 die ersten dieser Rinder auf die Insel Tschirikow kamen. Denn die RAK, die Russisch-Amerikanische Kompagnie, die sich der Pelzjagd auf den Kurilen, den Aleuten und entlang der Küste Alaskas widmete, brachte den Jägern zur Selbstversorgung Rinder auf ihre Stützpunkte. Tschirikow wird in den Dokumenten aus diesen Jahren als dauerhafte Kolonie aufgeführt.
Die nächste Dokumentation, die belegt, dass Rinder nach Tschirikow gebracht wurden, stammt aus dem Jahr 1887. Sie wurde von der Semidi Propagation Company erstellt, die auf Tschirikow eine Fuchsfarm gründete. Wiederum handelte es sich um Rinder vom sibirischen Schlag, vielleicht waren auch einige Shorthorn-Bullen dabei. 1892 wurden drei Longhorn-Kühe und ein Stier auf der Insel abgesetzt. Absetzen hieß, dass die Rinder eine längere Distanz von den Schiffen im Meer zur Insel schwimmen mussten. Bereits 1907 wuchs die Herde auf 400 Rinder an. 1912 wurde die Fuchsfarm aufgelöst, die Insel war jahrelang wieder unbewohnt und die Rinder blieben sich selbst überlassen. Nur passierende Fischer schossen ab und zu Tiere zur Selbstversorgung.
Im Jahr 1925 versuchte Jack McCord, ein verwegener Farmer aus Iowa, auf Tschirikow eine Farm zu gründen. In die bestehende Herde kreuzte er Hereford-, Angus- und Scottish-Highland-Rinder ein. Erfolg war Mr McCord bei seinen Bemühungen nicht beschieden, nicht zuletzt wegen der fehlenden Transportmöglichkeiten. Im Zweiten Weltkrieg wurden die Einwohner von allen abgelegenen Inseln evakuiert, auch von Tschirikow. Aber bereits 1947 versuchte McCord, das Glück auf Tschirikow ein weiteres Mal zu erzwingen. Er fand ein bedeutendes Übergewicht an Stieren in der Herde auf der Insel vor, doch alle Versuche, die Rinder zusammenzutreiben und züchterisch einzugreifen, misslangen. Nicht einmal erfahrene und kühne Cowboys, die er auf seine eigenen Kosten um Hilfe bat, konnten ihm helfen. Die Rinder waren viel zu verwildert und das Leben mit den unvorstellbaren Elementen gewöhnt. Sie zu zähmen war unmöglich. Die Tiere zu schießen und sie mit Booten und Flugzeugen auf das Festland zu transportieren, erwies sich als wirtschaftlicher Flop. Die Insel verwaiste und die Rinder blieben abermals sich selbst überlassen. Immer wieder gab es in der Folge Versuche, die Rinder auf Tschirikow kommerziell zu nutzen, doch alle scheiterten.

1980 wurde Tschirikow ein Teil des Alaska Maritime National Wildlife Refuge. Und die invasive Art – die der Rinder – ist seitdem höchst unerwünscht im Naturschutzgebiet. Das verbindet die verwilderten Rinder auf Tschirikow mit den Criollos vom Lago Argentino, denn auch sie sind eine invasive Art im Nationalpark Los Glaciares. Wir suchten sie auf, die invasiven Rinder, denn die Versuche, sie loszuwerden, werden immer bestimmter und intensiver. Vielleicht ist es der letzte Blick auf diese unbeschreiblich widerstandfähigen Tiere in dieser wunderbaren, schrecklichen Natur.

Criollo Patagónico

BOS PRIMIGENIUS TAURUS
Provinz Santa Cruz, Argentinien

Hier auf der Halbinsel Avellaneda im patagonischen Nationalpark Los Glaciares leben sie, die letzten Criollos, die vom 16. Jahrhundert an von Spanien nach Amerika gebracht worden sind. Einen Landweg zu den Letzten ihrer Art gibt es nicht. Unvorstellbare Eismassen, Eiswände der umliegenden Gletscher, die zweitgrößten außerhalb der Polarregionen, erstrecken sich hier und verunmöglichen jeden Zugang.

Unser Weg zu den Rindern führt uns über den Lago Argentino, der ausschließlich von den überwältigenden umliegenden Gletschern gespeist wird. Vorbei an treibenden Eisschollen über das türkise und ruhige Wasser führt uns ein Boot in die Bucht Punta de Vacas. Mit gar nichts auf dieser Welt ist diese Landschaft vergleichbar. Ein Ort im Nirgendwo – und doch sind wir hier! Eine fremde atemberaubende Landschaft, ausgesetzt und vergessen. Die mächtigsten Gletscher türmen sich an den Anden hoch, am Horizont können wir die beeindruckenden Granittürme der südöstlichen Anden sehen. Karges Grasland und Büsche umgeben uns, allein auf den windgeschützten Teilen der Halbinsel finden wir subpolaren Wald. Und hier in der Nähe des Waldes leben die Rinder. Der Wald bietet Schutz und Nahrung und ermöglicht den verwilderten Criollos das Überleben an diesem Ort, der an Unwirtlichkeit nicht zu überbieten ist. Auf der Insel wachsen Scheinbuchen, vor allem Lenga- und Magellan-Südbuchen, Antarktische Scheinbuchen, wilde chilenische Flusszedern und – ganz sonderbar – hie und da Weichseln, die auf uns fehl am Platz wirken. Die Scheinbuchen haben kleine feste Blätter, die die Criollos mit Hingabe fressen und wiederkäuen. Die so traktierten Bäume werden zu Bonsaibäumchen, und in der Tat eignen sich die Südbuchen hervorragend als Bonsai.

Wie viele Criollos auf der Halbinsel sind, weiß niemand so genau – zu zerklüftet und unwirtlich ist die Gegend. Niemand stellt den Tieren Futter bereit, für niemandes Zweck sind sie hier. Abgeschnitten von der Menschen Begehrlichkeit wurden sie zu Wildtieren. Sie kehrten zu ihrem Ursprung zurück. Unabhängige, freie, starke, willens- und überlebensstarke, selbstbewusste Rinder. Sie steigen in den Felswänden umher, behände wie Steinböcke. Die Menschen, die um den Lago Argentino leben, nennen die Rinder *baguales:* wilde, ungezähmte Tiere. Leider sind die Bullen in der Überzahl, denn Kalbinnen, die von triebgesteuerten Stieren zu früh gedeckt werden, überleben das oft nicht. So wächst die Zahl der mächtigen wilden Bullen an. Die Kühe leben in Herden, nur Bullen durchstreifen die Gegend allein.

Die Rinder haben ein längeres, festes Fell in den unterschiedlichsten Farbvarianten. Meist sind sie braun oder haben braun-weiße Färbungen, nur die Bullen sind teilweise schwarz. Auf den Trampelpfaden, die den Wald durchziehen, stellen wir den Rindern leise nach. Hie und da blitzen kräftige, nach vorne gerichtete, hell gefärbte Hörner mit dunklen Spitzen aus dem dichten Grün der Büsche hervor.

Je windgeschützter die Abschnitte sind, desto mehr Gras wächst. Hinter einer Felsbiegung erblicken wir fast eine Weide. Es gibt kleine Moore und Bächlein. Die Südbuchen gibt es hier in allen Größen, vom uralten Solitär bis zu abgefressenen Büschen. Buchenstämme liegen kreuz und quer im Wald, dazwischen die tollsten Granitwände, wie poliert. Magellanspechte klopfen, Kühe muhen aus der Ferne, Vögel stimmen ein. Wir hören Smaragdsittiche, den Schrei eines Adlers, das Pfeifen von Sturzbachenten, raschelnde Laubvögel und den grauen Darwin-Nandu. Ein quicklebendiges Bächlein fließt vor sich hin, im Wasser schwimmen Schwarzhalsschwäne, und die Kühe kommunizieren über die Insel mit ihren Artgenossen. Plötzlich rollt ein tiefes, erschütterndes Grollen über die Insel, ausgelöst von gewaltigen Eisbrüchen oder Lawinen. Alles hier ist wild, unbändig und gewaltig. Keine Idylle, kein Zaubergarten.

Die Rinder zu fotografieren ist schwer: Sobald die Fotografin Ramona in die Nähe kommt, fliehen sie. Nur ganz selten gelingt ein Augenkontakt, und diesen Ausdruck zu deuten wäre töricht. Nichts wissen wir von ihrem

Kampf zu überleben, uns fehlt jede Vorstellung davon, was es heißt, hier zu bestehen, dem schrecklichsten Unbill des Wetters und allen anderen Naturgewalten hier, am Rande der Welt, ausgesetzt zu sein. Welche Leistung, sich dem anzupassen! Über welche unvorstellbare Adaptionsfähigkeit verfügen die Criollos, die von den Weiten Spaniens über den Atlantik zu den karibischen Inseln und von da durch Südamerika, das Hochland der Anden, die Anden überquerend und durch die Pampas hinunter nach Patagonien auf diesen ausgesetzten Landstrich gelangten. Welche Leiden, welche Leistungen, welcher Wille, welche Fähigkeiten, welch eine Kraft, welch ein Vermögen leitet die Criollos. Wundertiere, hart und unerbittlich und doch ganz weich und zart, zuwendend und nährend in ihrer Herde. Sie sind die letzten der ursprünglichen Criollos Pampeanos, isoliert erhalten durch die Barrieren der unüberwindbaren Gletscher und den Lago Argentino.

Aber die Nationalparkverwaltung will sie, die fremden, invasiven Rinder, nicht mehr auf der Halbinsel haben. Sie gefährden den Südandenhirsch, meinen sie, deshalb sollten sie abgesiedelt werden. Auf dieser Welt ist jedoch noch niemand geboren worden, der das vermag. So bliebe nur der Abschuss. Welch ein Verlust für die gesamte Menschheit, gerade die Genreserve dieser Tiere könnte bei den auf uns zukommenden Klimakatastrophen der Menschen Überleben ermöglichen. Mögen sie leben und vielleicht manchen von uns retten, diese herrlichen Tiere! Mögen sie leben Seite an Seite mit dem Südandenhirsch, Wiederkäuer mit Wiederkäuer, Klaue an Klaue, diese unbändigen, herrlichen Tiere. Eine Zierde der Welt, Hoffnung für uns alle!

Anzahl der Tiere: Höchstens 1 000 | **Körpergröße:** Stier: ca. 1,30 m | Kuh: 1,20 – 1,30 m | **Abstammung:** Criollos kommen um 1549 über das heutige Peru in die nördlichen Pampas, breiten sich von dort über die Jahrhunderte in südlicher Richtung im ganzen heutigen Argentinien aus und bilden regionale Schläge, die ab dem 19. Jahrhundert zunehmend von europäischen Rassen verdrängt werden; um 1930 bringt ein Pionier Rinder auf die Avellaneda-Halbinsel am Lago Argentino, die verwildern, als die Gegend 1937 zum Nationalpark Los Glaciares erklärt wird; 1989 werden die Rinder genetisch untersucht und es wird festgestellt, dass sie von den sonst verschwundenen Criollos Pampeanos abstammen | **Nächste Verwandte:** Isolierte Population ohne nähere Verwandte | **Wesen:** Menschenscheu, sehr futtergenügsam und unglaublich zäh | **Besonderheit:** Letzte Criollos an der Südspitze Amerikas | **Verbreitung:** Isolierte, verwilderte Bestände auf der Avellaneda-Halbinsel im Nationalpark Los Glaciares im Süden Argentiniens auf einer Seehöhe von 180 – 400 m |

Tschirikow

BOS PRIMIGENIUS TAURUS

Tschirikow, Alaska, USA

Tschirikow ist eine abgelegene Insel vor der Südküste Alaskas, jenseits der Baumgrenze, mit heftigen Winterstürmen und einer vegetationslosen Zeit von Oktober bis Mai. Eine Zählung von 2014 erbrachte, dass 2 000 Rinder auf dieser Insel leben, doch die letzten drei überaus harten Winter dezimierten den Bestand erheblich. Nur an besonders windgeschützten Flecken gibt es einige Büsche. Wirklichen Schutz gibt es für die Rinder auf dieser Insel keinen, und auch zugefüttert wird selbstverständlich nie. Die Population soll über die Jahre stark schwanken, meinen die Mitarbeiter der Schutzgebietsverwaltung. Ist das Wetter ein Jahr gnädiger mit den Rindern, wächst die Population an, was zur starken Überweidung und zu Futterknappheit in den Wintern führt. Hoher Besatz hat zusätzlich noch den Effekt der Bodenerosion. Denn die sandigen, stets feuchten Böden erodieren leicht – brechen die Zieselbauten unter dem Gewicht der Rinder ein, bilden sich größere erodierende Flächen.

Von Juni bis September ist die Insel sehr grün. Vielfältige Grasfamilien und Kräuter wachsen und erwecken bei uns den Eindruck einer üppigen Weide. Die Insel bildete auch Hügel, die sich bis zu 300 Meter über den Meeresspiegel erheben. Aber auf den Hügelkuppen wachsen nur noch Flechten.

Kühe und Jungtiere bilden Familiengruppen, zu denen vereinzelt auch ein ausgewachsener Bulle gehört. Solche Gruppen umfassen bis zu 20 Tiere. Aber wir konnten auch größere Herdenverbände sehen, die bis zu 100 Tiere zählten. Die Familiengruppen haben ein ausgeprägtes Fluchtverhalten, wobei der Bulle zurückbleibt und durch abdrängende Läufe und Drohhaltungen die Flucht seiner Gruppe absichert. Jungbullen bildeten Zweier- bis Fünfergruppen. Diese Stiere, trafen sie auf uns, gingen augenblicklich in eine ausgeprägte Drohhaltung: Sie senkten den Kopf ab und wirbelten heftig Staub auf.

Auf der Insel gibt es keine Feinde, keine Freunde für die Rinder, und daher auch keinerlei menschliche Eingriffe. Die Bullen sind kräftiger, robuster, kommen mit der Futterknappheit und den schrecklichen Stürmen der Winter oft besser zurecht als die Kühe und Kalbinnen, und daher kommt auf zwei bis drei Kühe ein Stier. Gesund wäre ein Geschlechterverhältnis von einem Männchen auf vier bis fünf weibliche Tiere. Vor allem Kalbinnen werden daher zu früh und von zu vielen Stieren gedeckt, Erschöpfung oder Stürze während des Deckvorganges führen zum Tode. Wir sahen auf der Insel viele tote Kalbinnen, Kühe, die entweder die harten Winter oder die Verrücktheit der Stiere das Leben kostete. Das sind die Schattenseiten der Verwilderung, die uns emotional sehr zusetzten.

Der Ausgangspunkt der Rinderaussetzung auf der Insel wurde mit den widerstandfähigsten sibirischen Rindern gemacht. Kaum größer als Shetlandponys, aber robuste, starke Rinder – das war im Jahr 1783. In der Folge kamen immer wieder Rinder auf die Tschirikow-Insel, denn Pelzjäger und Fuchszüchter brauchten die herrlichen sibirischen Rinder zur Selbstversorgung und zum Wärmen. 1892 wurden drei Longhorn-Kühe und ein Longhorn-Stier an der Küste vor der Insel ausgesetzt, die dann schwimmend auf die Insel kamen.

In den 50er-Jahren des 20. Jahrhunderts wurden gezielt Stiere geschossen und es wurde versucht, mit Hereford-Stieren züchterisch einzugreifen, um die Fleischigkeit der Rinder zu verbessern und sie besser vermarkten zu können. Seitdem ist die Herde wieder sich selbst überlassen. 130 Jahre überlebten die Rinder ohne Zufütterung, und in diesen 130 Jahren vermochten die Menschen keine Haltungsmaßnahmen durchzusetzen. Nur die Genetik der Herde hat sich durch die Interventionen der Menschen stark verändert: Der Abschuss der sibirischen Stiere und die Hereford-Stiere, die in die Herde

neu eingebracht wurden, führten zu einer Verschiebung der Abstammung. 55 Prozent Hereford, 35 Prozent sibirisches Rind und 10 Prozent andere europäische Rassen weist die Herde heute in ihrem Genpool auf. So ist es nicht erstaunlich, dass die Rinder auf Tschirikow vielfältige Farbmuster und Haarlängen haben. Meistens sind sie gescheckt, aber es gibt auf der Insel fast alle Farbschattierungen, die bei Rindern auftreten. Die Tiere haben kräftige, kurze Hörner bis auf ein paar, deren Hörner hochgeschwungen sind.
Auch sie, die ausgesetzten Rinder im Golf von Alaska, sind invasive Tiere, und auch sie will die Schutzgebietsverwaltung loswerden. Sie stehen der Reinheit der arktischen Natur im Wege. Rinder, und auch noch völlig verwilderte, ohne irgendwelchen Sinn für die Menschen, ohne Aufgabe, ohne Nutzen für den Menschen – nichts anderes als Strandgut sind sie. Und was können wir von ihnen lernen? Egal, ob sie aus Sibirien kommen, aus Texas oder aus England, alle Rinder verbindet eines: ihre unfassbare Anpassungsfähigkeit, ihr ausgeprägter Lebenswille, ihre Fähigkeit, mit den furchtbarsten Wettereskapaden und den schlimmsten Futtereinschränkungen zurande zu kommen.

Auf das Genie der Rinder werden wir auch in Zukunft zählen können, dürfen und müssen. Ja, sowohl die Criollos in Patagonien als auch die Rinder auf Tschirikow hätten das Vermögen, unsere Nutzrinder mit neuen Qualitäten, mit ungeahnter Lebendigkeit aufzufrischen, doch beide Herden sind völlig isoliert. Die Stiere können nicht die Welt erobern, es bleibt ihnen nur ein kleiner Raum, und so kommt es zu diesen schrecklichen Vorkommnissen, dem Zugrunderichten von Kalbinnen und jungen Kühen.

Aber in Patagonien, wie auch auf Tschirikow, konnten wir Verhaltensmuster sehen, die an die wilden, unbändigen Auerochsen erinnern: kleine Familienverbände, die aufeinander achten und sich schützen, Fluchtwilligkeit, das In-Angriff-Gehen der Stiere, das Absichern der flüchtenden Herde durch die Stiere, die Wildheit der Triebe bei den Stieren.
Vielleicht gehören wir zu den Letzten, die diese Rinder in ihrer Isoliertheit, ihrer Wildheit beobachtet haben, aber vielleicht wird es sie noch lange geben. Die Klimaveränderung bringt uns doch tagtäglich Invasives nach Hause, verstärkt noch durch die Globalisierung. Mit Invasivem umzugehen, gehört zu unserem Leben. Der Reinheit Traum ist doch nicht viel mehr als der Schönheit Schreck.

Anzahl der Tiere:
Ca. 1 000 – 2 000
Körpergröße:
Stier: 1,30 – 1,40 m
Kuh: 1,25 – 1,35 m
Abstammung:
Erste Rinder „von sibirischem Schlag", ähnlich den Sacha Ynaga kommen sie 1783 mit russischen Felljägern nach Alaska; Rinder zur Selbstversorgung finden sich in den meisten neu gegründeten Pelz-Handelsstützpunkten, so möglicherweise auch ab 1798 auf der Tschirikow-Insel; ab 1887 ist eine größere Herde auf der Insel dokumentiert; vom späten 19. Jahrhundert bis in die 1950er-Jahre kommen verschiedene Rinder auf die Insel
Nächste Verwandte:
Isolierte Population; genetische Untersuchungen weisen auf eine Abstammung zu 55 % von Hereford, 35 % von sibirischen Rindern sowie 10 % von anderen europäischen Rassen hin
Wesen:
Futtergenügsam, abgehärtet, mit wildrindähnlichem Sozialverhalten
Besonderheit:
Überleben seit mindestens 130 Jahren weitgehend auf sich allein gestellt auf einer abgelegenen Insel
Verbreitung:
Tschirikow im Golf von Alaska zwischen Meeresniveau und 350 m Seehöhe

Mensch und Rind

Eine viele, viele Jahrtausende alte Angelegenheit, die nicht allzu leicht vonstattenging.

Die mächtigen, wilden Auerochsen mit ihren beeindruckenden Hörnern zu domestizieren, war ein langer Weg und sicher eine schwere Übung, die den Menschen viel Geduld und Einfühlungsvermögen abverlangte. Da in uns allen das hohe neolithische Vermögen und Talent noch waltet, ist es uns in Blut und Fleisch gegeben, mit domestizierten Tieren umzugehen.

VOM KUHHALTER ZUM MILCHPRODUZENTEN

Doch nach und nach sind wir der Erfahrung und des Wissens verlustig gegangen. Heute ist die Situation zwischen Menschen und Rindern meist glasklar: Rinder sind Nutztiere und haben uns von Nutzen zu sein. Das ist es – mehr nicht. Als ich einen bei seinen Kollegen hochgeschätzten Bauern besuchte, meinte er gleich nach der Begrüßung: „Ich bin Milchproduzent und kein Kuhhalter."

Kühe sind das unvermeidliche Mittel zur Herstellung der Milch, nicht mehr und nicht weniger. Und da standen sie, eine neben der anderen, schwarzbunt, mit Eutern bis über die Knie, in einem prächtigen Laufstall – zu laufen gab es dennoch nichts. Fressen und fressen, die gleichen Rationen 365 Tage im Jahr, wiederkäuen und dreimal am Tag auf den Melkstand gehen; auch das nennt sich eine Symbiose von Mensch und Tier. Die Tiere sind ein nützliches Ding, das Bauern den Wohlstand bringt.

DAS RIND ENTFALTET MÖGLICHKEITEN

In der ganzen Geschichte von Rind und Mensch haben wir uns die Fähigkeiten des Rindes zunutze gemacht. Wir haben mithilfe von Rinderopfern die Götter gnädig gestimmt, mit dem Stierschädel die bösen Geister vertrieben. Rinder haben uns ernährt, waren unsere Muttertiere, sie kleideten uns. Ihre Kraft hat uns neue Möglichkeiten des Wirtschaftens eröffnet und gesellschaftliches Miteinander. Diese Tiere bildeten unseren Reichtum und sicherten unsere Zukunft. Die Erfolgsgeschichte des Menschen ist ohne Rind undenkbar. Der sibirische Raum hätte beispielsweise ohne Rinder nie besiedelt werden können.

Seit der Domestizierung des Auerochsen war das Rind im Zentrum der Entwicklung des menschlichen Gemeinwesens, und es prägte die Kulturen. Nilotische Kulturen haben in ihren Sprachen Hunderte Begriffe, die die Farben und Beschaffenheit des Kuhfells beschreiben. Die Symbiose mit den Rindern war über all die Jahrtausende auf pfleglichen Umgang gegründet und nicht auf den wirtschaftlichen Vorteil.

In Ritualen verkleideten sich Menschen oft als Tiere und tanzten in tierähnlichen Bewegungen, um die Entstehung des Kosmos – ihres Kosmos – und ihre Verbindung mit der Welt, der Natur und den Tieren wiederzugeben. Oft sind dies Versöhnungsrituale, um die Schutzgeister und die Ahnen sowie die Natur zu besänftigen. Mitten unter uns finden die rituellen Handlungen bis zum heutigen Tag noch statt.

SYMBIOSE – WIRTSCHAFTLICH, KULTURELL, EMOTIONAL

Rind und Mensch haben sich aneinander angepasst und gemeinsam die Welt erobert. Auf das Rind war immer Verlass, es war für uns da. Irgendwann im letzten Jahrhundert jedoch ist die Waage gekippt, und nun liegen die Vorteile der Beziehung zwischen Mensch und Rind eindeutig beim Menschen. Wir bestimmen die Fortpflanzung, die Lebensdauer, die Futtergaben, die Futterzusammensetzung, den alleinigen Zweck der Existenz des Rindes: Fleisch oder Milch. Somit ist die echte Symbiose von Rind und Mensch an ihr Ende gekommen. Rinder sind bloß noch Produktionsgegenstände, Biomaschinen. Vergessen wir alles, wozu das Leben mit den Rindern gut war? Vergessen wir das Geschick des Rindes, den Boden, auf dem sie weiden, nicht auszuzehren, sondern ganz im Gegenteil für die Pflanzen zu verbessern? Gerade dieses Geschick ermöglichte es dem Menschen, sesshaft zu werden, Ackerbau zu betreiben und nicht mehr dem Essen nachjagen zu müssen. Rinder erhielten die Fruchtbarkeit der Böden durch ihren Dung, erleichterten unser Leben, indem sie unsere Arbeitstiere wurden, und mehrten die Produktivität, da wir effektiver und vermehrt Land als Acker nutzen konnten. Die Rinder taten ja die schwere Arbeit. So gingen Viehhaltung und Ackerbau für Jahrtausende eine Symbiose ein. Die Rinder ermöglichten den Menschen, in klimatisch und vegetativ extreme Gegenden vorzustoßen, zum Beispiel in die Halbwüsten und Steppen Zentralasiens und in die Sahelzone, ins Hochgebirge der Alpen, der Pyrenäen und des Himalayas, ja, sogar in Permafrostgebiete Sibiriens.

Bei den Walsern prägte die Symbiose zwischen Rind und Mensch über viele Jahrhunderte das ganze Leben. Nur durch sie war die Besiedelung der Hochtäler der Alpen möglich. Bei den Pastoralisten Afrikas kann heute noch von einer Symbiose gesprochen werden. Sie ist noch lebendig. Die gelebte gegenseitige Abhängigkeit von Rind und Mensch führte viele Jahrtausende zur Verehrung des Rindes, und sie führte die Menschen zu einer Rinderkultur, die heute noch gelebt wird, u. a. bei den Schamanen Afrikas und Asiens. Dabei geht die Verehrung des Rindes im Hinduismus oder bei den nilotischen Völkern Afrikas über die Überlebensabhängigkeit hinaus. Nachts um das Feuer sitzend, können afrikanische Hirten noch heute stundenlange Gespräche führen, die nur von Rindern handeln. Rinder fordern uns, und wenn ein Enthusiasmus für Rinder vorhanden ist, lassen sie uns ein Leben lang nicht los. Dann wird die Frage immer präsenter: Haben Rinder eine Seele?

DIE „HAUSKUH"

Als ich vor Langem einen enthusiastischen Vortrag über Rinder hielt, kam der größte Bauer des Ortes auf mich zu und meinte trocken: „Alles, was du sagst, ist nichts als Sentimentalität. Du bist ein ahnungsloser Tor." Er lud mich für den nächsten Tag zum Frühstück auf seinen Hof ein, um mich in die Wirklichkeit des landwirtschaftlichen Lebens einzuführen – eine Realitätskonfrontation sollte es werden. Als ich ihn besuchte, ging das Geplänkel hin und her, und plötzlich, ganz unvermutet, brach es aus ihm heraus und er erzählte mir die Geschichte seiner ehemaligen Hauskuh: „Wir hatten eine Kuh, die immer beim Haus blieb. Es war die Kuh meiner Mutter. Trieben wir im Frühjahr die Kühe auf die Alm, blieb die Hauskuh, die eine starke Bindung zu meiner Mutter hatte, als einzige zu Hause. Eines Frühjahrs brachten wir die Kühe wieder auf die Alm. Meiner Mutter ging es nicht gut, sie war im Krankenhaus. Da meinte mein Vater, dass wir die Hauskuh mitnehmen sollten auf die Alm. Als sie oben in den Bergen war, weg von zu Hause, fraß und trank sie nichts mehr. Sie legte sich nach ein paar Tagen hin und stand nicht mehr auf. Alle Versuche, die Kuh zum Aufstehen zu bewegen, misslangen. Sie lag zum Sterben da. Eines Morgens befahl mir mein Vater, die Hauskuh mit dem Traktor und einem Anhänger nach Hause zu holen, denn die Mutter kam vom Spital nach Hause. Ich fuhr los und wusste von Anfang an: Ich werde die Kuh nie auf den Anhänger bewegen können. Als ich ankam, redete ich auf die Kuh ein. Ich versuchte, sie mit einem Stecken zu bewegen – keine Bewegung, alles vergebens. Aber ich wusste, es wäre eine Katastrophe, wenn die Kuh – die Kuh meiner Mutter – bei ihrer Rückkehr vom Krankenhaus nicht zu Hause wäre. Ich redete also weiter und weiter. In meiner Verzweiflung begann ich, haltlos zu weinen und sagte der Kuh: ‚Die Mutter kommt heute und du musst zu Hause sein. Bitte, bitte,' schluchzte ich, ‚geh auf den Anhänger hinauf.'

Und plötzlich, wie von einer unsichtbaren Hand geführt, stand sie auf, ging auf den Anhänger und ich konnte mit ihr nach Hause fahren. Als ich in den Hof fuhr, stürzte meine Mutter aus dem Haus, die Hauskuh rannte vom Anhänger hinunter, der Mutter entgegen, Tränen über Tränen flossen der Kuh über das Gesicht. Meine Mutter umarmte und herzte die Kuh. Sie waren wieder beieinander, ein Herz und eine Seele!"

Haben Kühe eine Seele? Ja, und sie haben eine unglaubliche Fähigkeit, mit Menschen in einer Symbiose zu leben.

Literaturliste

- Abbink, J.: Love and Death of Cattle: The Paradox in Suri Attitudes Toward Livestock. Ethnos, 68:3, 341–364, 2003
- Abd el Karem, M.: Analyse der Tierreste aus dem Objekt 1 („Großes Heiligtum") der mittellatènezeitlichen Siedlung Roseldorf. Diplomarbeit Universität Wien, 2011
- Achilli, A.; Bonfiglio, S.; Olivieri, A.; Malusà, A.; Pala, M.; Kashani, B.; Perego, U.; Ajmone-Marsan, P.; Liotta, L.; Semino, O.; Bandelt, H.; Ferretti, L.; Torroni, A.: The Multifaceted Origin of Taurine Cattle Reflected by the Mitochondrial Genome. PLOS ONE 6, 4, 2009
- Adametz, L.: Lehrbuch der allgemeinen Tierzucht. Julius Springer, Wien, 1926
- Alberro, M.; Haile-Mariam, S.: The indigenous cattle of Ethiopia, Part I. FAO World Animal Review, 412–10, 1982
- Alderson, L.: A Breed of Distinction – White Park Cattle: Ancient and Modern. Countrywide Livestock Ltd., Shrewsbury, 1997
- Altenburger, E.: Kinderspiele in Sierra Leone. Diplomarbeit Universität Wien, 1995
- Ameling, W.; Gehrke, H.; Kolb, F.; Leppin, H.; Schulz, R.; Streck, M.; Wiesehöfer, J.; Wilhelm, G.: Antike Metropolen. WBG, Darmstadt, 2006
- Andrea, Y.; Anhorn, F.; Bachmann, S.; Baer, D.; Baumgartner, U.; Bäurle, J.; Beutler, R; Bösch, S.; Bienerth, M.; Blaich, R.; Boner, J.; Bösmann, M.; Camenisch-Mettler, B.; Donatsch, P.; Eberherr, J.; Gaio, T.; Glas, J.; Guarneri, S.; Haeberli, N.; Harrison, R.; Heussler, O.; Hirtler, C.; Hoppe, G.; Hösli, G.; Hug, L.; Hugentobler, P.; Hulst, E.; Ineichen, S.; Janett-Peter, C.; Krüger, A.; Lenz, J.; Lüthi, P.; Lutz, J.; Meier, B.; Meyer, N.; Mesmer, T.; Oestreich, M.; Pillichshammer, A.; Rade, D.; Roesch, S.; Ruef, D.; Ryf, S.; Schädeli, A.; Schläpfer, C.; Schmiedl, E.; Schmutz, C.; Schuler, K.; Schweizer, A.; Spengler Neff, A.; Straubhaar, B.; Sulzer, B.; Tschanz, C.; Tschümperlin, J.; Tuor, L.; Tuor-Kurth, C.; Unternährer, B.; Vonow, P.; Wehli, R.; Willms, E.; Zahner, D.; Züllig, K.: Neues Handbuch Alp. 3., aktual. Aufl., zalpverlag, Mollis, 2012
- Armitage, S.; Jasim, S.; Marks, A.; Parker, A.; Usik, V.; Uerpmann, H.: The Southern Route "Out of Africa": Evidence for an Early Expansion of Modern Humans into Arabia. Science 331, 453–546, 2011
- Assmann, J.: Ägyptische Geheimnisse. Wilhelm Frank, München, 2004
- Aubert, M., Setiawan, P., Oktaviana, A., Brumm, A., Sulistyarto, P., Saptomo, E., Istiawan, B., Ma'rifat, T., Wahyuono, V., Atmoko, F., Zhao, J.-X., Huntley, J., Taçon, P., Howard, D., Brand, H.: Palaeolithic cave art in Borneo. Nature, 2018
- Baars, T.; Jahreis, G.: Allergiezusammenhänge im Überblick: Milchfettqualität als schützende Maßnahme gegen Allergien. In: Werte – Wege – Wirkungen: Biolandbau im Spannungsfeld zwischen Ernährungssicherung, Markt und Klimawandel. Beiträge zur 10. Wissenschaftstagung Ökologischer Landbau, 2009
- Balmer, E.: Die Walser im Piemont. Francke, Bern, 1949
- Balter, M.: The Goddess and the Bull. Left Coast Press, Walnut Creek, 2006
- Baroncelli-Javon, M.: Hymne. In: Montherlant, H. (Hg.): Tiermenschen. Steidl, Göttingen, 1998/1926
- Bataille, G.: Die vorgeschichtliche Malerei – Lascaux oder die Geburt der Kunst. Skira, Genf, 1983/1955
- Bataille, G.: Histoire de l'oeil – Das obszöne Werk. Rowohlt, Reinbek bei Hamburg, 2001/1940
- Bateman, B.: Don't Drink A1 Milk!! – The Type A1/A2 milk issue and the BCM-7 peptide. O. V., 2011
- Bauer, D.: Household and Society in Ethiopia, 2nd ed. African Studies Center, Michigan State University, 1978
- Baumung, R.: Genetische Charakterisierung österreichischer Rinderrassen. Seminar des Ausschusses für Genetik der ZAR, Salzburg, 2009
- Beetz, A.; Uvnäs-Moberg, K.; Julius, H.; Kotrschal, K.: Psychosocial and psychophysiological effects of human-animal interactions: the possible role of oxytocin. Frontiers in Psychology, 3, 234, 2012
- Bella, E.: Cattle Islands Vegetation Overview – Non-Native Species Survey and Vegetation Highlights. US Fish & Wildlife Service, 2014
- Berchtel, R.: Alpwirtschaft im Bregenzerwald. Innsbrucker Geographische Studien, Band 18, Institut für Geographie, Universität Innsbruck, 1990
- Bergmann, J.: Untersuchungen über die freyen Walliser oder Walser in Graubünden und Vorarlberg. Gerold, Wien, 1844
- Berthouly, C.; Maillard, J.; Pham Doan, L.; Nhu Van, T.; Bed'Hom, B.; Leroy, G.; Hoang Thanh, H.; Laloë, D.; Bruneau, N.; Vu Chi, C.; Nguyen Dang, V.; Verrier, E.; Rognon X.: Revealing fine scale subpopulation structure in the Vietnamese H'mong cattle breed for conservation purposes. BMC Genetics 11:45, 2010
- Bierschenk, T.: Die Fulbe Nordbénins. Lit Verlag, Hamburg, 1997
- Biesboer, P.; Wuestamn, G.: Nicolaes Berchem – Im Licht Italiens. Belser, Zürich, 2007
- Binder, D.: Bilder von Historien – Die Tapisserien der Familie Harrach als moralisches Hochzeitsgeschenk? Diplomarbeit Geschichte, Universität Wien, 2007
- Birkhan, H.: Kelten – Versuch einer Gesamtdarstellung ihrer Kultur. Akademie der Wissenschaften, Wien, 1997
- Bisig, W.; Bär, C.; Sutter, M.; Reidy, B.; Egger, C.; Portmann, R.: Einfluss der Fütterung auf die Zusammensetzung der Milchinhaltsstoffe. Tagungsband Weidetagung BFH, Bern, 2014
- Black, L.: Russians in Alaska 1732–1867. University of Alaska Press, Anchorage, 2004
- Bodó, I.; Gera, I.; Koppány, G.: The Hungarian Grey Cattle Breed, 2nd revised edition, Association of the Hungarian Grey Cattle Breeders, Budapest, 2004
- Bollig, M.; Schnegg, M.; Wotzka, H. (Eds.): Pastoralism in Africa – Past, Present, Future. Berghahn Books, New York, Oxford, 2013
- Bollongino, R.; Burger, J.; Powell, A.; Mashkour, M.; Vigne, J.; Thomas, M.: Modern Taurine Cattle Descended from Small Number of Near-Eastern Founders. Molecular Biology and Evolution March 12, Oxford University Press, Oxford, 2012
- Bonfiglio, S.; Ginja, C.; De Gaetano, A.; Achilli, A.; Olivieri, A.; Colli, L.; Tesfaye, K.; Agha, S.; Gama, L.; Cattonaro, F.; Penedo, M.; Ajmone-Marsan, P.; Torroni, A.; Ferretti, L.: Origin and Spread of *Bos taurus:* New Clues from Mitochondrial Genomes Belonging to Haplogroup T1. PLOS ONE 7, 6, 2012
- Brackmann, M.: Das andere Kuhbuch – 45 Rasseportraits und mehr. Cadmos, Brunsbeck, 2009
- Brackmann, M.: KuhKunstFührer. Landwirtschaftsverlag, Münster, 2006
- Brahm, A.; Kempff, M.: Die Kuh, die weinte. Lotos, München, 2006
- Brandl, A.: Eine Kuh macht Muh – Viele Kühe machen Mühe. Piper, München/Zürich, 2013
- Brass, M.: Early North African Cattle Domestication and Its Ecological Setting: A Reassessment. J World Prehist, 31: 81, 2018
- Brass, M.: Reconsidering the emergence of social complexity in early Saharan pastoral societies, 5000–2500 BC. Sahara 18: 1–16, 2007
- Brass, M.: Tracing the Origins of the Ancient Egyptian Cattle Cult. In: Eyma, A.; Bennett, C. (Eds.): A Delta-man in Yebu. Occasional Volume of the Egyptologists' Electronic Forum, No. 1, 2003
- Broer, W.: Epochen der Kunst 3: Von der Frührenaissance zum Rokoko. Wissenschaftsverlag, Oldenburg, 1999
- Bruford, M.; Bradley, D.; Luikart, G.: DNA Markers Reveal the Complexity of Livestock Domestication. Natur Reviews Genetic, Volume 4, 900–910, 2003
- Bumiller, M.: Bestiarium von Art, Natur und Eigenschaft der Thiere. Ostfildern, 2007
- Cabeza de Vaca, A.: Naufragios. Edited by Project Gutenberg, 2004/1538
- Carlen, L.; Imboden, G. (Hg.): Alpe – Alm: zur Kulturgeschichte des Alpwesens in der Neuzeit, 1994
- Černý, V.; Fernandes, V.; Costa, M.; Hájek, M.; Mulligan, C.; Pereira, L.: Migration of Chadic speaking pastoralists within Africa based on population structure of Chad Basin and phylogeography of mitochondrial L3f haplogroup. BMC evolutionary biology, 9:63, 2009
- Chaix, L.; Dubosson, J.; Honegger, M.: Bucrania from the Eastern Cemetery at Kerma (Sudan) and the Practice of Cattle Horn Deformation. Prehistory of Northeastern Africa – New Ideas and Discoveries, Studies in African Archaeology 11, 2012
- Clauss, M.: Mithras – Kult und Mysterien. Beck, München, 1990
- Clutton-Brock, J.: A Natural History of Domesticated Mammals, 2nd edition. Cambridge University Press, Cambridge, 1999
- Cobb, M.: Aerial survey for feral cattle on Chirikof Island, Alaska. Fish and Wildlife Service, Kodiak National Wildlife Refuge, 2014
- Cokl, U.: The Road to Shingkhar. Change and Continuity in Rural Bhutan. Diplomarbeit Universität Wien, 2008
- Cruciani, F.; Trombetta, B.; Sellitto, D.; Massaia, A; Destro-Bisol, G.; Watson, E.; Beraud Colomb, E.; Dugoujon, J.; Moral, P.; Scozzari, R.: Human Y chromosome haplogroup R-V88: a paternal genetic record of early mid Holocene trans-Saharan connections and the spread of Chadic languages. European Journal of Human Genetics 18, 800–807, 2010
- Cumont, F.: Die Mysterien des Mithra – Ein Beitrag zur Religionsgeschichte der römischen Kaiserzeit. Vero, Norderstedt, 2013
- Daniel, U.: Kühe halten, 4. Auflage. Ulmer, Stuttgart, 2011
- Decker, J.; McKay, S.; Rolf, M.; Kim, J.; Molina Alcalá, A.; Sonstegard, T.; Hanotte, O.; Götherström, A.; Seabury, C.; Praharani, L.; Babar, M.; Correia de Almeida Regitano, L.; Yildiz, M.; Heaton, M.; Liu, W.; Lei, C.; Reecy, J.; Saif-Ur-Rehman, M.; Schnabel, R.; Taylor, J.: Worldwide Patterns of Ancestry, Divergence, and Admixture in Domesticated Cattle. PLOS Genetics, 2014
- Decker, J.; Taylor, J.; Kantanen, J.; Millbrook, A.; Schnabel, R.; Alexander, L.; MacNeil, M.: Origins of cattle on Chirikof Island, Alaska, elucidated from genome-wide SNP genotypes. Heredity 116 (6): 502-5, 2016
- Demircioğlu, H.: Der Gott auf dem Stier – Geschichte eines religiösen Bildtypus. Triltsch & Huther, Berlin, 1939
- Diamond, J.; Bellwood, P.: Farmers and their languages: The first expansions. Science 300, 5619: 597–603, 2003
- Diamond, J.: Collapse - How Societies Choose to Fail or Succeed. Viking, New York, 2005
- Dinkel, C.: Chirikof Island Rangeland Assessment. Alaska Plant Materials Center, 2014
- Dioli, M.: Nomad aesthetic: Cattle modifications among the northern Turkana of north west Kenya. Pastoralism: Research, Policy and Practice, 8: 6, 2018
- Dobney, K.; Larson, G.: Genetics and animal domestication: new window on an elusive process. Journal of Zoology 269, 261–271, The Zoological Society of London, 2006

- Resch, W.: Das Rind in den Felsbilddarstellungen Nordafrikas. Steiner, Wiesbaden, 1967
- Rifkin, J.: Das Imperium der Rinder. Campus, Frankfurt/New York, 1994
- Rigby, P.: Cattle and Kinship among the Gogo. Cornell University Press, Ithaca, 1969
- Rohrbacher, P.: Die Geschichte des Hamiten-Mythos. Beiträge zur Afrikanistik 71, Afropub, Wien, 2002
- Roth, J.: Stierkampf am Sonntag. Kiepenheuer & Witsch, Köln, 1989/1925
- Rouse, J.: The Criollo – Spanish cattle in the Americas. University of Oklahoma Press, 1977
- Sachs, H.; Badstübner, E.; Neumann, H.: Erklärendes Wörterbuch zur christlichen Kunst. Dausien, Hanau, 1983
- Sambraus, H.: Exotische Rinder. Ulmer, Stuttgart, 2006
- Sambraus, H.: Farbatlas Nutztierrassen. 7., erweiterte Auflage. Ulmer, Stuttgart 2011
- Sambraus, H.: Gefährdete Nutztierrassen – Ihre Zuchtgeschichte, Nutzung und Bewahrung, 2. Auflage. Ulmer, Stuttgart, 1999
- Sands, B., & Wall, R. (2018). Sustained parasiticide use in cattle farming affects dung beetle functional assemblages. Agriculture, Ecosystems & Environment, 265, 226-235.
- Sañudo Astiz, C.: Atlas Mundial de Etnología Zootécnica. Servet editorial – Grupa Asís Biomedia, Zaragoza, 2011
- Schafberg, R.; Swalve, H.: The history of breeding for polled cattle. Livestock Science 179; 54–70, 2015
- Schaik, C. van; Michel, K.: Das Tagebuch der Menschheit – Was die Bibel über unsere Evolution verrät. Rowohlt, Reinbek bei Hamburg, 2016
- Schareika, N.: Die soziale Bedeutung der Rinder bei den Fulbe. Lit Verlag, Münster, 1994
- Schareika, N.: Know to move, move to know – Ecological knowledge and herd movement strategies among the Wodaabe of southeastern Niger. FAO Working Group on Biological Diversity, 2003
- Schiering, L.: Kühe – liebenswürdige Wiederkäuer. Komet, Köln, 2009
- Schlagintweit, H. v.: Reisen in Indien und Hochasien – Bd. 2, Der Himalaya von Bhutan bis Kashmir. Jena, 1871
- Schlegel, W.: An Island for Cattle and Seabirds. The Livestock Conservancy News, Spring Issue, 2014
- Schmid, R.: The Untold Story of Milk, revised and updated. NewTrends Publishing, Washington D.C., 2009
- Scholl, C.; Sors, A. (Hg.): Akademische Strenge und künstlerische Freiheit – Die Gemälde des 19. Jahrhunderts in der Kunstsammlung der Universität Göttingen. Universitätsverlag, Göttingen, 2013
- Schroer, S.; Keel O.: Die Ikonographie Palästinas, Israels und der Alte Orient – eine Religionsgeschichte in Bildern: Die Mittelbronzezeit. Academic Press, Fribourg, 2008
- Schürch, F.: Landschaft, Senn und Kuh: Die Entstehung der Appenzeller Volkskunst. Waxmann/SGV, Basel, 2008
- Shapiro, B.; Drummond, A.; Rambaut, A.; Wilson, M.; Matheus, P.; Sher, A.; Pybus, O.; Gilbert, M.; Barnes, I.; Binladen, J., Willerslev, E., Hansen, A., Baryshnikov, G., Burns, J.; Davydov, S.; Driver, J.; Froese, D.; Harington, C.; Keddie, G.; Kosintsev, P.; Kunz, M.; Martin, L.; Stephenson, R.; Storer, J.; Tedford, R.; Zimov, S.; Cooper, A.: Rise and Fall of the Beringian Steppe Bison. Science 306, 1561–1565, 2004
- Sharpes, D.: Sacred bull, holy cow – A cultural study of civilization's most important animal. Peter Lang Publishing, New York, 2006
- Shepard, F.: The Others: How Animals Made Us Human. Island Press/Sherwater Books, Washington D.C., 1996
- Shipman, P.: The Animal Connection and Human Evolution. Current Anthropology Volume 51, Number 4, 2010
- Smith, A.: Origins and Spread of Pastoralism in Africa. Annual Review of Anthropology 21, 125–141, 1992
- Sonnen, K.: Chirikof Island Range Survey. Natural Resources Conservation Service, 2014
- Soubrier, J.; Gower, G.; Chen, K.; Richards, S.; Llamas, B.; Mitchell, K.; Ho, S.; Kosintsev, P.; Lee, M.; Baryshnikov, G.; Bollongino, R.; Bover, P.; Burger, J.; Chivall, D.; Cregut-Bonnoure, E.; Decker, J.; Doronichev, V.; Douka, K.; Fordham, D.; Fontana, F.; Fritz, C.; Glimmerveen, J.; Golovanova, L.; Groves, C.; Guerreschi, A.; Haak, W.; Higham, T.; Hofman-Kaminska, E.; Immel, A.; Julien, M.; Krause, J.; Krotova, O.; Langbein, F.; Larson, G.; Rohrlach, A.; Scheu, A.; Schnabel, R.; Taylor, J.; Tokarska, M.; Tosello, G.; Plicht, J. van der; Loenen, A. van; Vigne, J.; Wooley, O.; Orlando, L.; Kowalczyk, R.; Shapiro, B.; Cooper, A.: Early cave art and ancient DNA record the origin of European bison. Nature Communications, 7: 13158, 2016
- Spitzer, G.: Ludwig Richter – Der Maler: Ausstellungskatalog. Dt. Kunstverlag, München, 2003
- Stangl, E.: Rinderdarstellungen in der mesopotamischen Glyptik von der Akkade-Zeit bis zur neubabylonischen Zeit. Dissertation Universität Wien, 1991
- Stangl-Theimer, E.: Rinderdarstellungen in altsumerischer Zeit. Diplomarbeit Universität Wien, 1989
- Steiner, R.: Geisteswissenschaftliche Grundlagen zum Gedeihen der Landwirtschaft. Ungekürzte Ausgabe nach dem gleichnamigen Band der Rudolf Steiner Gesamtausgabe, Rudolf Steiner Verlag, Dornach, 1985
- Steller, G.: Reise von Kamtschatka nach Amerika mit dem Commandeur-Capitän Bering – Ein Pendant zu dessen Beschreibung von Kamtschatka. Johann Zacharias Logan, St. Petersburg, 1793
- Sterchi, B.: Blösch. Diogenes, Zürich, 1983
- Stergiadis, S.; Bieber, A.; Franceschin, E.; Isensee, A.; Eyre, M.; Maurer, V.; Chatzidimitriou, E.; Cozzi, G.; Bapst, B.; Steward, G.; Gordon, A.; Butler, G.: Impact of US Brown Swiss genetics on milk quality from low-input herds in Switzerland: Interactions with grazing intake and pasture type. Food Chemistry 175, 609–618, 2014
- Stock, F.; Gifford-Gonzalez, D.: Genetics and African Cattle Domestication. Springer Science+Business Media, New York, 2013
- Stöckl, H. (Hg.): Pinzgauer, eine österreichische Rinderrasse mit Tradition. Arbeitsgemeinschaft Pinzgauer Rinderzuchtverbände, Maishofen, 1998
- Storer, J.; Storer, H. (Ed.): The White Cattle of Great Britain – An Account of Their Origin, History, and Present State. Cassell, Petter & Galpin, London/Paris/New York, 1878
- Straten, F. van: Hierà kalá. Brill, Leiden, 1995
- Strommenger, E.: Mesopotamien: Die Kunst von den Anfängen um 5000 v. Chr. bis zu Alexander dem Großen. Hirmer, München, 1962
- Symonds, P.: Calling in the Soul – Gender and the Cycle of Life in a Hmong Village. University of Washington Press, Seattle, 2004
- Tafuri, M.; Bentley, R.; Manzi, G.; Lernia, S. di: Mobility and kinship in the prehistoric Sahara: Strontium isotope analysis of Holocene human skeletons from the Acacus Mts. (southwestern Libya). Journal of Anthropological Archaeology 25, 390–402, 2006
- Taye, T.; Ayalew, W.; Hegde, B.: On-farm characterization of Sheko breed of cattle in southwestern Ethiopia. Ethiopian Journal of Animal Production 7 (1), 89–105, 2007
- Taye, T.: On-farm phenotypic characterization of Sheko breed of cattle and their habitat in Bench Maji Zone, Ethiopia. MSc Thesis, Alemaya University, Ethiopia, 2005
- Tiroler Grauviehzuchtverband: Tiroler Grauvieh: Juwel der Berge. Ed. Löwenzahn, Innsbruck, 1999
- Toynbee, J.: Tierwelt der Antike – Kulturgeschichte der antiken Welt Bd. 17. Von Zabern, Mainz, 1973
- Treichlinger, W.: Die schönsten Tiermärchen der Weltliteratur. Janus-Bibliothek, Stuttgart, 1950
- Triantaphyllopoulos, K.; Ikonomopoulos, I.; Bannister, A.: Epigenetics and inheritance of phenotype variation in livestock. Epigenetics & Chromatin, 9: 31, 2016
- Umweltbundesamt Deutschland: Weltweit gehen jährlich 10 Millionen Hektar Ackerfläche verloren. https://www.umweltbundesamt.de/presse/pressemitteilungen/weltweit-gehen-jaehrlich-10-millionen-hektar (abgerufen am 11.06.2018), 2015
- UN: Population Database, UN Department of Social and Economic Affairs. https://esa.un.org/unpd/wpp/DataQuery/ (abgerufen am 11.06.2018), 2018
- UNCCD – United Nations Convention to Combat Desertification: Land and soil in the context of a green economy for sustainable development, food security and poverty eradication. UNCCD Secretariat to the Preparatory Process for the Rio+20 Conference, 2011
- UNCCD – United Nations Convention to Combat Desertification: The Global Land Outlook, first edition. Bonn, Germany, 2017
- Unterberger, G.: Der Stier mit der Weltsäule. Praesens Verlag, Wien, 2011
- Uvnäs-Moberg, K.; Johansson, B.; Lupoli, B.; Svennersten-Sjaunja, K.: Oxytocin facilitates behavioural, metabolic and physiological adaptations during lactation. Applied Animal Behaviour Science 72, 2001
- Valance, M.: Die Schweizer Kuh: Kult und Vermarktung eines nationalen Symbols. hier und jetzt, Baden, 2013
- Vanham, D.; König, G.; Berger, K.: Almabtriebe in Nord- und Südtirol. Studien Verlag, Innsbruck/Wien, 2010
- Velten, H.: Cow. Reaktion Books – Animal series, London, 2007
- Vergilius, M.: Aeneis. Übers. von Götte, J.; Heimeran, München, 1979
- Virilio, P.: Ästhetik des Verschwindens. Merve, Berlin, 1986
- Vogt, M.: Griechische Mythologie. Naumann & Göbel; Köln, 2009
- Vorarlberger Braunviehzuchtverband: 90 Jahre Braunviehzuchtverband Vorarlberg – Festschrift. Bregenz, 2013
- Waibel, M.: Die volkstümliche Überlieferung in der Walserkolonie Macugnaga. Schweizer Gesellschaft für Volkskunde, Basel, 1985
- Wehner, R.; Gehring, W.: Zoologie. 23., neu bearbeitete Auflage. Georg Thieme, Stuttgart, 1995
- Weisman, A.: Die Welt ohne uns. Piper, München, 2007
- Wendorf, F.; R. Schild and Associates (Eds.): Settlement of the Egyptian Sahara. Volume 1: The Archaeology of Nabta Playa. Kluwer Academic, New York, 2001
- Werner, F.: Die Kuh: Leben, Werk und Wirkung. Nagel & Kimche, Zürich, 2009
- Werner, P.: Almen: Bäuerliches Wirtschaftsleben in der Gebirgsregion. Callwey, München, 1981
- Widengren, G.: Die Mithrasmysterien. O. V., 1961
- Wilckens, M.: Die Rinderrassen Mittel-Europas – Grundzüge einer Naturgeschichte des Hausrindes. Braumüller, Wien, 1876
- Wilkins, D. (Hg.): Das große Buch der Kunst. Von der Höhlenmalerei zur Pop-Art. München, Berlin, London, New York, 2008
- Willam, A.; Simianer, H.: Tierzucht. Ulmer, Stuttgart, 2011
- Williams, J.: Butcher's Crossing. Macmillan, New York, 1960
- Withrow, J.: Notes on the birds of Chirikof Island, Alaska. Western Birds 46: 28–48, 2015
- Woodford, K.: Devil in the Milk – Illness, Health, and the Politics of A1 and A2 Milk. Chelsea Green Publishing, White River Junction, 2007
- Workman, W.: Contributions to the Prehistory of Chirikof Island, Southwestern Alaska. Master Thesis (Anthropology), University of Wisconsin, 1969
- Wright, E.: The history of the European aurochs *(Bos primigenius)*. PHD thesis, Department of Archaeology, University of Sheffield, 2013
- WWF: Living Planet Report 2016. Risk and resilience in a new era. WWF International, Gland, Switzerland, 2016
- Yamada, T.: An Anthropology of Animism and Shamanism. Akadémiai Kiadó, Budapest, 1999
- Zaal, F.: Pastoralism in a Global Age. Thela Thesis, Amsterdam, 1999
- Zähme, V.: Barock – Schnellkurs. DuMont, Köln, 2000
- Zamg: Paläoklima – 12.000 Jahre. https://www.zamg.ac.at/cms/de/klima/informationsportal-klimawandel/klimavergangenheit/palaeoklima/12.000-jahre (abgerufen am 02.07.2018), 2018
- Zander, K.: Modelling the Value of the Borana cattle in Ethiopia – An Approach to Justify its Conservation, 2006
- Zazula, G.; Hall, E.; Hare, G.; Thomas, C.; Mathewes, R.; La Farge, C.; Martel, A.; Heintzman, P.; Shapiro, B.: A middle Holocene steppe bison and paleoenvironments from the Versleuce Meadows, Whitehorse, Yukon, Canada. Canadian Journal of Earth Sciences, 54: 1138–1152, 2017
- Zerling, C.: Lexikon der Tiersymbolik – Mythologie/Religion/Psychologie. Klein Jasedow, 2012
- Zwittkovits, F.: Die Almen Österreichs. Selbstverlag, Zillingdorf, 1974

Fotografinnen und Fotografen

OSTAFRIKA

Äthiopien	Ramona Waldner
Uganda	Ramona Waldner

WESTAFRIKA

Burkina Faso	Fabrice Romain Monteiro
Kamerun	Fabrice Romain Monteiro
Tschad	FAO, Marzio Marzot

WALSER VIEH

Italien (Valdostana)	Judith Benedikt
Italien (Pustertaler Sprinzen)	Ramona Waldner
Österreich	Ramona Waldner
Schweiz	Ramona Waldner

ALP- UND ALMKÜHE

Deutschland	Ramona Waldner
Frankreich	Ramona Waldner
Italien	Judith Benedikt
Österreich	Ramona Waldner
Schweiz	Ramona Waldner

KELTENRINDER

Großbritannien	Ramona Waldner
Deutschland	Ramona Waldner
Österreich	Ramona Waldner

AUS DEN UNTIEFEN DER ROMANTIK

Großbritannien	Ramona Waldner

NORMANNENRINDER

Norwegen	Ramona Waldner
Großbritannien	Ramona Waldner

NICHT VOM UR

USA	Ramona Waldner
Kanada	Ramona Waldner
Polen	Ramona Waldner
Bhutan	Ramona Waldner
China	Ramona Waldner
Indonesien	Judith Benedikt
Kambodscha	–
Mongolei	Judith Benedikt
Nepal	Ramona Waldner

ZEBUS

Indien (Gir, Krankej, Hariana, Amrit Mahal, Kangayama, Vechur)	Judith Benedikt
Indien (Jaba)	Ramona Waldner
Nepal	Judith Benedikt
Vietnam	Ramona Waldner

TURANO-MONGOLISCHE

Bhutan	Ramona Waldner
China	Ramona Waldner
Japan	Ramona Waldner
Mongolei	Ramona Waldner
Nepal	Judith Benedikt
Russland	Ramona Waldner

PODOLISCHE RINDER

Italien (Romagnola, Modenese, Chianina, Podolica, Modicana)	Judith Benedikt
Italien (Maremmana)	Ramona Waldner
Ungarn	Judith Benedikt

MASSIF CENTRAL, PYRENÄEN, ATLANTIKKÜSTE

Frankreich	Ramona Waldner
Spanien	Ramona Waldner

RAZAS RÚSTICAS

Frankreich	Ramona Waldner
Spanien	Ramona Waldner

IN EINE NEUE WELT

USA	Ramona Waldner
Kolumbien	Ramona Waldner

URSPRÜNGE DER WELTRASSEN

Indien	Judith Benedikt
Großbritannien	Ramona Waldner
Schweiz	Ramona Waldner
Deutschland	Ramona Waldner

AM ENDE DES WEGES

Argentinien	Ramona Waldner
USA	Ramona Waldner

WEITERE ABBILDUNGEN

Umschlag Vorderseite: Evolèner – Ramona Waldner

Umschlag Rückseite: Criollo Patagónico – Ramona Waldner

Seite 2: Maremmana – Judith Benedikt

Seite 8-9: Chillingham – Ramona Waldner

Seite 10-11: Mithun – Ramona Waldner

Seite 15: Tschirikow – Ramona Waldner

Seite 55: Pustertaler Sprinzen – Ramona Waldner

Seite 81: Evolèner – Ramona Waldner

Seite 127: Tiroler Grauvieh – Ramona Waldner

Seite 138: Highland – Ramona Waldner

Seite 171: Telemarkfe – Ramona Waldner

Seite 203: Wildes Yak – Ramona Waldner

Seite 261: Kankrej – Judith Benedikt

Seite 293: Modenese – Judith Benedikt

Seite 315: Maremmana – Ramona Waldner

Seite 329: Asturiana de la Montaña – Ramona Waldner

Seite 382: BON – Ramona Waldner

Seite 426: Shorthorn – Ramona Waldner

Seite 442: Jersey – Ramona Waldner

Seite 459: Criollo Patagónico – Ramona Waldner

Seite 479: Werner Lampert – Peter Meyer

Danksagung

Im Besonderen danke ich Peter Feierabend, Josef Gassebner und Ramona Waldner.

Tief verbeuge ich mich vor Isabell Riedl, Brigitte Hanzmann-Frodl und Marvin Hirth. Ohne ihre Hilfe wäre dieses Buch so nicht entstanden.

Markus Hinterhäuser verdanke ich das Leonard Cohen Zitat.

Außerdem bedanke ich mich bei den vielen helfenden Händen:

Laurent Antignac, Dominique Arseneau, Dal Bahadur, Karoline Baumgartner, Roswitha Baumung (FAO), Judith Benedikt, Kjell Blank, Vitalis Chepnda, Jean Pierre Clauzel, Cynthia Creech, Coralie Danchin, Debbie Davis, Pema Dendup, Jigme Dorji, Andrés Fernández Madero, Hannes Fussi, Alejandro Gutiérrez Liarte, Josef Lassacher, Manuel Luque Cuesta, Joseph Luwaga, Stephen Hall, Jianlin Han, Irene Hoffmann (FAO), Paul Julen, Marcia Juzga, Doj Raj Khanal, Natascha Kline, Michał Konrad, Angela Krah, Stefan Kuen, Josef A. Lederer, Simon Longoli, MacNeil Lyons, Céline Maisonobe, Lucie Markey, Rubén Martínez, Germán Camilo Martínez Villate, Danila Mayer, Mekonnen Mengesha, Tadayoshi Mitsuhashi, Clémence Morinière, Helen Nakimbugwe, Văn Bão Nguyễn, Bimal Kumar Nirmal, Tim Olson, Nicky und Strilli Oppenheimer, Surya Prasad Paudel, Ruslan Popov, Myagmarsuren Purevdorj, Hugo Raaflaub, Saravanan Ramasamy, Hilde Riis, Lee Robins, Fabrice Romain, Nina Sæther, Cristian Schaefer, Josef Schenkenfelder, Sophary Siek, Ian Sleightholme, Albert Soudre, Hannes Steiner, Edit Szabó, Erick Taylor, Aranganoor Kannan Thiruvenkadan, Alejandro Tur, Art Wade, Pema Wangdi, Diethild Wanke, Roswitha Weißensteiner, Matthew Wilkinson, Zewdu Wuletaw, Alessandro Zampieri u. v. m.

Unser Dank gilt auch den Nationalparks und Schutzgebieten, die uns Zutritt gewährten:

- Terre Regionali Toscane/ Parco Regionale della Maremma, Italien
- National Trust / North York Moors National Park, UK
- Parque Nacional Los Glaciares, Argentinien
- Alaska Maritime National Wildlife Refuge, USA
- Elk Island National Park, Kanada
- Yellowstone National Park, USA
- Naturpark Südschwarzwald, Deutschland
- Białowieski Park Narodowy, Polen

IMPRESSUM

1. Auflage, 2022

Text und Fotografien: © Werner Lampert GmbH

Redaktion: Brigitte Hanzmann, Marvin Hirth, Isabell Riedl
Art Direction und Design: Peter Feierabend
Layout, Satz und Kartengrafiken: Christian Schaarschmidt
Bildbearbeitung: Josef Gassebner, Wien
Abstammungsgrafik, Verbreitungskarte: Thorsten Mozer
Lektorat: ASI GmbH – Austria Sprachendienst International, Wien
Druck: PrintMediaNetwork

ISBN: 978-3-94827-224-1

Printed in Europe

FSC www.fsc.org MIX Papier | Fördert gute Waldnutzung FSC® C010798

www.bergundfeierabend.de

Die in diesem Werk verwendeten Personenbezeichnungen beziehen sich immer gleichermaßen auf weibliche und männliche Personen. Auf eine Doppelnennung und gegenderte Bezeichnungen wird zugunsten einer besseren Lesbarkeit meistens verzichtet. Dies soll jedoch in keinem Fall eine Geschlechterdiskriminierung oder eine Verletzung des Gleichheitsgrundsatzes zum Ausdruck bringen.